高职高专计算机类专业系列教材

信息技术基础教程

主 编 曾永和 左 靖 樊 华

西安电子科技大学出版社

内 容 简 介

本书依据信息技术基础教学大纲安排了相应的教学内容，同时兼顾全国计算机等级考试的考纲要求，以零基础进行讲解，用实例引导读者学习，深入浅出地介绍了 Windows 10 操作系统和 Office 2016 办公软件的基本操作方法。全书共分四章，内容包括 Windows 10 操作系统、字处理软件 Word 2016、电子表格软件 Excel 2016 和演示文稿软件 PowerPoint 2016。

本书在选材上力求精练、重点突出，既重视基础知识的讲解，又强调应用技能的培养，对于操作部分的讲解图文并茂、易学易用。

本书可作为高职高专院校计算机基础课程的教材，也可作为计算机应用培训人员的参考用书。

图书在版编目(CIP)数据

信息技术基础教程/曾永和，左靖，樊华主编. —西安：西安电子科技大学出版社，2021.12 (2022.9 重印)
ISBN 978-7-5606-6262-6

Ⅰ. ①信…　Ⅱ. ①曾…　②左…　③樊…　Ⅲ. ①电子计算机—教材　Ⅳ. ①TP3

中国版本图书馆 CIP 数据核字(2021)第 200757 号

策　　划	杨丕勇　刘小莉
责任编辑	刘炳桢　杨丕勇
出版发行	西安电子科技大学出版社(西安市太白南路 2 号)
电　　话	(029)88202421　88201467　　邮　　编　710071
网　　址	www.xduph.com　　　　电子邮箱　xdupfxb001@163.com
经　　销	新华书店
印刷单位	陕西天意印务有限责任公司
版　　次	2021 年 12 月第 1 版　　2022 年 9 月第 2 次印刷
开　　本	787 毫米×1092 毫米　1/16　印　张　22
字　　数	523 千字
印　　数	4001～6000 册
定　　价	49.80 元

ISBN 978-7-5606-6262-6/TP

XDUP 6564001-2

如有印装问题可调换

前　言

随着计算机科学技术、网络技术和多媒体技术的飞速发展，计算机在人类社会的各个领域都得到了广泛的应用，影响着人们日常工作、学习、交往、娱乐等各方面，它已经成为人们生活中的必备工具，因此，计算机基本操作是当代大学生必须掌握的技能之一。

计算机应用基础教学已经进行了很多年，但由于软件升级很快，导致原有教材内容已跟不上教学需求。为此，我们结合当前计算机基础教育的形势和任务，并按照教育部对高职院校计算机基础课程的教学要求编写了此书。

本书共分四章，具体内容安排如下：

第 1 章为 Windows 10 操作系统，内容包括 Windows 10 概述、Windows 10 基本操作、Windows 10 文件管理、网络连接与设置等。

第 2 章为字处理软件 Word 2016，内容包括 Word 2016 基本操作、编辑文本内容、页面设置、使用表格、高级编辑、高级排版、文件打印等。

第 3 章为电子表格软件 Excel 2016，内容包括工作簿与工作表和单元格的操作、工作表数据的输入与编辑、数据计算及使用图表与图形、工作表数据的管理与分析等。

第 4 章为演示文稿软件 PowerPoint 2016，内容包括演示文稿的设计创作流程、演示文稿的基本操作、制作幻灯片、设置幻灯片版式、幻灯片的创建与编辑、幻灯片对象的高级编辑、动画设计、演示文稿的放映、演示文稿的共享、演示文稿的导出等。

本书从实际出发，力求内容新颖、技术实用、通俗易懂，适合作为高职院校计算机基础教育的教材。

参加本书编写的教师均长期从事计算机基础教学和学科建设工作，计算机理论和实践教学经验十分丰富。本书的编写得到了西安电子科技大学出版社的关心和支持，在此一并表示感谢。

在编写过程中，我们尽所能地将最好的讲解呈现给读者。书中如有不妥之处，敬请读者不吝指正。

编　者
2021 年 10 月

目　　录

第 1 章　Windows 10 操作系统

本章主要介绍 Windows 10 操作系统，包括 Windows 10 概述、Windows 10 基本操作、Windows 10 文件管理、网络连接与设置等。

1.1　Windows 10 概述

1.1.1　Windows 10 入门

1. 启动

在安装了 Windows 10 的计算机上按下主机电源开关，计算机开机自检启动，显示 Windows 10 操作系统欢迎界面，如图 1-1 所示。

图 1-1　Windows 10 欢迎界面

2. 登录

在 Windows 10 欢迎界面单击左键或按回车键，显示登录框。选择登录用户，如为 Microsoft 账户，输入用户 PIN 码，如图 1-2 所示；或单击登录选项，选择输入 Microsoft 账户密码方式登录，如图 1-3 所示；如为本地用户，则选择登录用户，输入密码登录。可选的其他登录方式还有：Windows Hello 人脸、Windows Hello 指纹、安全密钥、图片密码等。

图 1-2　Microsoft 账户使用 PIN 登录

图 1-3　使用账户密码登录 Windows 10

下面以 Windows Hello 人脸登录为例，其他登录方式与此类似。

使用 Windows Hello 人脸登录时，依次选择【开始】→【设置】→【账户】→【登录选项】，在 Windows Hello 下将看到"人脸"选项。完成设置后，眼睛看向屏幕即可登录。

3．锁定账户

在暂时不使用计算机时，为保护计算机的安全应锁定系统。单击【开始】按钮，在【开始】菜单左侧选择账户名称图标(或头像)，单击锁定，或直接按【Windows 徽标键+L】。

4．退出登录

单击【开始】按钮，在【开始】菜单左键单击用户头像，在弹出的菜单列表中选择【注销】。操作系统提示保存未完成的工作，然后注销当前登录账户，返回到 Windows 10 欢迎界面。

5．切换用户

Windows 10 属于多用户操作系统，支持多账户操作，可以根据需要切换到其他账户，当前登录账户的任务仍然保留。

单击【开始】按钮，依次选择账户名称图标(或头像)→切换用户→其他用户账户。

6. 睡眠、休眠与唤醒

1) 睡眠

"睡眠"是一种节能状态，当希望再次开始工作时，可使计算机快速恢复全功率工作(通常在几秒钟之内)。让计算机进入睡眠状态就像暂停 DVD 播放机一样，计算机会立即停止工作，并做好继续工作的准备。在"睡眠"模式下，计算机处于内存少量供电状态，中断供电则会导致内存中数据丢失，但可以从硬盘中恢复。

当短时间内不使用计算机时，可以选择使计算机睡眠，而不是将其关闭。在计算机进入睡眠状态时，显示器将关闭，通常计算机的风扇也会停止，计算机机箱外侧的一个指示灯闪烁或变黄就表示计算机处于睡眠状态。这个过程只需要几秒钟。

因为 Windows 10 将记住用户正在进行的工作，因此在使计算机睡眠前不需要关闭应用和文件。在下次打开计算机时(并在必要时输入密码)，屏幕显示将与计算机睡眠前完全一样。注意：在将计算机置于任何低功耗模式前，最好还是手动保存工作。

使用【开始】菜单使计算机进入睡眠状态时，单击【开始】按钮，然后单击【开始】菜单右下角的【睡眠】即可。

计算机处于睡眠状态时，它只需维持内存中的工作，耗电量极少。如果是便携式计算机就不必担心电池会耗尽。计算机睡眠时间持续几个小时之后，或者电池电量变低时，系统会将用户的工作保存到硬盘上，然后计算机将完全关闭。

2) 休眠

计算机"休眠"模式也是一种节能状态。在此模式下，计算机处于完全断电状态，中断供电不影响休眠之前的数据状态。

使用【开始】菜单使计算机进入休眠状态时，单击【开始】按钮，然后在【开始】菜单左侧选择【电源】→【休眠】。

3) 唤醒

若要唤醒计算机，可按下计算机机箱上的电源按钮(在大多数计算机上可以这样操作)。因为不必等待 Windows 操作系统从头启动，计算机将在数秒内被唤醒，可以立即恢复工作。唤醒计算机还可以通过按键盘上的任意键、单击鼠标按钮或打开便携式计算机的盖子等方式。

7. 重启

在遇到应用或操作系统失去反应、出错或其他(如新安装应用程序或驱动程序)需要时，可选择重启 Windows 10 操作系统。

单击【开始】按钮，在【开始】菜单左侧单击【电源】按钮，选择【重启】，Windows 10 会提示保存未完成的工作，然后重启，重启后重新登录进入操作系统。

8. 关机

不使用计算机时应将其正确关闭，这样做不仅是因为节能，还有助于使计算机更安全，并确保数据得到保存。关闭计算机时可以按计算机的电源按钮或使用【开始】菜单上的【关机】按钮。如果是便携式计算机，则可以设置合上盖子即可关机。

选择关机前，应退出所有打开的应用程序，保存未保存的文件，关闭所有打开的窗口，再单击【开始】按钮，在【开始】菜单左侧选择【电源】按钮，然后选择【关机】。如果仍有未完成的工作，则 Windows 10 提示保存未保存的文件或是否完成未完成的操作，然后关闭计算机。

1.1.2　Windows 10 的桌面简介

桌面是打开计算机并登录到 Windows 10 之后看到的主屏幕区域，如图 1-4 所示。就像实际的桌面一样，它是用户工作的平面，可以将一些项目(如文件和文件夹)放在桌面上，并且随意排列它们。

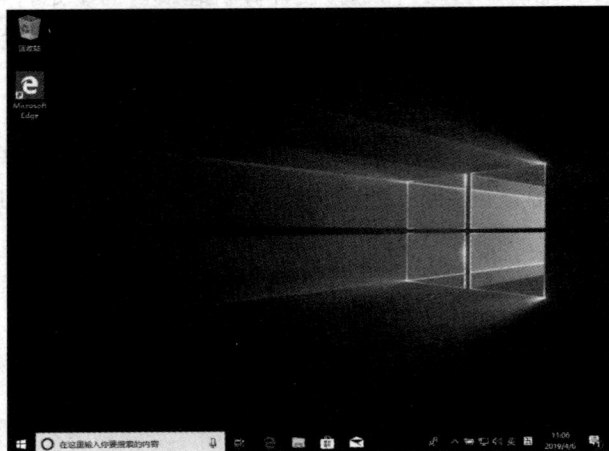

图 1-4　Windows 10 桌面

桌面由桌面背景、桌面图标、任务栏组成。任务栏位于屏幕的底部，显示正在运行的程序，并可以在它们之间进行切换。任务栏从左到右分别是【开始】按钮(使用该按钮可以访问程序、文件夹和计算机设置)，搜索图标或搜索框，Cortana(小娜智能助理)，任务视图，固定到任务栏的程序区域(默认显示 Edge 浏览器、文件夹、Microsoft Store 微软商店、邮件和其他打开的程序)和通知区域等。

有时打开的应用太多，在默认桌面上应用图标排列过于杂乱，这时可新建一个或多个虚拟桌面，将这些应用安排移动到不同桌面下运行。多个桌面可以将无关的持续性项目整理得井井有条。若要创建一个新的虚拟桌面，在任务栏上选择【任务视图】→【新建桌面】，然后将打开的某些应用拖到新桌面上。若要在多个桌面之间切换，则再次单击【任务视图】，选择其他桌面。

1. 桌面背景

桌面背景(也称为壁纸)为 Windows 10 系统背景图案，可根据需要进行设置。

桌面背景可以是个人收集的数字图片、Windows 提供的图片、纯色或带有颜色框架的图片等。可以选择一个图片作为桌面背景，也可以显示幻灯片放映。

在桌面空白的地方单击鼠标右键，在快捷菜单中单击【个性化】，如图 1-5 所示。打开【个性化】设置页面，在左侧单击【背景】，转到【背景】设置页面，如图 1-6 所示。

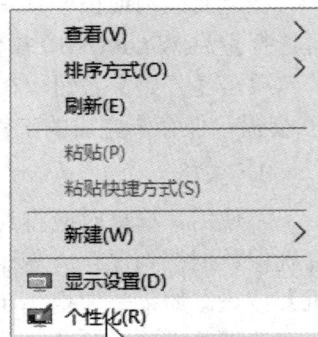

图 1-5　打开【个性化】设置

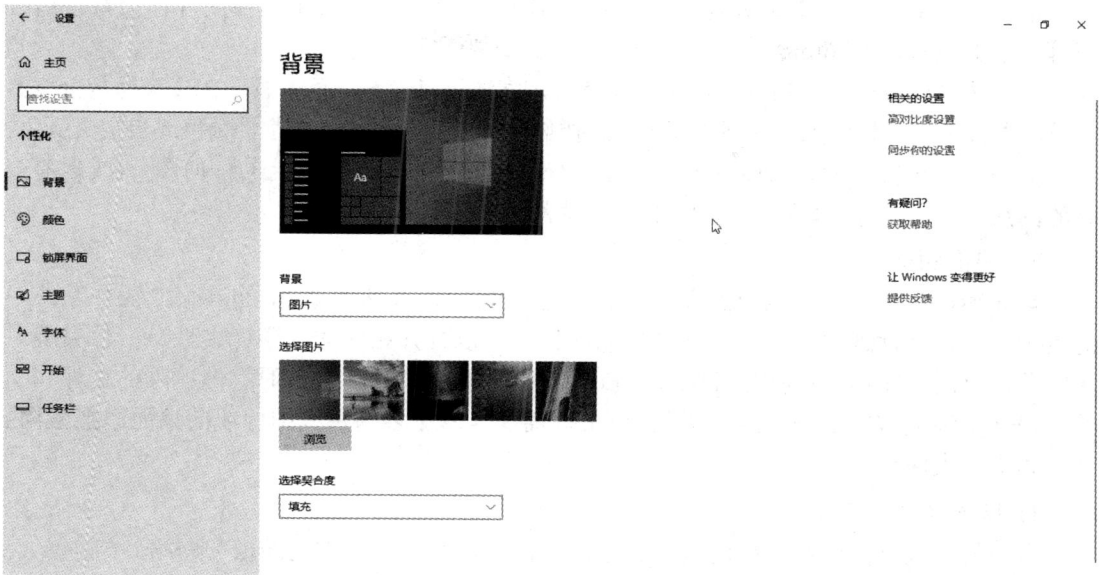

图 1-6　设置桌面背景

在【背景】栏下，选择一张图片，或者创建图片的幻灯片放映。

如果要使用的图片不在图片列表中，则单击【浏览】，弹出【打开】窗口，如图 1-7 所示，搜索计算机上的图片。找到所需的图片后，单击【选择图片】按钮，或双击该图片，即将其设置成为桌面背景。

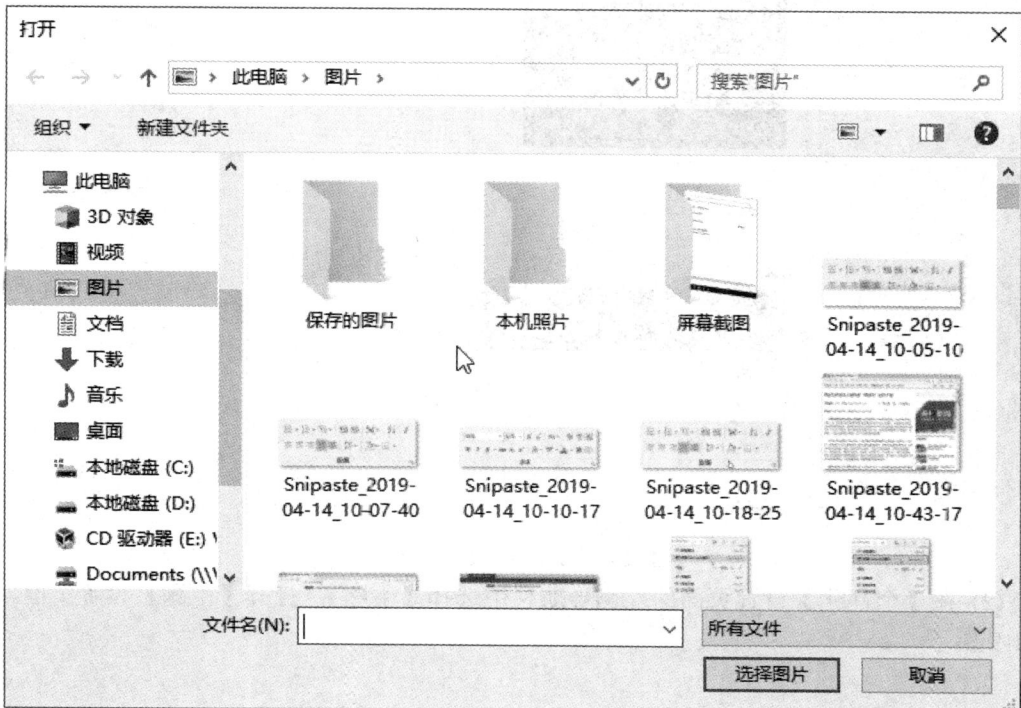

图 1-7　选择图片设置桌面背景

选定图片后，单击【选择契合度】栏下的箭头，在下拉列表中选择图片作为背景适合屏幕大小的方式，如填充、适应、拉伸、平铺、居中、跨区等。

如果选择适应或居中的图片作为桌面背景，则还可以设置颜色背景。在【选择契合度】下单击【适应】或【居中】，在新出现的"选择你的背景颜色"下选择背景颜色或自定义颜色。

另外一种设置桌面背景图片的方式是，右键单击存储在计算机上的任何图片(或当前查看的图片)，然后在快捷菜单列表中单击"设置为桌面背景"。

2. 桌面图标

桌面图标由图片和相应的内容或功能描述文字组成，用来标识 Windows 10 操作系统中的应用程序、文件或文件夹等。双击桌面图标，可以打开相应的程序、文件、文件夹等。系统默认有两个图标，分别为回收站和 Edge 浏览器。回收站用于临时存储删除的文件和文件夹，Edge 浏览器用于进行网页浏览。可根据需要显示更多的系统图标或向桌面添加应用、文件和文件夹图标。

1) 设置桌面图标

常用的系统桌面图标包括此电脑、用户文件夹、回收站、控制面板和网络。

桌面图标设置的步骤如下：

(1) 右键单击桌面上的空白区域，然后单击【个性化】。打开【个性化】设置页面，如图 1-8 所示。

图 1-8　【个性化】设置页面

(2) 在【个性化】设置页面的左侧导航栏中选择【主题】，打开【主题】设置页面，如图 1-9 所示。

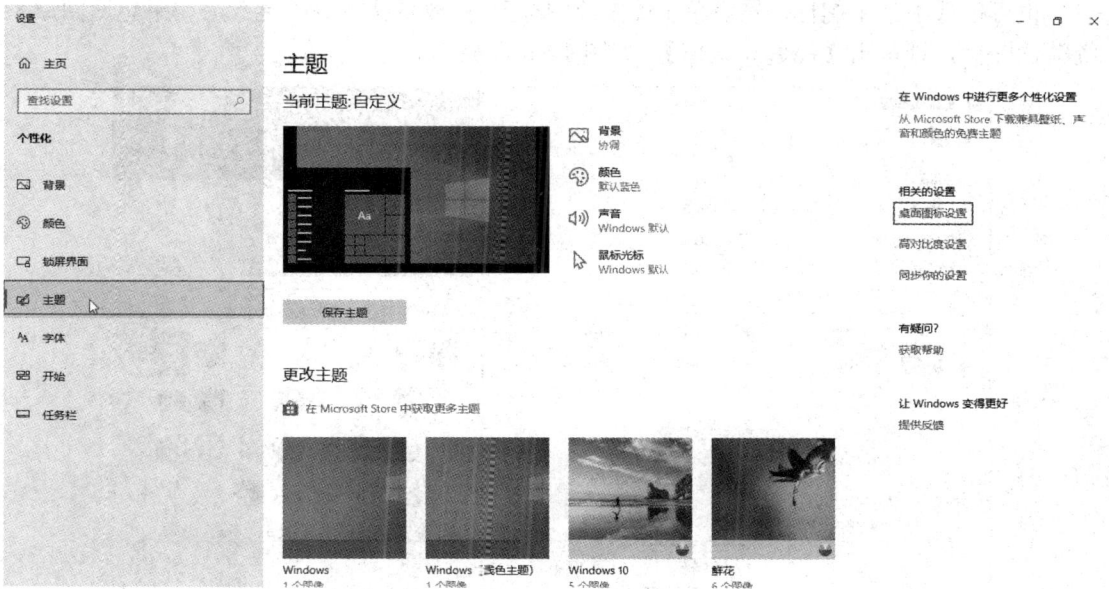

图 1-9　【主题】设置页面

(3) 在【主题】设置页面中单击相关设置下的【桌面图标设置】，打开【桌面图标设置】对话框，如图 1-10 所示。

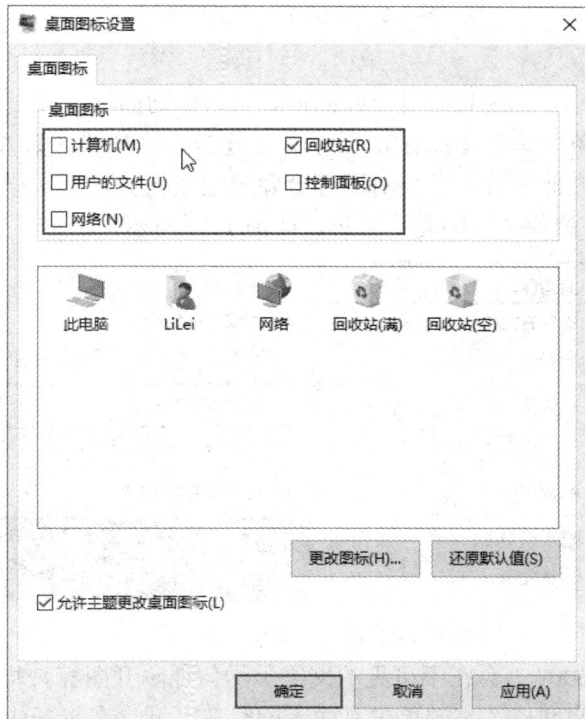

图 1-10　【桌面图标设置】对话框

(4) 在【桌面图标】下面选中想要添加到桌面的图标的复选框(或清除想要从桌面上删除的图标的复选框)，然后单击【确定】。

也可以选中某个图标，然后单击【更改图标】，更改默认图标。更改后如果想返回原系统默认图标，则单击【还原默认值】，如图 1-11 所示。

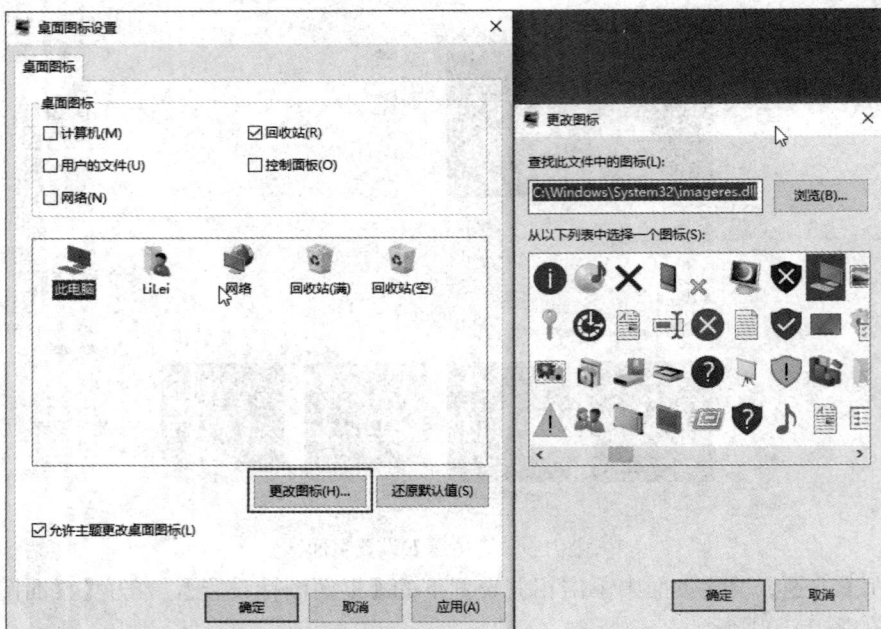

图 1-11   更改默认系统图标

2) 排列图标

除了手动移动图标外，还可以让 Windows 自动排列图标。右键单击桌面上的空白区域，在打开的快捷菜单中单击【查看】，然后勾选【自动排列图标】。Windows 将图标排列在左上角并将其锁定在此位置。若要对图标解除锁定以便可以再次移动它们，则可再次单击【自动排列图标】，清除旁边的复选标记，如图 1-12 所示。

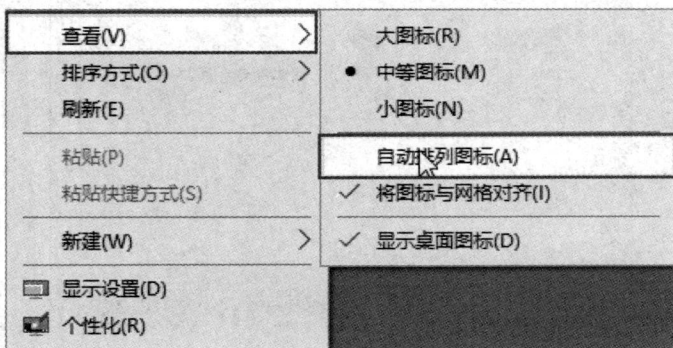

图 1-12   自动排列图标

默认情况下，Windows 会在不可见的网格上均匀地隔开图标。若要将图标放置得更近或更精确，则需要关闭网格。右键单击桌面上的空白区域，在打开的快捷菜单中单击【查看】，然后单击清除【将图标与网格对齐】的复选标记，如图 1-13 所示。重复这些步骤，可将网格再次打开。

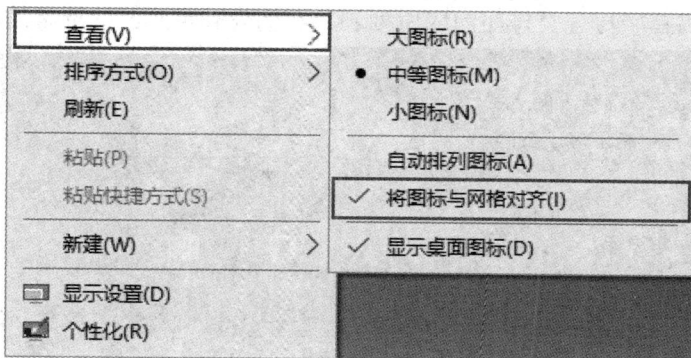

图 1-13　设置和取消图标与网络对齐

3) 隐藏和显示所有桌面图标

如果想要临时隐藏所有桌面图标，而实际并不删除它们，则右键单击桌面上的空白部分，在打开的快捷菜单中单击【查看】，然后单击清除【显示桌面图标】的复选标记，如图 1-14 所示，此时桌面上将不显示任何图标。可以通过再次单击【显示桌面图标】来显示图标。

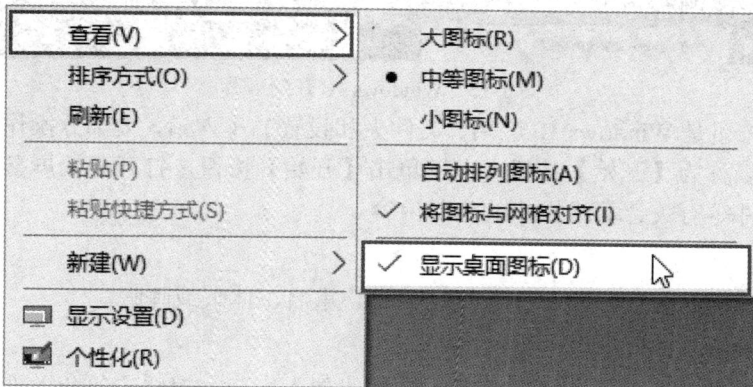

图 1-14　显示和隐藏桌面图标

4) 删除桌面图标

右键单击要删除的图标，然后单击【删除】。如果该图标是快捷方式，则只会删除该快捷方式，原始项目不会被删除。

5) 图标固定到任务栏或开始屏幕

可以把常用的应用图标固定到任务栏或开始屏幕，方便在不关闭桌面打开应用窗口的情况下调用应用。右键单击应用类图标，在弹出的快捷菜单列表中选择【固定到'开始'屏幕】或【固定到任务栏】。文件夹类图标不能直接固定到任务栏，但可以通过开始屏幕和文件资源管理器快速访问。右键单击文件夹类图标，在弹出的快捷菜单列表中选择【固定到'开始'屏幕】或【固定快速访问】。

3. 【开始】按钮

左键单击【开始】按钮，打开开始屏幕，如图 1-15 所示。开始屏幕左侧由下向上分别为电源、设置、图片、文档、用户和展开菜单按钮。中间从上向下依次为最近添加的应用、最常用的应用和以首字母分类排序的应用列表。右侧为固定到开始屏幕的应用磁贴区域。

图 1-15   Windows 10 开始屏幕

【开始】按钮是 Windows 10 应用、文件夹和设置的主入口，大部分操作都从单击这个按钮开始，所以称为【开始】按钮。左键单击【开始】按钮，打开开始屏幕，可以找到应用、设置、文件等有关计算机操作的全部内容。

1) 电源

左键单击【电源】选项，可使计算机关机、重启、休眠或睡眠。

2) 设置

左键单击【设置】选项，打开【Windows 设置】窗口，对账户等相关选项进行设置，如图 1-16 所示。

图 1-16   Windows 设置

3)　图片

左键单击【图片】选项，打开本机图片库文件夹，如图 1-17 所示。该文件夹为 Windows 10 操作系统默认的图片保存位置，使用画图等创建的图片会默认保存在这个文件夹中。

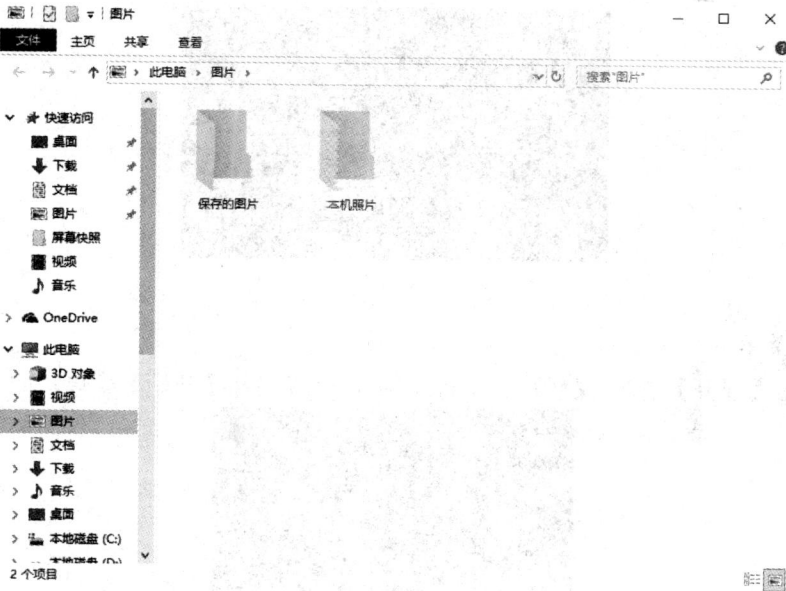

图 1-17　图片文件夹

4)　文档

左键单击【文档】选项，打开本机文档库文件夹，如图 1-18 所示。该文件夹为 Windows 10 操作系统默认的文档保存位置，使用记事本、写字板和 Office 程序创建的文档，会默认保存在这个文件夹中。

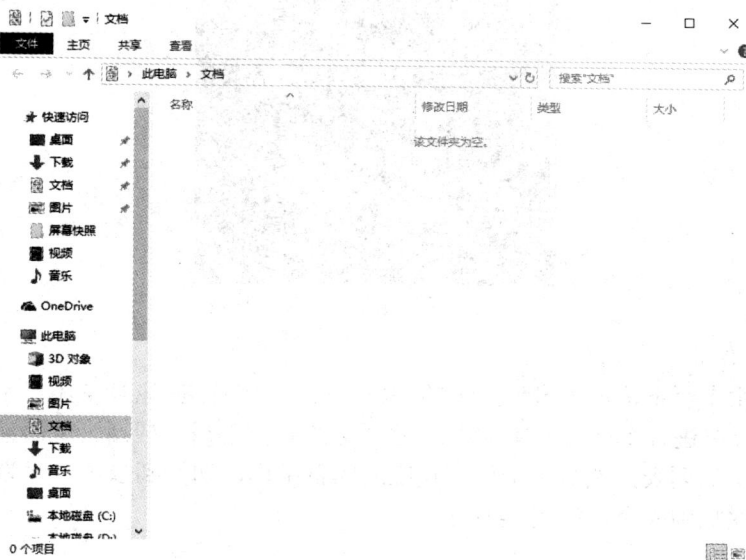

图 1-18　文档文件夹

5）账户

左键单击【账户】，在弹出的菜单上可更改账户设置、锁定 Windows 10、从系统注销或切换账户，如图 1-19 所示。

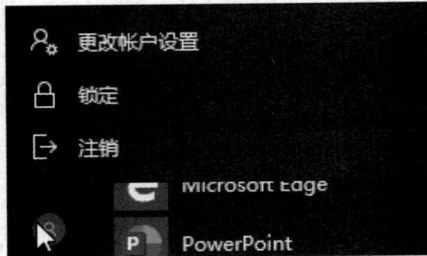

图 1-19　账户选项*

6）展开菜单

左键单击【展开】选项(汉堡形状图标)，则折叠或展开【开始】菜单，如图 1-20 所示。

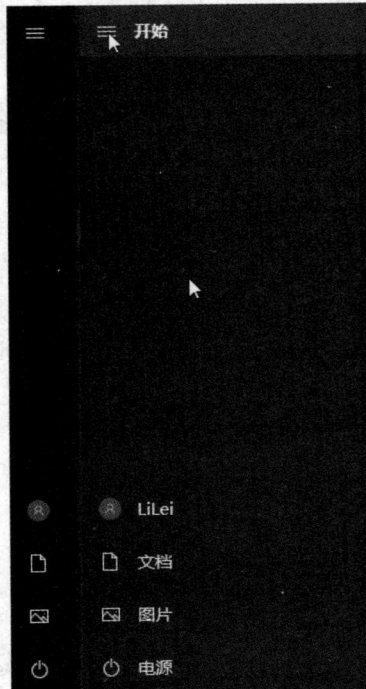

图 1-20　【开始】菜单展开按钮

7）应用列表

应用列表由上至下依次为最近添加的应用、最常使用的应用(默认不显示这一部分，需要对【开始】菜单进行个性化设置)和以首字母分类排序的所有应用。单击某个字母，切换到以字母为索引的列表，然后单击要查找应用的首字母，切换到以该字母为首字母的应用列表，这样方便找到应用，如图 1-21 所示。

---

* "帐户"应为"账户"，系统软件如此。

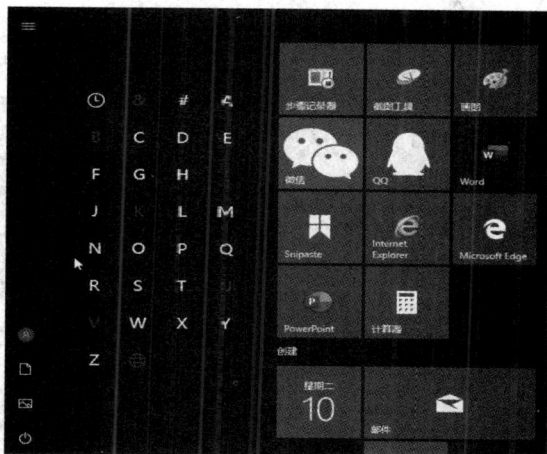

图 1-21　应用索引

8) 快捷菜单

右键单击【开始】按钮，弹出【开始】按钮快捷菜单，可快速访问 Windows 10 设置的相关功能，如图 1-22 所示。

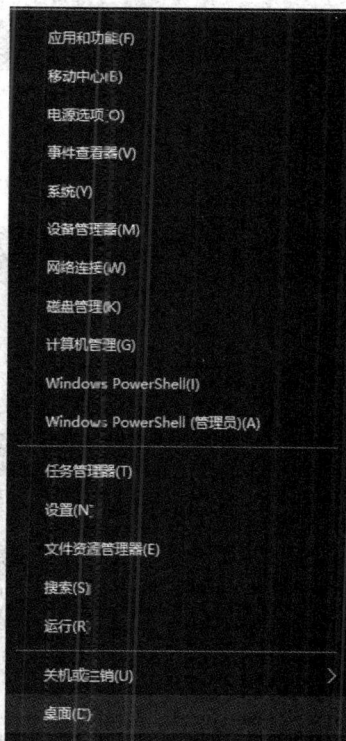

图 1-22　【开始】按钮快捷菜单

4. 搜索图标或搜索框

搜索在任务栏上有两种显示方式：(1) 显示为搜索图标，优点是占用任务栏空间小，缺点是搜索时需要单击切换为搜索框；(2) 显示为搜索框，优点是可直接在其中点击键入进行搜索，缺点是占用任务栏较大空间。

设置搜索任务栏上显示方式的操作如下：右键单击任务栏空白区域，在弹出的快捷菜单中选择【搜索】，然后选择【隐藏】【显示搜索图标】或【显示搜索框】，如图1-23所示。

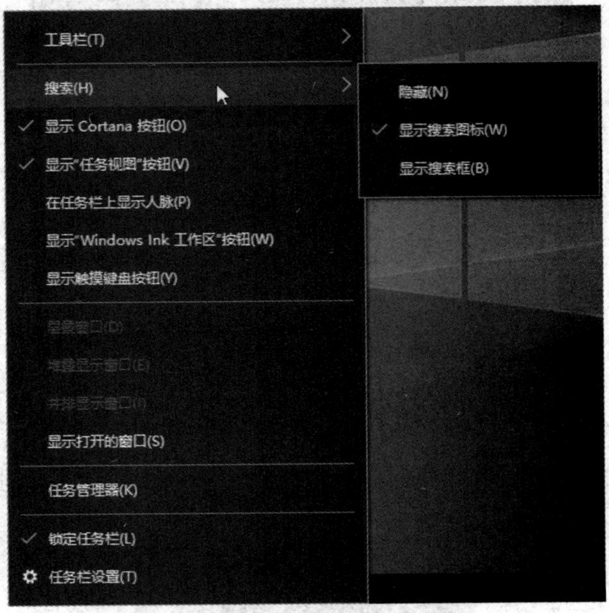

图1-23　设置搜索显示方式

5. Cortana(小娜智能助理)

Cortana是Microsoft的数字助理，其使命是帮助用户做好各种事情，如图1-24所示。

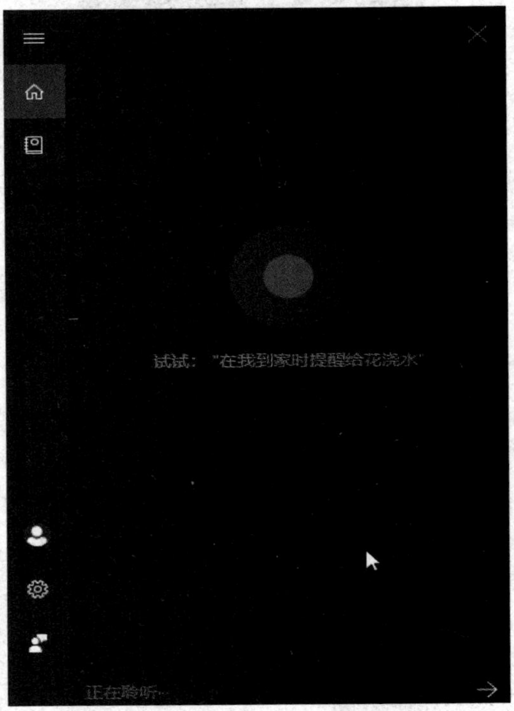

图1-24　Cortana(小娜)

　　使用语音"你好小娜"或单击任务栏上的 Cortana 图标启动 Cortana，并对 Cortana 讲话。

　　最常用、易用的还是语音命令，可以打开应用或对计算机进行设置提醒等。比如，使用语音命令"你好小娜，打开记事本"，Cortana 将语音响应用户的要求，并打开记事本应用；使用"你好小娜，打开设置"，Cortana 将打开设置页面；用户甚至可以要求 Cortana 唱首歌或讲个笑话，或者与 Cortana 闲聊；如果不了解 Cortana 能完成的工作，可尝试问 Cortana "你会做什么？"。

　　Cortana 旨在帮助用户处理日常任务。它从第一天起就做好了随时回答问题和完成基本任务的准备，它会随时间的推移不断学习，以便为用户提供越来越多的帮助。

1）隐藏 Cortana

　　Cortana 是 Windows 10 的一部分，这意味着无法完全关闭 Cortana。如果不希望使用此功能，则可将 Cortana 从任务栏中隐藏：右键单击任务栏上的 Cortana 按钮或空白处，在弹出的快捷菜单上清除勾选【显示 Cortana 按钮】。

2）设置 Cortana

　　单击 Cortana 界面左侧窗格上的【设置】，打开【Cortana】设置页面，对 Cortana 的外观、响应方式、语言、权限等进行详细设置。比如，在【你好小娜】下打开【让 Cortana 响应"你好小娜"】功能，这样通过语音能够唤醒 Cortana，如图 1-25 所示。

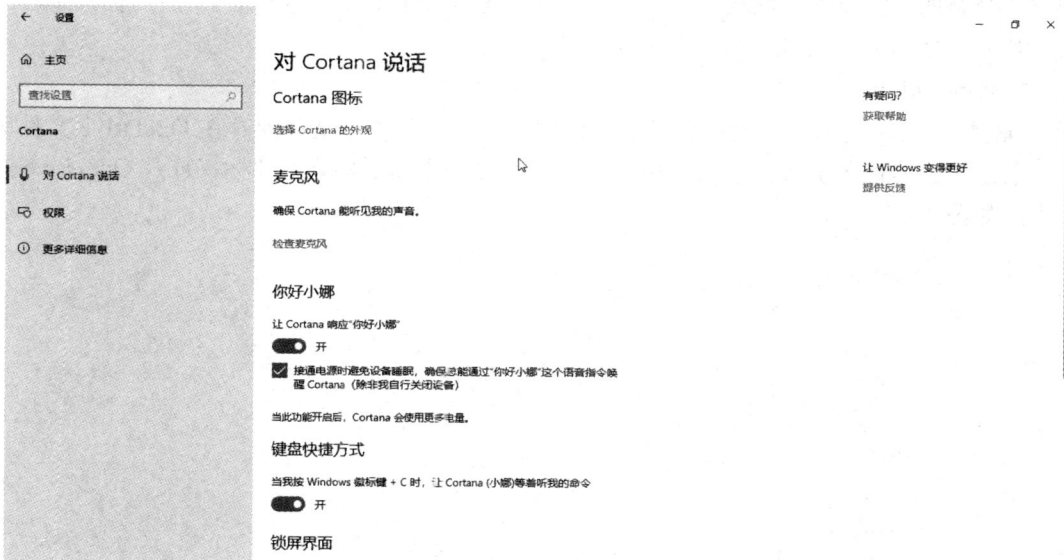

图 1-25　Cortana 设置

6. 任务视图

　　任务视图用于显示当前使用的桌面、运行的应用和打开的窗口，以便在不同桌面、应用、窗口间切换，如图 1-26 所示。

　　任务视图还提供了时间线，让用户可以随时跳转到某个时间点，去查看当时所做的工作。可视化的时间轴上展现了客户做过的一切，可以快速地跳转到任何时间点去访问文件、应用和网站，允许用户在当前正在运行的应用程序和过去的活动之间进行切换。

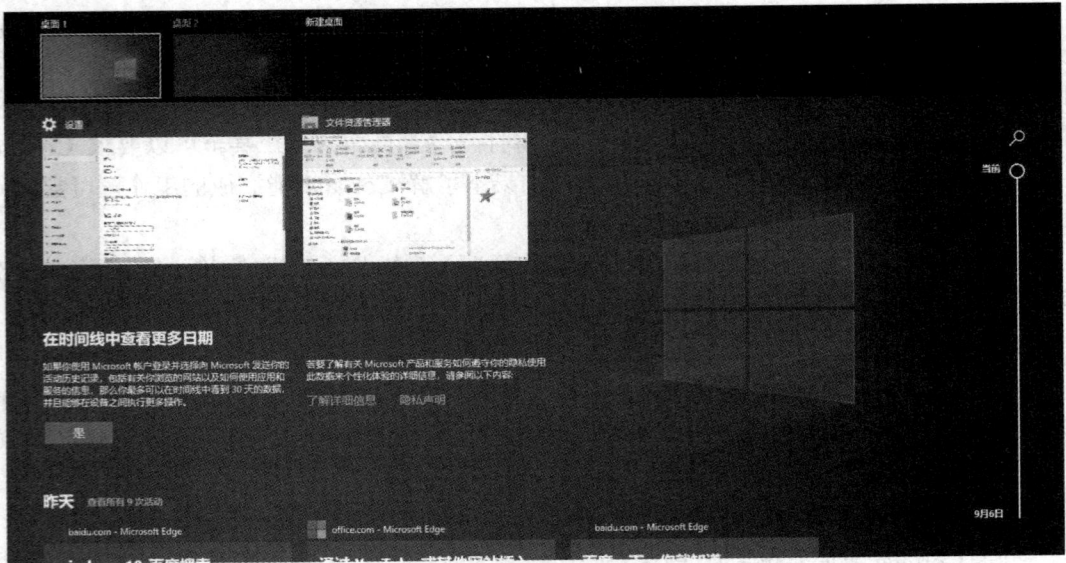

图 1-26　任务视图

　　在任务视图中，还可以新建一个或多个虚拟桌面以整理应用，并在桌面间切换。若要创建一个新的虚拟桌面，则在任务栏上选择【任务视图】→【新建桌面】，然后打开某些应用；若要在桌面之间切换，则可返回【任务视图】。

　　7. OneDrive

　　OneDrive 是 Microsoft 账户附带的免费网盘。用户可以将文件保存在 OneDrive 文件夹中，以便在任何设备上访问它们。单击任务栏右侧的【OneDrive】图标，打开 OneDrive 文件夹，如图 1-27 所示。

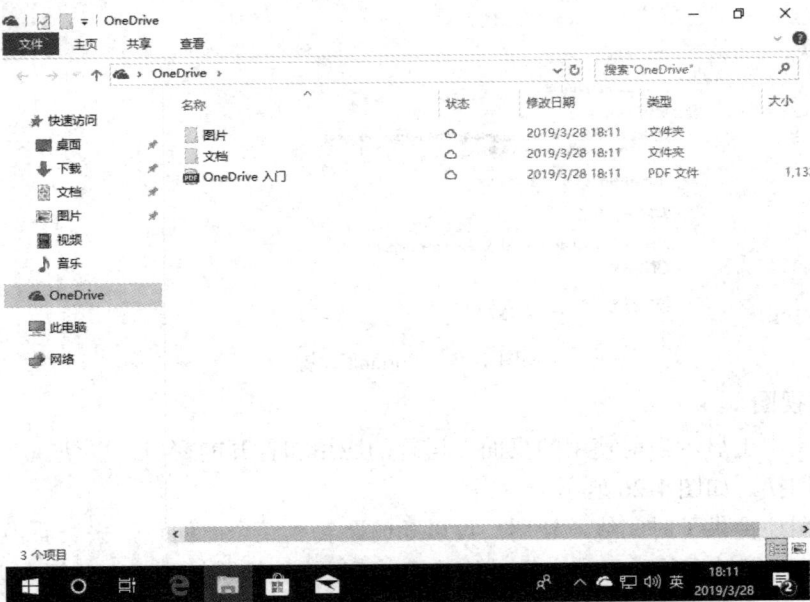

图 1-27　OneDrive 文件夹初始内容

1.2　Windows 10 基本操作

1. 窗口

每当打开程序、文件或文件夹时，它都会在屏幕上称为窗口的框或框架中显示(这是 Windows 操作系统获取其名称的位置)。因为在 Windows 中窗口随处可见，了解和使用它们就尤为重要。

虽然每个窗口的内容各不相同，但所有窗口都有一些共通点：一方面，窗口始终显示在桌面上；另一方面，大多数窗口都具有相同的基本部分。下面以图 1-28 所示的【画图】应用窗口为例进行介绍。

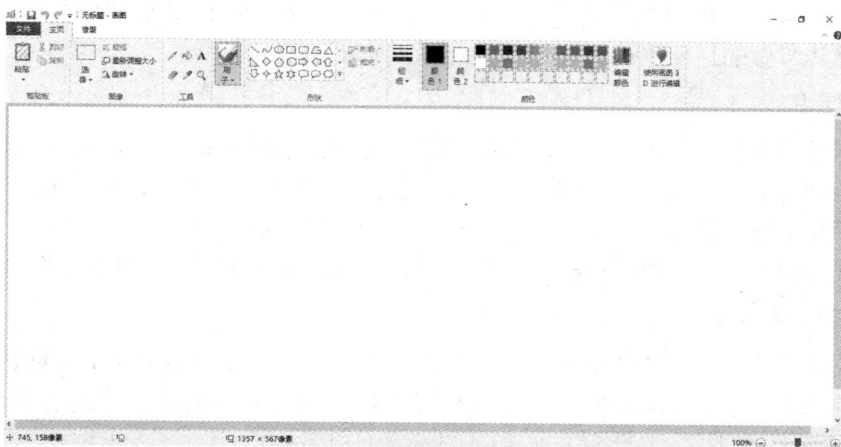

图 1-23　【画图】应用窗口

窗口的基本操作如下：

(1) 若要移动窗口，则可以将鼠标指针指向其标题栏，然后将窗口拖动到希望的位置。("拖动"意味着指向项目，按住鼠标按钮，用指针移动项目，然后释放鼠标按钮。)

(2) 若要使窗口填满整个屏幕，则单击【最大化】按钮或双击该窗口的标题栏。

若要将最大化的窗口还原到以前大小，则单击【还原】按钮(此按钮出现在【最大化】按钮的位置上)，或者双击窗口的标题栏。

(3) 若要调整窗口的大小(使其变小或变大)，则将鼠标指向窗口的任意边框或角。当鼠标指针变成双箭头时，拖动边框或角可以缩小或放大窗口(注意：已最大化的窗口无法调整大小，必须先将其还原为先前的大小)。另外，虽然多数窗口可被最大化和调整大小，但也有一些窗口是固定大小的，如对话框。

(4) 隐藏窗口称为最小化窗口。如果要使窗口临时消失而不将其关闭，则可以将其最小化。

若要最小化窗口，则单击【最小化】按钮，窗口会从桌面中消失，只在任务栏上显示为按钮状态。

若要使最小化的窗口重新显示在桌面上，则单击其任务栏按钮，窗口会准确地按最小化前的样子显示。

(5) 如果打开了多个应用或文档，桌面会快速布满杂乱的窗口。通常不容易跟踪已打开了哪些窗口，因为一些窗口可能部分或完全被其他窗口覆盖了。

通过按【Alt+Tab】组合键可以切换到先前的窗口，或者通过按住 Alt 键并重复按 Tab 键，循环切换所有打开的窗口和桌面，释放 Alt 键可以显示所选的窗口。

(6) 可以在桌面上按喜欢的任何方式排列窗口，还可以右键单击任务栏的空白区域，选择【层叠窗口】【堆叠显示窗口】或【并排显示窗口】，按层叠、纵向堆叠或并排方式使 Windows 自动排列窗口。

(7) 【对齐】命令将在移动的同时自动调整窗口的大小，或将这些窗口与屏幕的边缘对齐。可以使用【对齐】并排排列窗口、垂直展开窗口或最大化窗口。

(8) 关闭窗口会将其从桌面和任务栏中删除。如果使用了程序或文档，而无须立即返回到窗口时，则可以将其关闭。若要关闭窗口，则单击【关闭】按钮。如果关闭的是文档，在未保存对其所做的任何更改时，系统会显示保存更改提示信息。

2．对话框

对话框是特殊类型的窗口，可以提出问题，允许选择选项来执行任务，或者提供信息。当 Windows 或应用需要用户进行响应它才能继续时，经常会看到对话框。比如，用户退出应用但未保存工作，将出现一个对话框，询问用户是否保存。

与常规窗口不同，多数对话框无法最大化、最小化或调整大小，但是它们可以被移动。

3．设置账户头像

设置在登录屏幕、开始菜单上显示账户的头像时，选择【开始】→【设置】→【账户】→【账户信息】。在【创建头像】下面选择【相机】或【从现有图片中选择】，如图 1-29 所示。

图 1-29　创建或更改账户头像

4．使用图片作为桌面背景

选择【开始】→【设置】→【个性化】→【背景】，在【背景】下选择【图片】→【浏览】，然后选择想要使用的图片，如图 1-30 所示。

图 1-30　使用图片作为桌面背景

5．个性化锁屏界面

选择【开始】→【设置】→【个性化】→【锁屏界面】，然后更改设置以获得需要的外观，选择在锁屏界面上显示状态的应用，如图 1-31 所示。

图 1-31　个性化锁屏界面

6. 更改主题

选择【开始】→【设置】→【个性化】→【主题】，然后选择要应用的新主题，或更改现在主题的背景、颜色、声音、鼠标光标等。除了默认内置主题外，还可以选择【在 Microsoft Store 中获取更多主题】，以下载新的桌面主题，如图 1-32 所示。

图 1-32　更改主题

7. 自定义桌面颜色

选择【开始】→【设置】→【个性化】→【背景】，在右侧的【背景】下选择【纯色】，然后选择【自定义颜色】，创建自己喜爱的色调，如图 1-33 所示。

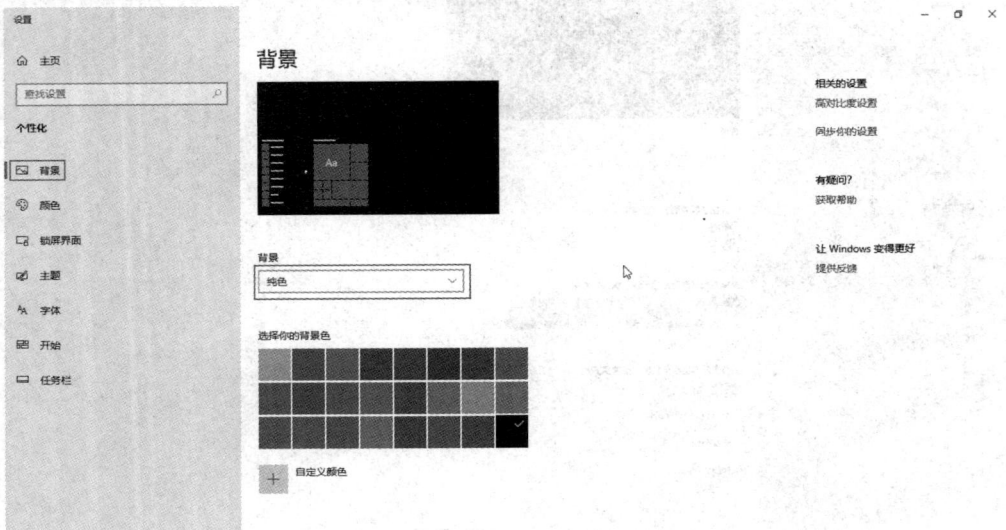

图 1-33　自定义桌面颜色

8．更改系统的日期与时间

计算机时钟用于记录创建或修改计算机中文件的时间。计算机系统的日期与时间可能显示不正确，这时就需要更改系统的日期和时间。

右键单击任务栏右侧的日期和时间，在快捷菜单中选择【调整日期/时间】，打开【日期和时间】设置页面，如图 1-34 所示。

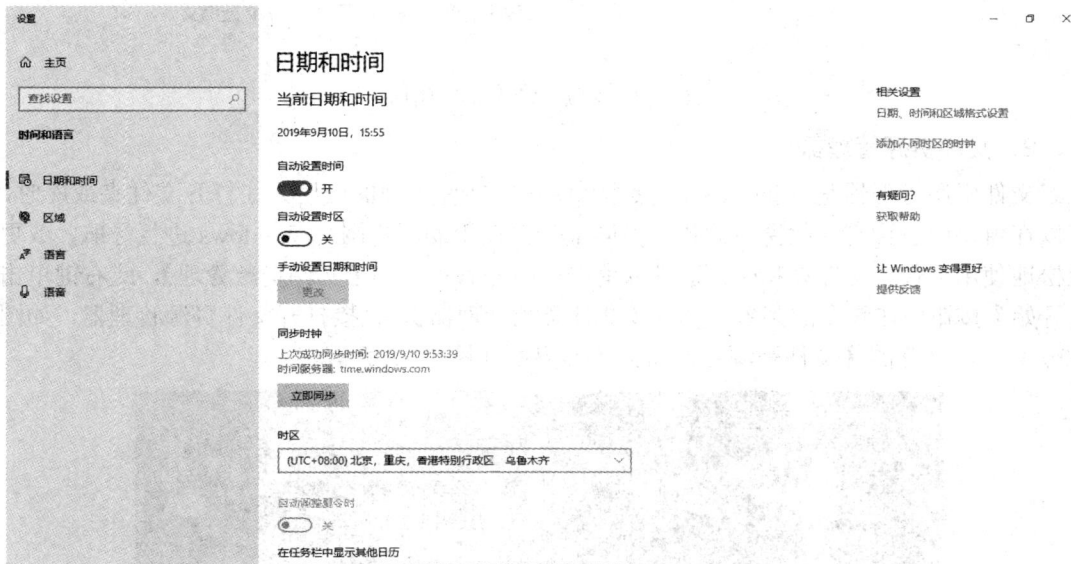

图 1-34　日期和时间的设置

系统默认自动设置时间，可通过单击同步时钟下的【立即同步】，校正和更新时间。

若要手动设置日期和时间，则首先关闭自动设置时间开关，然后单击【更改】，在打开的【更改日期和时间】对话框中设置日期和时间，完成后单击【更改】。

若要更改时区，则单击时区的下拉列表框选择当前所在的时区。

1.3　Windows 10 文件管理

1．文件系统与文件

在 Windows 10 中，文件系统控制着数据的存储和检索方式。如果没有文件系统，放置在存储介质中的信息将是大量的数据，无法判断一条信息的开始、休息或停止。通过将数据分成几块并给每个部分取一个名字，这些信息就容易被隔离和识别。这些被隔离的数据称为"文件"。用于管理这些信息组及其名称的结构和逻辑规则称为"文件系统"。

文件名用于标识文件系统中的存储位置，大多数文件系统对文件名的长度都有限制。在某些文件系统中(比如 Windows 使用的 NTFS 文件系统)，文件名不区分大小写(MYFILE 和 myfile 指的是同一文件)；在类 UNIX 操作系统(比如 Linux)中，文件名区分大小写(即 MYFILE、MyFile 和 myfile 指的是三个单独的文件)。

文件系统通常都具有目录(也称为文件夹)，作为文件的容器，允许用户将若干个文件分组存放到单独的集合中。目录或文件夹也可以包含子目录或子文件夹。

在计算机上，文件用图标表示，这样便于通过查看其图标来识别文件类型。图 1-35 所示是一些常见的文件图标。

位图图像　　文本文档　　Word 文档　　PowerPoint 演示文稿　　Microsoft Excel 工作表　　WinRAR ZIP 压缩文件

图 1-35　常见的文件类型图标

2. 文件资源管理器

文件资源管理器是 Windows 10 操作系统进行文件管理的应用。在打开文件夹或库时，可以在窗口中看到它。此窗口的各个不同部分旨在帮助用户围绕 Windows 进行导航，或更轻松地使用文件、文件夹和库。也可以单击桌面任务栏上的【文件资源管理】，或右键单击【开始】按钮，在弹出的菜单中选择【文件资源管理器】，直接打开文件资源管理器，如图 1-36 所示。打开的【文件资源管理器】工作界面如图 1-37 所示。

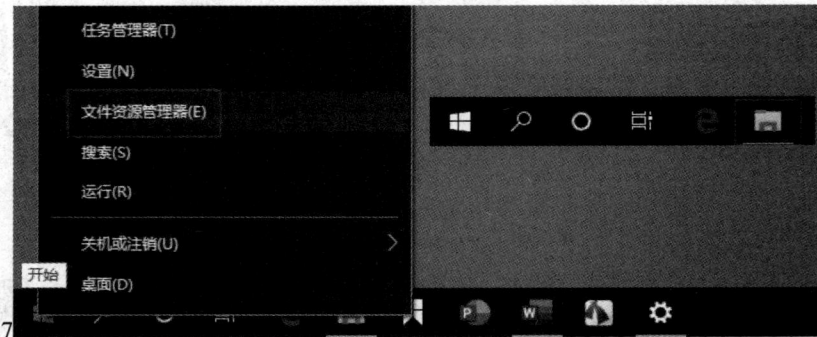

图 1-36　打开【文件资源管理器】的两种方式

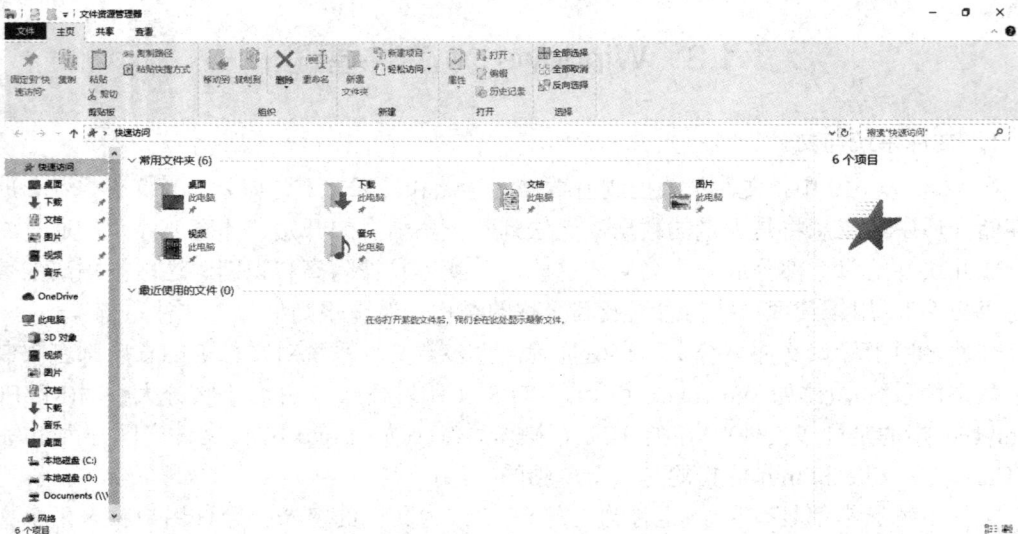

图 1-37　文件资源管理器

3．查看和排列文件和文件夹

在打开文件夹或库时，可以更改文件在窗口中的显示方式。例如可以首选较大(或较小)图标或者首选允许查看每个文件的不同种类信息的视图。若要执行这些更改操作，需要使用【查看】选项卡上【布局】组和【当前视图】组中的按钮，如图 1-38 所示。

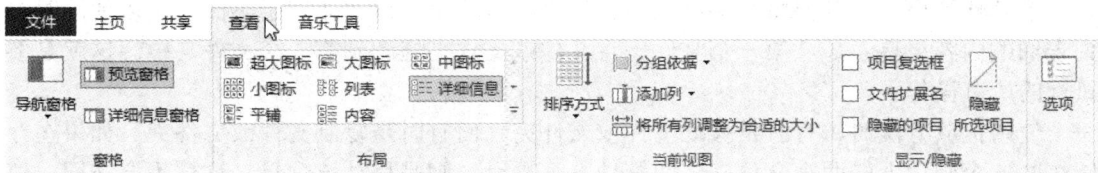

图 1-38　文件资源管理器【查看】选项卡

切换到【查看】选项卡，在【布局】组中有超大图标、大图标、中图标、小图标、列表、详细信息、平铺和内容等。将鼠标指针悬停到相应选项上可实时预览显示效果。

在文件资源管理器中，可以根据需要按照不同的排列方式对文件和文件夹排序。单击【查看】选项卡【当前视图】组中的【排序方式】按钮，可按照名称、类型、总大小、可用空间、文件系统等进行递增或递减(即升序或降序)排列。

4．查找文件或文件夹

根据用户拥有的文件数以及组织文件的方式，查找文件可能意味着浏览数百个文件，这不是轻松的任务。为了省时省力，可以使用搜索框查找文件。

搜索框位于每个窗口的顶部。若要查找文件，首先打开最有意义的文件夹或库作为搜索的起点，然后单击搜索框并开始键入文本，搜索框基于所键入文本筛选当前视图。如果搜索字词与文件的名称、标记或其他属性，甚至文本文档内的文本相匹配，则将文件作为搜索结果显示出来。

如果基于属性(如文件类型)搜索文件，则可以在开始键入文本前单击搜索框，在【搜索工具|搜索】选项卡下选择搜索的位置(【位置】组)、搜索的某一属性(【优化】组)、是否搜索文件内容和在压缩文件中进行搜索(【选项】组【高级选项】)来缩小搜索范围。这样会在搜索文本中添加一条【搜索筛选器】(如【类型】)，它将提供更准确的结果。在该选项卡下，还可以选择【保存搜索】(以保存此次搜索的结果供以后快捷调用)和【打开文件位置】(以打开搜索结果中某文件或文件夹所在的位置)，如图 1-39 所示。

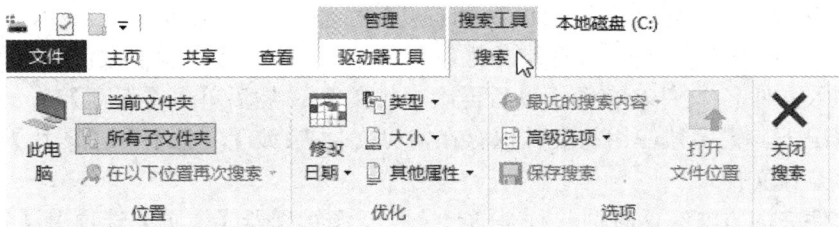

图 1-39　文件资源管理器【搜索】上下文选项卡

如果没有找到查找的文件，则可以通过单击搜索结果底部的某一选项来更改整个搜索范围。例如，如果在文档库中搜索文件，但无法找到该文件，则可以单击"库"以将搜索范围扩展到其余的库内。

5. 复制和移动文件或文件夹

有时可能希望更改文件在计算机中的存储位置。例如要将文件移动到其他文件夹或将其复制到可移动媒体(如 CD 或 U 盘)，以便与其他人共享。

可以使用拖放来复制和移动文件。首先打开包含要移动的文件或文件夹的文件夹；然后，在其他窗口中打开要将其移动到的文件夹，将两个窗口并排置于桌面上，以便同时看到它们的内容；接着，从第一个文件夹将文件或文件夹拖动到第二个文件夹中。这就是要执行的所有操作。

使用拖放方法时，有时是移动文件或文件夹，而有时是复制文件或文件夹。如果在存储在同一个硬盘上的两个文件夹之间拖动某个项目，则是移动该项目，这样不会在同一位置上创建相同文件或文件夹的两个副本；如果将项目拖动到其他位置(如网络位置或其他硬盘)中的文件夹或 CD 类的可移动媒体中，则会复制该项目。

如果将文件或文件夹复制或移动到某个库，该文件或文件夹将存储在库的"默认保存位置"。

复制或移动文件的另一种方法是在导航窗格中将文件从文件列表拖动至文件夹或库，从而不需要打开两个单独的窗口。

还可以选中文件或文件夹，通过功能区【主页】选项卡【剪贴板】组中的【复制】/【剪切】命令或键盘快捷方式【Ctrl+C】/【Ctrl+X】，在目标位置通过【粘贴】命令或键盘快捷方式【Ctrl+V】的方法复制/移动文件或文件夹。还可以通过【主页】选项卡上【组织】组中的【移动到】/【复制到】命令来移动/复制文件或文件夹，如图 1-40 所示。

图 1-40　通过文件资源管理器【主页】选项卡移动/复制文件或文件夹

6. 创建文件或文件夹

创建新文件的最常见方式是使用应用。例如在【记事本】应用中创建文本文档或者在【画图】应用中创建图片文件。

有些应用一经打开就会创建文件。例如打开写字板时，它使用空白页启动，这表示空(且未保存)文件；开始键入内容，并在准备好保存工作时，单击【保存】按钮；在所显示的对话框中，键入文件名(文件名有助于以后再次查找文件)，然后单击【保存】。

默认情况下，大多数应用将文件保存在常见文件夹(如【文档】和【图片】)中，这便于下次再次查找文件。

创建文件夹的方法有两种：一种是通过文件资源管理器【主页】选项卡【新建】组中的【新建文件夹】按钮；一种是在当前位置空白处点击鼠标右键，在右键快捷菜单中选择【新建】→【文件夹】。

7. 删除文件或文件夹

当不再需要某个文件或文件夹时，可以从计算机中将其删除以节约空间，并保持计算机不为无用文件所干扰。若要删除某个文件，则首先打开包含该文件的文件夹或库，然后选中该文件，按键盘上的 Delete 键，接着在【删除文件】对话框中单击【是】按钮。

　　删除文件时，它会被临时存储在【回收站】中。回收站可视为最后的安全屏障，它可恢复意外删除的文件或文件夹。硬盘空间不足时，可选择清空【回收站】以回收无用文件所占用的所有硬盘空间。

8．打开现有文件

　　若要打开某个文件，则可双击该文件，它将与该文件类型相关联的默认应用打开。例如文本文件将在启事本应用中打开。

　　但是并非始终如此，如果某文件类型与多个应用关联，则需要选择用哪个应用打开。例如双击某个图片文件，通常打开【照片】应用，但若要更改图片，则可以使用【照片】应用进行简单编辑，也可能需要使用其他应用，此时右键单击该文件，单击【打开方式】，然后在与该文件类型相关的应用列表中选择要使用的应用的名称。

1.4　网络连接与设置

1．有线连接

设置有线连接的步骤如下：

　　(1) 将已接入有线网络交换机的网线的另一端接入计算机的 LAN 口。右键单击任务栏通知区域的网络连接图标 ，在弹出的菜单中选择【打开"网络和 Internet"设置】，如图 1-41 所示。

图 1-41　【网络】右键快捷菜单

　　(2) 弹出【设置】窗口，单击右侧【更改网络设置】下的【更改适配器选项】，如图 1-42 所示。

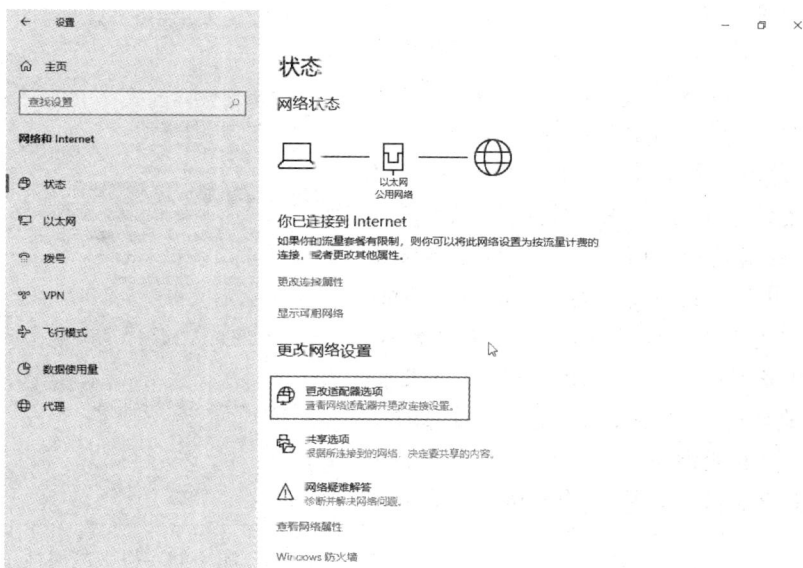

图 1-42　网络和 Internet 设置

(3) 打开【网络连接】窗口，右键单击【以太网】连接图标，在弹出的快捷菜单中单击【属性】菜单项，如图 1-43 所示。

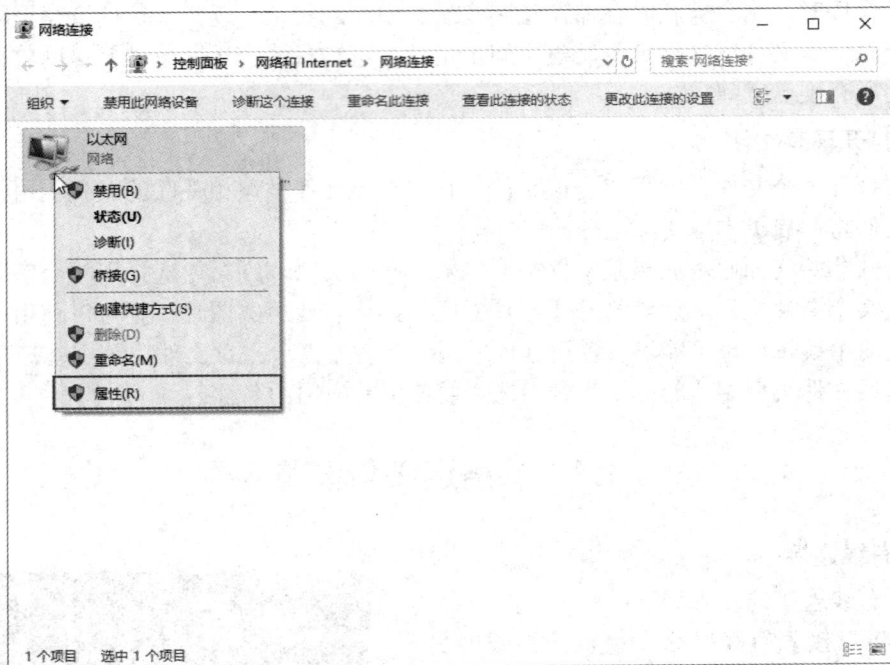

图 1-43　网络连接设置

(4) 在打开的【以太网 属性】页面中，选中【Internet 协议版本 4(TCP/IPv4)】，左键单击【属性】按钮，如图 1-44 所示。

(5) 在打开的【Internet 协议版本 4(TCP/IPv4)属性】窗口中，勾选【使用下面的 IP 地址】，依次输入从网络管理员处或 ISP 获得的 IP 地址、子网掩码、网关；勾选【使用下面的 DNS 服务器地址】(当勾选【使用下面的 IP 地址】时已自动勾选)，输入从网络管理员处或 ISP 获得的首选 DNS 服务器(DNS 用于将域名转换为实际的 IP 地址)的地址(示例中为中国联通的默认 DNS 服务器)，下面的备选 DNS 服务器地址(示例中为 Google 提供的 DNS 的地址)用于首选 DNS 服务器故障时使用，根据需要输入或留空；左键单击【确定】按钮，完成静态 IP 有线局域网络的连接，如图 1-45 所示。

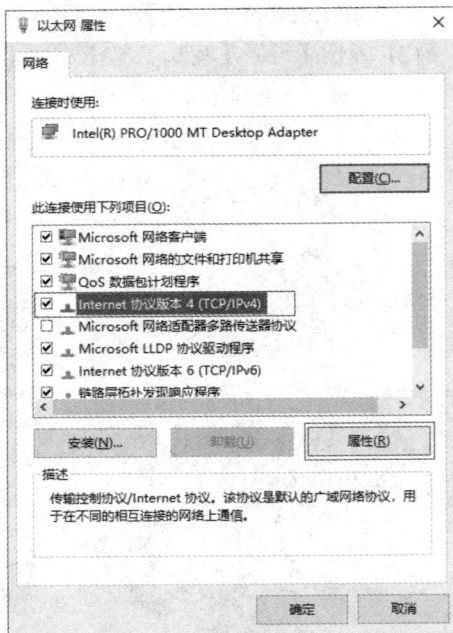

图 1-44　以太网属性设置

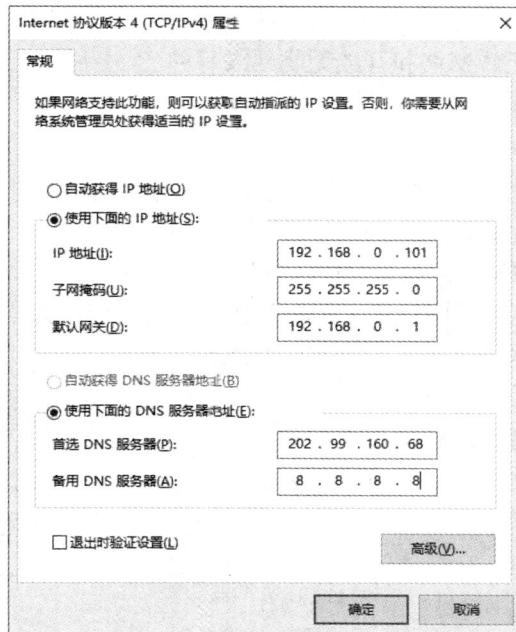

图 1-45　设置静态 IP 有线网络连接

2．动态 IP 网络连接

在动态 IP 网络下，将连接到局域网交换机的网线插入计算机 LAN 口，则操作系统自动获取局域网络 DHCP 服务器分配的 IP 地址和 DNS，不用进行其他配置，可以直接上网。查看其网络连接的 Internet 协议版本 4(TCP/IPv4)属性，如图 1-46 所示。

图 1-46　设置动态 IP 有线网络连接

3. 无线连接

无线连接分为加密无线网络和开放无线网络两种，其中加密无线网络连接时需要密钥，而开放无线网络可以直接连接但需要二次认证。

1) 连接到加密无线网络

(1) 单击任务栏上通知区域的无线连接图标，弹出操作系统自动搜索到的无线接入点设备、信号强度及是否是开放网络。

(2) 单击想要连接的无线接入点名称，确保选择【自动连接】，然后选择【连接】。

(3) 在打开界面的【输入网络安全密钥】栏中输入无线接入点的连接密码，单击【下一步】按钮，则操作系统开始连接到选定的接入点，直到完成。此后操作系统启动后将自动连接曾经连接过的、信号最强的无线网络。

2) 连接到二次认证的无线网络

有的无线网络，比如企事业办公网络和城域网公共无线网络，为方便连接设置为开放网络，即用户连接时不需要密码，而是通过连接后弹出网页输入用户名和密码的方式进行认证或通过微信登录认证。打开浏览器，在自动弹出的认证页面上输入用户名和密码即可。微信和手机号认证的无线网络按相应提示操作。

第 2 章　字处理软件 Word 2016

Word 2016 是 Office 2016 办公组件中编辑文档的基本工具。本章为用户介绍 Word 2016 的基本操作，包括新建文档、保存文档、输入文本、编辑文本内容等。

2.1　Word 2016 基本操作

2.1.1　Word 2016 的启动和退出

使用 Word 2016 编辑文档，首先需要启动软件，使用完成后还需要退出软件。

1. 启动 Word 2016

(1) 单击【开始】按钮，选择应用列表中的任一分组字母(比如【A】)，在打开的分组索引列表中单击【W】，可跳转到 W 开头的应用分组，单击【Word 2016】，则启动了 Word 2016，如图 2-1 所示。

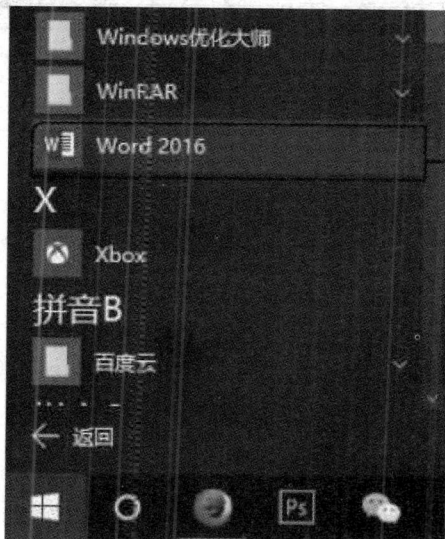

图 2-1　启动 Word 2016

(2) 在打开的界面中单击【空白文档】按钮，如图 2-2 所示。

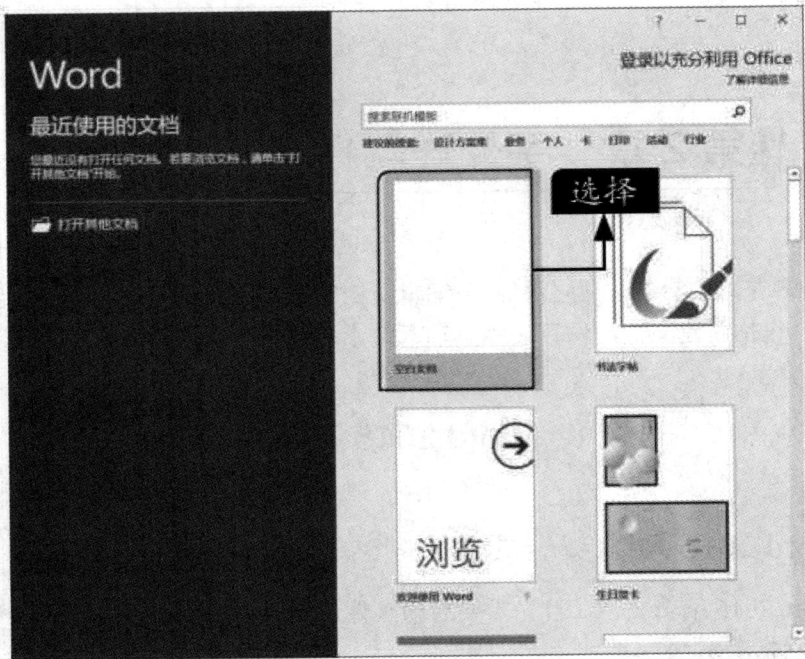

图 2-2　新建空白文档

(3) 此时会自动新建一个名为"文档 1"的空白文档，如图 2-3 所示。

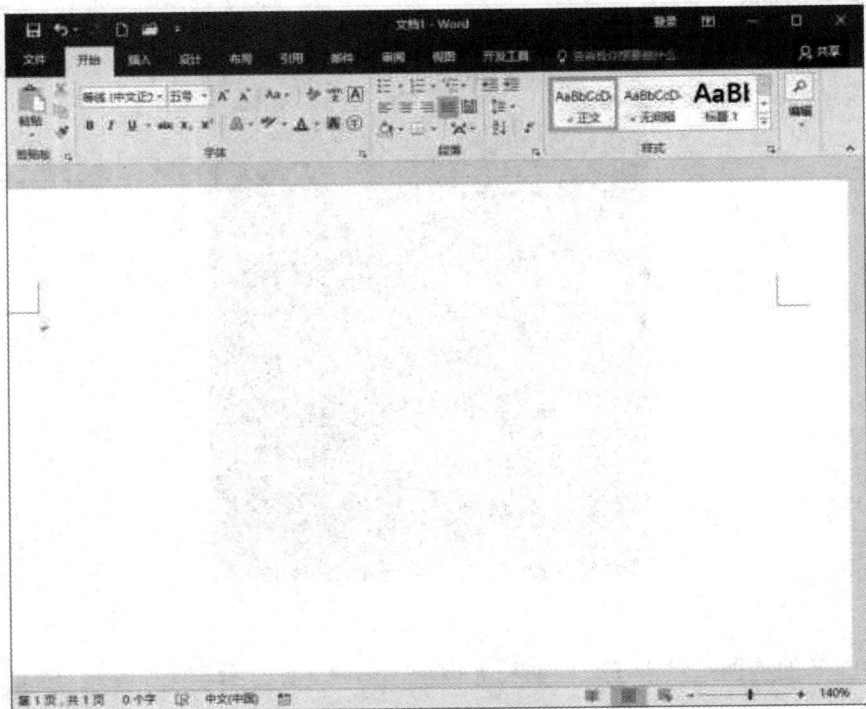

图 2-3　"文档 1"窗口

除此之外，还可以在 Windows 桌面或者文件夹的空白处单击鼠标右键，在弹出的快捷菜单中选择【新建】→【Microsoft Word 文档】命令，即可创建一个 Word 文档，用户可以直接重新命名该新建文档。双击该新建文档，Word 2016 就会打开这篇新建的空白文档。

2. 退出 Word 2016

退出 Word 2016 文档有以下几种方法：

(1) 单击窗口右上角的【关闭】按钮，如图 2-4 所示。

(2) 在文档标题栏上单击鼠标右键，在弹出的控制菜单中选择【关闭】命令，如图 2-5 所示。

图 2-4　关闭 Word 窗口

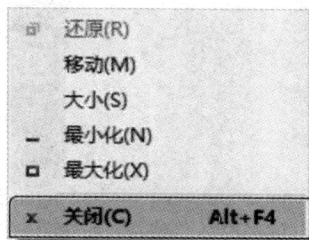

图 2-5　控制菜单关闭

(3) 单击【文件】选项卡下的【关闭】选项，如图 2-6 所示。

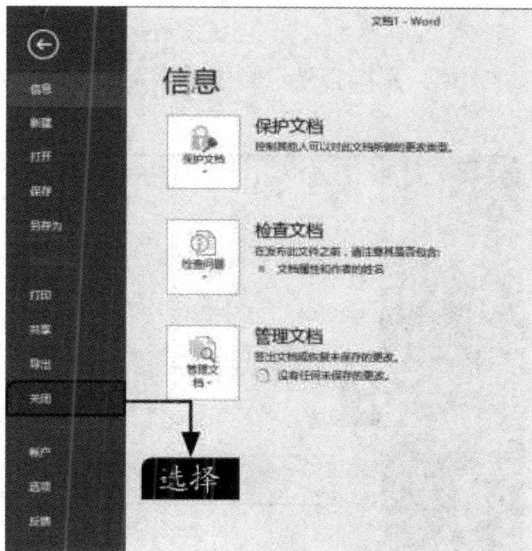

图 2-6　文件选项卡关闭

(4) 直接按【Alt+F4】组合键关闭。

2.1.2　文件的保存

在使用 Word 2016 工作时，文档是以临时文件的形式保存在计算机中的，意外退出 Word 2016，很容易造成工作成果的丢失，因此文档的保存和导出是非常重要的。只有保存或导出文档后才能确保文档不会丢失。

1. 保存新建文档

保存新建文档的具体操作步骤如下：

(1) 新建并编辑 Word 文档后，单击【文件】选项卡，在左侧的列表中单击【保存】选项，如图 2-7 所示。

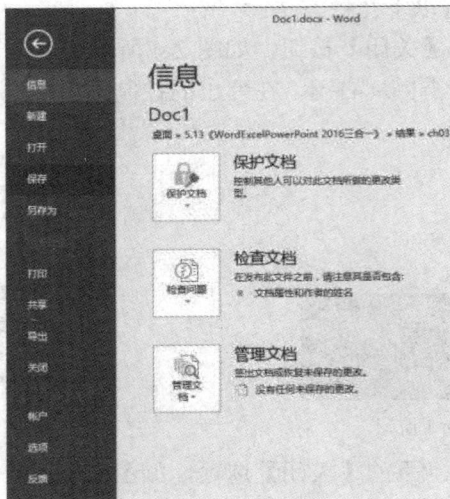

图 2-7　保存新建文档

(2) 此时为第一次保存文档，系统会显示为【另存为】。在【另存为】界面中单击【浏览】按钮，如图 2-8 所示。

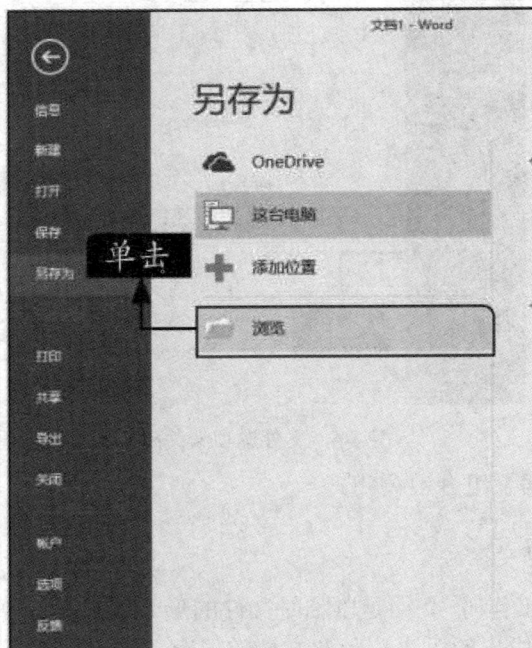

图 2-8　【另存为】界面

(3) 打开【另存为】对话框，选择文件保存的位置。在【文件名】文本框中输入要保存的文档名称，在【保存类型】下拉列表框中选择【Word 文档(*.docx)】选项，单击【保存】按钮，即可完成保存文档的操作，如图 2-9 所示。

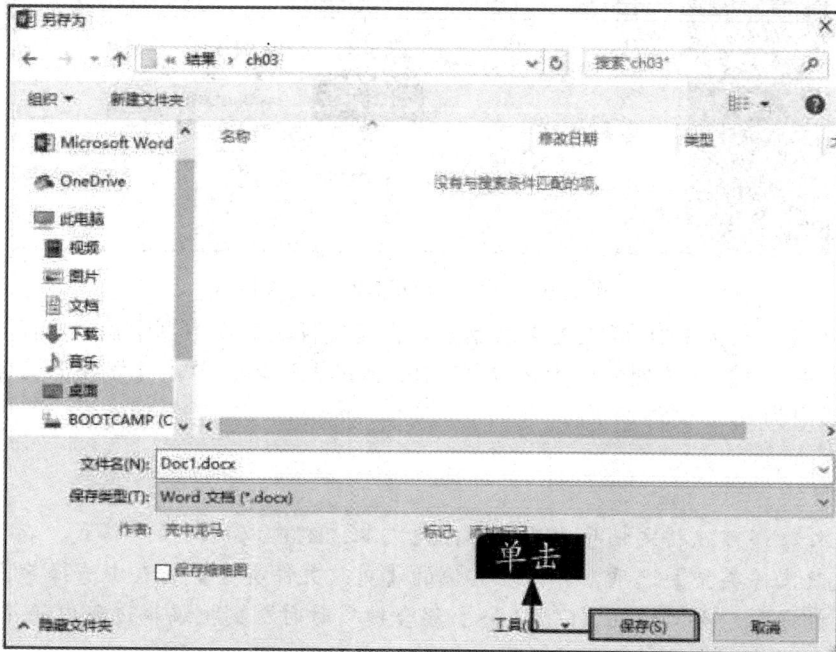

图 2-9　文件命名保存

2. 保存已有文档

对已存在的文档有三种方法可以保存更新：

(1) 单击【文件】选项卡，在左侧列表中单击【保存】选项。

(2) 单击快速访问工具栏中的【保存】图标 🖫。

(3) 使用【Ctrl + S】组合键可以实现快速保存。

3. 另存文档

如需要将文件另存至其他位置或其他的名称，可以使用【另存为】命令，将文档另存的具体操作步骤如下：

(1) 在已修改的文档中，单击【文件】选项卡，在左侧的列表中单击【另存为】选项。

(2) 在【另存为】界面中选择【这台电脑】选项，单击【浏览】按钮。在弹出的【另存为】对话框中选择文档要保存的位置，在【文件名】文本框中输入要另存的名称，单击【保存】按钮，即可完成文档的另存操作。

4. 导出文档

我们还可以将文档导出为其他格式(例如导出为 PDF)，具体操作如下：

(1) 在打开的文档中，单击【文件】选项卡，在左侧的列表中单击【导出】选项。在【导出】区域单击【创建 PDF/XPS 文档】项，并单击右侧的【创建 PDF/XPS】按钮，如图 2-10 所示。

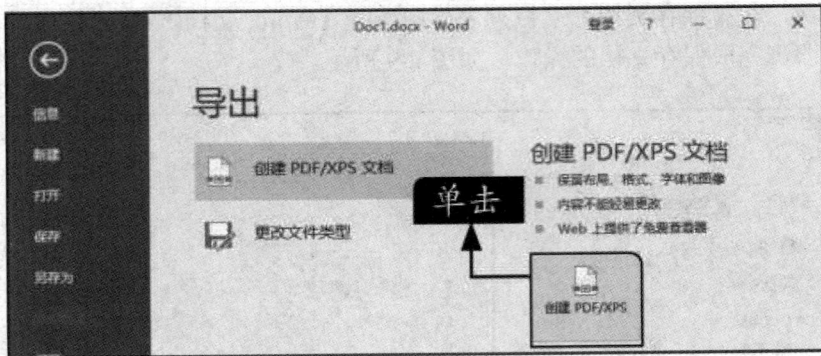

图 2-10　导出为 PDF/XPS 文件窗口

（2）弹出【发布为 PDF 或 XPS】对话框，在【文件名】文本框中输入要保存的文档名称，在【保存类型】下拉列表框中选择【PDF(*.pdf)】选项。单击【发布】按钮，即可将 Word 文档导出为 PDF 文件。

提示：

除此之外，还可以将文档导出为模版、纯文本、RTF 以及网页等格式。在【导出】区域单击【更改文件类型】选项，即可在右侧的【更改文件类型】列表中选择导出类型。

关于文档保存，务必记住【CTRL+S】组合键！时时刻刻把编辑过程中的【CTRL+S】训练成下意识行为，可以避免很多重复性工作。

除了快捷键，还可以通过设置文档自动保存时间来保存文档。

单击【文件】选项卡，在左侧列表中选择【选项】，然后再单击【保存】选项，在【自定义文档保存方式】中设置自动保存时间，如图 2-11 所示。

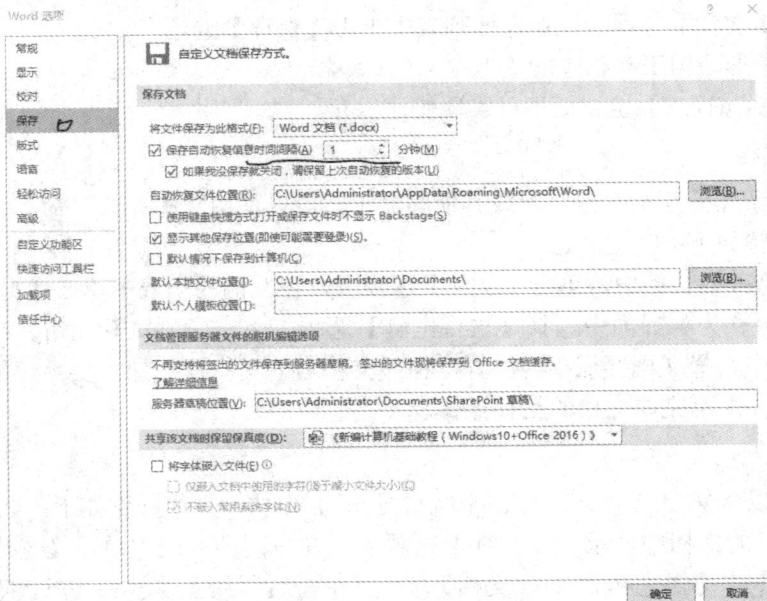

图 2-11　Word 保存选项设置自动保存时间

这样设置以后，Word 就会每隔 1 分钟自动保存一次文档，即使以后文档非正常关闭，顶多也就是损失这 1 分钟的内容。

提示：

合理设置保存自动恢复信息时间间隔。对于长文档来说，如果设置时间过短，会造成 Word 频繁自动保存，甚至严重到没有用于编辑的时间。

2.1.3　通用命令操作

Word、Excel 和 PowerPoint 中包含有很多通用的命令操作，如复制、剪切、粘贴、撤销、恢复、查找和替换等命令。下面以 Word 为例进行介绍。

1．复制命令

选择要复制的文本，单击【开始】选项卡下【剪贴板】组中的【复制】按钮，或者按【Ctrl+C】组合键都可以复制选择的文本。

2．剪切命令

选择要剪切的文本，单击【开始】选项卡下【剪贴板】组中的【剪切】按钮，或者按【Ctrl+X】组合键来剪切选择的文本。

3．粘贴命令

复制或者剪切文本后，将鼠标光标定位至要粘贴文本的位置，单击【开始】选项卡下【剪贴板】组中的【粘贴】按钮的下拉按钮，在弹出的下拉列表中选择相应的粘贴选项，或按【Ctrl+V】组合键来粘贴复制或者剪切的文本。

【粘贴】下拉列表各项含义如下。

【保留原格式】：被粘贴内容保留原始内容格式。

【匹配目标格式】：被粘贴内容取消原始内容格式，并应用目标位置的格式。

【仅保留文本】：被粘贴内容清除原始内容和目标位置的所有格式，仅保留文本。

4．撤销命令

当执行的命令有错误时，可以单击快速访问工具栏中的【撤销】按钮 ，或按【Ctrl+Z】组合键撤销上一步的操作。

5．恢复命令

执行撤销命令后，可以单击快速访问工具栏中的【恢复】按钮 ，或者按【Ctrl+Y】组合键恢复撤销的操作。

输入新的内容后，【恢复】按钮 会变为重复按钮 ，单击该按钮，将重复输入新输入的内容。

6．查找命令

需要查找文档中的内容时，单击【开始】选项卡下【编辑】组中的【查找】按钮右侧的下拉按钮，在弹出的下拉列表中选择【查找】选项，或者按【Ctrl+F】组合键，可以打开【导航】窗格；选择【高级查找】选项可以弹出【查找和替换】对话框，如图 2-12 所示。

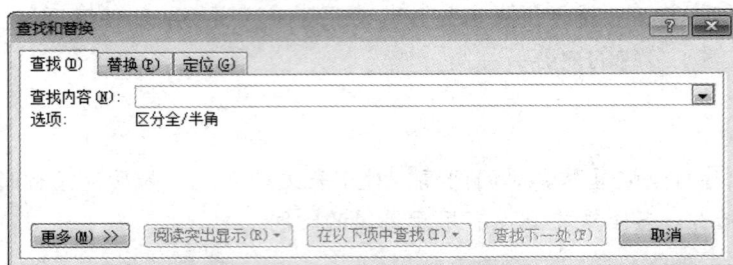

图 2-12   【查找】选项卡

7. 替换命令

需要替换某些内容或格式时，可以使用替换命令。单击【开始】选项卡下【编辑】组中的【替换】按钮，即可打开【查找和替换】对话框，在【查找内容】框中输入要被替换的内容，在【替换为】对话框中输入要替换的内容，单击【替换】按钮，如图 2-13 所示。

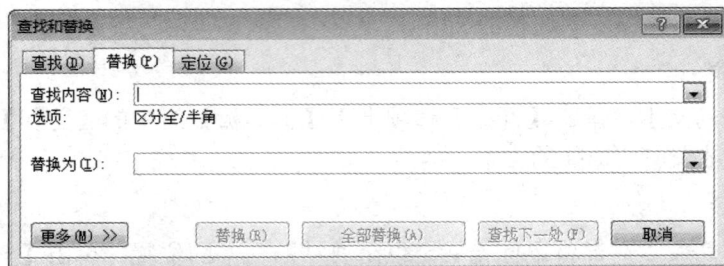

图 2-13   【替换】选项卡

2.1.4   使用本机上的模板创建文档

Word 2016 拥有已经预设好的模板文档，用户在使用过程中，只需在指定位置填写相关的文字即可。例如对于需要制作一个毛笔临摹字帖的用户来说，通过 Word 2016 就可以轻松实现，具体操作步骤如下：

(1) 单击【文件】选项卡，在弹出的下拉列表中选择【新建】选项，然后单击【新建】区域的【书法字帖】按钮，如图 2-14 所示。

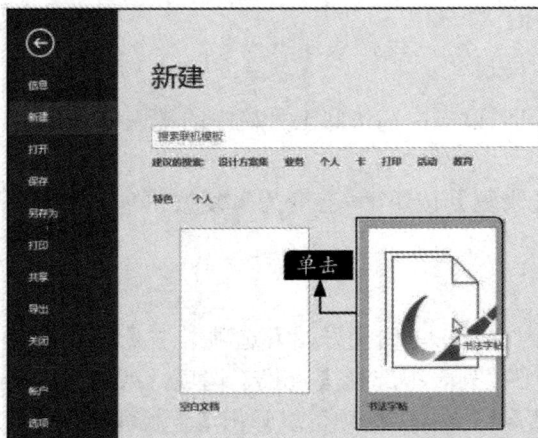

图 2-14   新建书法字帖窗口

（2）弹出【增减字符】对话框，在【可用字符】列表中选择需要的字符，单击【添加】按钮即可将所选字符添加至【已用字符】列表，如图 2-15 所示。

图 2-15　增减字符窗口

如果在【已用字符】列表中有不需要的字符，可以选中该字符后单击【删除】按钮。

（3）添加完成后单击【关闭】按钮，即可完成对书法字帖的创建，如图 2-16 所示。

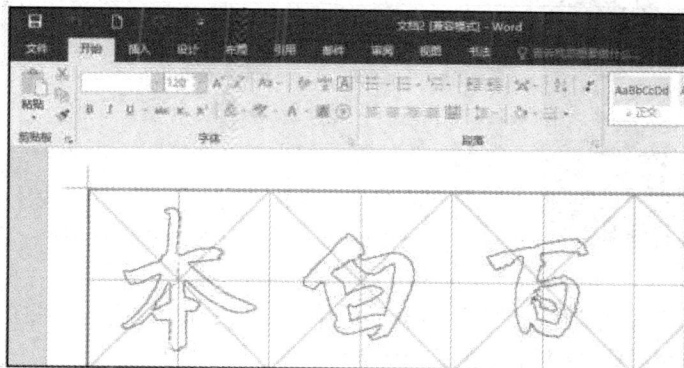

图 2-16　字帖创建结果

在【增减字符】对话框【字体】选项组中单击选中【系统字体】单选项，再单击【系统字体】右侧的下拉按钮，选择系统中安装的字体样式添加到书法字帖中。

2.1.5　使用联机模板创建文档

除了 Word 2016 自带的模板外，微软公司还提供了很多精美的专业联机模板。

（1）单击【文件】选项卡，在弹出的下拉列表中选择【新建】选项，在【搜索联机模板】搜索框中输入想要的模板类型，这里输入"卡片"，单击【开始搜索】按钮，如图 2-17 所示。

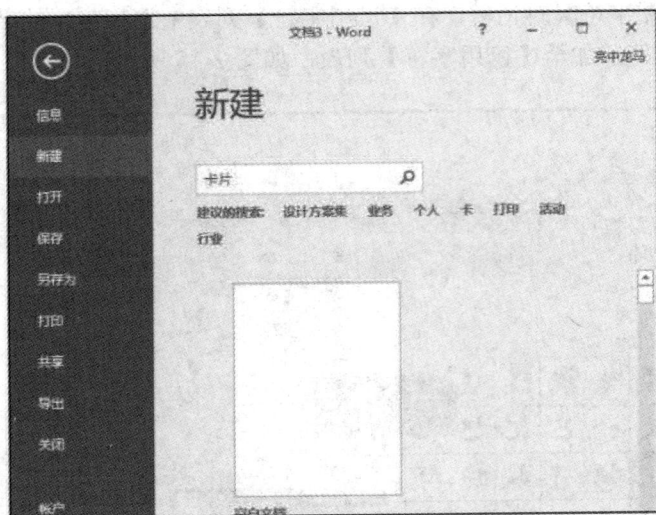

图 2-17　搜索卡片在线模板

(2) 在搜索的结果中选择"字母教学卡片"模板，如图 2-18 所示。

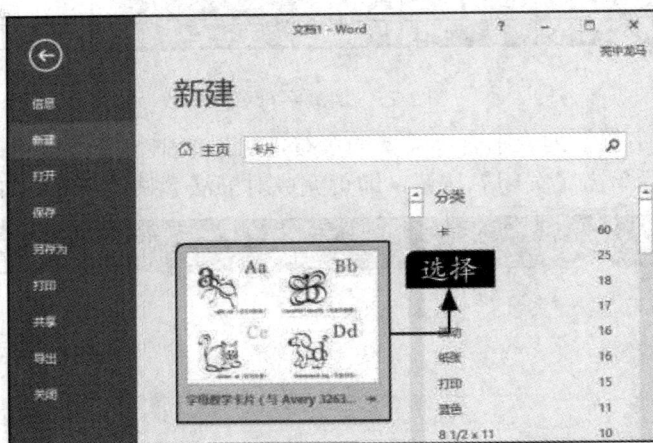

图 2-18　选择"字母教学卡片"模板

(3) 在弹出的"字母教学卡片"预览界面中单击【创建】按钮，即可下载该模板，下载完成后，会自动打开该模板，如图 2-19 所示。

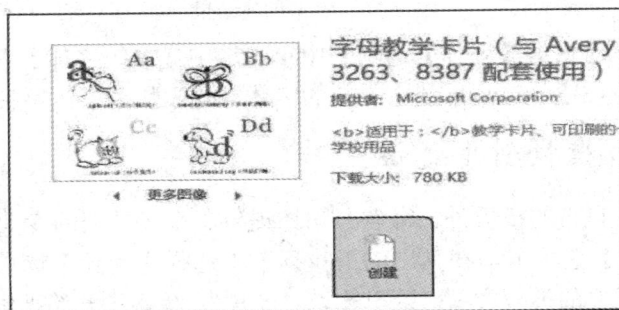

图 2-19　创建字母教学卡片

创建效果如图 2-20 所示。

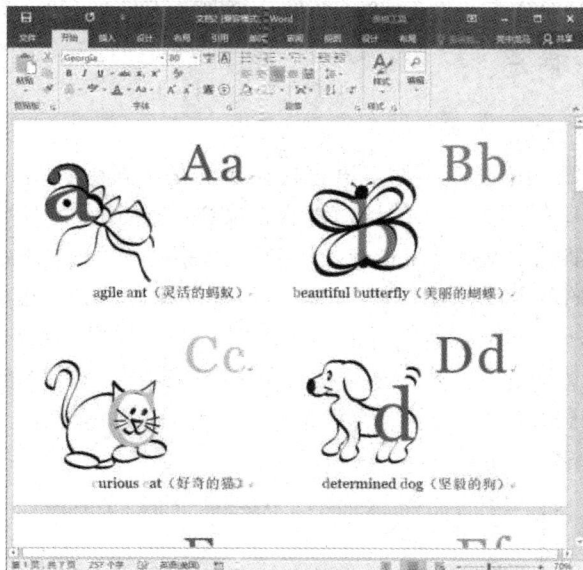

图 2-20　创建字母教学卡片结果

计算机在联网的情况下，可以在【搜索联机模板】文本框中输入模板关键词进行搜索并下载。

2.1.6　打开文档

Word 2016 提供了多种打开已有文档的方法，下面介绍几种常用的方法。

1．正常打开文档

一般情况下，在文档图标上双击即可打开文档，也可以鼠标右键单击文件，在弹出的快捷菜单中选择【打开方式】→【Word】命令，或者直接单击【打开】命令，打开文档。

2．通过 Word 打开文档

通过 Word 的【文件】选项卡也可以直接打开 Word 文档，具体操作步骤如下：

(1) 在 Word 的工作界面中选择【文件】选项卡，在打开的界面中选择【打开】→【这台电脑】。

(2) 单击【浏览】按钮，打开【打开】对话框，定位到要打开的文档的路径，然后选中要打开的文档，单击【打开】按钮，即可打开文档。

3．以快捷方式打开文档

在打开的任意文档中，单击【文件】选项卡，在其下拉列表中选择【打开】选项，在右侧的【最近】区域中选择将要打开的文件名称，即可快速打开最近使用过的文档。

4．以只读方式打开文档

选择【文件】选项卡，在弹出的下拉列表中选择【打开】选项，单击【浏览】按钮，在弹出的【打开】对话框中选择要打开的文档名称，单击右下角的【打开】按钮，在弹出的快捷菜单中选择【以只读方式打开】命令。

此时以只读方式打开文档，且在标题上有"只读"字样。

2.1.7 中/英文和标点

1．中文和标点

由于 Windows 的默认语言是英语，语言栏显示的是美式键盘图标，因此如果不进行中/英文切换就以汉语拼音的形式输入的话，那么在文档中输出的文本就是英文。

我们一般安装的都是中文版 Windows 10，它的默认输入法是中文输入法。可以根据个人使用习惯安装熟悉的输入法，比如搜狗输入法、QQ 输入法、百度输入法等。

在输入的过程中，当文字到达一行的最右端时，输入的文本将自动跳转到下一行。如果在未输入完一行时就要换行输入，则可按 Enter 键来结束一个段落，这样会产生一个段落标记"↵"。如果按【Shift+Enter】组合键来结束一个段落，会产生一个手动换行符"↓"，如图 2-21 所示。

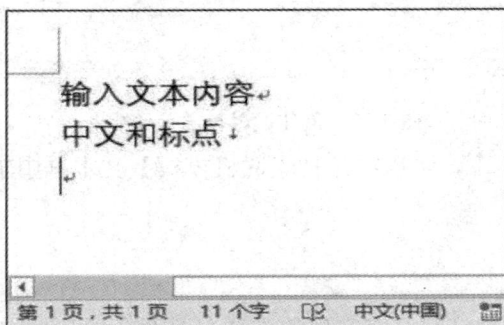

图 2-21 段落标记

如果用户需要输入标点，按键盘上的标点键即可，如图 2-22 所示输入一个句号。

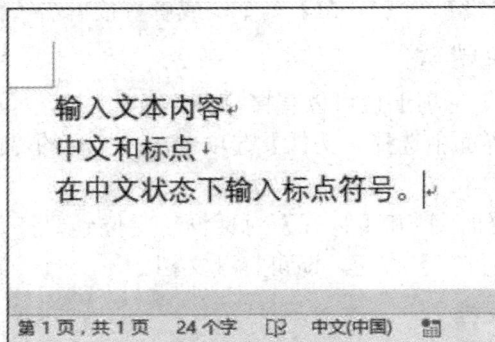

图 2-22 输入句号

2．英文和标点

在编辑文档时，有时也需要输入英文和英文标点符号，按 Shift 键即可在中文和英文输入法之间切换。下面以使用搜狗拼音输入法为例，介绍输入英文和英文标点符号的方法，具体操作步骤如下：

(1) 在中文输入法状态下，按 Shift 键，即可切换至中文输入法的英文状态，然后在键盘上按相应的英文按键，即可输入英文，如图 2-23 所示。

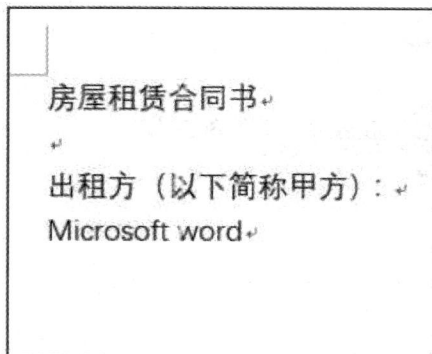

图 2-23 输入英文

(2) 输入英文标点和输入中文标点的方法相同，如按【Shift+ 1】组合键，即可在文档中输入一个英文的感叹符号 "!"，如图 2-24 所示。

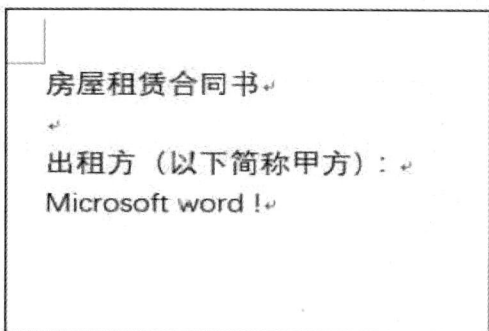

图 2-24 输入英文感叹号

2.1.8 日期和时间

在文档中插入日期和时间，具体操作步骤如下：

(1) 单击【插入】选项卡下的【文本】选项组中【日期和时间】按钮，如图 2-25 所示。

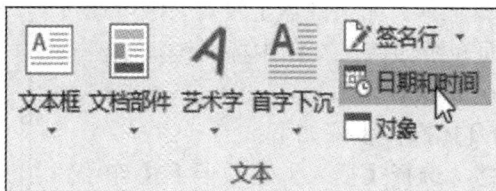

图 2-25 插入时间和日期

(2) 在弹出的【日期和时间】对话框中，任选一种日期和时间的格式，然后选择【自动更新】复选框，单击【确定】按钮，如图 2-26 所示。

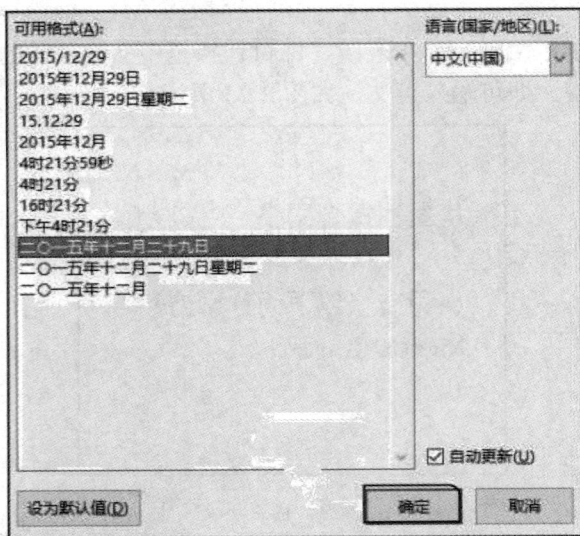

图 2-26 日期和时间对话框

(3) 此时即可将时间插入文档中，且插入文档的日期和时间会根据系统时间自动更新，如图 2-27 所示。

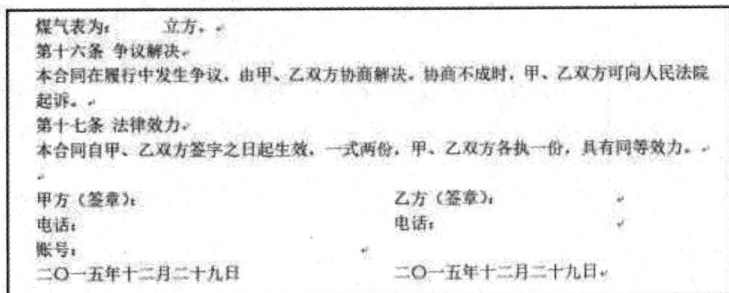

图 2-27 日期和时间自动更新

2.1.9 符号和特殊符号

编辑 Word 文档时会使用到一些常用的符号和特殊的符号等，这些可以直接通过键盘输入，如果键盘上没有，则可通过选择符号的方式插入。下面介绍如何在文档中插入键盘上没有的符号。

在文档中插入符号的具体操作步骤如下：

(1) 新建一个空白文档，选择【插入】选项卡下【符号】组中的【符号】按钮 Ω符号▾ ，在弹出的下拉列表中会显示一些常用的符号，单击符号即可快速插入，这里单击【其他符号】选项，如图 2-28 所示。

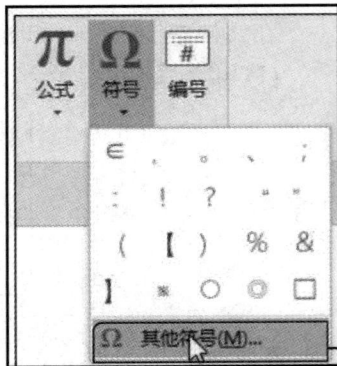

图 2-28 插入其他符号

(2) 弹出【符号】对话框，在【符号】选项卡下【字体】下拉列表框中选择所需字体，在【子集】下拉列表框中选择一个专用字符集，选择后的字符将全部显示在下方的字符列表框中，如图 2-29 所示。

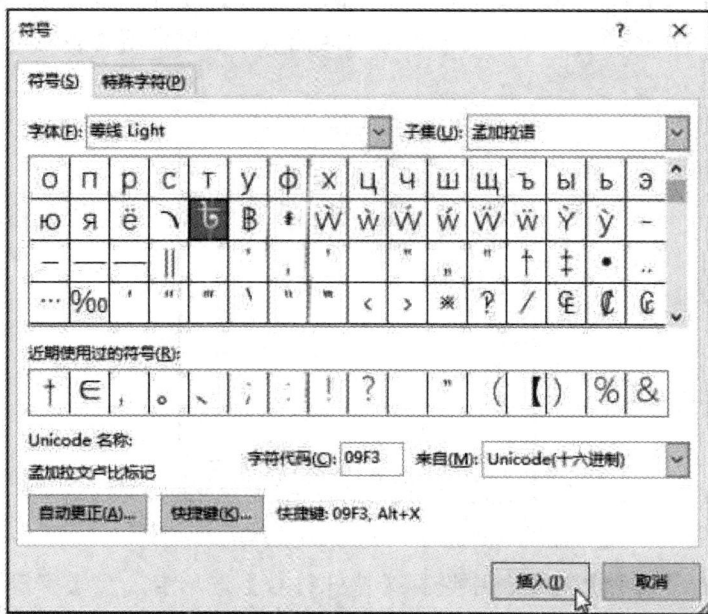

图 2-29　等线 Light 字符集

(3) 用鼠标指针指向某个符号并单击选中，单击【插入】按钮即可输入符号，也可以直接双击符号来插入。插入完成后，关闭【插入】对话框，可以看到符号已经插入到文档中鼠标光标所在的位置，如图 2-30 所示。

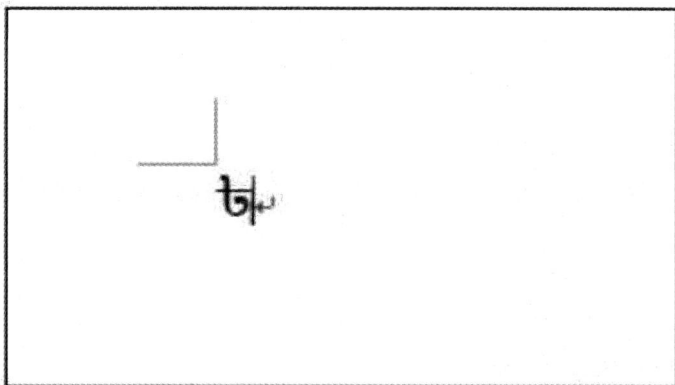

图 2-30　符号插入

提示：

单击【插入】按钮后【符号】对话框不会关闭。

如果在文档编辑中经常用到某些符号，可以单击【符号】对话框中的【快捷键】按钮为其定义快捷键。

通常情况下，文档中除了包含一些汉字和标点符号外，为了美化版面还会使用一些特殊符号，如※、♀、♂等。插入特殊符号的具体操作步骤如下：

(1) 选择【插入】选项卡下【符号】组中的【符号】按钮 Ω 符号▾，在弹出的下拉列表中会显示一些常用的符号，单击符号即可快速插入，这里单击【其他符号】选项，如图2-31 所示。

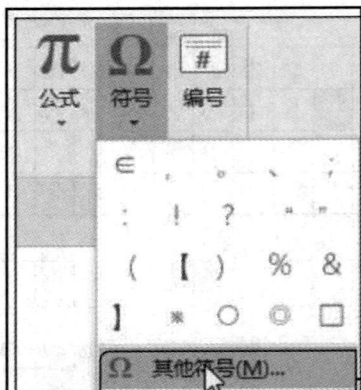

图 2-31　选择其他符号

(2) 在弹出的【符号】对话框中选择【特殊符号】选项卡，在【字符】列表框中选择需要插入的符号即可。系统还为某些特殊符号定义了快捷键，可以直接按下这些快捷键即可插入该符号。下面以插入"版权所有"符号为例，如图2-32 所示。

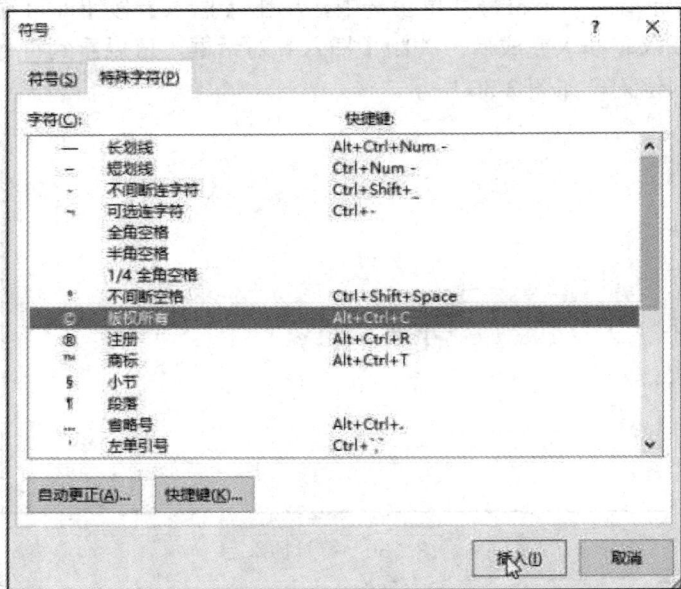

图 2-32　"版权所有"快捷键

(3) 单击【插入】按钮后关闭【插入】对话框，可以看到版权标志已经插入到文档中鼠标光标所在的位置，如图2-33 所示。

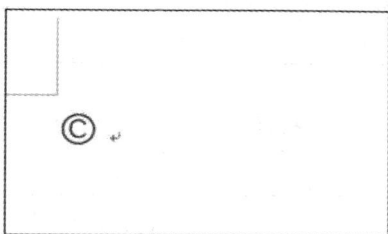

图 2-33　版权符号插入

2.1.10　插入带圈数字

在 Word 中可以插入数字 1～10 带圈的编号，还可以输入 10 以上的带圈数字，具体方法如下：

(1) 在新建文档中输入数字"20"，选中数字"20"，单击【开始】选项卡下【字体】组中的【带圈字符】按钮字，如图 2-34 所示。

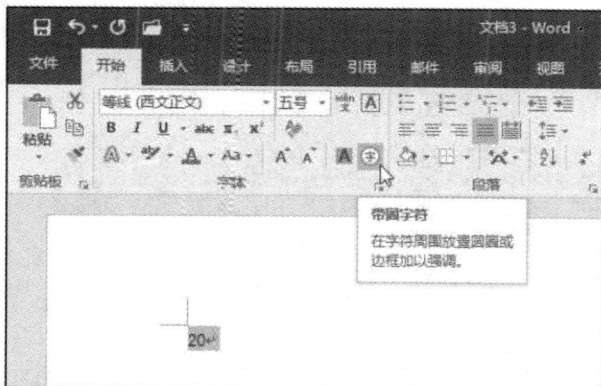

图 2-34　带圈字符

(2) 在弹出的【带圈字符】对话框中选择显示的样式，如选中【增大圈号】样式，单击【确定】按钮，如图 2-35 所示。

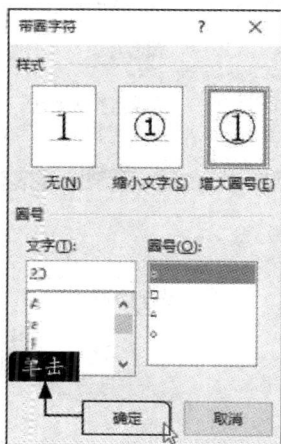

图 2-35　带圈字符对话框

最终效果如图 2-36 所示。

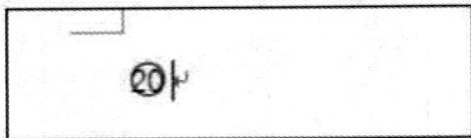

图 2-36　带圈字符

2.1.11　输入数学公式

在编辑数学方面的文档时数学公式的使用非常频繁。如果直接输入公式会比较烦琐，浪费时间且容易输错。在 Word 2016 中，可以直接使用【公式】按钮来输入数学公式，具体操作步骤如下：

(1) 将光标定位在需要插入公式的位置，切换到【插入】选项卡，在【符号】组中单击【公式】按钮，在弹出的下拉列表中选择【二项式定理】选项，如图 2-37 所示。

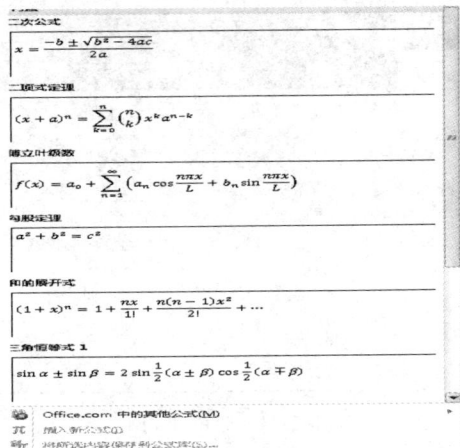

图 2-37　选择【二项式定理】选项

(2) 返回 Word 文档即可看到插入的公式，如图 2-38 所示。

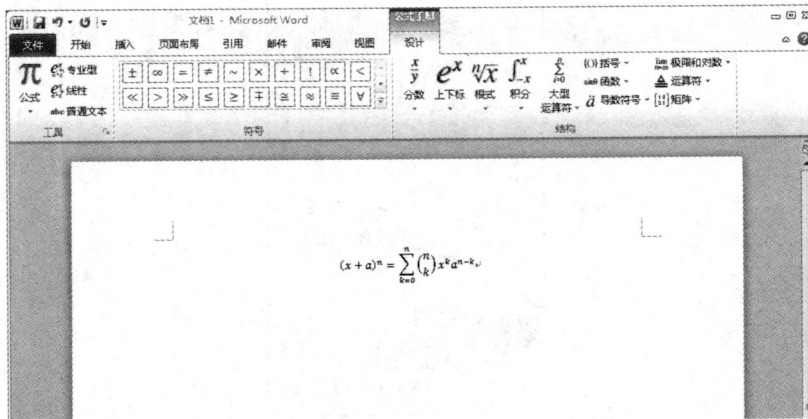

图 2-38　插入公式

(3) 插入公式后，窗口停留在【公式工具|设计】选项卡下，工具栏中提供一系列的工具模板按钮。单击【公式工具|设计】选项卡【符号】组中的【其他】按钮，在【基础数学】下拉列表中可以选择更多的符号类型；在【结构】选项组中包含了多种公式，如图 2-39 所示。

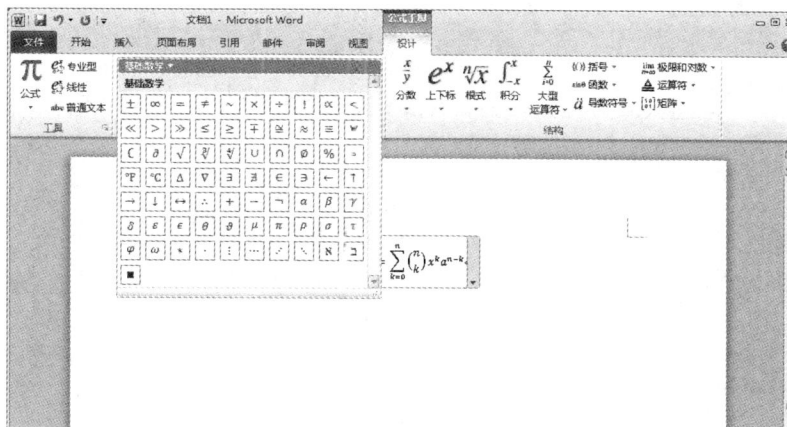

图 2-39　公式模板

(4) 在插入的公式中选择需要修改的公式部分，在【公式工具|设计】选项卡【符号】和【结构】组中选择将要用到的运算符号和公式，例如更改公式中的"n/k"，单击【结构】选项组中的【分数】按钮，在其下拉列表中选择"dy /dx"选项，如图 2-40 所示。

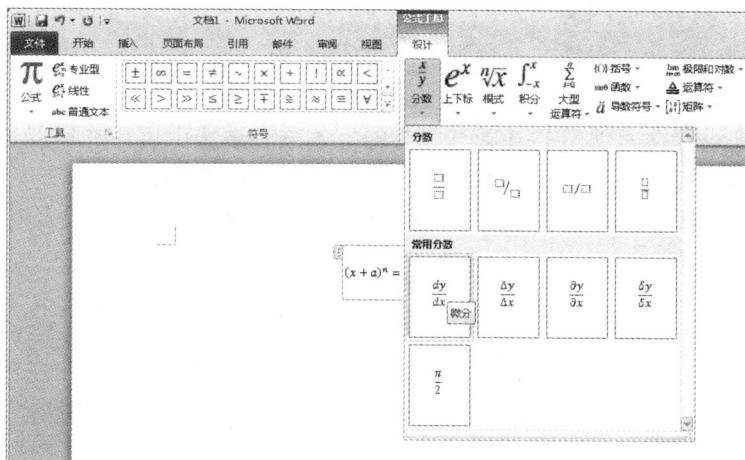

图 2-40　选择常用分数

单击【微分】公式即可改变文档中的公式，结果如图 2-41 所示。

$$(x+a)^n = \sum_{k=0}^{n} \left(\frac{dy}{dx}\right) x^k a^{n-k}$$

图 2-41　修改之后的公式

(5) 在文档中单击公式左侧的图标，即可选中此公式，单击公式右侧的下拉三角按钮，在弹出的下拉列表中选择【线性】选项，即可完成公式的改变，如图 2-42 所示。用户也可根据自己的需要进行更多操作。

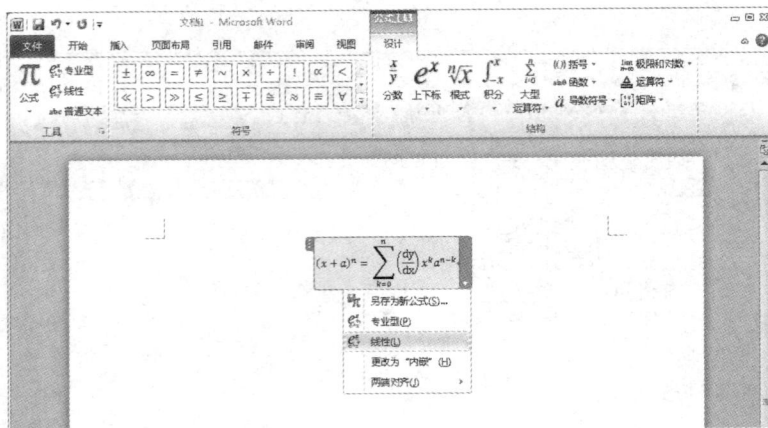

图 2-42　选择【线性】选项

2.2　编辑文本内容

文档创建完毕后，就可以对文档中的内容进行编辑了。

1. 选中、复制与移动文本

选中、复制与移动文本是文本编辑中不可或缺的操作，只有选中了文本，才能对文本进行复制与移动操作。

选中文本是进行文本编辑的基础，所有的文本只有被选中后才能实现各种编辑操作，不同的文本范围，其选择的方法也不尽相同，下面分别进行介绍。

(1) 如果要选中一个词组，就双击要选择词组中任意一个字，即可选中该词组，如图 2-43 所示。

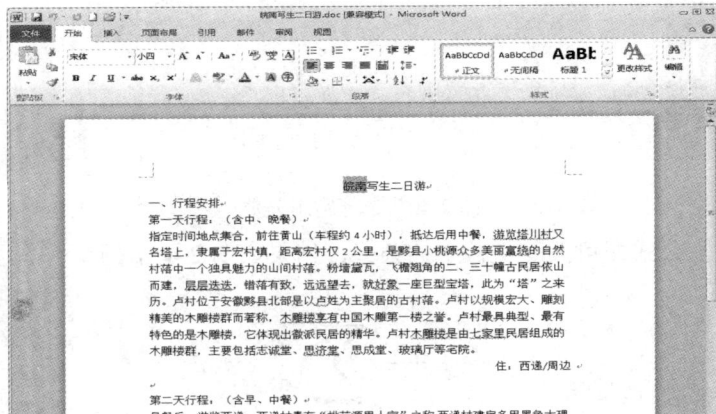

图 2-43　选中词组

（2）如果要选中一个句子，就按住 Ctrl 键，同时在需要选中的句子中部位置单击，即可选中该句，如图 2-44 所示。

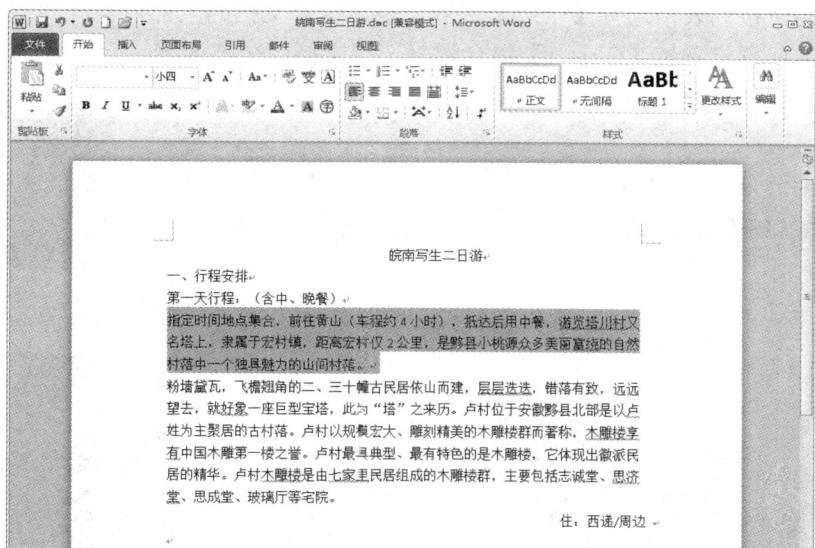

图 2-44　选中句子

（3）如果要选中一行文本，就将光标移动到要选中行的左侧，当光标变成"↗"时单击，即可选中光标右侧的行。

（4）如果要选中一段文本，就将光标移动到要选中的段的左侧，当光标变成"↗"时双击，即可选中光标右侧的整段内容。

（5）如果要选中的部位是任意的，就先单击要选中文本的起始位置或结束位置，然后按住鼠标左键向结束位置或起始位置拖动，即可选中鼠标经过的内容。

（6）如果文本是纵向的，就按住 Alt 键，然后从起始位置拖动鼠标到终点位置，即可纵向选中鼠标拖动时所经过的内容，如图 2-45 所示。

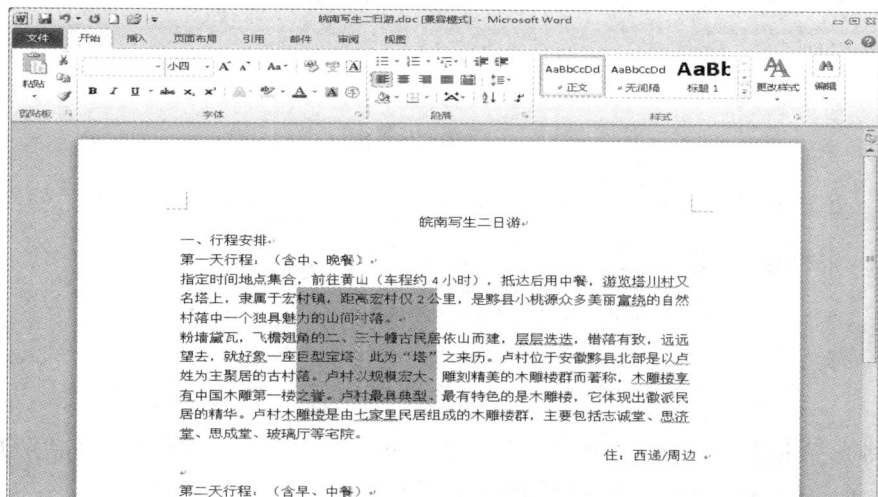

图 2-45　纵向选择文本

(7) 如果要选中文档的整个文本，就将光标移动到任意行的左侧，当光标变成 "↗" 时三击，即可选择全部内容。也可以选择【开始】选项卡，单击【编辑】组中的【选择】按钮，在弹出的下拉列表中选择【全选】选项，也可选择文档的全部内容，如图 2-46 所示。或者在文档中任意位置按【Ctrl+A】组合键来选择文档的全部内容。

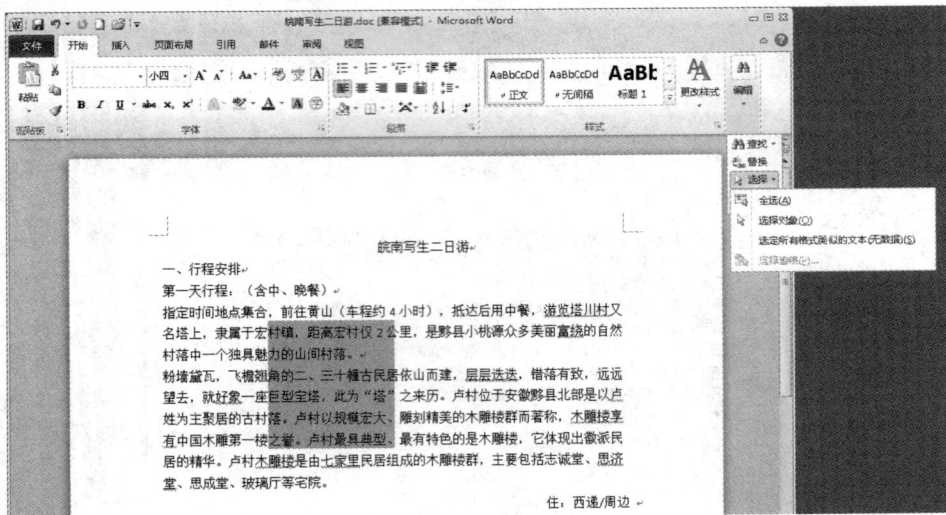

图 2-46　选择【全选】选项

在文本编辑过程中，有些内容需要重复使用，这时候利用 Word 2016 的复制/移动功能即可实现操作，从而不必一次次地重复输入，具体操作如下：

(1) 选中要复制的内容，切换到【开始】选项卡，在【剪贴板】组中选择【复制】按钮，如图 2-47 所示。

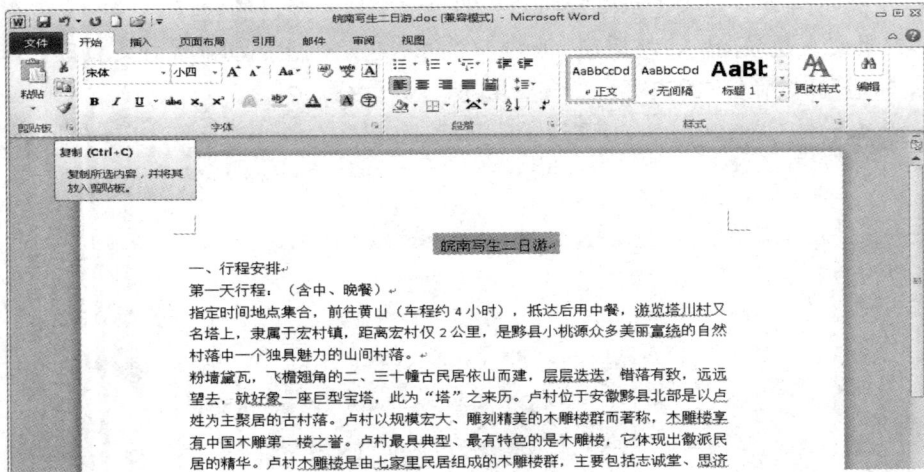

图 2-47　选中要复制的内容

(2) 将光标定位到要插入文本的位置，然后单击【开始】选项卡中的【粘贴】按钮(如图 2-48 所示)，即可将选中的文本复制到指定的位置。

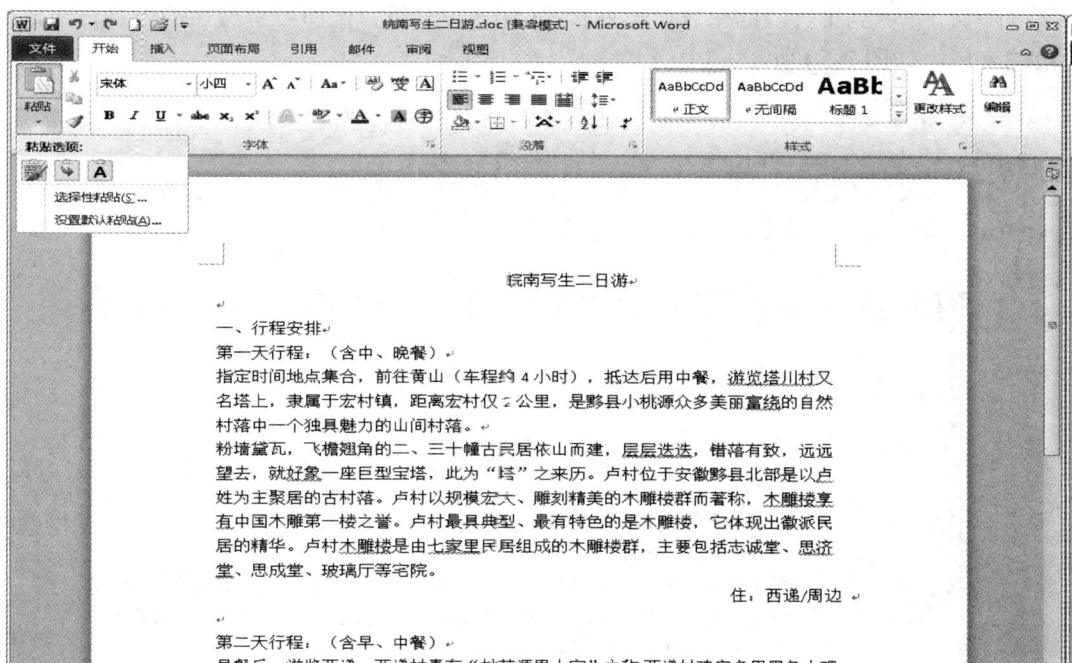

图 2-48　【粘贴】按钮

使用组合键也可以复制和粘贴文本，其中【Ctrl+C】组合键为复制文本，【Ctrl+V】组合键为粘贴文本。

使用剪切功能可以移动文本，具体操作步骤如下：

(1) 选中需要剪切的文字，如图 2-49 所示，按【Ctrl+X】组合键，选中的文字就会被剪切掉。

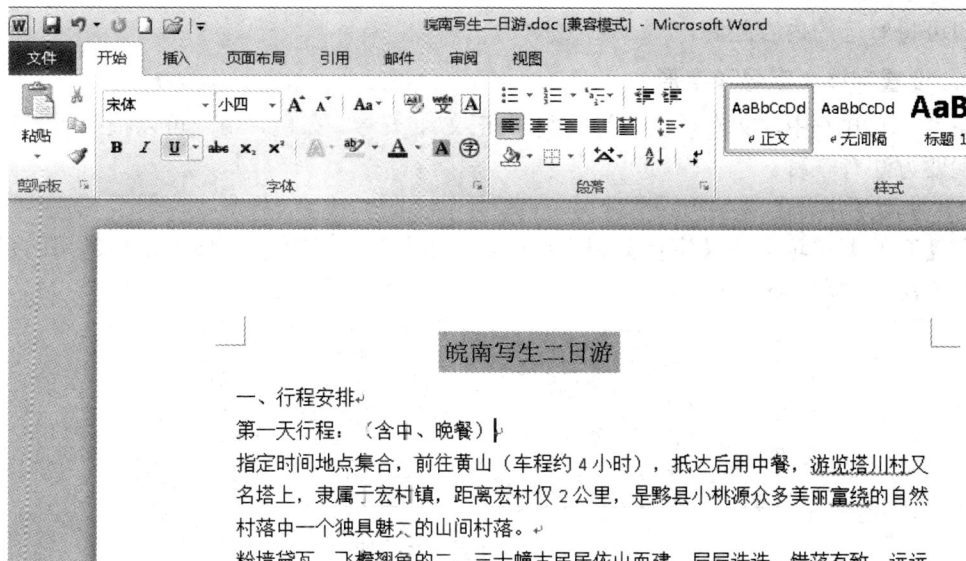

图 2-49　选中要剪切的文本

(2) 移动光标到第一段的末尾，然后按【Ctrl + V】组合键即可将剪切的内容粘贴在第一段的末尾，如图 2-50 所示。

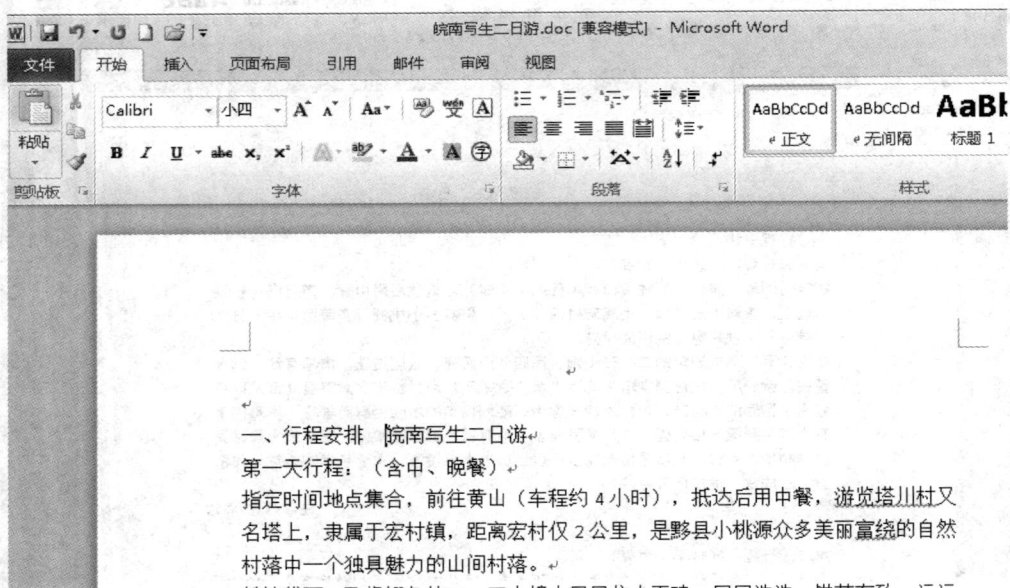

一、行程安排　皖南写生二日游
第一天行程：（含中、晚餐）
指定时间地点集合，前往黄山（车程约 4 小时），抵达后用中餐，游览塔川村又名塔上，隶属于宏村镇，距离宏村仅 2 公里，是黟县小桃源众多美丽富绕的自然村落中一个独具魅力的山间村落。

图 2-50　粘贴文本

2．删除内容

删除内容就是将指定的内容从 Word 文档中删除，常见的方法有三种：

(1) 将光标定位到要删除的内容右侧，然后按 Backspace 键即可删除左侧的内容。

(2) 将光标定位到要删除内容的左侧，按 Delete 键即可删除右侧的内容。

(3) 选中要删除的内容，然后单击【开始】选项卡中的【剪切】按钮或者直接按 Delete 键，即可将所选的内容删除。

3．设置字体、字号和字形

在 Word 2016 中，文本默认为等线(中文正文)、五号、黑色，用户可以根据需要进行修改，主要方法有三种。

(1) 使用【字体】选项组设置字体。

在【开始】选项卡下【字体】组中单击相应的按钮来修改字体格式是最常用的字体格式设置方法，如图 2-51 所示。

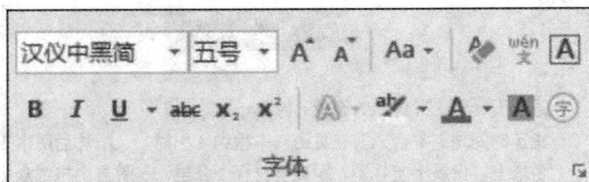

图 2-51　【字体】选项组

(2) 使用【字体】对话框来设置字体。

选择要设置的文字，单击【开始】选项卡下【字体】组右侧的按钮 ▣ ，或单击鼠标右键，在弹出的快捷菜单中选择【字体】选项，弹出【字体】对话框，从中可以设置字体的格式，如图 2-52 所示。

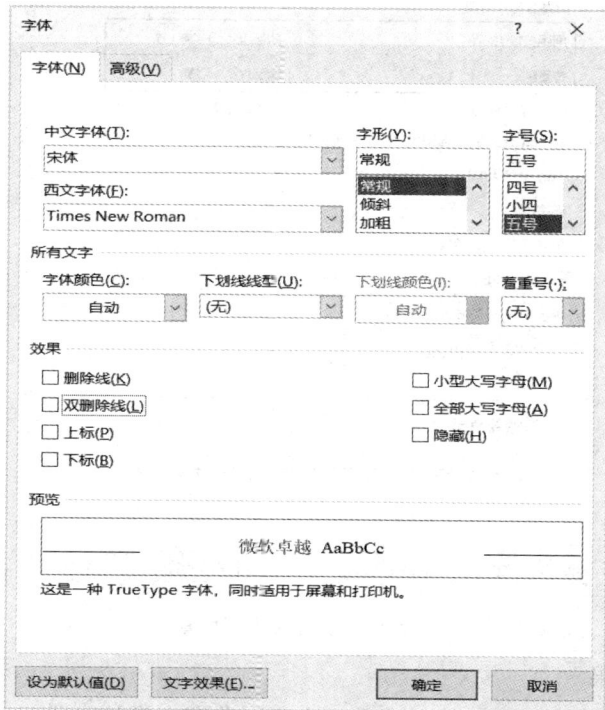

图 2-52　【字体】对话框

(3) 使用浮动工具栏设置字体。

选择要设置字体格式的文本，此时选中的文本区域右上角会弹出一个浮动工具栏，单击相应的按钮即可修改字体格式，如图 2-53 所示。

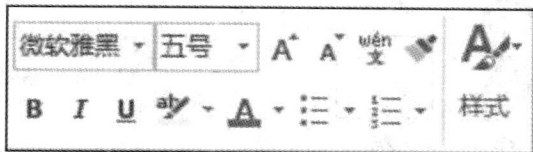

图 2-53　字体浮动工具栏

4．设置字符间距

字符间距是指文档中字与字之间的间距、位置等。按【Ctrl + D】组合键打开【字体】对话框，选择【高级】选项卡，在【字符间距】区域可设置字体【缩放】【间距】和【位置】等，如图 2-54 所示。

【间距】：增加或减小字符之间的间距。在【磅值】框中键入或选择一个数值。

【为字体调整字间距】：自动调整特定字符组合之间的间距量，以使整个单词的分布看起来更加均匀。此命令仅使用于 TrueType 和 Adobe PostScript 字体。若使用此功能，可在【磅或更大】框中键入或选择要应用字距调整的最小字号。

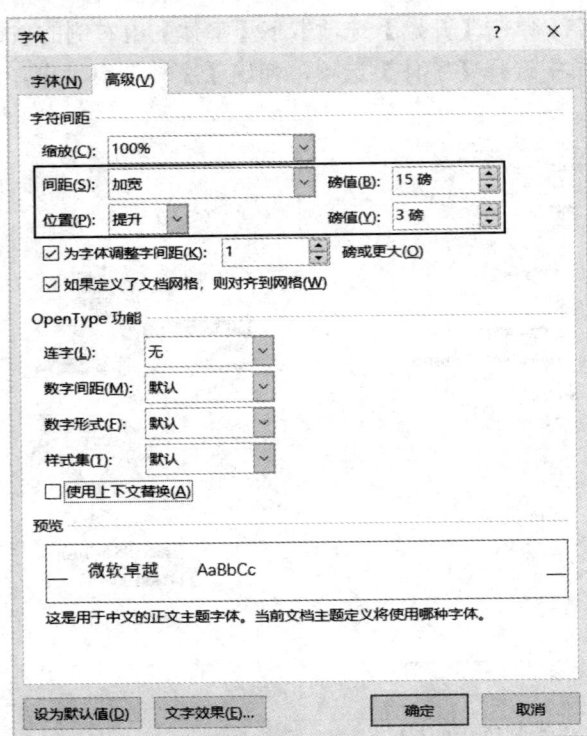

图 2-54　字符间距的设置

5．设置文本效果

为文本添加艺术效果，可以使文本看起来更加美观，具体操作步骤如下：

(1) 选择要设置的文本，在【开始】选项卡的【字体】组中单击【文本效果和版式】按钮 ，在弹出的下拉列表中可以选择【文本】效果，图 2-55 所示为选择第 2 行第 2 个效果。

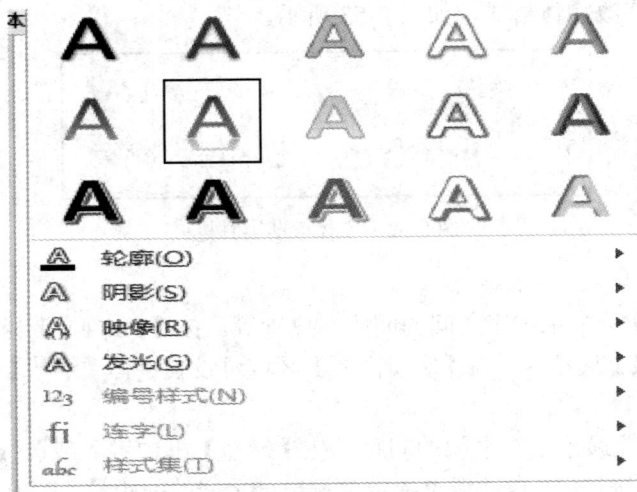

图 2-55　文本效果选项

(2) 所选择的文本内容即会应用该文本效果，如图 2-56 所示。

图 2-56　设置文本效果

6．对齐方式

对齐方式就是段落中文本的排列方式。整齐的排版效果可以使文本更为美观。Word 中提供了五种常用的对齐方式，分别为左对齐、右对齐、居中对齐、两端对齐和分散对齐，如图 2-57 所示。

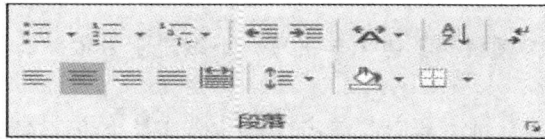

图 2-57　段落工具栏

我们不仅可以通过工具栏【段落】选项组中的对齐方式按钮来设置对齐，还可以通过【段落】对话框来设置对齐，具体操作步骤如下：

(1) 单击【开始】选项卡下【段落】组右下角的按钮，或单击鼠标右键，在弹出的快捷菜单中选择【段落】菜单项，都会弹出【段落】对话框。

(2) 在【缩进和间距】选项卡下，兰击【常规】组中【对齐方式】右侧的下拉按钮，在弹出的列表中可选择需要的对齐方式，如图 2-58 所示。

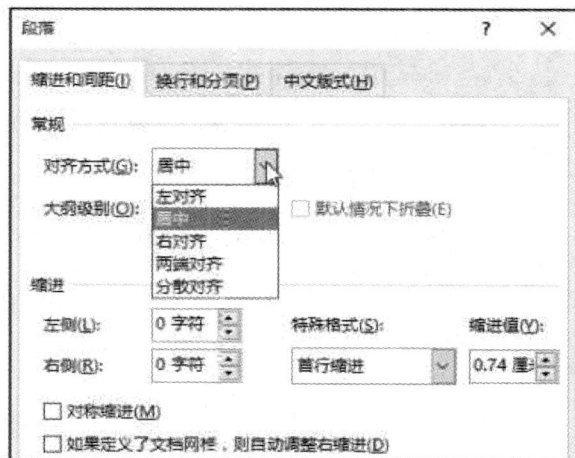

图 2-58　段落对齐方式

7．段落的缩进

段落缩进是指段落到左、右页边距的距离。根据中文的书写形式，通常情况下，正文中每个段落都会首行缩进两个字符，段落缩进的具体步骤如下：

(1) 打开随书素材中的"素材\ch06\办公室保密制度.docx"文件，选中要设置缩进的文本，单击【段落】选项组右下角的 按钮，如图 2-59 所示。

图 2-59　段落选项卡

提示：

在【开始】选项卡下【段落】组中单击【减小缩进量】按钮和【增加缩进量】按钮也可以调整缩进。

(2) 在弹出的【段落】对话框中，单击【特殊格式】下方文本框右侧的下拉按钮，在弹出的列表中选择【首行缩进】选项，在【缩进值】文本框中输入"2 字符"，单击【确定】按钮，如图 2-60 所示。

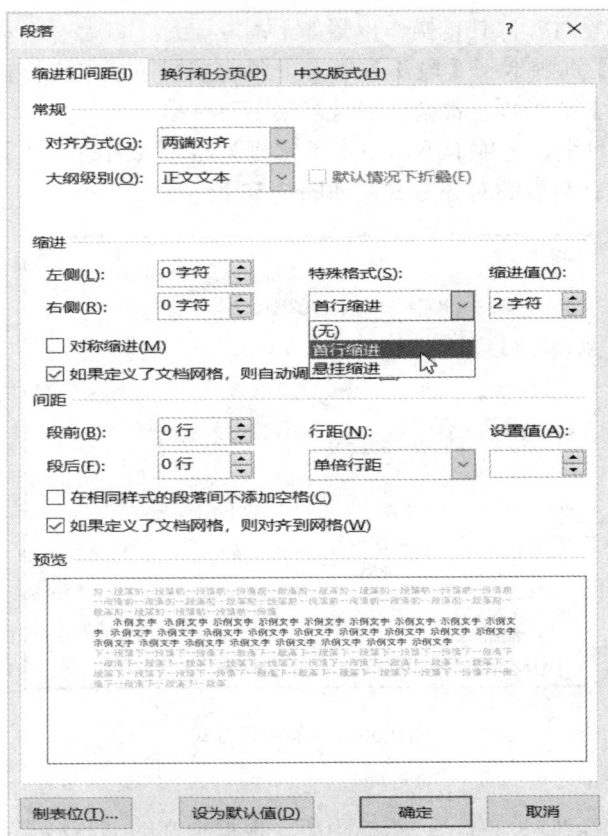

图 2-60　首行缩进

缩进效果如图 2-61 所示。

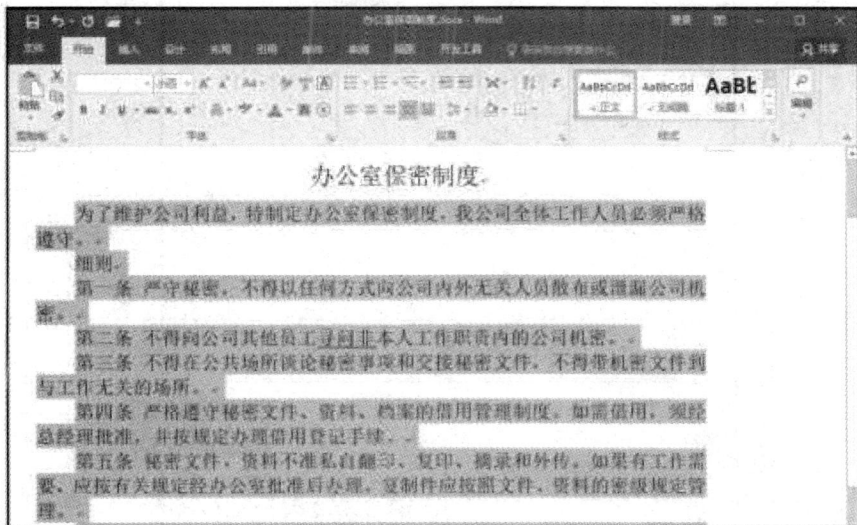

图 2-61　缩进效果

除了设置首行缩进外，还可以设置文本的悬挂缩进，其设置方法与设置首行缩进相同。图 2-62 就是文本悬挂缩进的效果图。

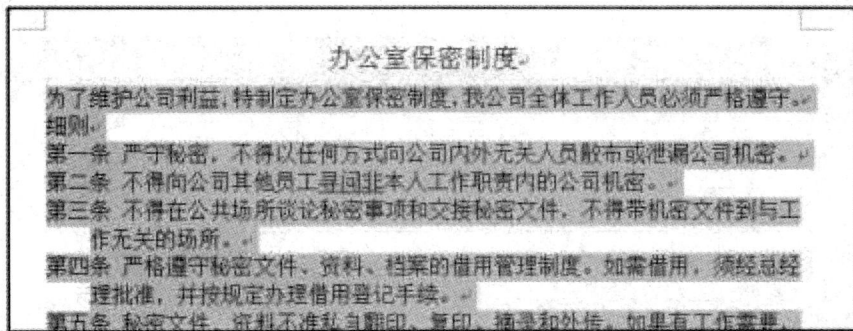

图 2-62　悬挂缩进效果

8．段落间距及行距

段落间距是指文档中段落与段落之间的距离，行距是指行与行之间的距离。设置段落间距及行距的具体操作步骤如下：

(1) 在打开的"素材\ch06\办公室保密制度.docx"文件中选择文本，单击【段落】选项组右下角的 按钮。

(2) 在弹出的【段落】对话框中选择【缩进和间距】选项卡。在【间距】组中设置段后为"0.5 行"，在【行距】下拉列表中选择【1.5 倍行距】选项，如图 2-63 所示。

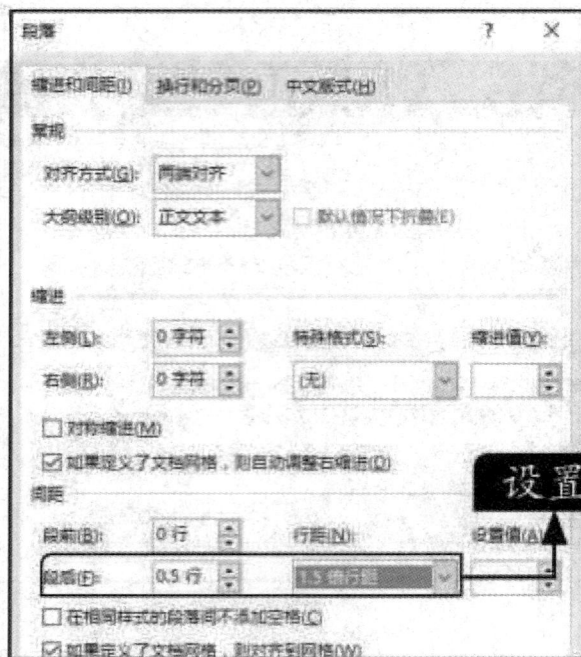

图 2-63　段落前后和行距设置

(3) 单击【确定】按钮，效果如图 2-64 所示。

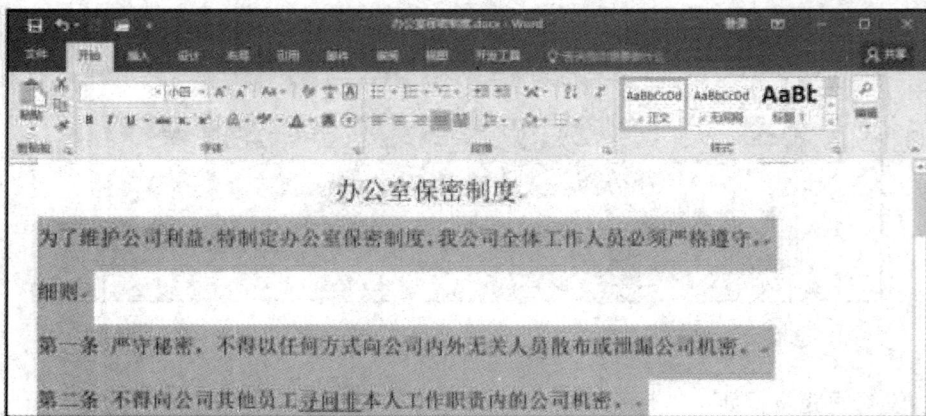

图 2-64　设置段落格式效果

9. 添加项目符号

项目符号就是在一些段落的前面加上完全相同的符号，是一种平行排列标志，表示在某项下可有若干条目。项目符号本身并没有实际意义，但对于视觉化呈现很重要。下面介绍如何在文档中添加项目符号，具体操作步骤如下：

(1) 打开随书素材中的"素材\ch06\秘书职责书.docx"文档，选中要添加项目符号的文本内容，如图 2-65 所示。

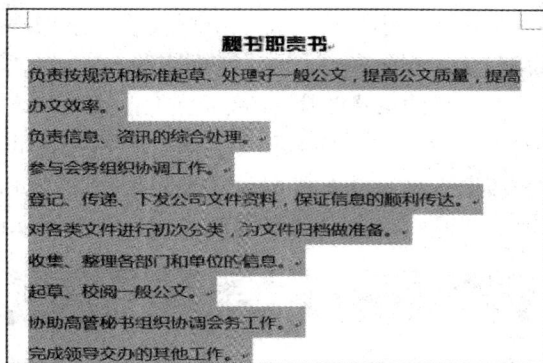

图 2-65　选择添加项目符号文本

　　(2) 单击【开始】选项卡下【段落】组中的【项目符号】按钮右侧的下拉箭头，在弹出的下拉列表中选择项目符号的样式，如这里选择【菱形】，此时就在文档中添加了菱形的项目符号，如图 2-66 所示。

图 2-66　添加菱形项目符号

最终效果如图 2-67 所示。

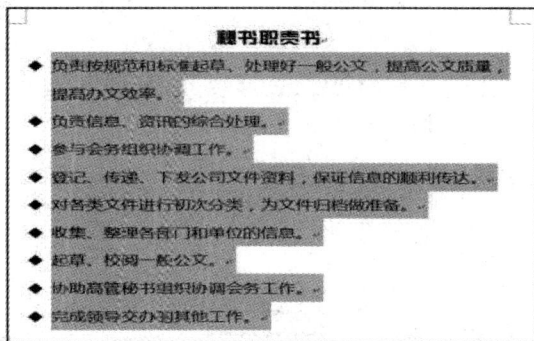

图 2-67　项目符号添加效果

　　还可以使用快捷菜单打开【项目符号】下拉列表，具体方法是：选中要添加项目符号的文本内容，右键单击，在弹出的快捷菜单中选择【项目符号】命令即可。

10．添加项目编号

项目编号和项目符号的使用方法差不多，但是能看出先后顺序，更具有条理性，方便识别内容所在位置。编号是按照大小顺序为文档中行或段落添加编号,当使用了编号的项目位置发生移动或者中间有条目删除时,都能自动重新编号,保证序号的连贯性。下面介绍如何在文档中添加编号,具体的操作步骤如下:

(1) 打开随书素材中的"素材\ch06\秘书职责书.docx"文档,选中要添加项目编号的文本内容,单击【开始】选项卡下【段落】组中的【编号】按钮右侧的下拉箭头,在弹出的下拉列表中选择编号的样式,此时就在文档中添加了编号,如图 2-68 所示。

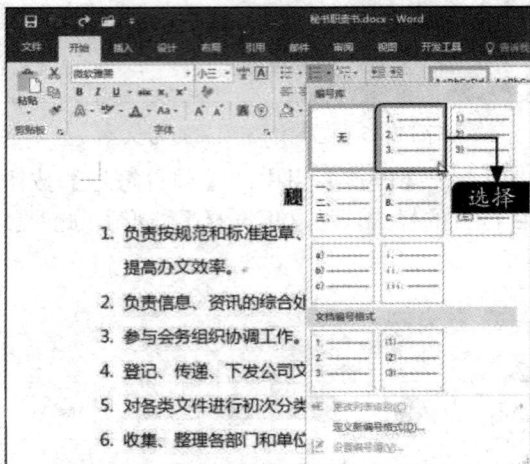

图 2-68   添加项目编号

(2) 选中文本内容,再次单击【编号】按钮 ≟≡ ▾ 右侧的下拉箭头,在弹出的下拉列表中选择【定义新编号格式】选项,弹出【定义新编号格式】对话框,在【编号样式】下拉列表框中选择编号的样式,在【对齐方式】下拉列表框中选择对齐方式,单击【确定】按钮,如图 2-69 所示。

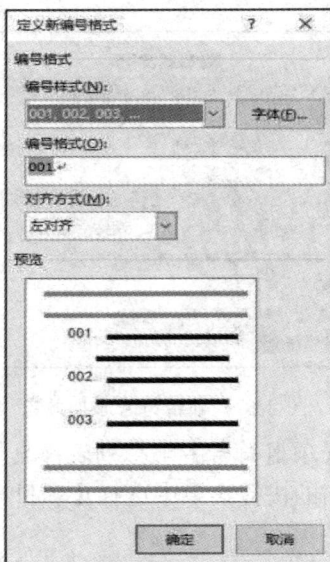

图 2-69   【定义新编号格式】对话框

编号样式的设置效果如图 2-70 所示。

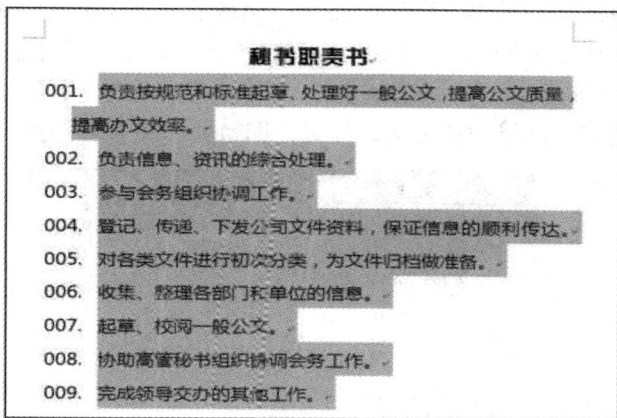

图 2-70　项目编号设置效果

还可以使用快捷菜单打开【编号】列表，具体方法是：选择要添加项目编号的文本内容，右键单击，然后在弹出的快捷菜单中选择【编号】命令即可。

更改编号起始值的具体操作步骤如下：

(1) 将光标放置在已添加编号的段落前，如定位在"负责按规范……"之前，然后单击【编号】按钮 ☰ ˙ 右侧的下拉箭头，在弹出的下拉列表中选择【设置编号值】选项，弹出【起始编号】对话框，在【值设置为】微调框中可以输入起始值，这里输入"2"，如图 2-71 所示。

(2) 单击【确定】按钮，即可看到文本从"002"开始进行编号，如图 2-72 所示。

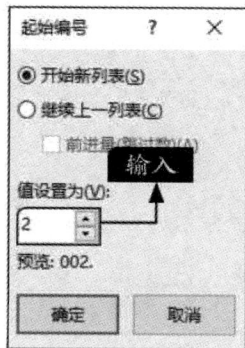

图 2-71　设置新的项目编号

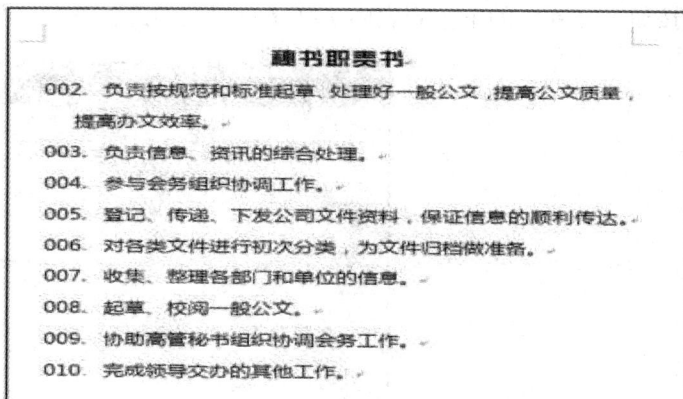

图 2-72　新项目编号设置效果

2.3　页　面　设　置

页面设置是指对文档页面布局的设置，主要包括设置文字方向、页边距、纸张大小、分栏等。Word 2016 有默认的页面设置，但默认的页面设置并不一定适合所有用户，用户可以根据需要对页面进行设置。

1. 设置页边距

页边距有两个作用：一是出于装订的需要；二是形成更加美观的文档。设置页边距包括上、下、左、右边距以及页眉和页脚距页边距的距离。设置页边距的具体操作步骤如下：

(1) 打开需要设置的文档，在【布局】选项卡下【页面设置】组中单击【页边距】按钮，在弹出的下拉列表中选择一种页边距样式，即可快速设置页边距，如图 2-73 所示。

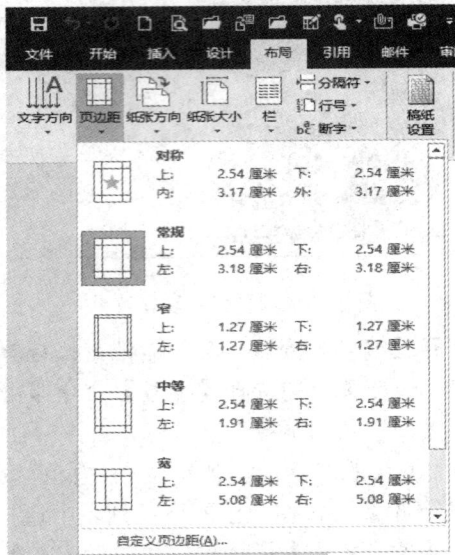

图 2-73　快速设置页边距

根据需要，也可以自定义页边距。单击【布局】选项卡下【页面设置】组中的【页边距】按钮，在弹出的下拉列表中选择【自定义边距】选项，如图 2-74 所示。

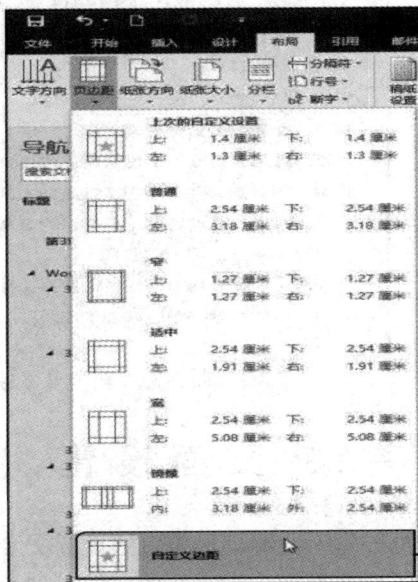

图 2-74　自定义边距

（2）弹出【页面设置】对话框，在【页边距】选项卡下【页边距】区域可以自定义设置"上""下""左""右"页边距，如将四个边距均设为"1 厘米"，在【预览】区域可以查看设置后的效果，如图 2-75 所示。

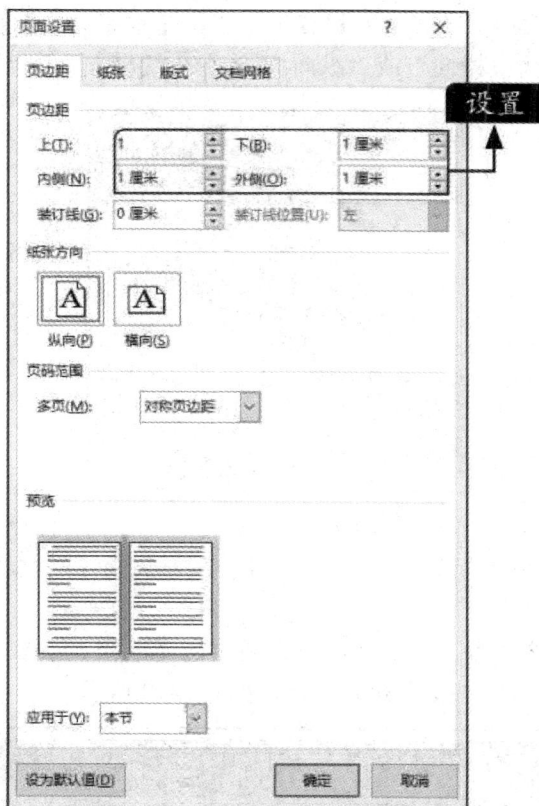

图 2-75　自定义边距

如果页边距的设置超出了打印机默认的范围，将出现【Microsoft Word】提示框，提示"部分边距位于页面的可打印区域之外，请尝试将这些边距移动到可打印区域内。"，如图 2-76 所示。

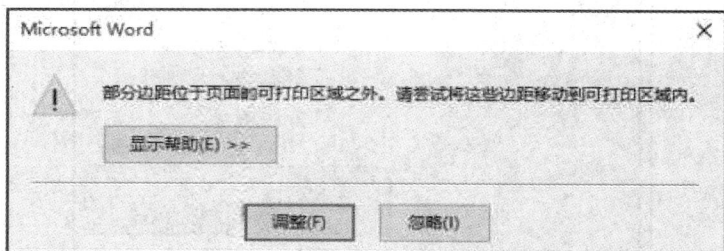

图 2-76　页边距超出范围提示

单击【调整】按钮可自动调整，也可以忽略后手动调整。页边距太窄会影响文档的装订，而太宽不仅影响美观还浪费纸张。一般情况下，如果使用 A4 纸，可以采用 Word 提供的默认值。

2. 设置纸张

纸张的大小和纸张方向也影响着文档的打印效果，因此设置合适的纸张在 Word 文档制作过程中也是非常重要的。设置纸张包括设置纸张的方向和大小，具体操作步骤如下：

(1) 单击【布局】选项卡下【页面设置】组中的【纸张方向】按钮，在弹出的下拉列表中可以设置纸张方向为"横向"或"纵向"，如单击【横向】选项，如图 2-77 所示。

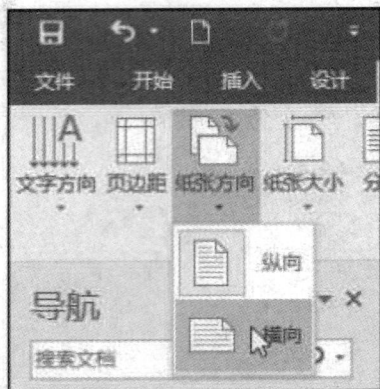

图 2-77　纸张方向横向

也可以在【页面设置】对话框的【页边距】选项卡的【纸张方向】区域设置纸张的方向。

(2) 单击【布局】选项卡下【页面设置】组中的【纸张大小】按钮，在弹出的下拉列表中可以选择纸张大小，如单击【A4】选项，如图 2-78 所示。

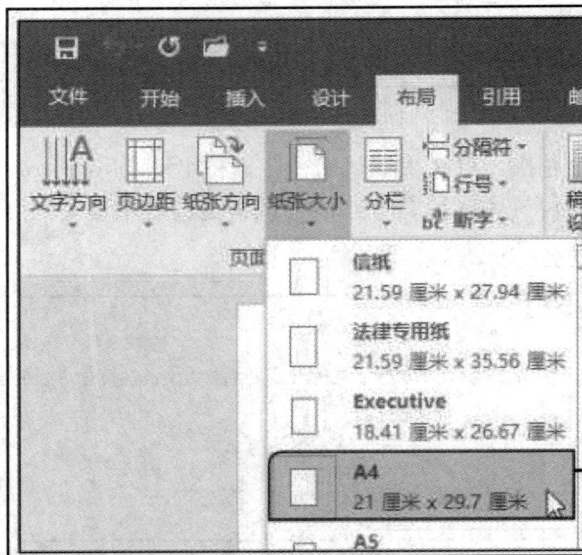

图 2-78　设置 A4 纸

在【页面设置】对话框中的【纸张】选项卡下可以精确设置纸张大小和纸张来源等内容，如图 2-79 所示。

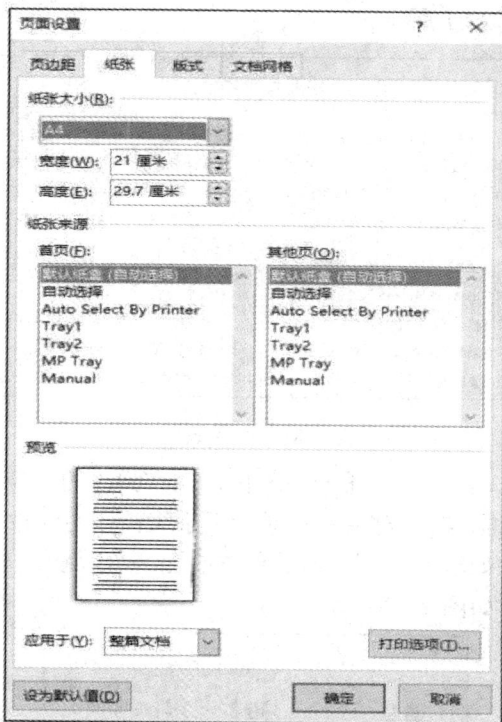

图 2-79　页面设置纸张对话框

3．设置分栏

在对文档进行排版时，常需要将文档进行分栏。在 Word 2016 中可以将文档分为两栏、三栏或更多栏，具体操作步骤如下：

(1) 打开随书素材中的"素材\ch07\毕业自我鉴定.docx"文档，选中要分栏的文本后，在【布局】选项卡下单击【分栏】按钮，在弹出的下拉列表中选择对应的栏数即可，如下面选择【两栏】选项，如图 2-80 所示。

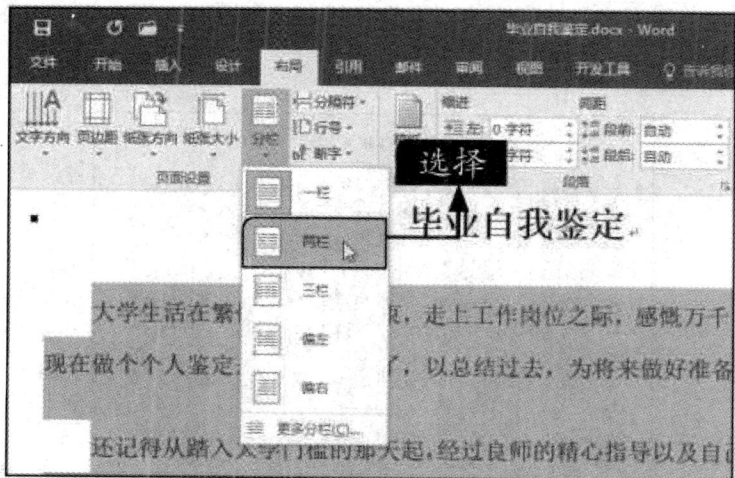

图 2-80　设置分两栏

设置两栏后效果如图 2-81 所示。

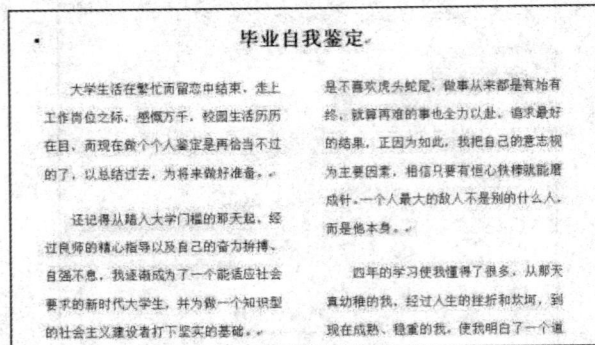

图 2-81　两栏效果

(2) 选中分栏的文本，再次单击【分栏】按钮，在弹出的下拉列表中选择【更多分栏】选项，弹出【分栏】对话框，在该对话框中显示了系统预设的 5 种分栏效果。在【栏数(N)】右侧输入要分栏的栏数，如输入"5"，然后设置栏宽、分隔线，在【预览】区域预览效果后，单击【确定】按钮，如图 2-82 所示。

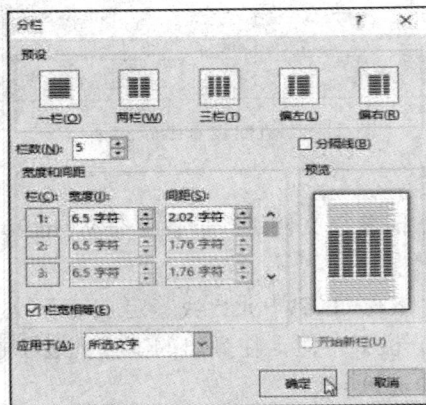

图 2-82　【分栏】对话框

最终效果如图 2-83 所示。

图 2-83　5 栏效果

4．设置文档背景

在 Word 2016 中可以通过设置页面颜色以及添加页面边框使文档更加美观。

1）纯色背景

在 Word 2016 中可以改变整个页面的背景颜色，或者对整个页面进行渐变、纹理、图案和图片的填充等。这里介绍最简单的使用纯色背景填充文档，具体操作步骤如下：

新建 Word 文档，单击【设计】选项卡下【页面背景】组中的【页面颜色】按钮，在下拉菜单中选择背景颜色，如这里选择"蓝色"，如图 2-84 所示。此时页面颜色会填充为蓝色。

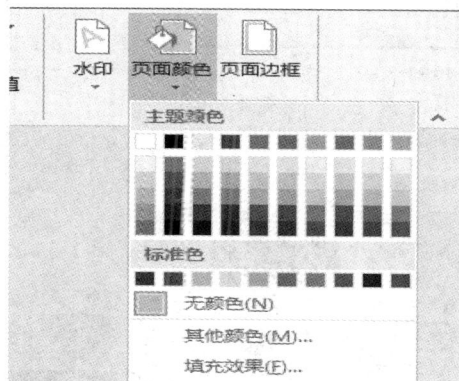

图 2-84　设置背景颜色为蓝色

2）填充背景

除了使用纯色填充以外，还可以使月填充效果来填充文档的背景，具体操作步骤如下：

(1) 新建 Word 文档，单击【设计】选项卡下【页面背景】组中的【页面颜色】按钮，在弹出的下拉列表中选择【填充效果】选项，如图 2-85 所示。

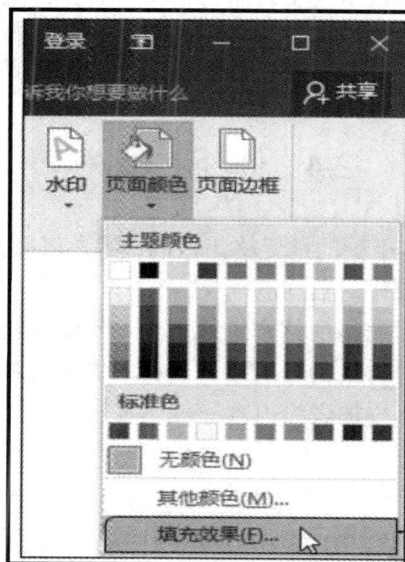

图 2-85　设置背景的填充效果

(2) 弹出【填充效果】对话框，单击选中【双色】单选项，分别设置右侧的【颜色1】、【颜色2】为"蓝色"和"黄色"，在下方的【底纹样式】组中，单击选中【角部辐射】单选项，然后单击【确定】按钮，如图2-86所示。

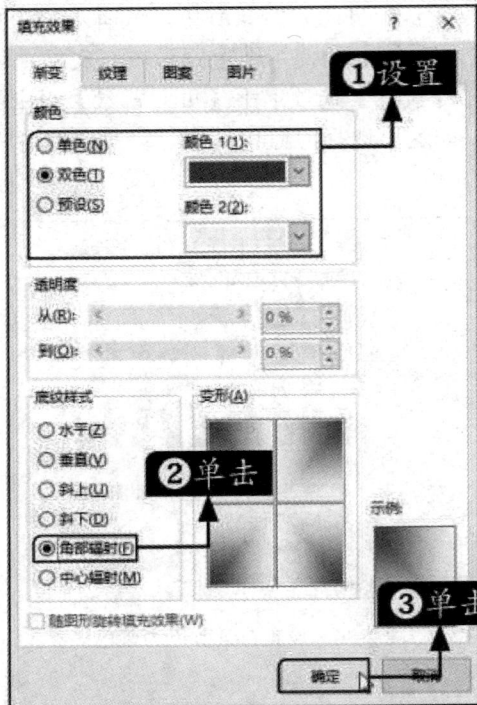

图 2-86　双色填充效果

　　若要为文档页面设置统一的图片背景，不建议在页面背景的【填充效果】里进行直接设置，而是建议在【页眉和页脚】编辑状态下进行设置。因为在【填充效果】中图片填充非常不稳定，很难达到预期效果，而在【页眉和页脚】编辑状态下可以任意调整图片的大小和位置。

2.4　使用表格

　　一个表格是由多个行、多个列的单元格组成的，用户可以在单元格中添加文字或图片。合理使用表格可以使文本结构化、数据清晰化。

　　在制作表格前，首先要对表格的结构进行规划。不管表格的样式有多复杂，它都是由基本的单元格经过拆分或合并得到的。所以，表格的制作流程应该是：规划表格结构→创建基础表格→细化表格样式→添加表格内容→美化表格。

2.4.1　插入表格

　　规划表格结构就是在开始制作表格之前，先确定基础表格的行列数，可以在草稿纸上手绘一个大致草图，然后根据这个草图来创建基础表格。

在 Word 2016 中插入表格的方法有 4 种。

1．拖动鼠标插入表格

拖动鼠标快速插入 6 列 5 行以内的表格，具体操作步骤如下：

(1) 新建 Word 文档，单击【插入】选项卡下【表格】组中的【表格】按钮，将鼠标光标指向下拉列表中的网格，向右下方拖曳鼠标，鼠标光标所掠过的单元格就会被全部选中并高亮显示。在网格顶部的提示栏中会显示选中表格的行数和列数，同时在鼠标光标所在区域也可以预览到所要插入的表格，如图 2-87 所示。

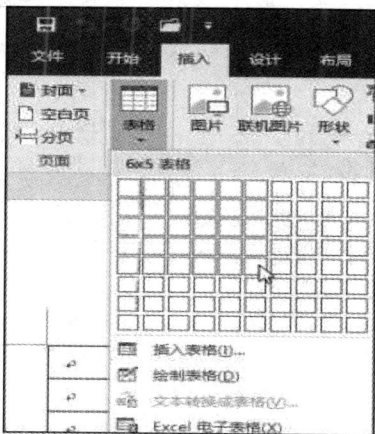

图 2-87　框选插入表格

(2) 单击【确定】按钮，插入表格，如图 2-88 所示。

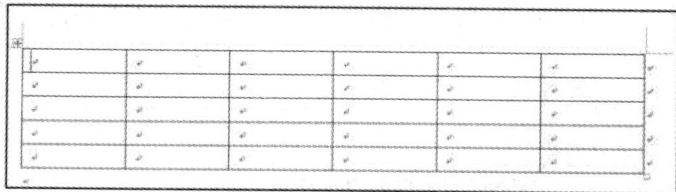

图 2-88　插入表格效果

2．通过对话框插入表格

使用【插入表格】对话框创建表格时不受行数和列数的限制，并且可以对表格宽度进行调整。

(1) 单击【插入】选项卡下【表格】组中的【表格】按钮，在其下拉菜单中选择【插入表格】选项，如图 2-89 所示。

(2) 弹出【插入表格】对话框，在【表格尺寸】组中设置【列数】为"3"，【行数】为"4"，其他为默认，然后单击【确定】按钮，如图 2-90 所示。

提示：

如果需要经常插入某种样式的表格，则勾选【为新表格记忆此尺寸】复选框，之后再插入相同的表格时，就不必重复设置表格的行列数了。

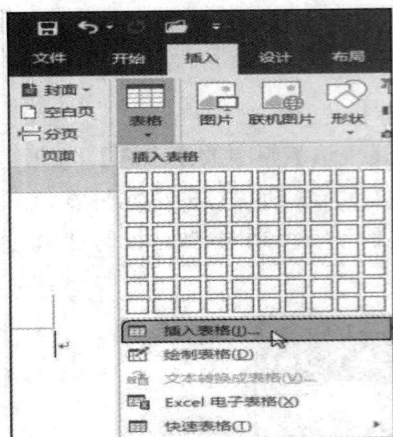

图 2-89　插入表格

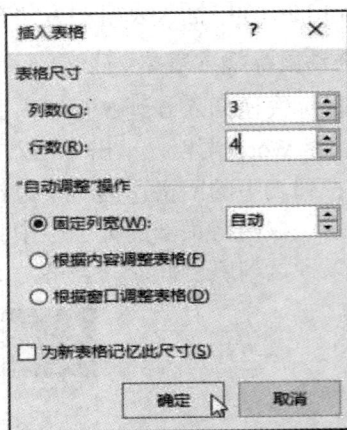

图 2-90　【插入表格】对话框

此时在文档中插入了一个 3 列 4 行的表格，如图 2-91 所示。

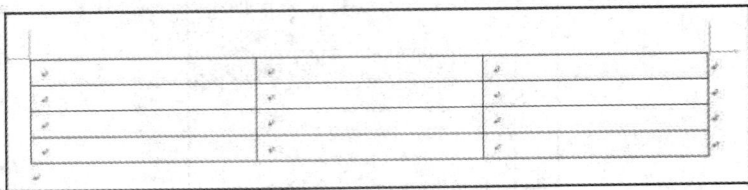

图 2-91　3 列 4 行表格

3. 手动绘制不规则的表格

当用户需要创建不规则的表格时，可以使用表格绘制工具来创建表格。手动绘制表格的具体操作步骤如下：

(1) 单击【插入】选项卡下【表格】组中的【表格】按钮，在其下拉菜单中选择【绘制表格】选项，如图 2-92 所示。

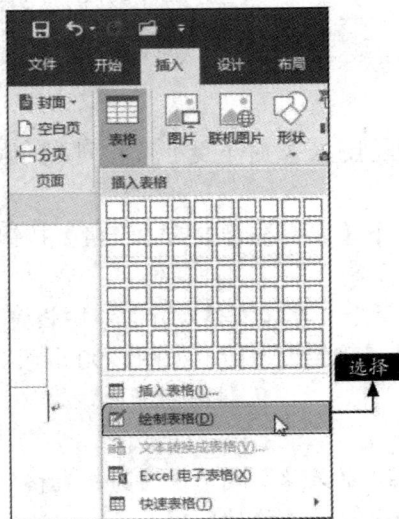

图 2-92　绘制表格命令

（2）当鼠标指针变为铅笔形状 ✎ 时，在需要绘制表格的地方单击并拖曳鼠标绘制出表格的边界，形状为矩形，如图 2-93 所示。

（3）在该矩形中绘制行线、列线和斜线，按 Esc 键退出表格绘制模式。绘制结果如图 2-94 所示。

图 2-93 绘制表格-矩形

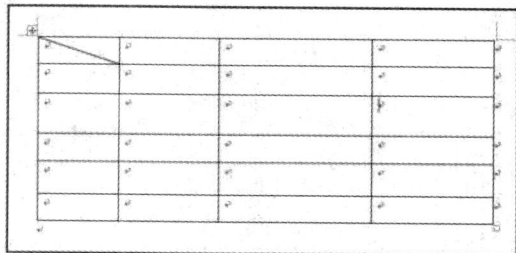

图 2-94 绘制表格结果

单击【表格工具|布局】选项卡【绘图】组中的【擦除】按钮，当鼠标变为橡皮擦形状时可以擦除多余的线条。

4. 使用快速表格

Word 2016 中内置了一些快速表格样式，用户可以根据需要选择要插入的表格样式，具体步骤如下：

单击【插入】选项卡下【表格】组中的【表格】按钮，在其下拉菜单中选择【快速表格】选项。在【快速表格】选项的子菜单中选择一种表格样式，如图 2-95 所示。

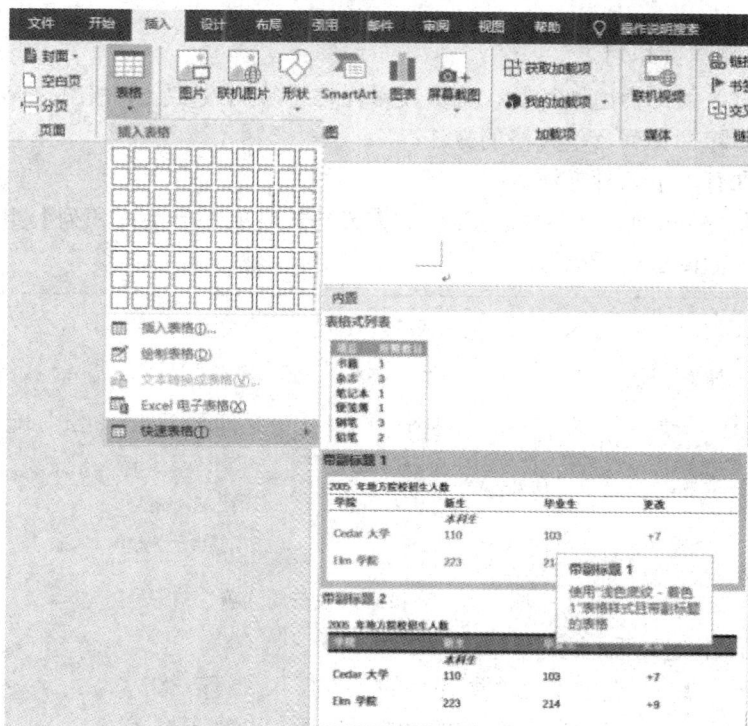

图 2-95 快速表格选择

利用快速表格功能快速地插入选择的表格，如图 2-96 所示。

图 2-96　快速表格创建结果

2.4.2　编辑表格

在 Word 2016 中插入表格后，还可以对表格进行细化样式设置，如添加、删除行和列、合并与拆分表格或单元格，根据需要调整单元格的大小，设置表格的对齐方式，设置行高、列宽等。

1．添加、删除行和列

使用表格时，经常会出现行数、列数及单元格不够用或多余的情况，Word 2016 提供了多种添加或删除行、列及单元格的方法。

插入行或列有以下三种方法。

(1) 指定插入行或列的位置，然后单击【布局】选项卡下【行和列】组中的相应插入方式按钮即可，如图 2-97 所示。

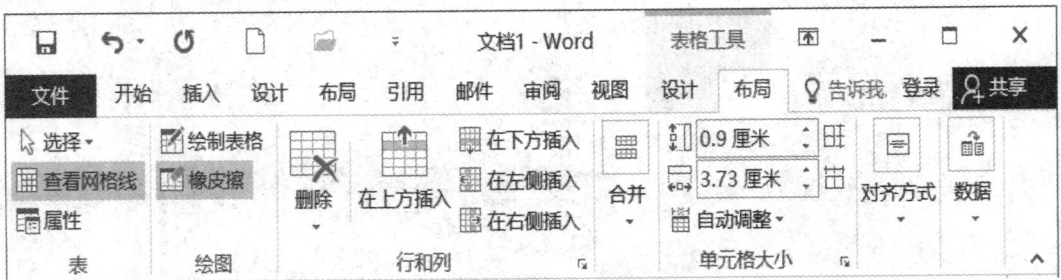

图 2-97　表格工具栏布局选项

插入方式的含义如下所述。

【在上方插入】：在选中单元格所在行的上方插入一行表格。

【在下方插入】：在选中单元格所在行的下方插入一行表格。

【在左侧插入】：在选中单元格所在列的左侧插入一列表格。

【在右侧插入】：在选中单元格所在列的右侧插入一列表格。

(2) 指定插入行或列的位置，直接在插入的单元格中单击鼠标右键，在弹出的快捷菜单中选择【插入】菜单项，在其子菜单中选择插入方式即可，如图 2-98 所示。其插入方式与【表格工具|布局】选项卡中的插入方式一样。

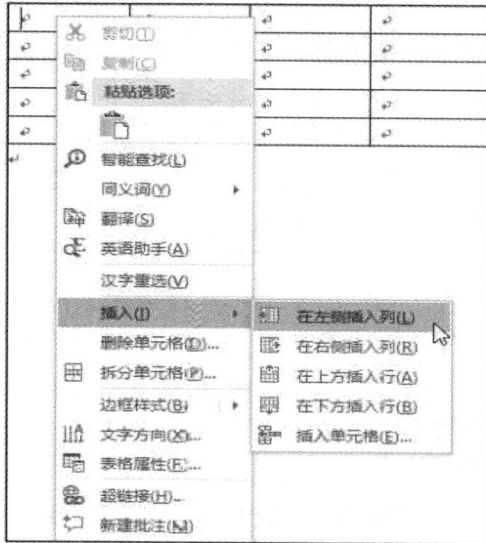

图 2-98　快速插入行列

(3) 将鼠标光标定位到要插入行或列的位置处，此时在表格的行与列(或列与列)之间会出现⊕按钮，单击此按钮即可在该位置处插入一行(或一列)，如图 2-99 所示。

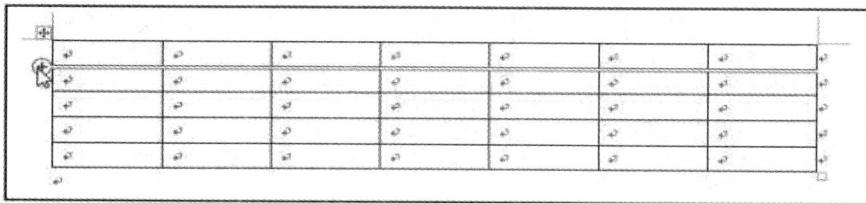

图 2-99　鼠标操作插入行列

删除行或列有以下两种方法：

(1) 选择需要删除的行或列，按 Backspace 键即可将其删除。在使用该方法时，应选中整行或整列，然后按 Backspace 键方可删除，否则会弹出【删除单元格】对话框，提示删除哪些单元格，如图 2-100 所示。

(2) 选择需要删除的行或列，单击【布局】选项卡下【行或列】组中的【删除】按钮，在弹出的下拉菜单中选择【删除行】或【删除列】选项即可，如图 2-101 所示。

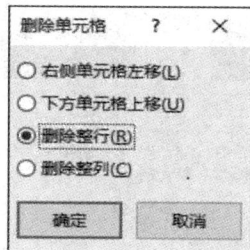

图 2-100　【删除单元格】对话框

图 2-101   布局删除行或列

2．合并与拆分表格

把相邻单元格之间的边线擦除，就可以将两个或多个单元格合并为一个大的单元格；而在一个单元格中添加一条或多条边线，就可以将一个单元格拆分成两个或多个小单元格。下面介绍如何合并与拆分单元格。

(1) 打开随书素材中的"素材\ch07\表格操作.docx"文件，选择要合并的单元格，如图 2-102 所示。

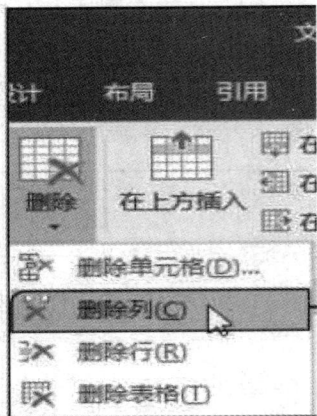

图 2-102   产品销量表

(2) 单击【布局】选项卡下【对齐方式】组中的【水平居中】按钮，如图 2-103 所示。

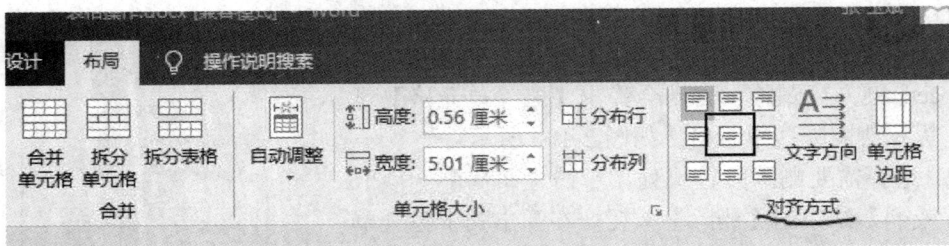

图 2-103   产品销量表水平居中

即可将所选内容设置为水平居中对齐，如图 2-104 所示。

图 2-104　水平居中

其他对齐按钮含义如下。

【靠上两端对齐】按钮：文字靠单元格左上角对齐。

【靠上居中对齐】按钮：文字居中，并靠单元格顶部对齐。

【靠上右对齐】按钮：文字靠单元格右上角对齐。

【中部两端对齐】按钮：文字垂直居中，并靠单元格左侧对齐。

【水平居中】按钮：文字在单元格内水平和垂直都居中。

【中部右对齐】按钮：文字垂直居中，并靠单元格右侧对齐。

【靠下两端对齐】按钮：文字靠单元格左下角对齐。

【靠下居中对齐】按钮：文字居中，并靠单元格底部对齐。

【靠下右对齐】按钮：文字靠单元格右下角对齐。

2.4.3　表格的美化

Word 2016 制作完表格后，可对表格的边框、底纹及表格内的文本进行美化设置，使表格看起来更加美观。

1. 快速应用表格样式

Word 2016 中内置了多种表格样式，用户根据需要选择要设置的表格样式，即可将其应用到表格中。快速应用表格样式的具体操作步骤如下：

(1) 打开随书素材中的"素材\ch07\表格操作.docx"文件，将鼠标光标置于要设置样式的表格的任意单元格内，如图 2-105 所示。

图 2-105　表格操作素材

(2) 单击【设计】选项卡下【表格样式】组中的【其他】按钮，在弹出的下拉菜单中选择一种表格样式，如图 2-106 所示。

图 2-106　选择表格样式

即可将选择的表格样式应用到表格中，结果如图 2-107 所示。

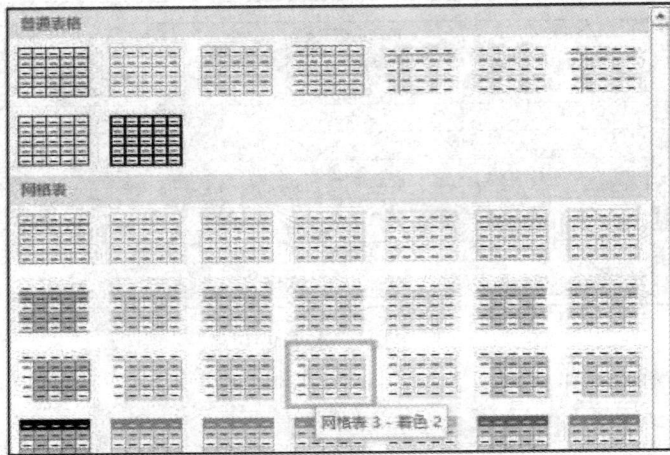

序号		产品	销量/吨
		产品销量表	
1		白菜	21307
2		海带	15940
3		冬瓜	17979
4		西红柿	25351
5		南瓜	17491
6		黄瓜	18852
7		玉米	21586
8		大豆	15263

图 2-107　应用样式结果

2. 填充表格底纹

为了突出表格中的某些内容，可以为其填充底纹，以便查阅者能够清楚地看到要突出的数据。填充表格底纹的具体操作步骤如下：

(1) 打开随书素材中的"素材\ch07\表格操作.docx"文件，选择要填充底纹的单元格(这里选择第 2 列)，如图 2-108 所示。

序号		产品	销量/吨
		产品销量表	
1		白菜	21307
2		海带	15940
3		冬瓜	17979
4		西红柿	25351
5		南瓜	17491
6		黄瓜	18852
7		玉米	21586
8		大豆	15263

图 2-108　突出数据选择

（2）单击【表格工具I设计】选项卡【表格样式】组中的【底纹】的下拉按钮，在弹出的下拉列表中选择一种底纹颜色，如图 2-109 所示。

图 2-109　设置底纹颜色

设置底纹后的效果如图 2-110 所示。

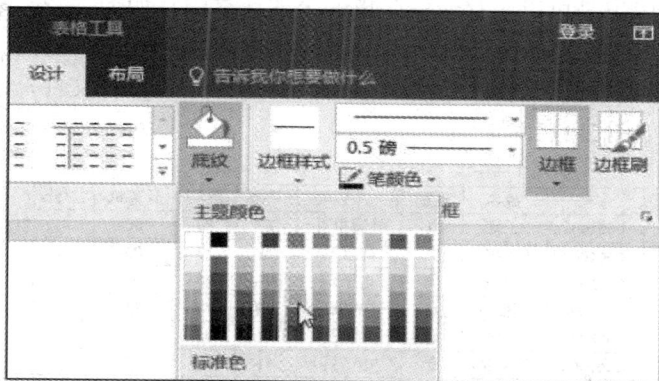

图 2-110　设置表格底纹效果

还可以在【段落】中设置表格底纹，方法如下：

选择要设置底纹的表格，单击【开始】选项卡下【段落】组中的【底纹】按钮，在弹出的下拉列表中也可以填充表格底纹，如图 2-111 所示。

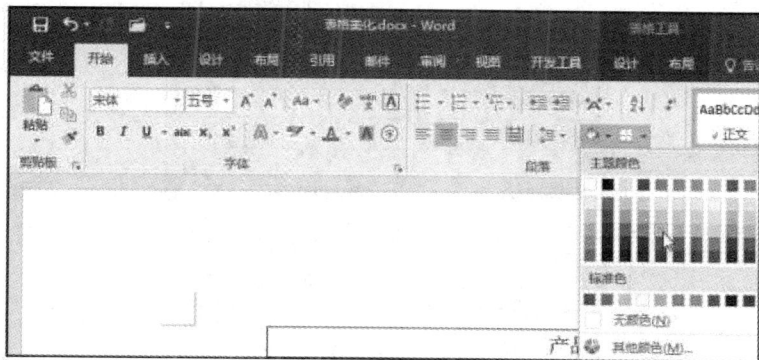

图 2-111　段落底纹设置

2.4.4 表格中的公式

在 Word 表格中也是可以进行一些简单的公式计算的，如加、减、乘、除、求和、求积、求平均值等。下面以产品销售统计为例，讲解 Word 表格公式计算。

(1) 打开随书素材中的"素材\ch07\表格操作公式计算.docx"文件，选择要填充总分计算结果的单元格，如图 2-112 所示。

学号	姓名	性别	系别	英语	数学	计算机	总分
0501001	王虹	女	计算机系	78	80	90	
0501002	王强	男	建筑系	91	82	89	
0501003	高文博	男	电子系	81	98	91	
0501004	刘丽冰	女	计算机系	76	78	91	
0501005	李雅芳	女	建筑系	67	98	87	
0501006	张立华	女	电子系	91	86	74	
0501007	曹雨生	男	计算机系	69	90	78	
0501008	李芳	女	建筑系	76	78	92	
0501009	徐志华	男	电子系	79	91	75	
0501010	李晓力	男	计算机系	56	67	78	
0501011	罗明	男	建筑系	90	78	67	
0501012	段平	男	电子系	75	64	88	
平均分							

图 2-112　计算总分

(2) 在【表格工具|布局】选项卡的【数据】组中选择【f_x 公式】，如图 2-113 所示。

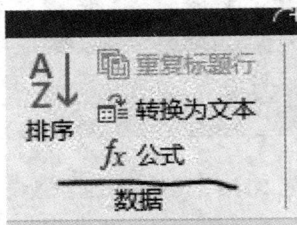

图 2-113　表格布局数据公式

(3) 弹出【公式】对话框，如图 2-114 所示。

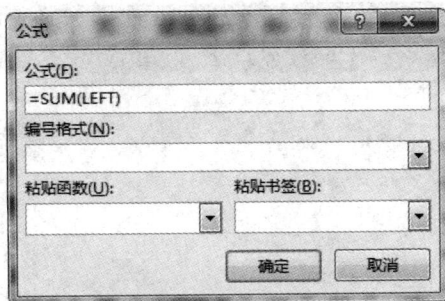

图 2-114　【公式】对话框

(4) 在打开的【公式】对话框的【公式】栏中默认显示求和公式"=SUM(LEFT)"。单击【确定】按钮，即可求出当前数据的和，如图 2-115 所示。

学号	姓名	性别	系别	英语	数学	计算机	总分
0501001	王虹	女	计算机系	78	80	90	248
0501002	王强	男	建筑系	91	82	89	
0501003	高文博	男	电子系	81	98	91	
0501004	刘丽冰	女	计算机系	76	78	91	

图 2-115　求和计算

（5）公式插入成功以后，将光标置于下一单元格，直接按 F4 键，则可实现快速填充结果，如图 2-116 所示。

学号	姓名	性别	系别	英语	数学	计算机	总分
0501001	王虹	女	计算机系	78	80	90	248
0501002	王强	男	建筑系	91	82	89	262
0501003	高文博	男	电子系	81	98	91	270
0501004	刘丽冰	女	计算机系	76	78	91	245
0501005	李雅芳	女	建筑系	67	98	87	252
0501006	张立华	女	电子系	91	86	74	251
0501007	曹雨生	男	计算机系	69	90	78	237
0501008	李芳	女	建筑系	76	78	92	246
0501009	徐志华	男	电子系	79	91	75	245
0501010	李晓力	男	计算机系	56	67	78	201
0501011	罗明	男	建筑系	90	78	67	235
0501012	段平	男	电子系	75	64	88	227
平均分							

图 2-116　求和结果

Word 的表格公式应了解以下几点：

（1）当表格数据发生变化，公式结果需要更新时，只需全选表格，按 F9 键更新域即可。

（2）表格的求和、求平均值、求积等方式是完全一致的，只是函数不同。依次单击【表格工具|数据】→【公式】，首先插入表格公式，然后按 F4 键快速填充即可。

（3）SUM 为求和函数；AVERAGE 为求平均值函数；PRODUCT 为求积函数。

（4）正常情况下，Word 会自动识别公式的计算方向，LEFT 为向左计算；RIGHT 为向右计算；BELOW 为向下计算；ABOVE 为向上计算。

2.4.5　表格的排序

以学生成绩表为例，对所有人进行排序操作：

（1）打开随书素材中的"素材\ch07\表格的排序.docx"文件。选中表格，单击【表格工具|布局】选项卡【数据】组中的【排序】命令，如图 2-117 所示。

（2）在打开的【排序】对话框中，【主要关键字】选择【总分】，然后选中"降序"单选钮，如图 2-118 所示。

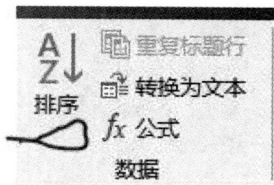

图 2-117　表格排序

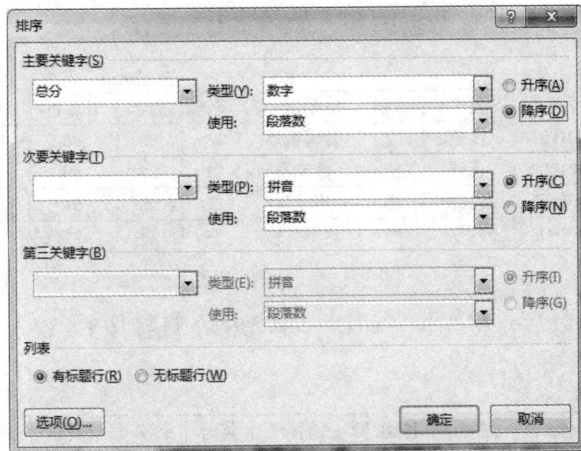

图 2-118　总分降序操作

(3) 单击【确定】按钮，表格内容会根据总分的大小，从高到低进行排序，排序结果如图 2-119 所示。

排名	学号	姓名	性别	系别	英语	数学	计算机	总分
	0501003	高文博	男	电子系	81	98	91	270
	0501002	王强	男	建筑系	91	82	89	262
	0501005	李雅芳	女	建筑系	67	98	87	252
	0501006	张立华	女	电子系	91	86	74	251
	0501001	王虹	女	计算机系	78	80	90	248
	0501008	李芳	女	建筑系	76	78	92	246
	0501004	刘丽冰	女	计算机系	76	78	91	245
	0501009	徐志华	男	电子系	79	91	75	245
	0501007	曹雨生	男	计算机系	69	90	78	237
	0501011	罗明	男	建筑系	90	78	67	235
	0501012	段平	男	电子系	75	64	88	227
	0501010	李晓力	男	计算机系	56	67	78	201

图 2-119　排序结果

(4) 选中排名栏的单元格，然后单击【开始】选项卡下【段落】组中的【编号】按钮，在编号库中选择一个合适的编号。此时所有的排名就会一键填充，如图 2-120 所示。

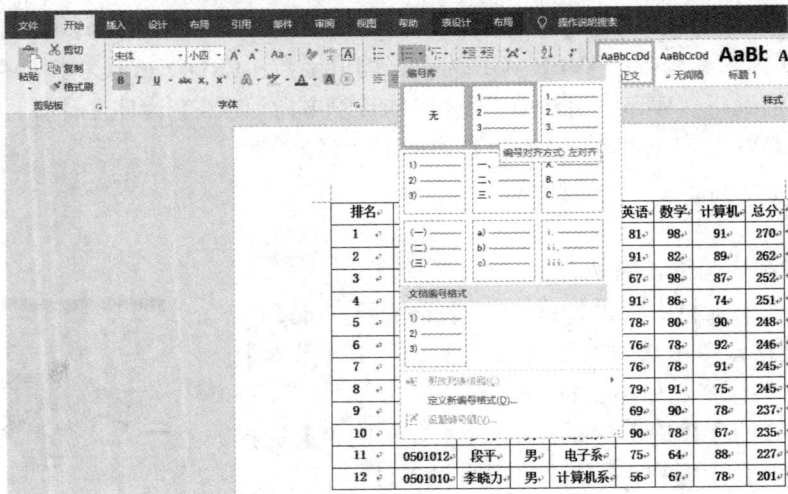

图 2-120　排名填充

排序排名结果如图 2-121 所示。

排名	学号	姓名	性别	系别	英语	数学	计算机	总分
1	0501003	高文博	男	电子系	81	98	91	270
2	0501002	王强	男	建筑系	91	82	89	262
3	0501005	李雅芳	女	建筑系	67	98	87	252
4	0501006	张立华	女	电子系	91	86	74	251
5	0501001	王虹	女	计算机系	78	80	90	248
6	0501008	李芳	女	建筑系	76	78	92	246
7	0501004	刘丽冰	女	计算机系	76	78	91	245
8	0501009	徐志华	男	电子系	79	91	75	245
9	0501007	曹雨生	男	计算机系	69	90	78	237
10	0501011	罗明	男	建筑系	90	78	67	235
11	0501012	段平	男	电子系	75	64	88	227
12	0501010	李晓力	男	计算机系	56	67	78	201

图 2-121 排序排名结果

2.5 高 级 编 辑

2.5.1 插入和编辑图片

图文排版是在文档中插入图片，使文档更加生动形象，插入的图片可以是一幅剪贴画、一张照片或者一幅图画等。

1. 插入图片

在 Word 2016 中，可以在文档中插入本地图片，还可以插入联机图片。

1) 插入本地图片

插入保存在计算机硬盘中的图片，具体操作步骤如下：

(1) 打开随书素材中的"素材\ch07\万象出版集团.docx"文件，将光标定位于需要插入图片的位置。

(2) 单击【插入】选项卡下【插图】组中的【图片】按钮，如图 2-122 所示。

图 2-122 插入图片

(3) 在弹出的【插入图片】对话框中选择需要插入的图片，单击【插入】按钮，即可插入该图片，如图 2-123 所示。

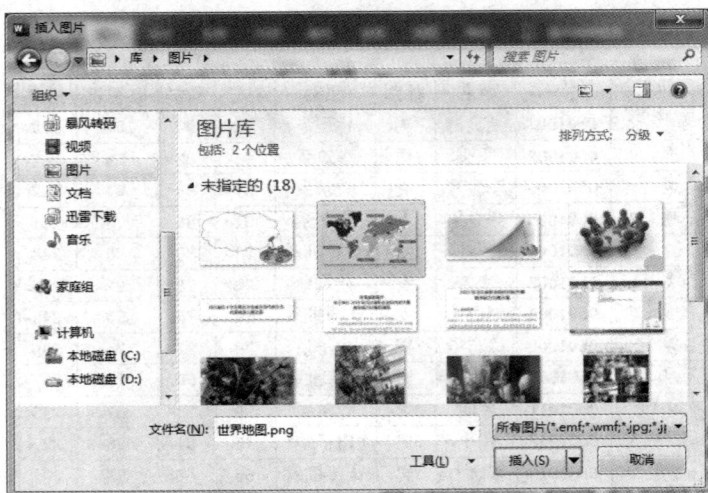

图 2-123　选择插入的图片

此时就在文档光标所在的位置插入了所选择的图片。

2) 插入联机图片

在文档中插入联机图片即从各种联机来源中查找并插入图片，具体操作步骤如下：

(1) 新建一个 Word 文档，将光标定位于需要插入图片的位置，然后单击【插入】选项卡下【插图】组中的【联机图片】按钮，弹出【插入图片】窗格，在【必应图像搜索】右侧的搜索框中输入【图书】，单击【搜索】按钮，如图 2-124 所示。

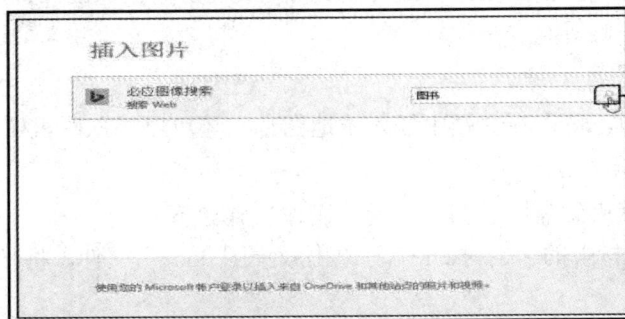

图 2-124　搜索联机图片

(2) 在搜索结果中选择喜欢的图片，单击【插入】按钮，如图 2-125 所示。

图 2-125　选择联机图片

此时就在文档中插入了选择的联机图片，效果如图 2-126 所示。

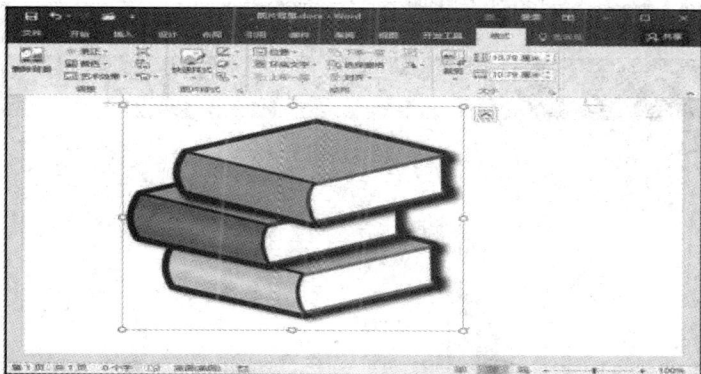

图 2-126　插入联机图片效果

2．图片编辑

图片在插入到文档后，其设置不一定符合要求，这时就需要对图片进行适当的调整。

(1) 选中图片，单击【图片工具|格式】选项卡【调整】组中的【颜色】按钮，在弹出的下拉列表中选择一种样式，如图 2-127 所示。

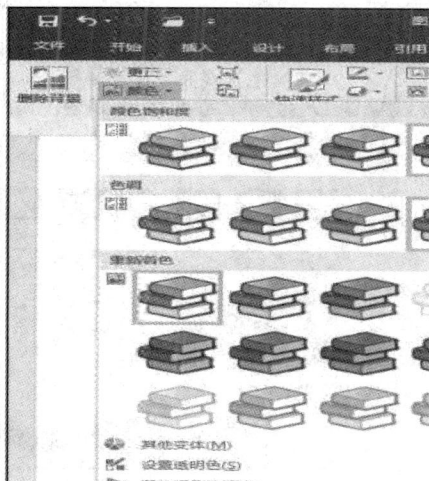

图 2-127　设置图片颜色

应用效果如图 2-128 所示。

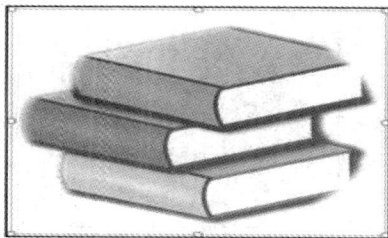

图 2-128　设置图片颜色效果

(2) 单击【大小】选项组【裁剪】按钮下方的下拉按钮，在弹出的下拉菜单中选择【基本形状】→【心形】选项，如图 2-129 所示。

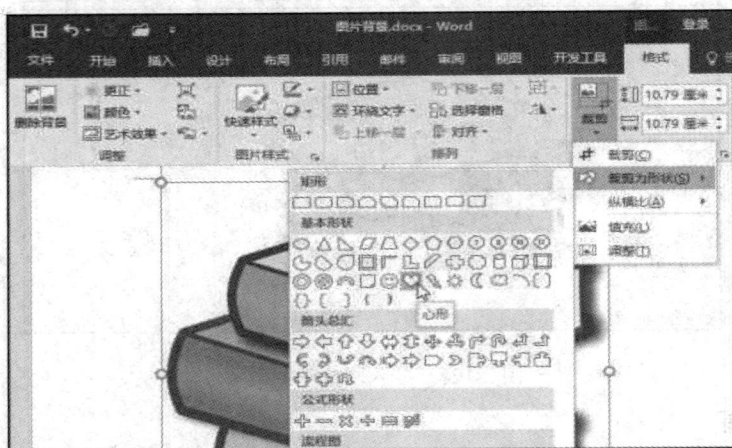

图 2-129　裁剪图形

(3) 单击【图片样式】选项组中的【其他】按钮，在弹出的下拉列表中选择【柔化边缘椭圆】选项，如图 2-130 所示。

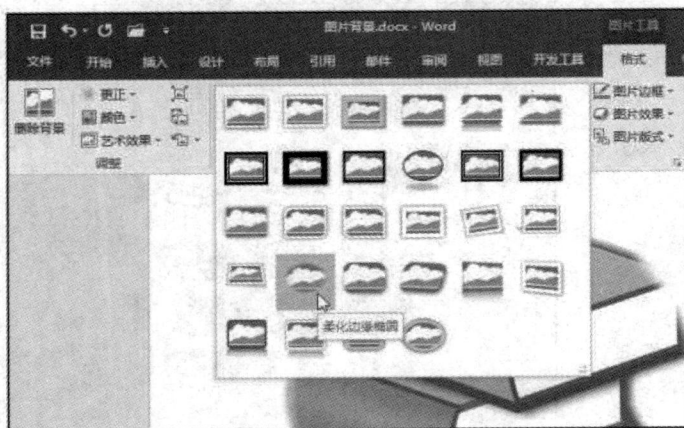

图 2-130　柔化边缘椭圆

柔化边缘椭圆的效果如图 2-131 所示。

图 2-131　柔化边缘椭圆效果

3. 图片布局设置

调整图片在文档中位置的方法有两种：一是使用鼠标拖曳移动至目标位置；二是使用【布局】对话框来调整图片位置。使用【布局】对话框调整图片位置的具体操作步骤如下：

(1) 打开随书素材中的"素材\ch07\工作室宣传.docx"文件，选中要编辑的图片，单击【格式】选项卡下【排列】组中的【位置】按钮，在弹出的下拉列表中选择【其他布局选项】，如图 2-132 所示。

图 2-132　其他布局选项

(2) 在弹出的【布局】对话框中选择【文字环绕】选项卡，在【环绕方式】组中选择【四周型】选项，如图 2-133 所示。

图 2-133　文字环绕四周型

(3) 选择【位置】选项卡，在【水平】选项组中设置图片的水平对齐方式。这里选择【对齐方式】单选项，在其下拉列表栏中选择【居中】选项，单击【确定】按钮，如图 2-134 所示。

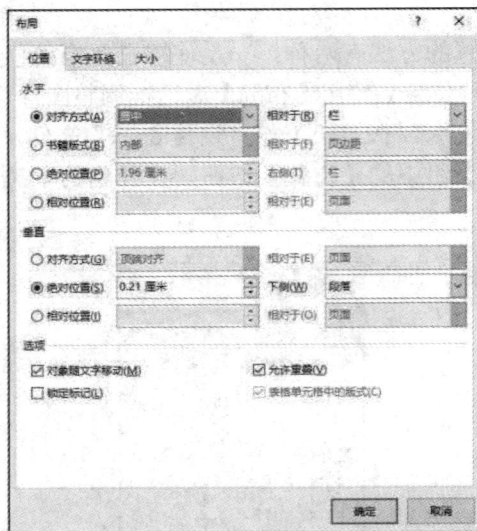

图 2-134　位置设置

设置效果如图 2-135 所示。

图 2-135　图片编辑设置效果

提示：

使用【布局】对话框来调整图片位置的方法对【嵌入型】图片无效。

2.5.2　创建和编辑 SmartArt 图形

SmartArt 图形是用来展示结构、关系或过程的图表，它以非常直观的方式与用户交流信息，包括图形列表、流程图、关系图和组织结构图等各种图形。

1. 创建 SmartArt 图形

在 Word 2016 中提供了非常丰富的 SmartArt 图形类型。在文档中插入 SmartArt 图形的具体操作步骤如下：

(1) 新建一个 Word 文档，将光标移动到需要插入图形的位置，然后单击【插入】选项卡下【插图】组中的【SmartArt】按钮，如图 2-136 所示。

图 2-136 插入 SmartArt 图形

(2) 在弹出的【选择 SmartArt 图形】对话框中选择【流程】选项卡，然后选择【流程箭头】选项，如图 2-137 所示。

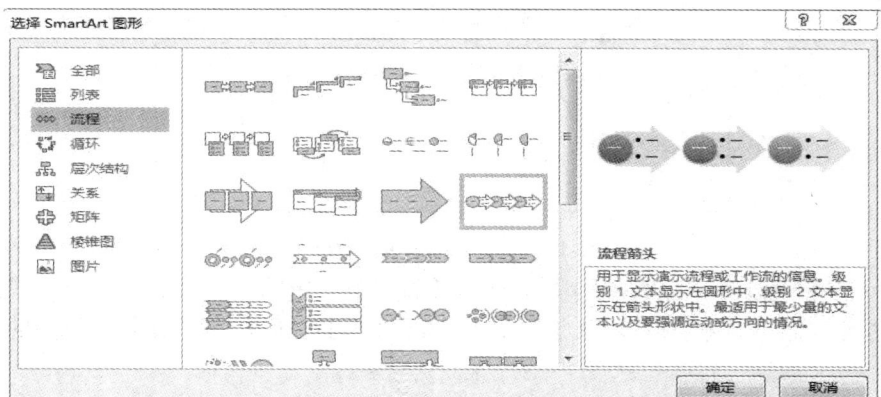

图 2-137 插入流程箭头

(3) 单击【确定】按钮，即可将图形插入到文档中，如图 2-138 所示。

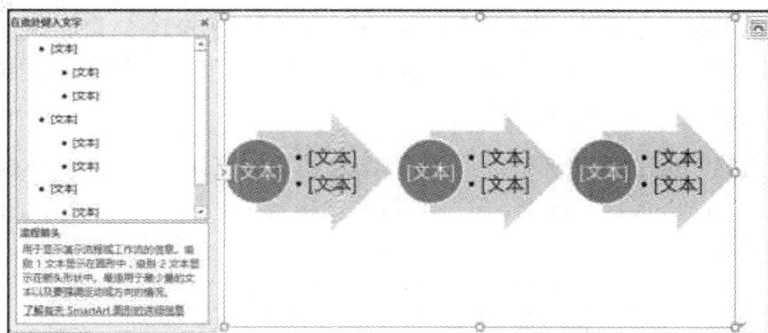

图 2-138 箭头流程图

(4) 在 SmartArt 图形【文本】处单击，输入相应的文字，输入完成后，单击 SmartArt 图形以外的任意位置，即可完成 SmartArt 图形的编辑。

2. 改变 SmartArt 图形布局

对创建的 SmartArt 图形布局不满意时，可以改变其图形布局，方法如下：

(1) 选中创建的 SmartArt 图形，单击【SmartArt 工具|设计】选项卡【版式】组中的【其

他】按钮，在弹出的下拉列表中选择一种布局，单击【确定】按钮，即可改变 SmartArt 图形布局，如图 2-139 所示。

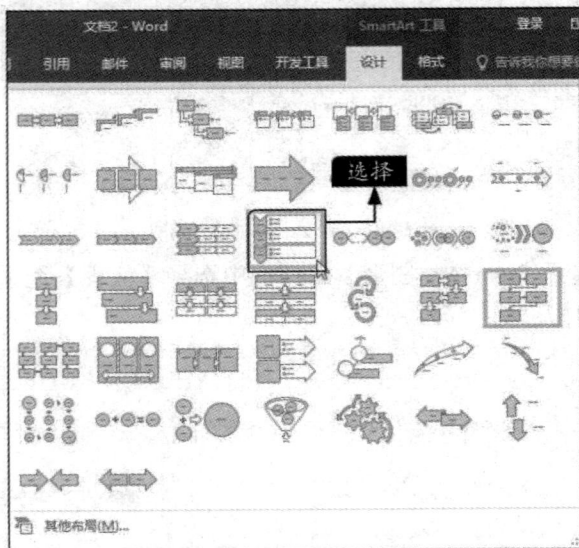

图 2-139　调整 SmartArt 图形布局

(2) 单击【SmartArt 工具|设计】选项卡【版式】组中的【其他】按钮，在弹出的下拉列表中选择【其他布局】选项，弹出【选择 SmartArt 图形】对话框，可选择其他类型的 SmartArt 图形布局。

3. 应用颜色和主题

SmartArt 图形中的某些部分需要重点突出，这时可以给它设置使用主题颜色，具体操作步骤如下：

选择插入的 SmartArt 图形，单击【SmartArt 工具|设计】选项卡【SmartArt 样式】组中的【更改颜色】按钮，在弹出的下拉列表中选择一种主题颜色，即可为其应用选中主题颜色。

4. 调整 SmartArt 图形的大小

为了使插入的 SmartArt 图形适合页面的大小，可以对其进行调整，具体操作步骤如下：

(1) 选中插入的 SmartArt 图形，在图形四周会出现 7 个控制点以及左侧的向左箭头，如图 2-140 所示。

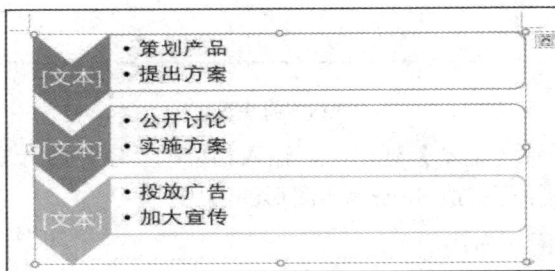

图 2-140　选中 SmartArt 图形

单击左侧的◂按钮，弹出【在此处键入文字】对话框，在该对话框中输入 SmartArt 图形中形状块中的文字，如图 2-141 所示。

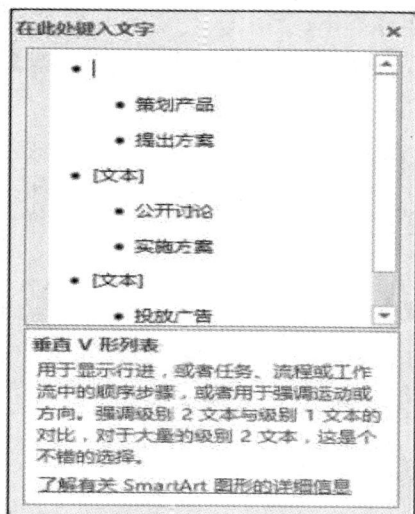

图 2-141　键入文字对话框

(2) 将光标移动到其中一个控制点上，单击鼠标左键拖曳，即可改变 SmartArt 图形的大小。还可以选中 SmartArt 图形后，利用【SmartArt 工具|格式】选项卡【布局】组中的【大小】命令进行具体数值的控制，如图 2-142 所示。

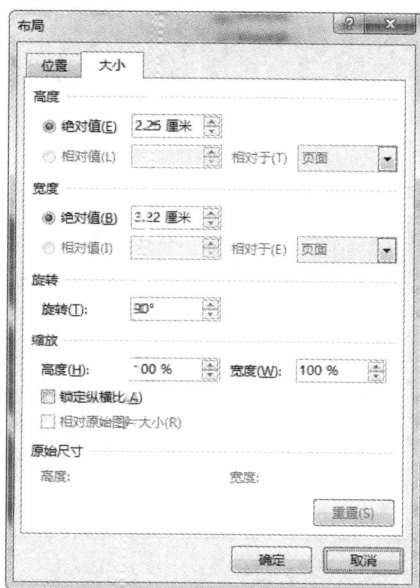

图 2-142　SmartArt 布局大小设置

2.5.3　创建和编辑艺术字

艺术字是指文档中具有特殊效果的字体。艺术字不是普通的文字，而是图形对象，可以像处理其他图形那样进行相关操作。

1．创建艺术字

创建艺术字的具体操作步骤如下：

(1) 新建一个 Word 文档，单击【插入】选项卡下【文本】组中的【艺术字】按钮，在弹出的下拉列表中选择一种艺术字样式，如图 2-143 所示。

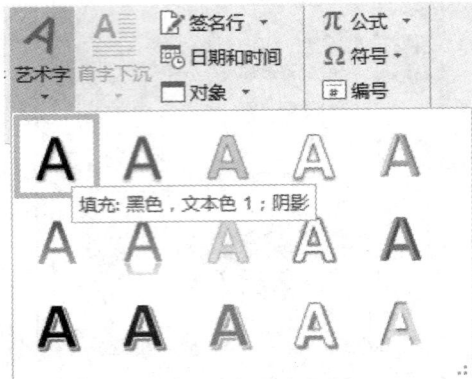

图 2-143　插入艺术字

此时在文档中插入了一个艺术字文本框，如图 2-144 所示。

图 2-144　艺术字文本框

(2) 在"请在此放置您的文字"文本框中输入"我们的家"字样，即可完成艺术字的创建，如图 2-145 所示。

图 2-145　输入艺术字

2．更改艺术字样式

Word 2016 提供了非常丰富的艺术字类型，可根据需要进行更加直观的设计。在文档中更改艺术字样式的具体操作步骤如下：

(1) 选择艺术字文本框，单击【绘图工具|格式】选项卡【形状样式】组中的【其他】按钮，在弹出的下拉列表中选择一种样式，如图 2-146 所示。

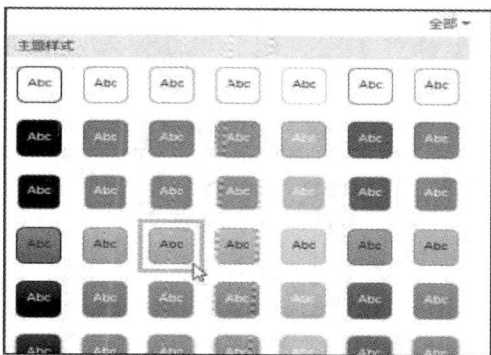

图 2-146　艺术字形状样式列表

(2) 在【形状样式】组中单击【形状效果】按钮，在弹出的下拉列表中单击【棱台】→【棱台】→【松散嵌入】选项，如图 2-147 所示。

图 2-147　艺术字棱台效果

(3) 选择文本内容，单击【艺术字样式】组中的【其他】按钮，在弹出的下拉列表中选择艺术字样式，即可更改原有的样式。

(4) 在【艺术字样式】组中单击【文本效果】按钮，在弹出的下拉列表中选择【三维旋转】→【平行】→【等长顶部朝上】选项，如图 2-148 所示。

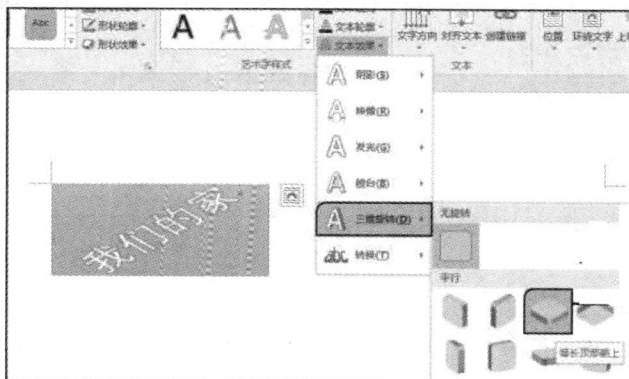

图 2-148　艺术字三维格式设置

最终设置效果即可展示出来，如图 2-149 所示。

图 2-149　艺术字效果

2.5.4　绘制和编辑图形

Word 2016 除了可以插入图片和 SmartArt 图形之外，还可以绘制图形，并对其进行编辑。

1．绘制图形

在文档中绘制基本图形，如直线、箭头、方框和椭圆等，其操作步骤如下：

(1) 新建一个 Word 文档，移动光标到需要绘制图形的位置，然后单击【插入】选项卡【插图】组中的【形状】按钮，在弹出的下拉列表中选择【基本形状】中的【笑脸】，如图 2-150 所示。

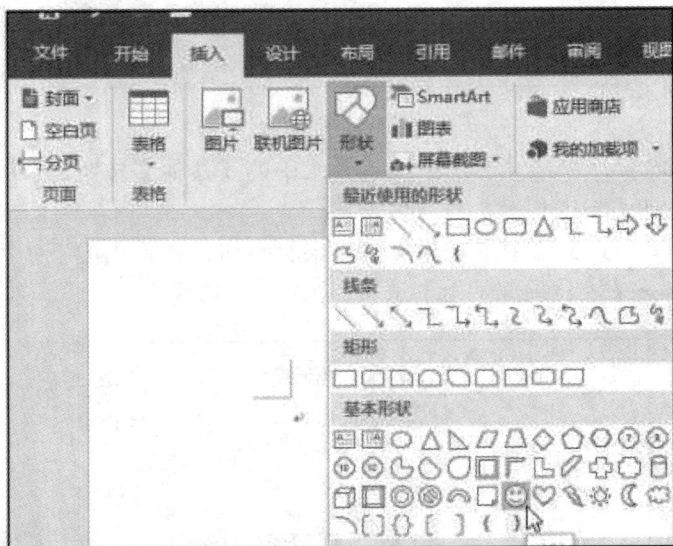

图 2-150　插入基本形状

(2) 移动鼠标光标到绘图画布区域，鼠标指针会变为"十"字形状，这时按住鼠标左键不放，拖曳鼠标到一定位置后放开，在绘图画布上就会显示出绘制的笑脸，如图 2-151 所示。

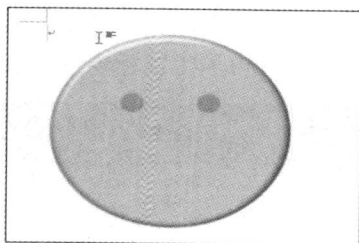

图 2-151 绘制笑脸

提示：

正方形是矩形的特例，圆形是椭圆形的特例，同样其他的方方正正的图形都是其大类图形的特例。首先选择单击【矩形】或【椭圆】或其他类型，然后在绘图画布上进行绘制时，按住 Shift 键，再拖曳鼠标便可进行绘制。

2．编辑图形

图形绘制完成后，还可以对其进行编辑，具体的操作步骤如下：

(1) 选中要插入的图形，单击【格式】选项卡下【形状样式】组中的【形状填充】按钮右侧的下拉箭头，在弹出的下拉列表中选择一种形状颜色，即可更改形状的颜色，如图 2-152 所示。

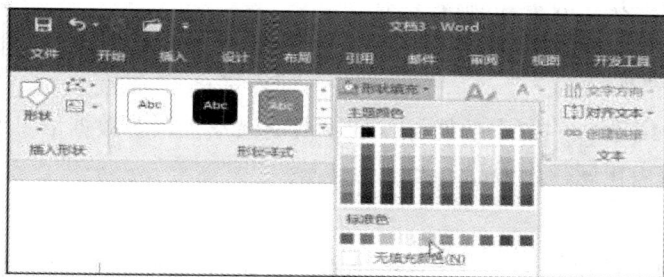

图 2-152 图形填充颜色

(2) 单击【形状轮廓】按钮右侧的下拉箭头，在弹出的下拉列表中选择一种颜色，即可更改形状轮廓的颜色，如图 2-153 所示。

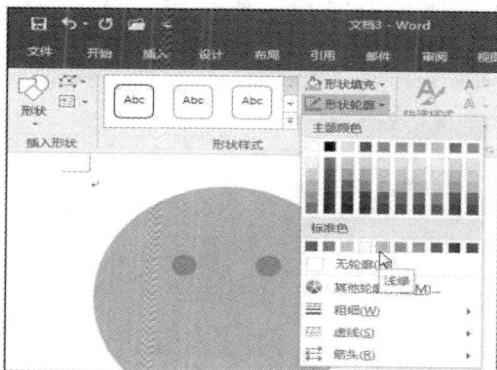

图 2-153 图形轮廓修改

(3) 单击【格式】选项卡下【形状样式】组中的【形状效果】按钮，在弹出的下拉列表中选择【棱台】→【圆】选项，即可为形状设置棱台效果，如图 2-154 所示。

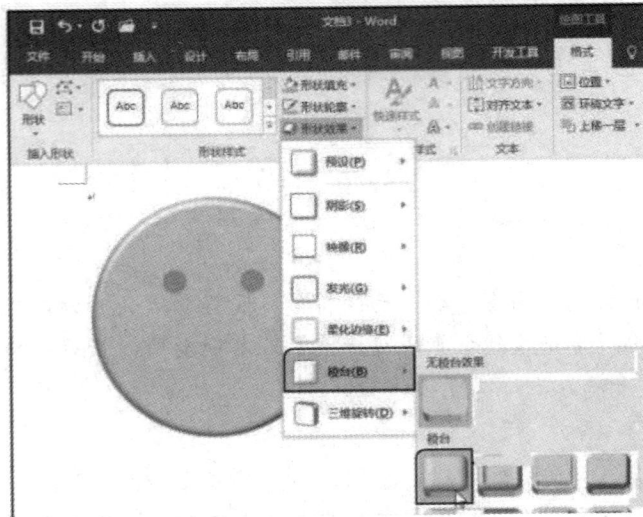

图 2-154　图形效果设置

(4) 单击【格式】选项卡下【形状样式】组中的【其他】按钮，在弹出的下拉列表中可以选择预设好的形状、效果和颜色。

2.5.5　创建和使用图表

利用 Word 2016 强大的图表功能可以使表格中原本单调的数据信息变得生动，方便查看数据的差异、图案和预测趋势等。

1. 创建图表

Word 2016 为用户提供了大量预设的图表，可以快速地创建所需的图表，创建图表的具体步骤如下：

(1) 打开随书素材中的"素材\ch07\图表数据.docx"文件，将光标定位在要插入图表的位置，单击【插入】选项卡下【插图】组中的【图表】按钮，如图 2-155 所示。

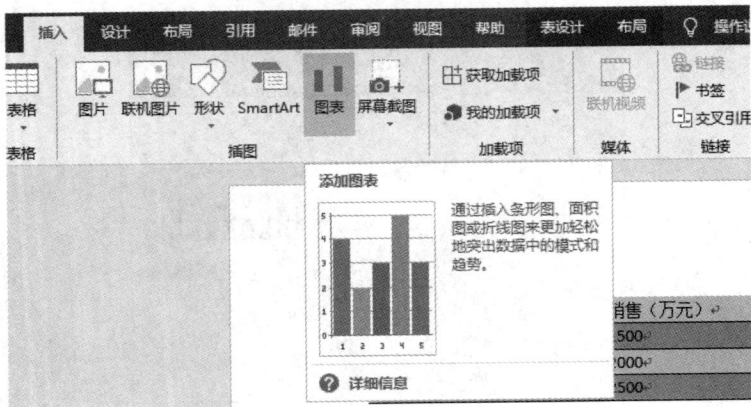

图 2-155　插入图表

(2) 在弹出的【插入图表】对话框左侧的【所有图表】列表框中选择【柱形图】列表项，在右侧选择图表样式，如图 2-156 所示。

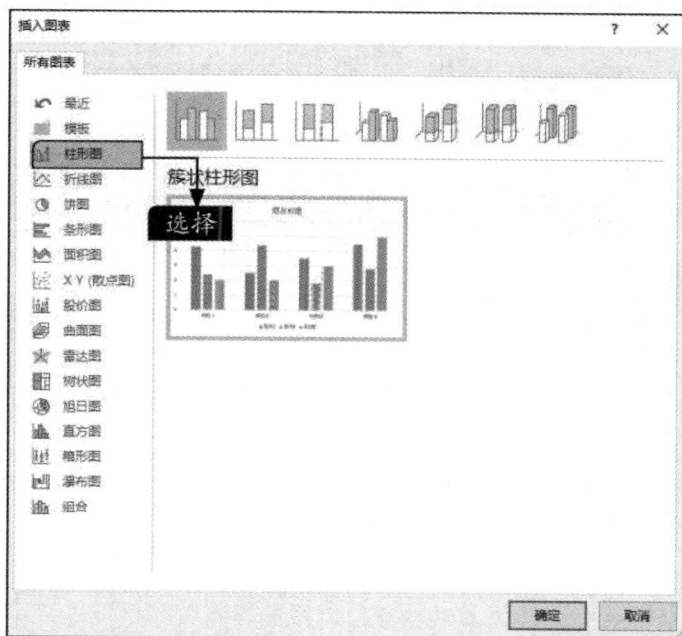

图 2-156　选择图表类型

(3) 单击【确定】按钮，系统随机弹出标题为【Microsoft Word 中的图表】的 Excel 2016 窗口，表中显示的是示例数据，如图 2-157 所示。

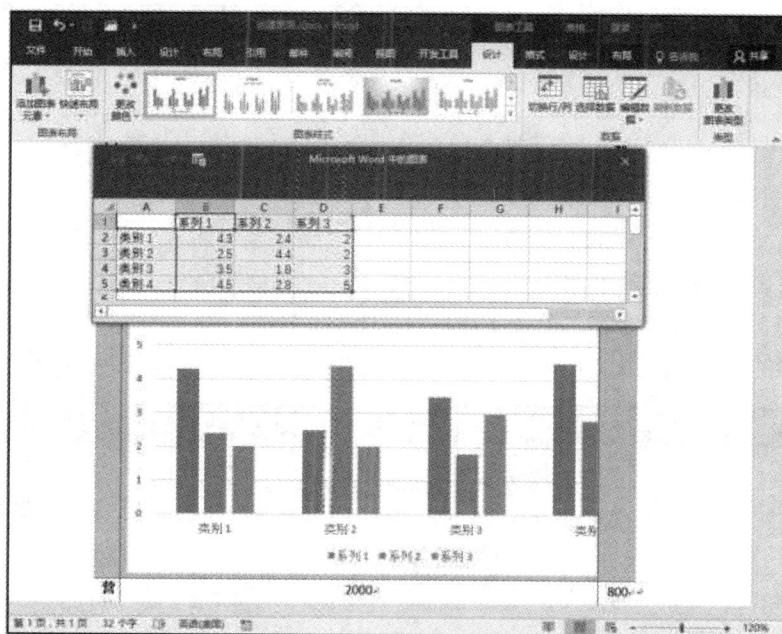

图 2-157　图表示例数据

(4) 在 Excel 表中删除全部示例数据，将 Word 文档表格中的数据复制粘贴到 Excel 表中的蓝色方框内，并拖动蓝色框线的右下角，使之与数据范围一致，如图 2-158 所示。

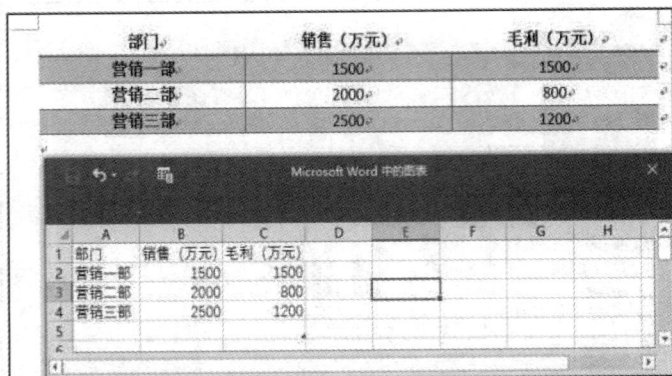

图 2-158　复制图表数据

(5) Word 2016 会根据数据区域的内容调整图表，最后单击 Excel 的【关闭】按钮即可返回 Word 文件，创建的图表如图 2-159 所示。

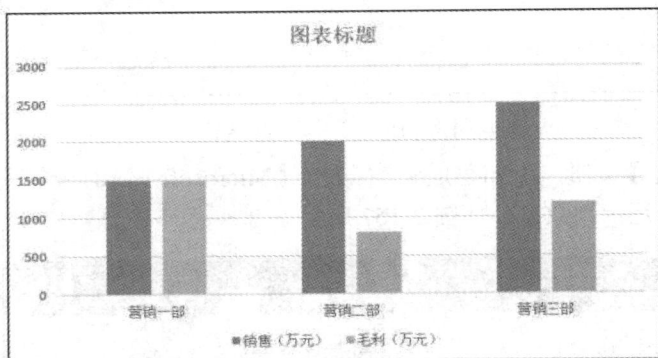

图 2-159　图表创建结果

2．美化图表

在图表创建完毕后，还可以对图表的样式、布局、图表标题、坐标轴标题、图例、数据标签、数据表、坐标轴和网格线等内容进行修改，具体步骤如下：

(1) 选中插入完成的图表，单击【图表工具I设计】选项卡【图表样式】组中的【其他】按钮，在弹出的下拉列表中选择一种图表样式，如图 2-160 所示，即可为图表更改样式。

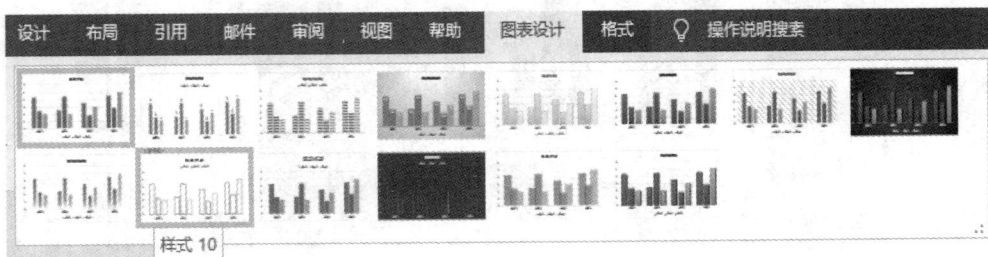

图 2-160　选择图表样式

(2) 单击【格式】选项卡下【形状样式】组中的【设置形状样式】按钮，在文档右侧会弹出【设置图表区格式】窗格，如图 2-161 所示。

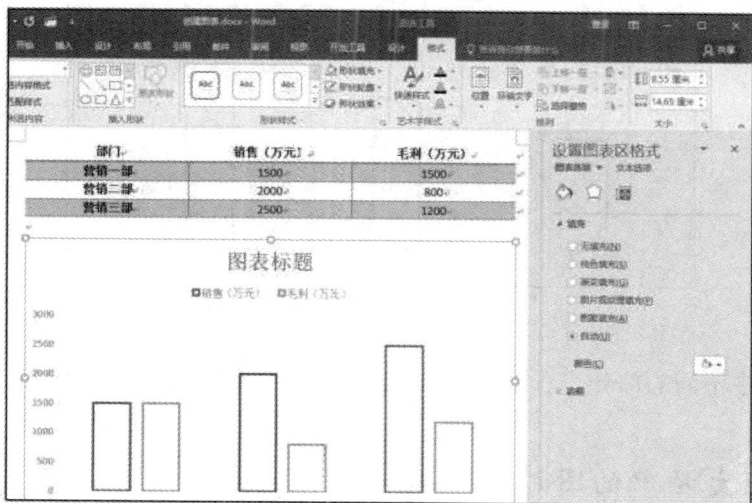

图 2-161 设置图表区格式

(3) 在【设置图表区格式】窗格的【图表选项】下【填充与线条】选项卡的【填充】组中勾选【图片或纹理填充】单选项，在【纹理】右侧单击【纹理】按钮，在弹出的下拉列表中选择一种纹理，如图 2-162 所示。

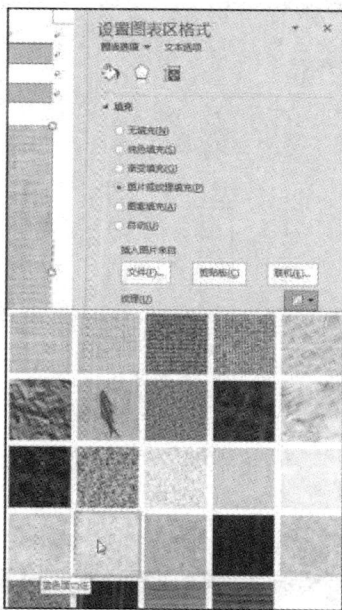

图 2-162 选择纹理图案

(4) 添加图表背景后，选中"图表标题"文本字样，将其删除并输入"销售额对比图"文本字样，最终效果如图 2-163 所示。

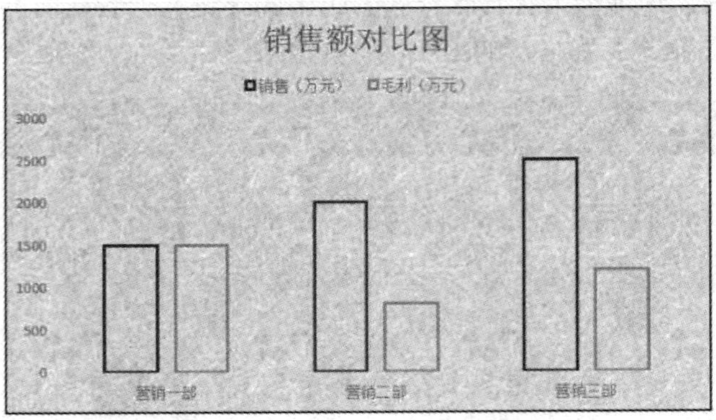

图 2-163　图表标题修改

选中图表中不同的部分，右键单击，在弹出的快捷菜单中可以对不同的部分进行进一步的美化设计。

2.5.6　导出文档中的图片

根据需要将文档中的图片导出并保存到计算机上，具体操作步骤如下：

(1) 在需要保存的图片上单击鼠标右键，在弹出的快捷菜单中选择【另存为图片】命令，如图 2-164 所示。

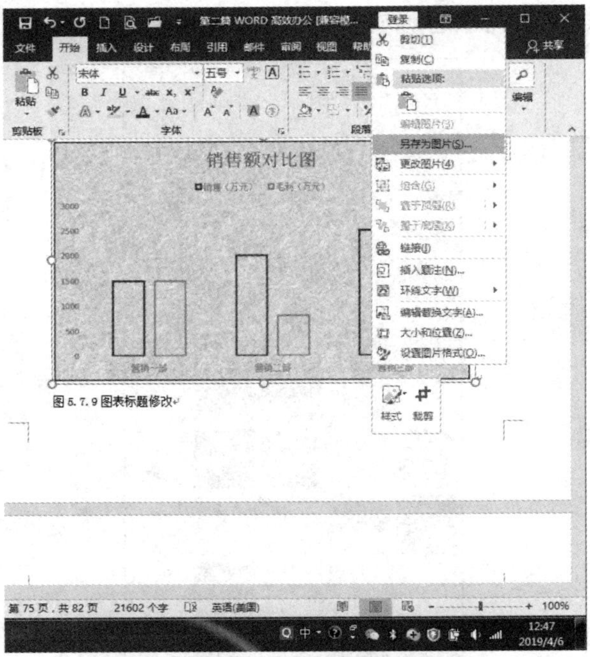

图 2-164　选择【另存为图片】命令

(2) 在弹出的【保存文件】对话框中选择要保存的路径并输入文件名，在【保存类型】中选择需要的类别，如 "可移植网络图形" 等，单击【保存】按钮即可，如图 2-165 所示。

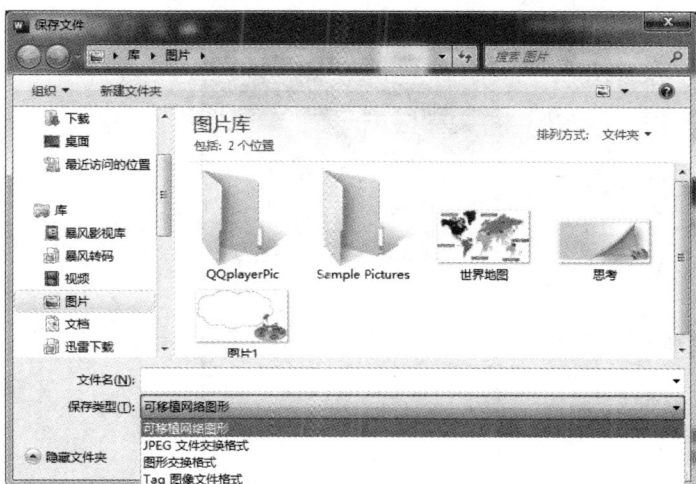

图 2-165　【保存文件】对话框

2.6　高 级 排 版

对于文字内容较多、篇幅较长、文章层次结构相对复杂的文档，如毕业论文、商业报告、软件使用说明书等的排版，Word 2016 都可以轻松应对。

2.6.1　设置文字方向

在 Word 2016 中输入内容后，默认的文字排列方向是水平的，有时候需要将文档的文字排列方向设置为垂直，设置方法有以下两种：

(1) 打开随书素材"素材\ch08\如梦令.docx"文件，单击【布局】选项卡下【页面设置】组中的【文字方向】按钮，在弹出的下拉列表中选择【垂直】选项，如图 2-166 所示。

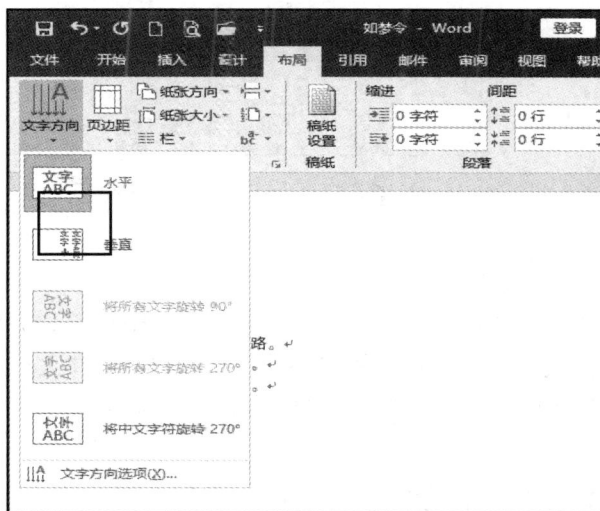

图 2-166　选择【垂直】选项

文档中的文本内容将以【垂直】方式显示，如图 2-167 所示。

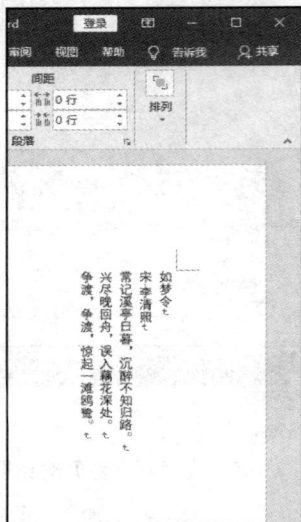

图 2-167   以垂直方式显示

(2) 单击【布局】选项卡下【页面设置】组中的【文字方向】按钮，在弹出的下拉列表中选择【文字方向选项(x)】选项，弹出【文字方向-主文档】对话框，选择文字垂直排列，如图 2-168 所示。

图 2-168   【文字方向-主文档】对话框

2.6.2 使用样式与格式

样式包括字符样式和段落样式。字符样式的设置以单个字符为单位，段落样式的设置以段落为单位。字符样式可以应用于任何文字，包括字体、字体大小和修饰等，段落样式应用于整个文档，包括行间距、对齐方式、缩进格式、制表位、边框和编号等。

1. 查看样式

使用【应用样式】窗格查看样式的具体操作如下：

(1) 打开随书素材中"素材\ch08\河艺简介.docx"文件，单击【开始】选项卡下【样式】组中的【其他】按钮，在弹出的下拉列表中选择【应用样式】选项，如图 2-169 所示。

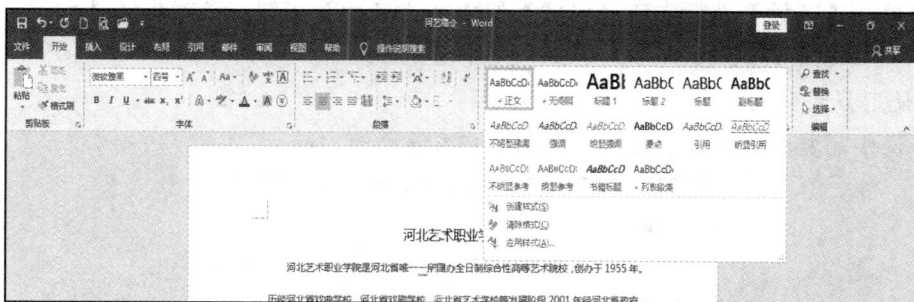

图 2-169　选择【应用样式】选项

(2) 弹出【应用样式】窗格，将鼠标指针置于文档中的任意位置，相应的样式将会在【样式名】下拉列表框中显示出来，如图 2-170 所示。

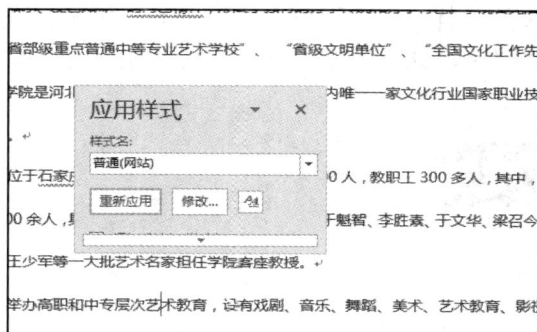

图 2-170　【应用样式】窗格

2. 应用样式

应用样式的方法主要有两种：一种是快速应用样式；另一种是使用样式列表。

1) 快速应用样式

(1) 在打开的"素材\ch08\河艺简介.docx"文件中，选择要应用样式的文本(或者将鼠标光标定位在要应用样式的段落内)，例如将光标定位在第一段内，如图 2-171 所示。

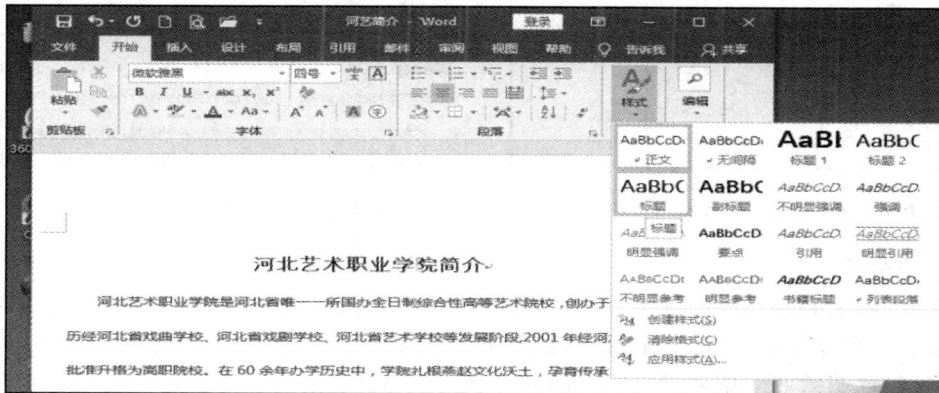

图 2-171　选择应用样式

(2) 单击【开始】选项卡下【样式】组中的【其他】按钮，从弹出的【样式】下拉列表中选择【标题】样式，此时第一段即变为标题样式。

2) 使用样式列表

(1) 选中需要应用样式的文本，如图 2-172 所示。

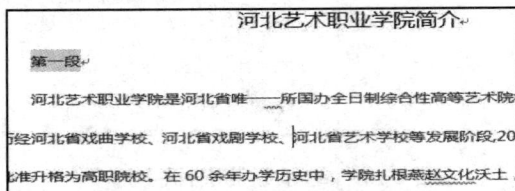

图 2-172　选择文本

(2) 在【开始】选项卡的【样式】组中单击【样式】按钮，弹出【样式】窗格，在【样式】窗格的列表中单击需要的样式选项即可，例如单击【标题 1】选项，如图 2-173 所示。

(3) 返回到 Word 文档中，此时选中的文本已经应用了【标题 1】样式，如图 2-174 所示。

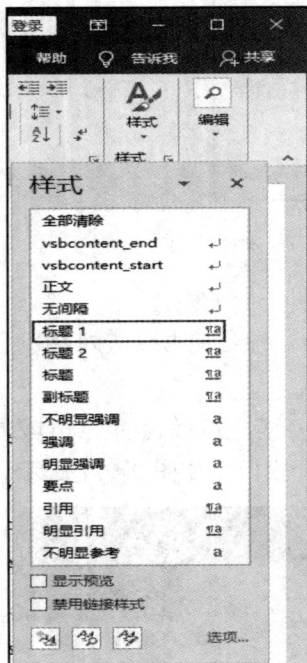

图 2-173　【样式】窗格

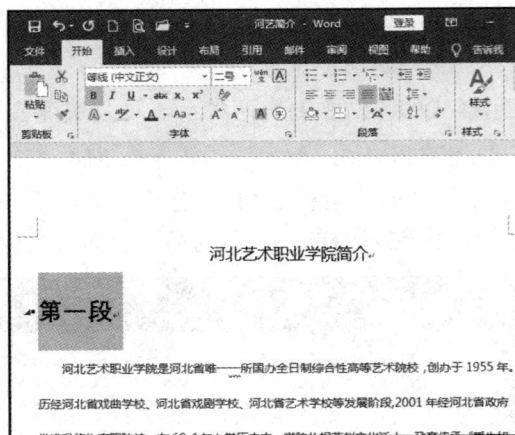

图 2-174　应用的样式

3. 自定义样式

当系统内置的样式不能满足需求时，用户可以自行创建样式，具体操作步骤如下：

(1) 打开随书素材"素材\ch08\产品说明书.docx"文件，选中需要应用样式的文本，或者将插入符移至需要应用样式的段落内的任意一个位置，然后在【开始】选项卡的【样式】组中单击【样式】按钮，弹出【样式】窗格，如图 2-175 所示。

图 2-175　【样式】窗格

(2) 单击【新建样式】按钮，弹出【根据格式化创建新样式】对话框，如图 2-176 所示。

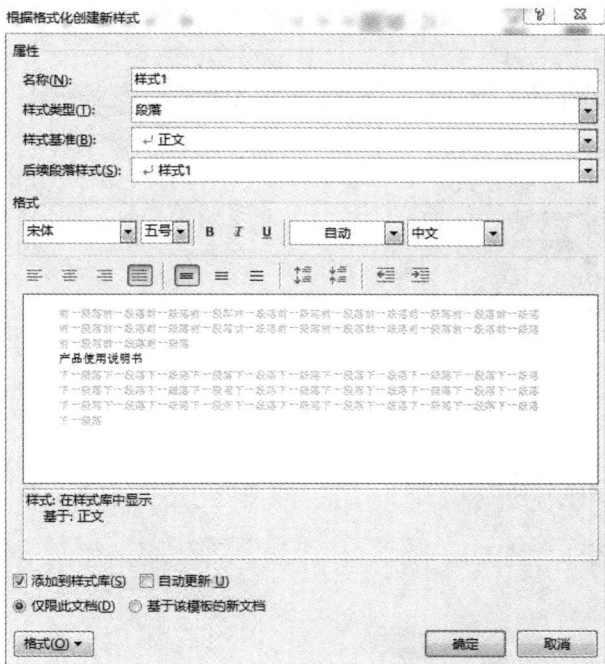

图 2-176　【根据格式化创建新样式】对话框

(3) 在【属性】区域的【名称】文本框中输入新建样式的名称，例如输入"内正文"，在【样式类型】【样式基准】和【后续段落样式】下拉列表中选择需要的样式类型和样式基准；在【格式】区域，根据需要设置字体格式，单击【倾斜】按钮，如图 2-177 所示。

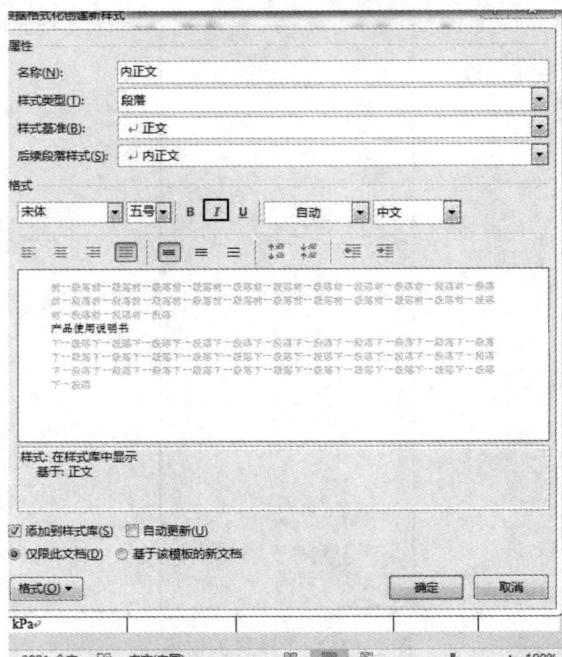

图 2-177　设置样式

(4) 单击左下角的【格式】按钮，在弹出的下拉列表中选择【段落】选项，如图 2-178 所示。

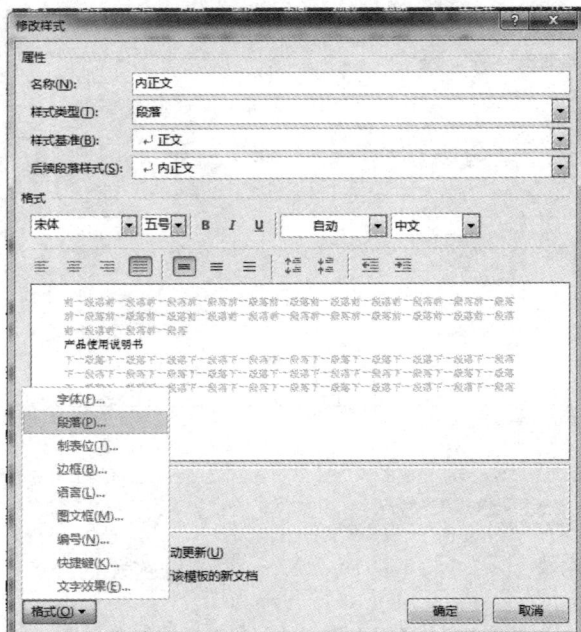

图 2-178　选择【段落】选项

(5) 在弹出的【段落】对话框中设置"首行缩进，2 字符"，单击【确定】按钮，如图 2-179 所示。

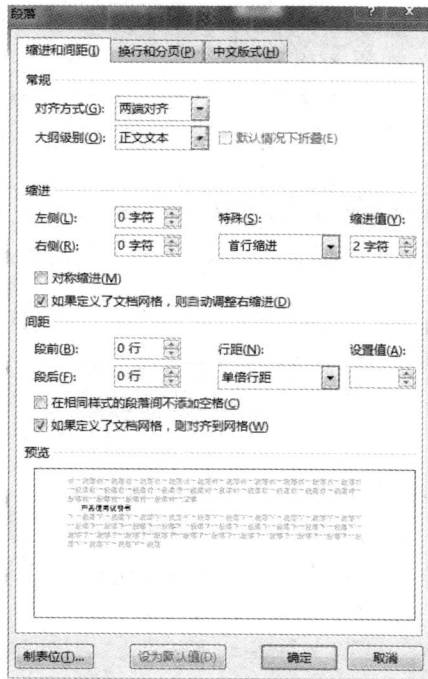

图 2-179　设置段落格式

（6）返回【根据格式化创建新样式】对话框，在中间区域预览效果，单击【确定】按钮，如图 2-180 所示。

（7）在【样式】窗格中查看创建的新样式，在文档中显示设置后的效果，如图 2-131 所示。

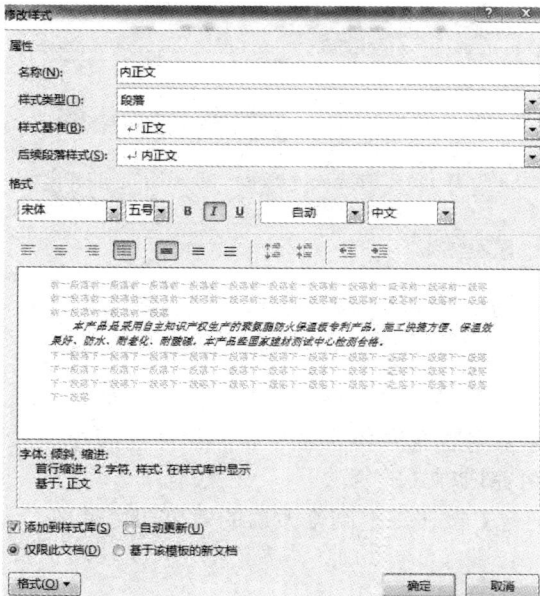

图 2-180　预览效果

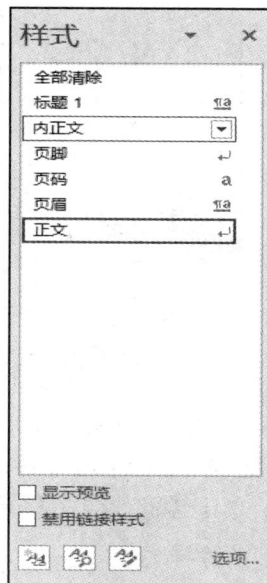

图 2-181　创建的新样式

(8) 选中其他要使用该样式的段落，单击【样式】窗格中的【内正文】样式，即可将该样式应用到新选的段落上，如图 2-182 所示。

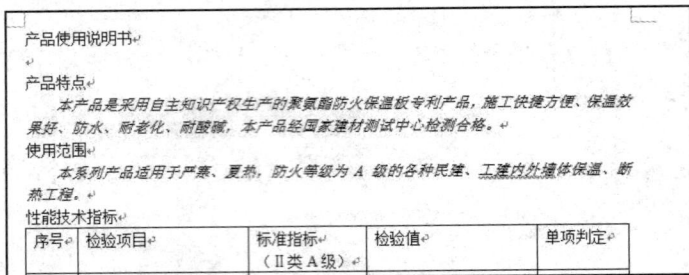

图 2-182　应用自定义样式

4．修改样式

用户可以根据需要对样式进行修改，具体操作步骤如下：

(1) 在【样式】窗格中，单击下方的【管理样式】按钮，如图 2-183 所示。

(2) 弹出【管理样式】对话框。在【选择要编辑的样式】列表框中，选择需要修改的样式名称，然后单击【修改】按钮，如图 2-184 所示。

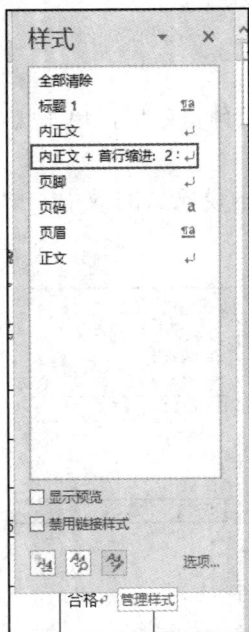

图 2-183　【样式】窗格-管理样式

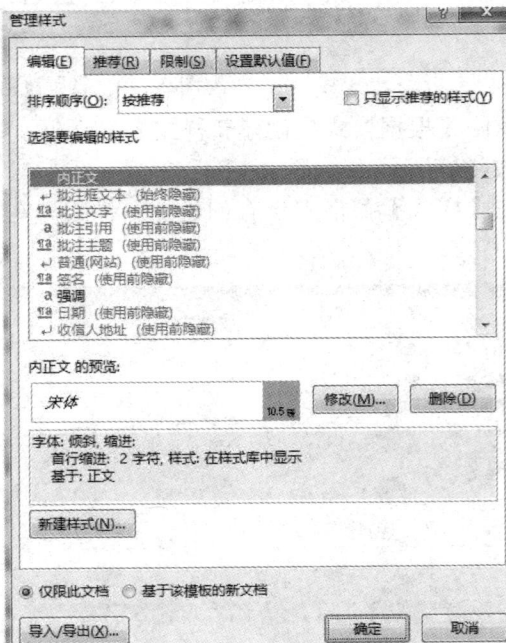

图 2-184　【管理样式】对话框

(3) 弹出【修改样式】对话框，根据需要设置字体、字号、加粗、段间距、对齐方式和缩进量等，然后单击【确定】按钮即可完成样式的修改。

(4) 单击【管理样式】窗口中的【确定】按钮，返回修改后的效果即可呈现。

5．清除样式

当需要清除某段文字的格式时，选中该段文字，单击【开始】选项卡下【样式】组中的【其他】按钮，在弹出的下拉列表中选择清除格式选项，如图 2-185 所示。

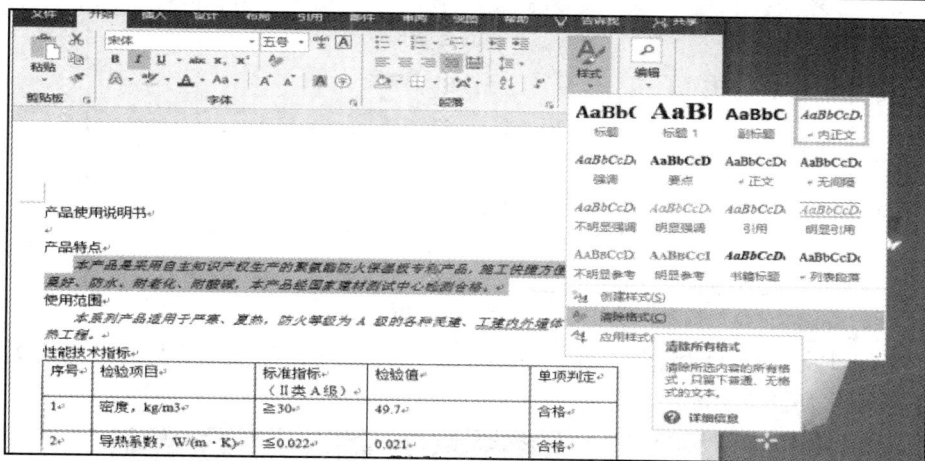

图 2-185　【清除格式】选项

2.6.3　添加页眉与页脚

Word 2016 提供了丰富的页眉和页脚模板，使用户在使用页眉和页脚时变得更为快捷。

1. 插入页眉和页脚

在页眉和页脚中可以输入创建文档的基本信息，例如文档名称、章节标题、页码等。这不仅能使文档更美观，还能向读者快速传达文档要表达的信息。

1）插入页眉

(1) 打开随书素材"素材\ch08\产品说明书.docx"文件，单击【插入】选项卡下【页眉和页脚】组中的【页眉】按钮，弹出【页眉】下拉列表，选择需要的页眉，例如选择【边线型】样式，如图 2-186 所示。

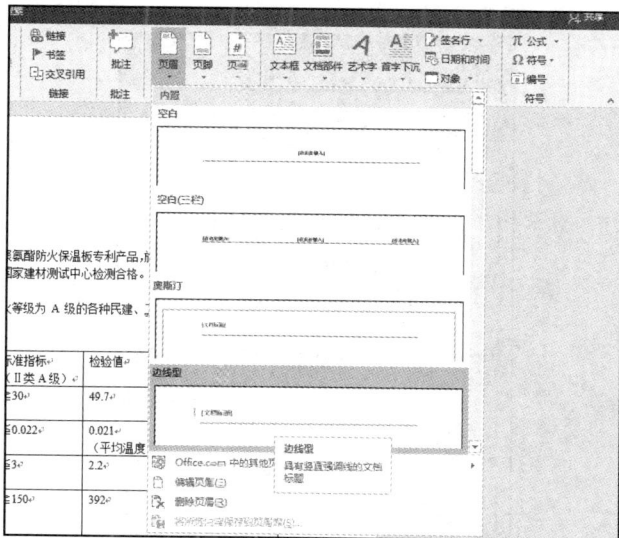

图 2-186　插入页眉—选择【边线型】样式

(2) Word 2016 会在文档每一页的顶部插入页眉，并显示【文档标题】文本域，如图 2-187 所示。

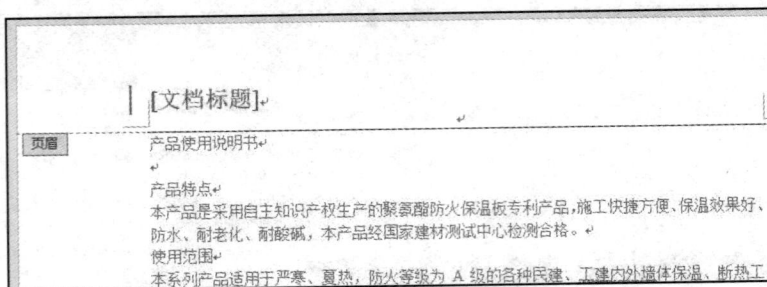

图 2-187　插入页眉

(3) 在页眉的文本域中输入内容，单击【设计】选项卡下【关闭】组中的【关闭页眉和页脚】按钮，如图 2-188 所示。

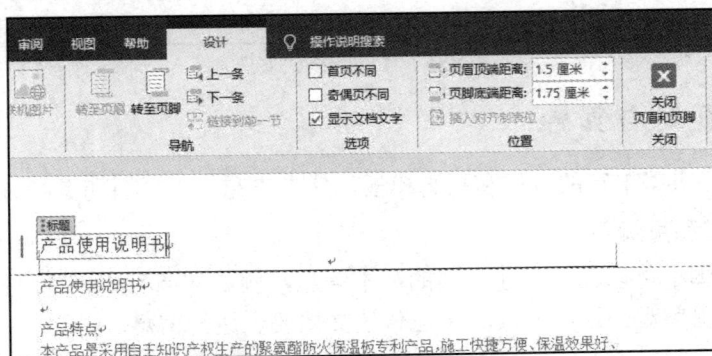

图 2-188　输入内容并关闭设置

2) 插入页脚

(1) 单击【设计】选项卡下【页眉和页脚】组中的【页脚】选项，弹出【页脚】下拉列表，选择【怀旧】样式，如图 2-189 所示。

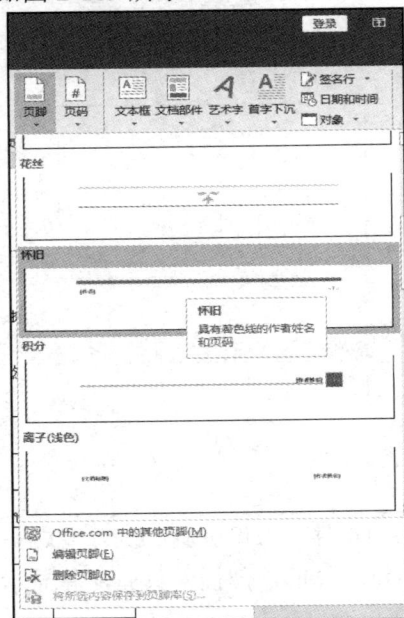

图 2-189　选择【怀旧】样式

(2) 文档自动跳转至页脚编辑状态，如图 2-190 所示。

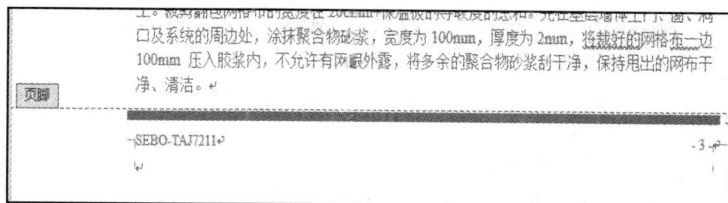

图 2-190　插入页脚

(3) 输入页脚内容，单击【设计】选项卡下【关闭】组中的【关闭页眉和页脚】按钮，即可看到插入页脚的效果。

2. 设置页眉和页脚

插入页眉和页脚后，还可以根据需要设置页眉和页脚的样式，具体操作步骤如下：

(1) 双击插入的页眉，使其处于编辑状态。单击【设计】选项卡下【页眉和页脚】组中的【页眉】按钮，在弹出的下拉菜单列表中选择【镶边】样式，如图 2-191 所示。

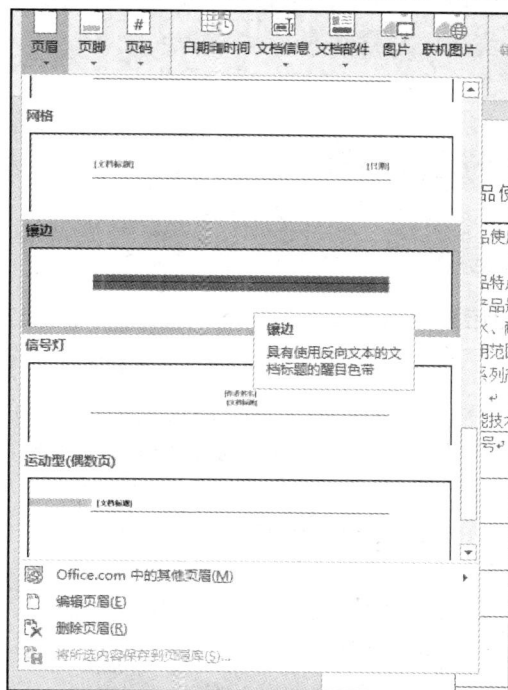

图 2-191　选择【镶边】样式

(2) 在【设计】选项卡下【选项】组中选中【奇偶页不同】复选项，如图 2-192 所示。

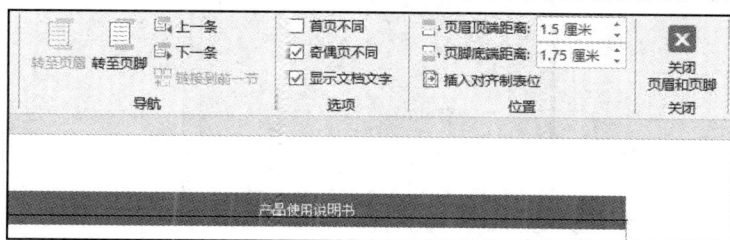

图 2-192　选中【奇偶页不同】复选项

(3) 选中页眉中的文本内容，在【开始】选项卡下设置其字体、字号、颜色等。返回至文档，按住 Esc 键即可退出页眉和页脚的编辑状态，此设置效果即可呈现。

页脚的样式设置与页眉相同，读者可自行练习。

3．设置文档页码

在文档中插入页码的具体步骤如下：

(1) 打开随书素材"素材\ch08\产品说明书.docx"文件，单击【插入】选项卡下【页眉和页脚】组中的【页码】按钮，在弹出的下拉列表中选择【设置页码格式】选项，如图 2-193 所示。

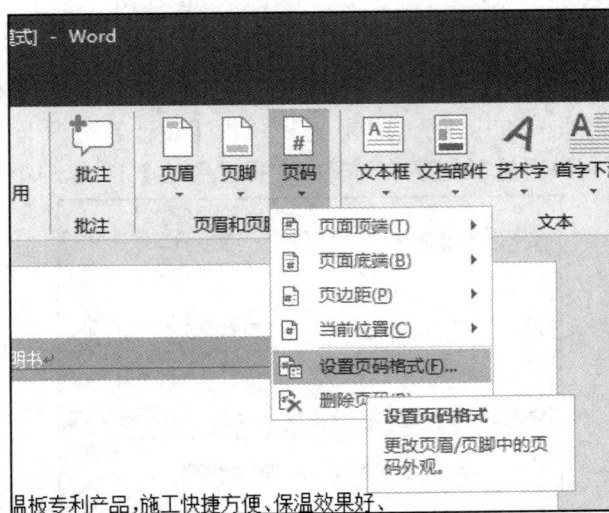

图 2-193　选择【设置页码格式】选项

(2) 弹出【页码格式】对话框，单击【编号格式】选项框后的按钮，在弹出的下拉列表中选择一种编号格式，在【页码编号】组中选择【续前节】单选按钮，单击【确定】按钮，如图 2-194 所示。

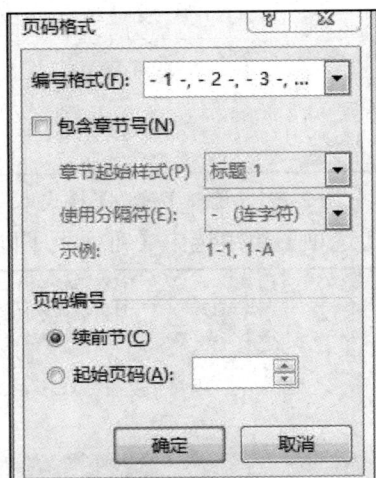

图 2-194　【页码格式】对话框

【页码格式】对话框中部分选项的含义如下。

【包含章节号】复选框：将章节号插入到页码中，可以选择章节起始样式和分隔符。

【续前节】单选按钮：接着上一节的页码连续设置页码。

【起始页码】单选按钮：选中此单选按钮后，可以在后方的微调框中输入起始页码数。

(3) 单击【插入】选项卡下【页眉和页脚】组中的【页码】按钮，在弹出的下拉列表中选择【页面底端】选项组中的【普通数字 2】，如图 2-195 所示。

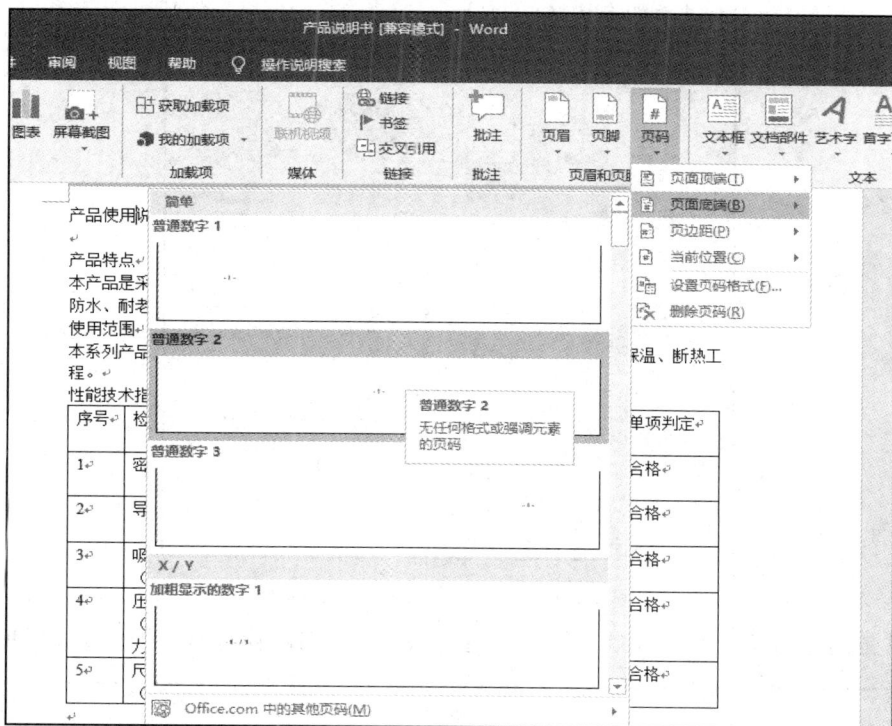

图 2-195　插入页码格式

(4) 单击【确定】按钮，即可在文档中插入页码，单击【关闭页眉和页脚】按钮，退出页眉和页脚编辑状态。

2.6.4　使用分隔符

排版时，部分内容需要另起一页或另起一节，这时就需要在文档中插入分页符或者分节符，其中分页符用于章节之间的分隔。

1. 插入分页符

分页符用于分割页面，【分页符】选项组包含分页符、分栏符和自动换行符，下面以插入自动换行符为例，介绍在文档中插入分页符的具体操作步骤：

打开随书素材"素材\ch08\产品说明书.docx"文件，移动光标到要换行的位置。单击【布局】选项卡下【页面设置】组中【分隔符】按钮，在弹出的下拉列表中的【分页符】选项组中选择【自动换行符】选项，如图 2-196 所示。

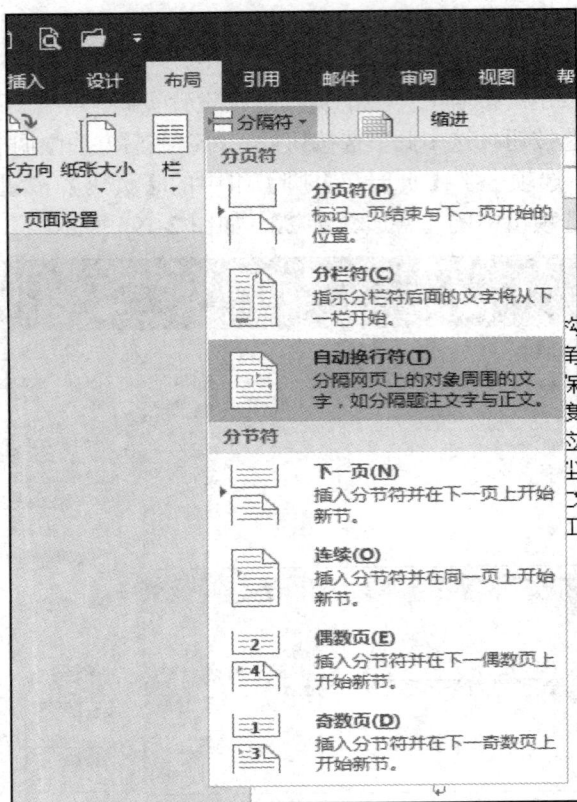

图 2-196 选择【自动换行符】选项

此时文档已另起一行，且上一行的行尾会添加一个自动换行符，如图 2-197 所示。

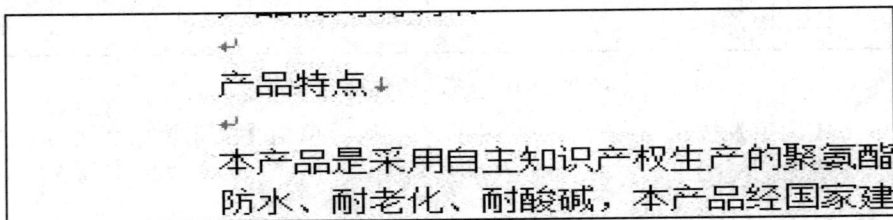

图 2-197 自动换行

2．插入分节符

为了便于对同一文档的不同部分的文本进行不同的格式化操作，可以将文档分隔成多节。节是文档格式化的最大单位，分节可使文档的编辑、排版更灵活，版面更美观。插入分节符的具体操作步骤如下：

打开随书素材"素材\ch08\产品说明书.docx"文件，移动光标到要分节的位置。单击【布局】选项卡下【页面设置】组中的【分隔符】按钮，在弹出的下拉列表中的【分节符】选项组中选择【下一节】选项，如图 2-198 所示。

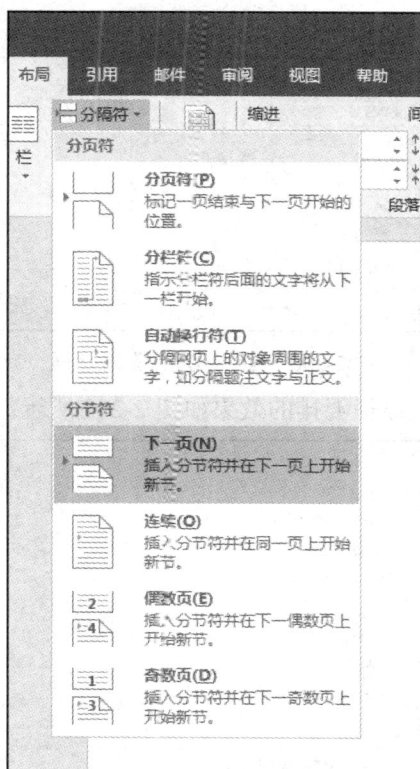

图 2-198 选择【下一页】选项

2.6.5 特殊的中文版式

Word 2016 中包含了特殊的中文版式，例如常用的纵横混排、首字下沉等。

1. 纵横混排

纵横混排即对文档进行混合排版。纵横混排的操作步骤如下：

(1) 打开随书素材"素材\ch08\如梦令.docx"文件，选中需要垂直排列的文本内容，单击【开始】选项卡下【段落】组中的【中文版式】按钮，在弹出的下拉列表中选择【纵横混排】选项，如图 2-199 所示。

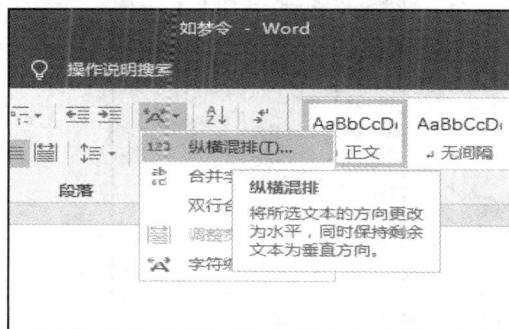

图 2-199 选择【纵横混排】选项

(2) 弹出【纵横混排】对话框，撤销已选中的【适应行宽】复选框，在【预览】区域预览设置后的效果，如图 2-200 所示。

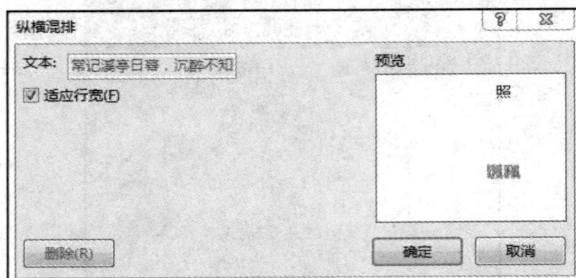

图 2-200 【纵横混排】对话框

(3) 单击【确定】按钮，纵横混排的效果如图 2-201 所示。

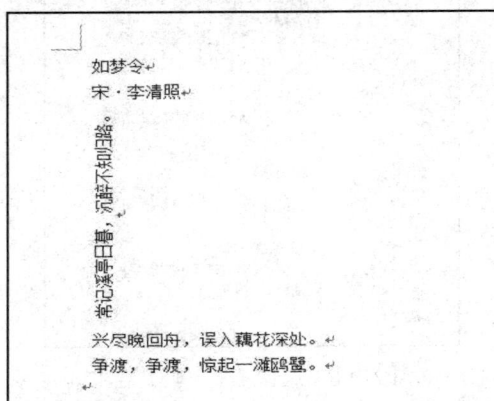

图 2-201 纵横混排效果

2. 首字下沉

首字下沉是将段首的第一个字符放大数倍，并以下沉的方式显示，以改变文档的版面样式。设置首字下沉效果的具体步骤如下：

(1) 打开随书素材"素材\ch08\如梦令.docx"文件，将光标定位到任意一段的任意位置，单击【插入】选项卡下【文本】组中的【首字下沉】按钮，在弹出的下拉列表中选择【首次下沉选项】，如图 2-202 所示。

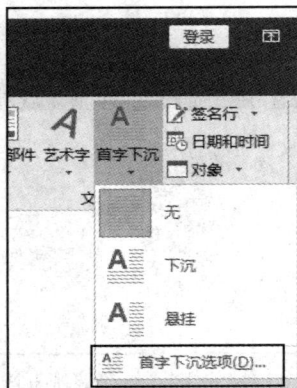

图 2-202 选择【首字下沉选项】

提示：

将鼠标指针放置在任意一个文字前面，在下拉列表中选择【下沉】选项，该文字可直接显示下沉效果。

(2) 弹出【首字下沉】对话框，在该对话框中设置【字体】为"宋体"，在【下沉行数】微调框中设置下沉行数，在【距正文】微调框中设置首字与段落正文之间的距离，如图 2-203 所示。

(3) 单击【确定】按钮，即可在文档中显示调整后的首字下沉效果，如图 2-204 所示。

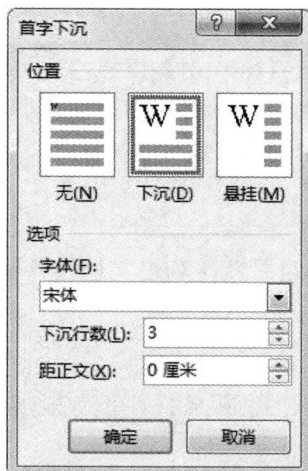

图 2-203　【首字下沉】对话框

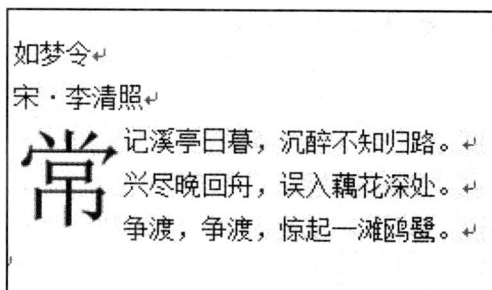

图 2-204　首字下沉效果

2.6.6　格式刷的使用

格式刷是 Word 2016 中使用频率非常高的一个功能。通过格式刷可以快速地将当前的文本或段落的格式应用到另一文本或段落中，从而减少排版的重复工作，使用格式刷的具体步骤如下：

(1) 选中要引用格式的文本，单击【开始】选项卡下【剪贴板】组中的【格式刷】按钮，鼠标光标将变为刷子的形状，如图 2-205 所示。

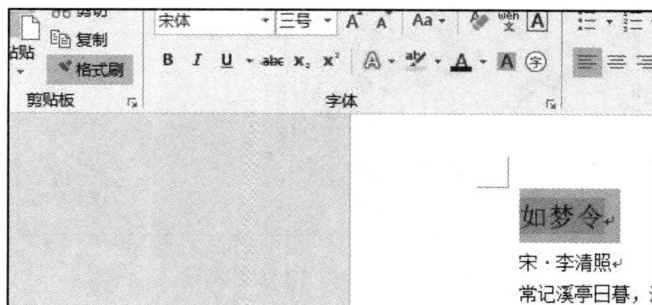

图 2-205　【格式刷】按钮

(2) 选中要改变段落格式的段落，即可将格式应用至所选段落，如图 2-206 所示。

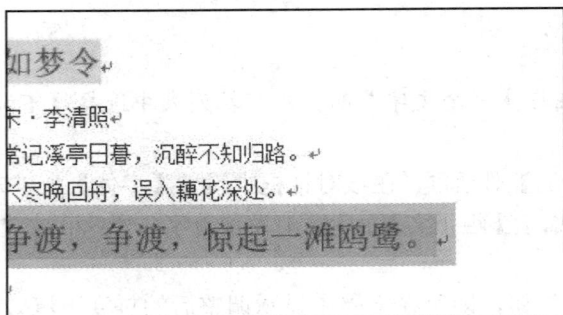

图 2-206　使用格式刷

单击一次【格式刷】按钮，仅能使用一次该样式；双击【格式刷】按钮，就可多次使用该样式。另外，还可以使用快捷键进行格式的复制，在选中复制格式的原段落后，按住【Ctrl+Shift+C】组合键，然后选中要改变格式的文本，再按【Ctrl+Shift+V】组合键即可。

2.6.7　目录的创建与更新

目录可以帮助用户方便、快捷地查阅有关的内容。编制目录就是列出文档的各级标题，以及每个标题所在的页码。

1. 创建文档目录

插入文档的页码并为目录段落设置大纲级别是提取目录的前提条件，设置段落级别并提取目录的具体操作步骤如下：

(1) 打开随书素材"素材\ch08\产品说明书.docx"文件，将光标定位在"第一部分，产品特点……"段落的任意位置，单击【引用】选项卡下【目录】组中的【添加文字】按钮，在弹出的下拉列表中选择【1 级】选项，如图 2-207 所示。

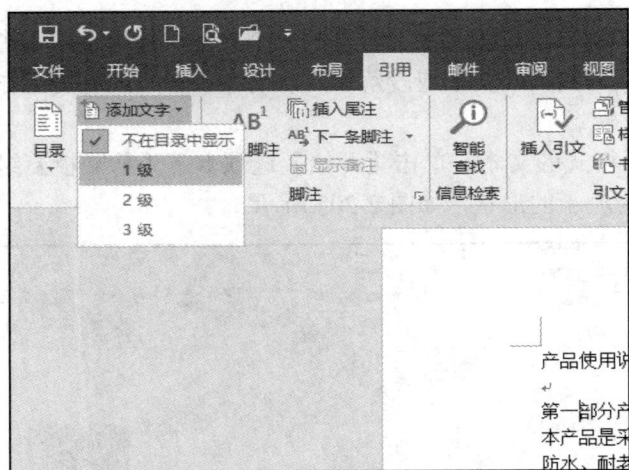

图 2-207　选择【1 级】选项

(2) 将光标定位在"施工顺序"段落任意位置，单击【引用】选项卡下【目录】组中的【添加文字】按钮，在弹出的下拉列表中选择【2 级】选项，如图 2-208 所示。

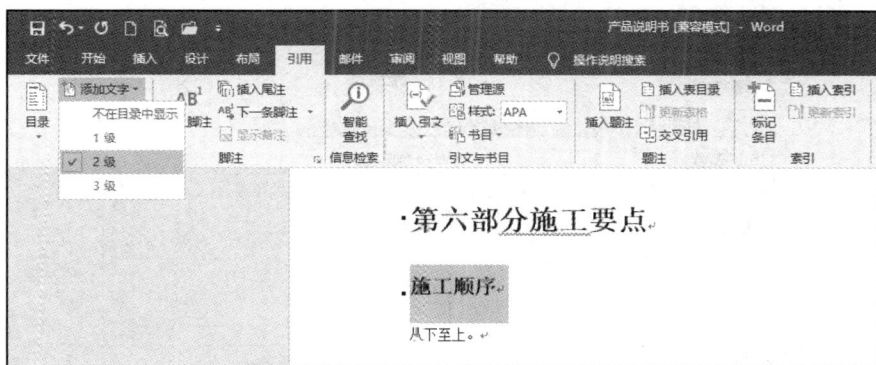

图 2-208　选择【2 级】选项

（3）使用【格式刷】快速设置其他标题级别，如图 2-209 所示。

（4）为文档插入页码，然后将光标移至第一部分文字前面，按【Ctrl+Enter】键插入空白页，然后将光标定位在第 1 页中。单击【引用】选项卡下【目录】组中的【目录】按钮，在弹出的下拉列表中选择【自定义目录】选项，如图 2-210 所示。

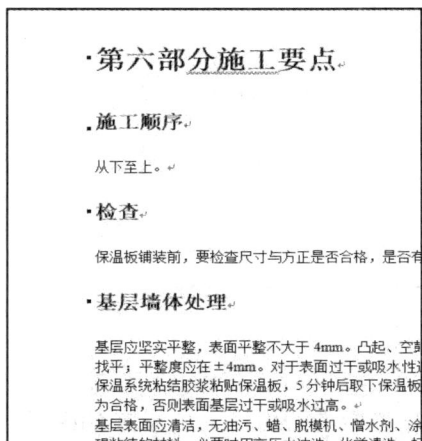

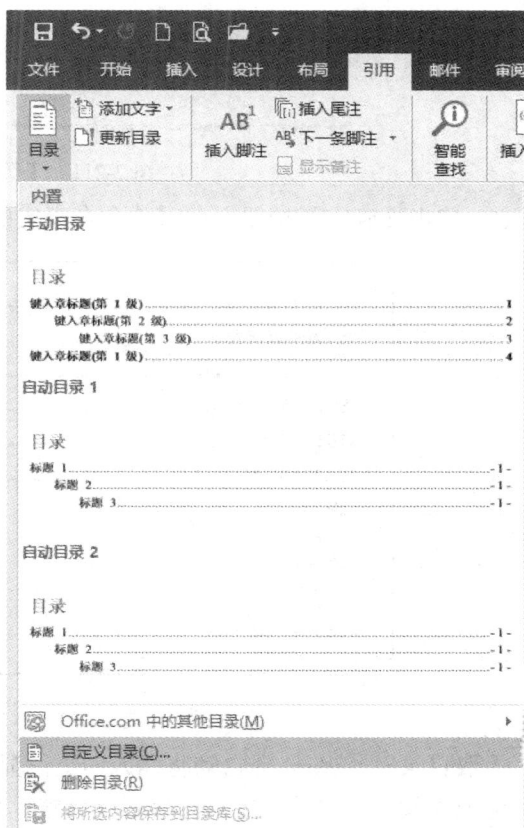

图 2-209　设置其他标题级别　　　　　　　　图 2-210　选择【自定义目录】选项

（5）在弹出的【目录】对话框中选择【目录】选项卡，在【格式】下拉列表中选择"正式"选项，在【显示级别】微调框中输入或者选择显示级为"2"，在预览区域可以看到设置后的效果，如图 2-211 所示。

图 2-211 【目录】对话框

(6) 单击【确定】按钮，此时就会在指定的位置建立目录，如图 2-212 所示。

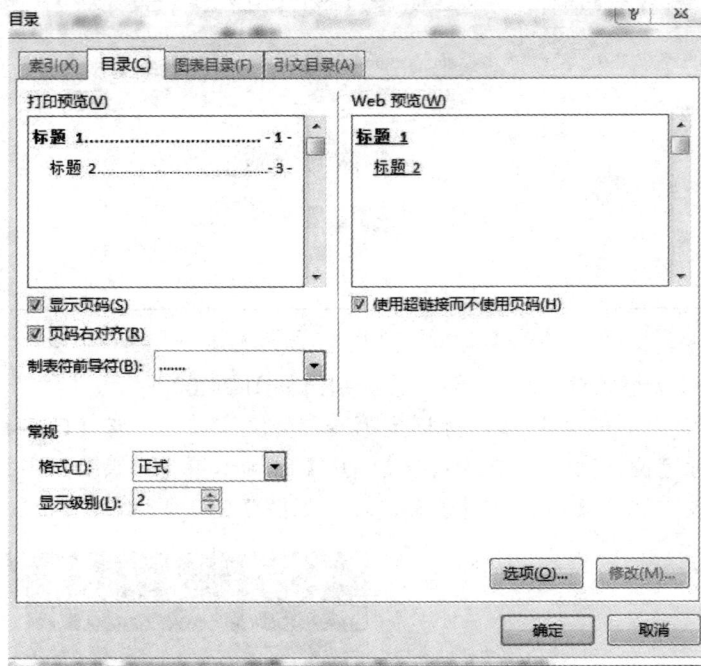

图 2-212 添加文档目录

提取目录时，Word 会自动将插入的页码显示在标题后。在建立目录后，还可以利用目录快速地查找文档中的内容。将鼠标指针移动到目录中要查看的内容上，按住 Ctrl 键，鼠标指针就会变成小手的形状，单击鼠标即可跳转到文档中的相应标题处。

2．更新文档目录

编制目录后，如果在文档中进行了增加和删除文本的操作而使页码发生了变化，或者在文档中标记了新的目录项，就需要对编制的目录进行更新，具体的步骤如下：

（1）选中目录，单击鼠标右键，在弹出的快捷菜单中选择【更新域】命令，如图 2-213 所示。

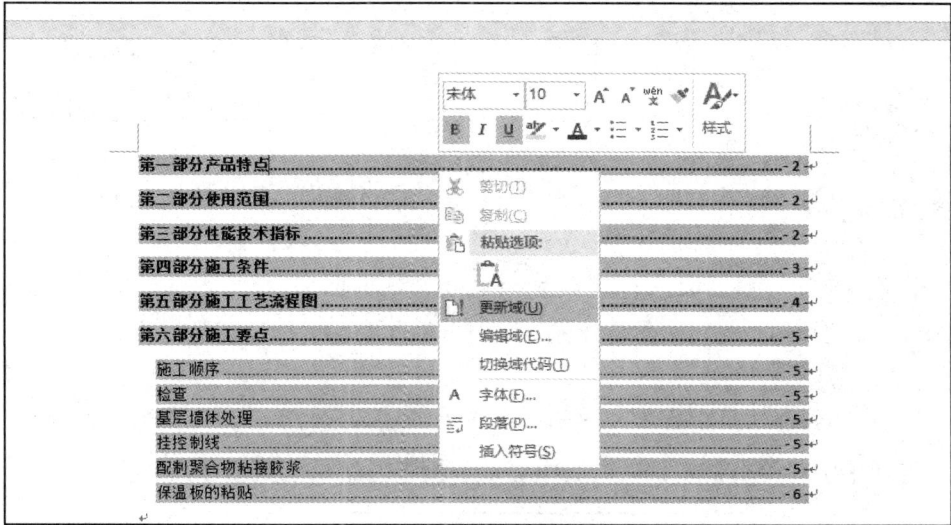

图 2-213　选择【更新域】命令

（2）在弹出的【更新目录】提示对话框中选择【更新整个目录】单选按钮，单击【确定】按钮即可完成对文档目录的更新，如图 2-214 所示。

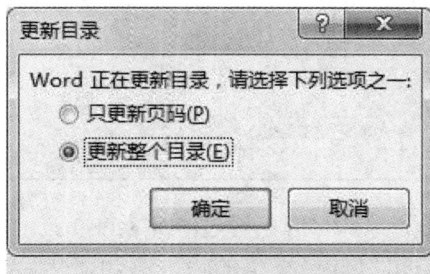

图 2-214　更新目录对话框

2.6.8　文档的错误处理

Word 2016 提供了处理错误的功能，用于发现文档中的错误并给予修正。提供的错误处理功能主要包括拼写和语法检查、自动更正功能等。

1．拼写和语法检查

在输入文本时，如果无意中输入了错误的或不可识别的单词，Word 2016 就会在该单词下用红色波浪线进行标记；如果是语法错误，在出现错误的部分就会用绿色波浪线进行标记。

设置自动拼写与语法检查的具体操作如下：

（1）新建一个 Word 文档，在文档中输入一些语法不正确的和拼写不正确的内容，如图 2-215 所示。切换到【审阅】选项卡，单击【校对】组中的【拼写和语法】按钮。

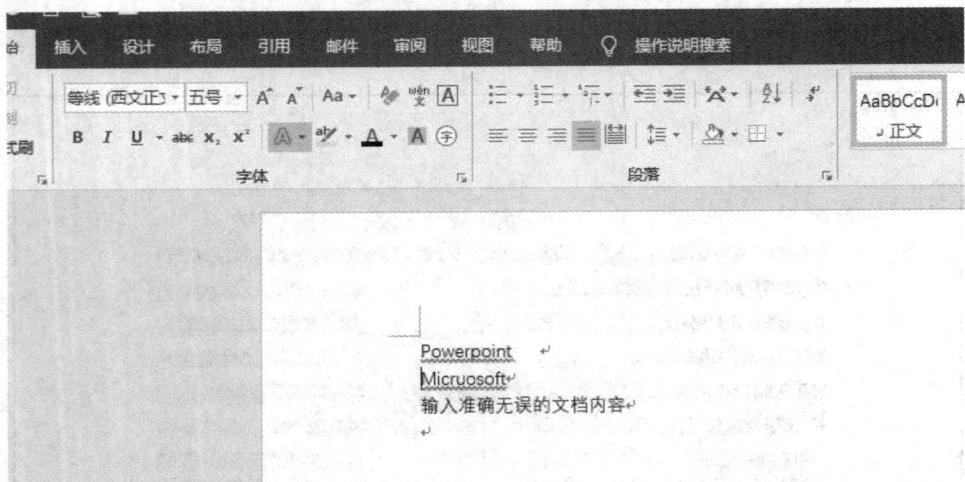

图 2-215　输入不正确内容

(2) 打开【拼写检查】窗格，在其中显示了检查的结果，如图 2-216 示。

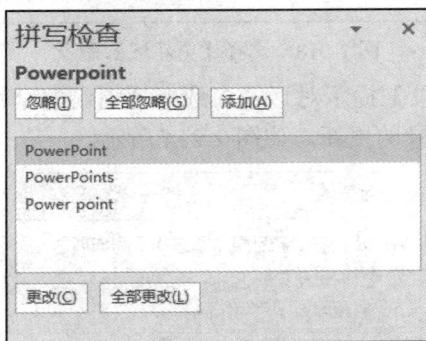

图 2-216　【拼写检查】窗格

(3) 在检查结果中，用户可以选择正确的输入语句，然后单击【更改】按钮，对输入错误的语句进行更改，更改完毕后会弹出一个信息提示对话框，提示用户拼写和语法检查完成。

(4) 单击【确定】按钮返回 Word 文档，此时文档中的红线已消失，表示语法更改完成。

提示：

如果输入了一段有语法错误的文字，在出现错误的单词下面就会出现红色波浪线。选中出错的单词，然后鼠标右键单击，在弹出的快捷菜单中选择全部忽略命令，Word 2016 就会忽略这个错误，此时错误语句下方的红色波浪线就会消失。

2. 自动更正功能

在 Word 2016 中除了使用拼写和语法检查功能之外，还可以使用自动更正功能检查和更正错误的输入，例如输入"神月"系统就会自动更正为"审阅"。使用自动更正功能的操作步骤如下：

(1) 在 Word 文档窗口中切换到【文件】选项卡，在打开的界面中选择左侧的【选项】

命令，如图 2-217 所示。

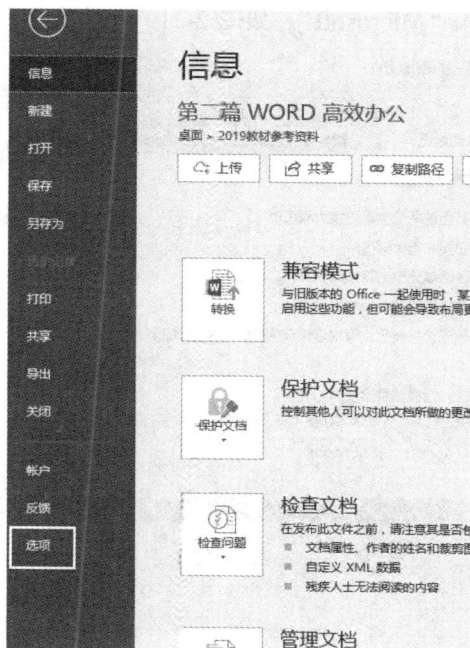

图 2-217 【信息】界面

(2) 弹出【Word 选项】对话框，在左侧的列表中选择【校对】选项，然后在右侧的窗口中单击【自动更正选项(A)】按钮，如图 2-218 所示。

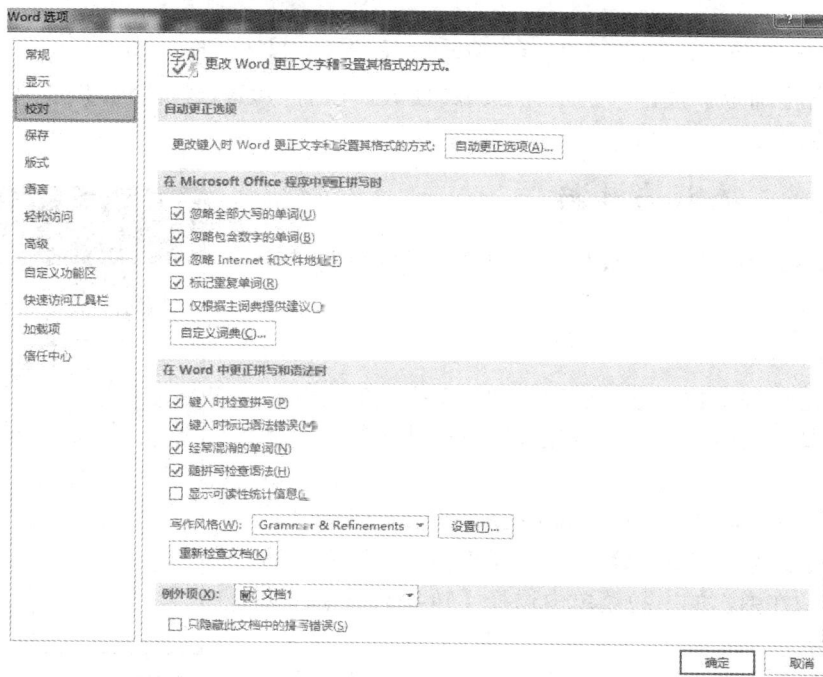

图 2-218 【Word 选项】对话框

(3) 弹出【自动更正：英语(美国)】对话框，在【替换】文本框中输入"Micruosoft"，在【替换为】文本框中输入"Microsoft"，如图 2-219 所示。

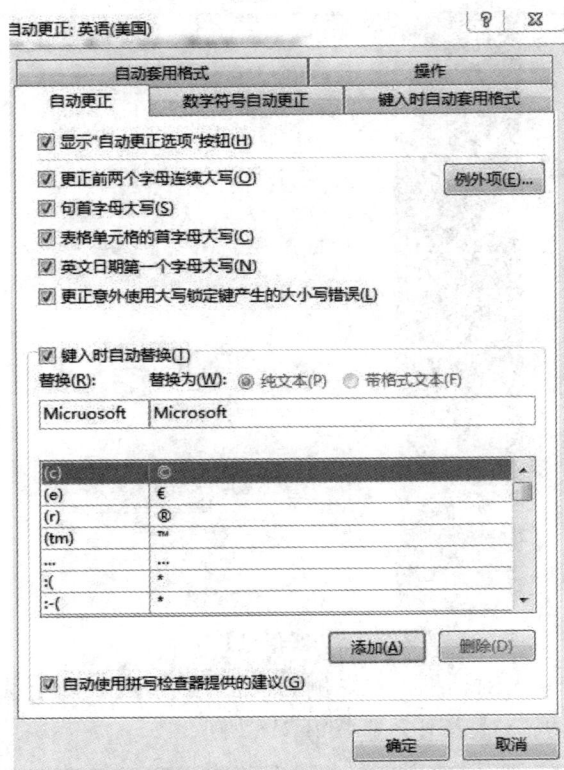

图 2-219　【自动更正：英语(美国)】对话框

(4) 单击【确定】按钮，返回文档编辑模式，以后再编辑时，就会按照刚刚设置的内容自动更正错误。

2.6.9　定位、查找与替换

利用 Word 的定位、查找与替换功能，可以帮助用户快速编辑内容。

1．定位文档

定位也是一种查找，它可以定位到一个指定的位置，如某一行、某一页或某一节。将光标定位在某一行的具体操作如下：

(1) 打开随书素材"素材\ch08\出纳职责.docx"文件，单击【开始】选项卡【编辑】组中的【查找】按钮右侧的下三角按钮，在弹出的下拉菜单中选择【转到】命令，如图 2-220 所示。

(2) 弹出【查找和替换】对话框，并自动切换到【定位】选项卡，如图 2-221 所示。

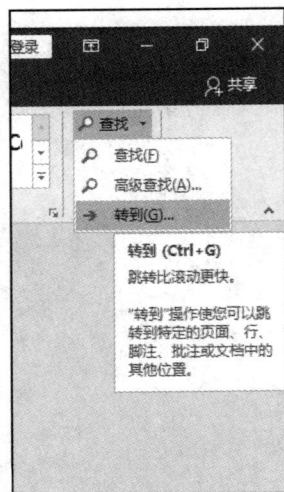

图 2-220　选择【转到】命令

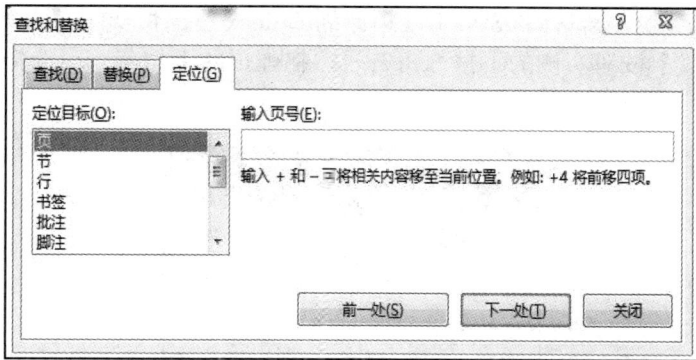

图 2-221　切换到【定位】选项卡

(3) 在【定位目标】列表框中选择定位方式，例如选择【行】；在右侧【输入行号】文本框中输入行号，例如输入"5"，即表示定位到第 5 行，如图 2-222 所示。

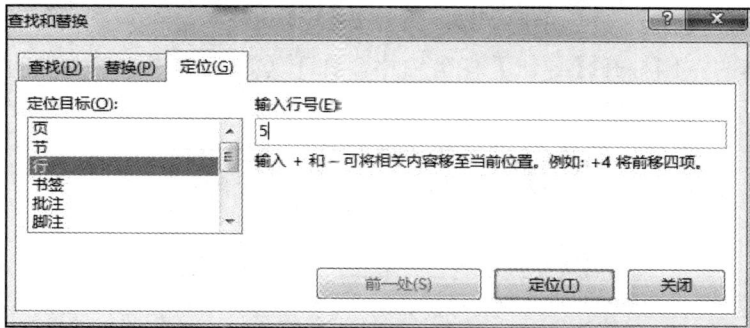

图 2-222　输入行号

(4) 单击【定位】按钮，即可定位至选择的位置，如图 2-223 所示。

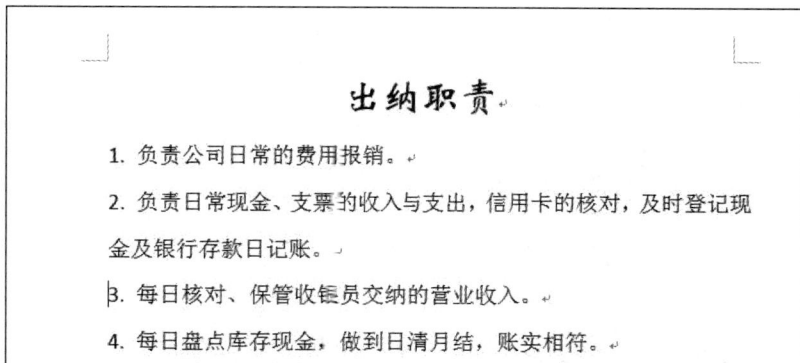

图 2-223　定位到第 5 行

2．查找文本

查找功能可以帮助用户定位到目标位置，以便快速找到想要的信息。查找分为查找和高级查找。

1）查找

查找的具体操作步骤如下：

(1) 打开随书素材"素材\ch08\员工培训计划书.docx"文件，单击【开始】选项卡下【编辑】组中的【查找】按钮右侧的下拉三角符号，在弹出的下拉菜单中选择【查找】命令，如图 2-224 所示。

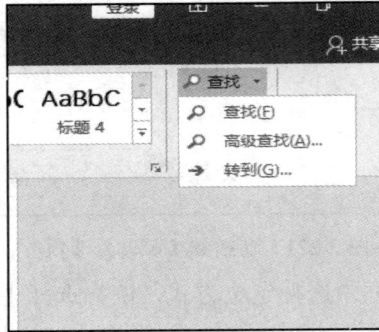

图 2-224　选择【查找】命令

(2) 在文档的左侧打开【导航】任务窗格，在下方的文本框中输入要查找的内容，例如输入"培训"，如图 2-225 所示。

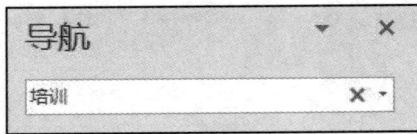

图 2-225　输入查找内容

(3) 此时在文本框的下方提示有多个结果，并且在文档中查找到的内容都会以黄色背景显示，如图 2-226 所示。

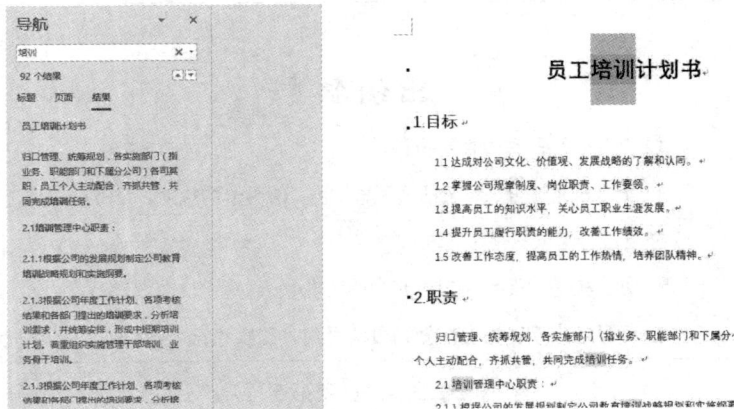

图 2-226　显示查找结果

2) 高级查找

高级查找的具体操作步骤如下：

(1) 单击【开始】选项卡【编辑】组中的【查找】按钮右侧的下拉三角符号，在弹出的下拉菜单中选择【高级查找】命令，弹出【查找和替换】对话框，如图 2-227 所示。

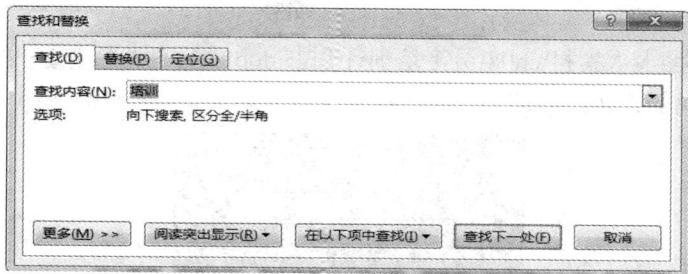

图 2-227 【查找和替换】对话框

(2) 在【查找】选项卡中的【查找内容】文本框中输入要查找的内容，单击【查找下一处】按钮，Word 即可开始查找。如果查找不到，则会弹出信息对话框，提示未找到搜索项，如图 2-228 所示。

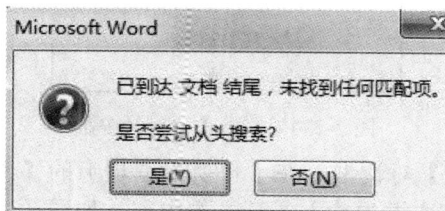

图 2-228 信息提示对话框

(3) 单击【是】按钮返回文档开始处继续查找。如果查找到文本，Word 将会定位到文本位置，并将查找到的文本背景用灰色显示，如图 2-229 所示。

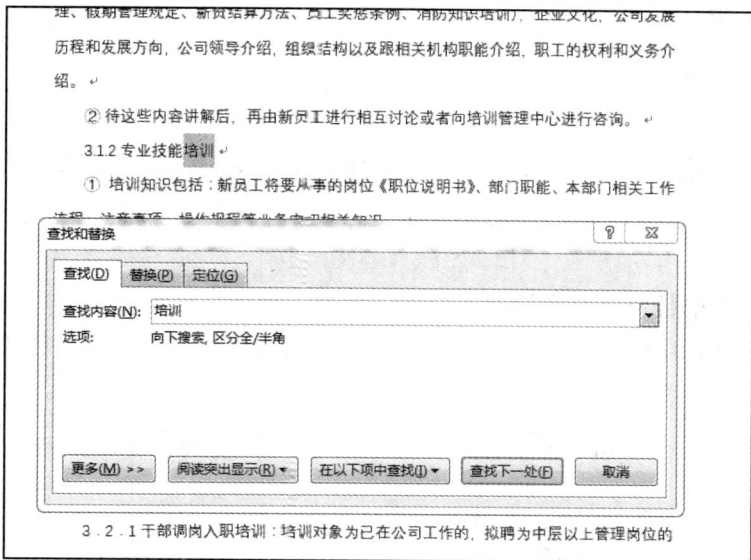

图 2-229 显示查找结果

3. 替换文本

如果需要修改文档中多个相同的内容，而这个文档的内容又比较长，就需要借助 Word

2016 的替换功能来实现，具体操作步骤如下：

(1) 打开随书素材"素材\ch08\员工培训计划书.docx"文件，单击【开始】选项卡下【编辑】组中的【替换】按钮，如图 2-230 所示。

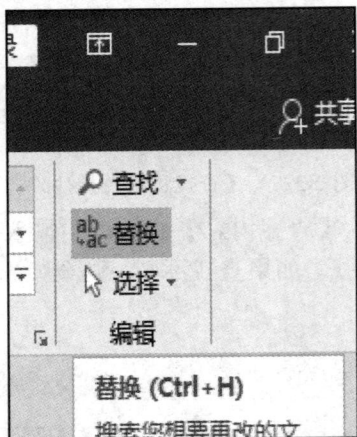

图 2-230　单击【替换】按钮

(2) 弹出【查找和替换】对话框，在【替换】选项卡的【查找内容】文本框中输入查找的内容，在【替换为】文本框中输入要替换的内容，如图 2-231 所示。

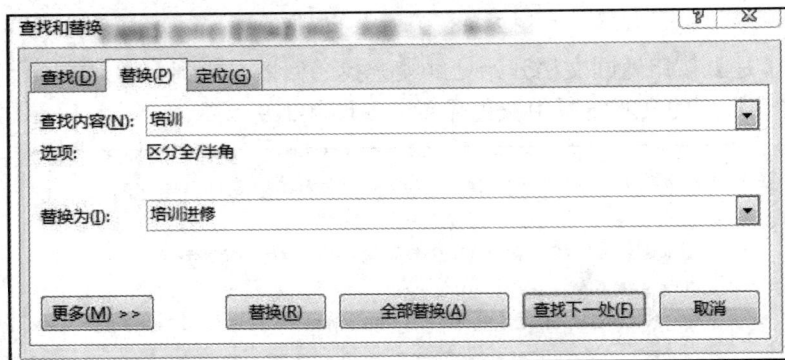

图 2-231　【替换】选项卡

(3) 如果只希望替换当前光标的下一个"培训"字样，则单击【替换】按钮；如果希望替换 Word 文档中所有的"培训"字样，则单击【全部替换】按钮。替换完毕后会弹出一个替换数量提示，如图 2-232 所示。

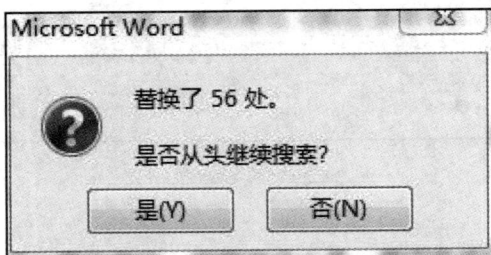

图 2-232　信息提示框

（4）单击【是】按钮关闭信息提示对话框，返回到【查找和替换】对话框，然后单击【关闭】按钮，即可在 Word 文档中看到替换后的效果。

4．查找和替换的高级应用

Word 2016 不仅能根据指定的文本查找和替换，还能根据指定的复杂格式进行查找和替换。例如将段落标记统一替换为手动换行符的具体操作步骤如下：

（1）打开随书素材"素材\ch08\员工培训计划书.docx"文件，单击【开始】选项卡下【编辑】组中的【替换】按钮，弹出【查找和替换】对话框，如图 2-233 所示。

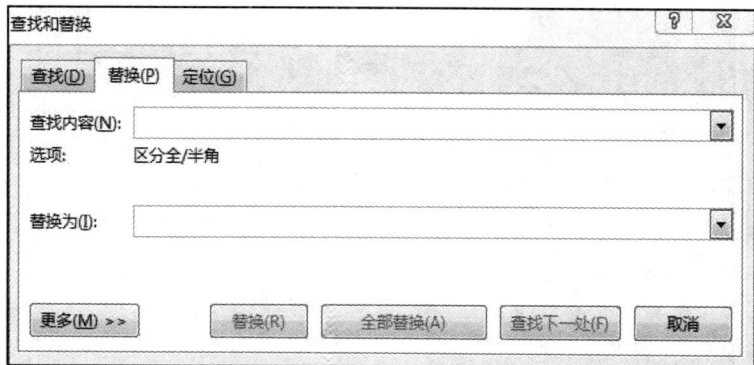

图 2-233　【查找和替换】对话框

（2）在【查找和替换】对话框中单击【更多】按钮，在弹出的【搜索选项】组中可以选择需要查找的条件。在【替换】选项卡中将鼠标光标定位在【查找内容】文本框中，单击【特殊格式】按钮，在弹出的下拉菜单中选择【段落标记】选项，如图 2-234 所示。

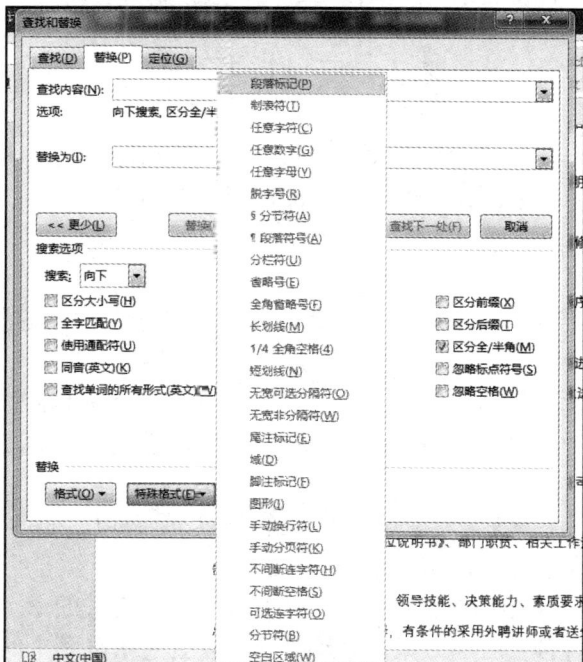

图 2-234　选择【段落标记】选项

（3）再将鼠标光标定位在【替换为】文本框中，单击【特殊格式】按钮，在弹出的下拉菜单中选择【手动换行符】选项，如图 2-235 所示。

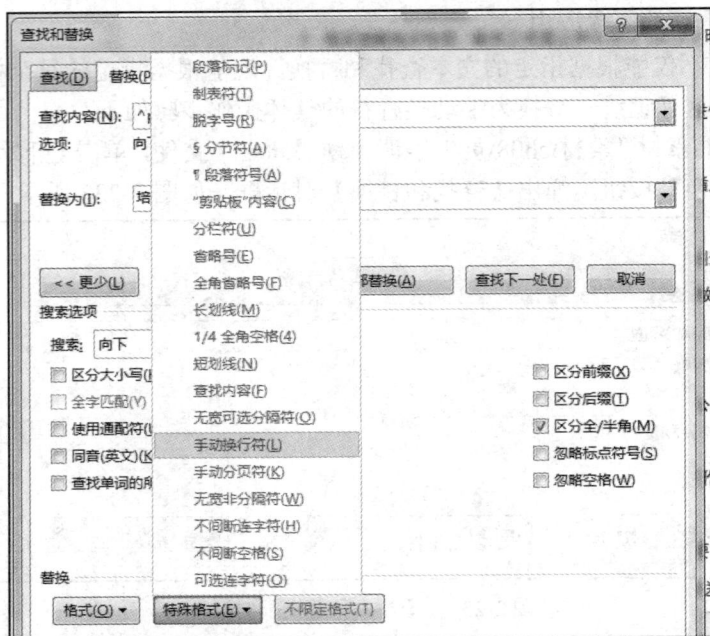

图 2-235　选择【手动换行符】选项

（4）单击【全部替换】按钮，即可将文档中所有段落标记替换为手动换行符。此时，弹出提示对话框，显示替换总数，单击【是】按钮，替换完成。

2.7　文件打印

打印作为最后一个环节，也是至关重要的。虽然现在提倡无纸化办公，但在工作中打印文档还是必不可少的。下面介绍如何对 Word 文档进行打印设置。

2.7.1　打印预览

在打印 Word 文档前，可以对文档先进行预览，该功能可以模拟出文档打印在纸张上的效果。

预览时可以及时发现文档中的版式错误。如果对打印效果不满意，也可以及时对文档的版面进行重新设置和调整，以获得满意的打印效果，避免纸张的浪费。下面介绍预览打印文档效果的方法：

打开 Word 文档，单击【文件】选项卡下的【打印】选项，或者直接按【Ctrl + P】组合键，即可进入【打印】界面，如图 2-236 所示。

如图 2-237 所示，左侧窗口中将显示所有与文档打印有关的命令选项，设置完成后，右侧的窗格中将会出现预览打印效果。拖动"显示比例"滚动条上的滑块能够调整文档的显示大小，单击【下一页】按钮和【上一页】按钮，能够进行预览的翻页操作。

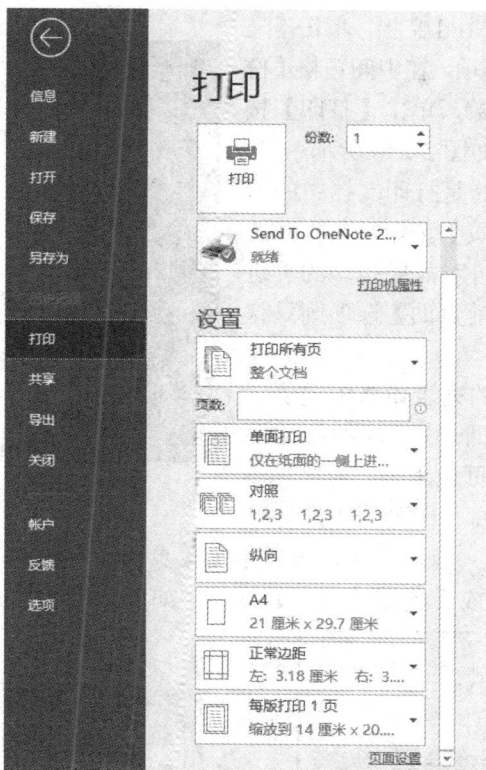

图 2-236　打印命令列表

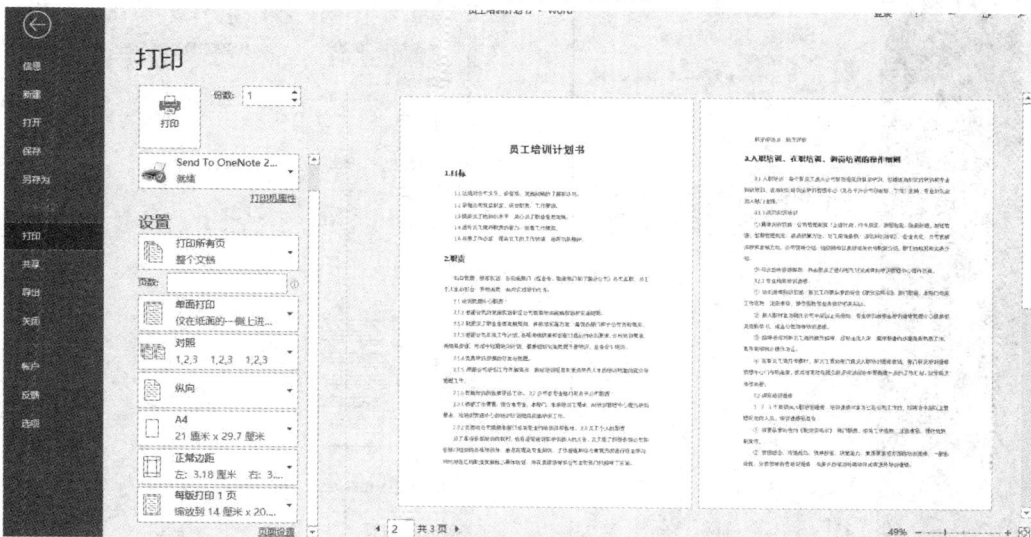

图 2-237　打印预览效果

对预览效果满意后，就可以对文档进行打印了。

2.7.2　打印设置

在 Word 2016 中，设置打印的页面、页数和份数等，可以直接在【打印】命令列表中进行操作。下面介绍 Word 2016 中打印文档的设置方法：

(1) 打开需要打印的 Word 文档，单击【文件】选项卡下的【打印】选项，在中间窗格【份数】增量框中设置打印份数，单击【打印】按钮即可开始文档的打印，如图 2-238 所示。

(2) Word 2016 默认的是打印文档中的所有页面，单击【打印所有页】按钮，在打开的列表中选择相应的选项，可对需要打印的页进行设置，如选择【打印当前页面】选项则只打印当前页，如图 2-239 所示。

(3) 在【打印】命令的列表窗格中提供了常用的打印设置按钮，如设置页面的打印顺序、页面的打印方向以及页边距等。用户只需要单击相应的选项按钮，在下级列表中选择预设参数即可。如果需要进一步的设置，可以单击【页面设置】命令，打开【页面设置】对话框来进行设置，设置完成后单击【确定】按钮，如图 2-240 所示。

图 2-238　打印份数

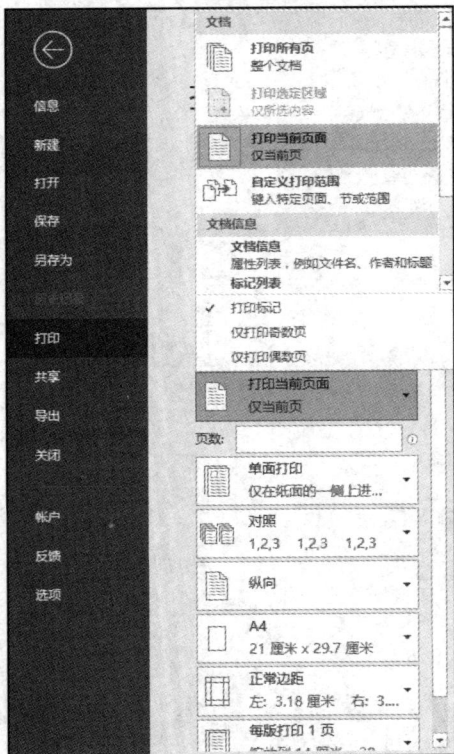

图 2-239　打印当前页

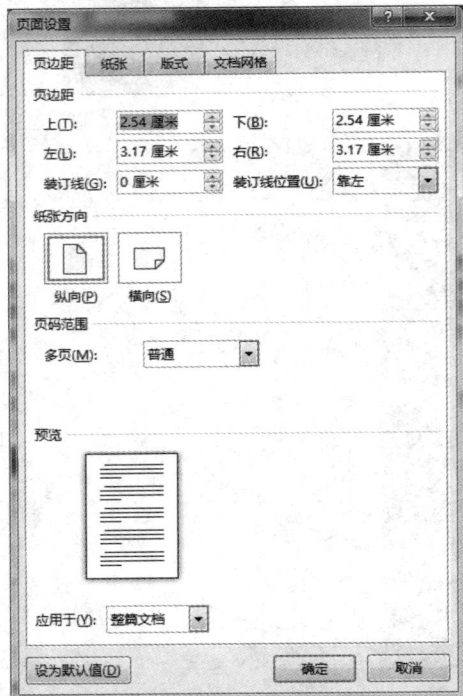

图 2-240　【页面设置】对话框

(4) 切换到【布局】选项卡，单击【页边距】下拉列表，选择【自定义页边距】，如图 2-241 所示。

(5) 对页边距进行设置(默认也可以)。在【多页】下拉列表中选择【对称页边距】，单击【确定】按钮，如图 2-242 所示。

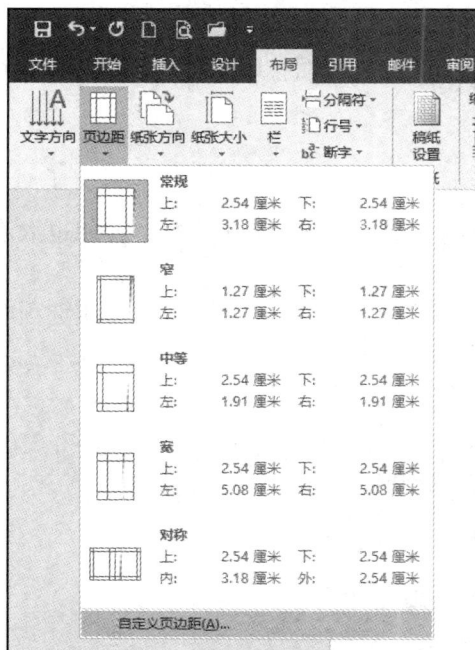

图 2-241　【自定义页边距】选项

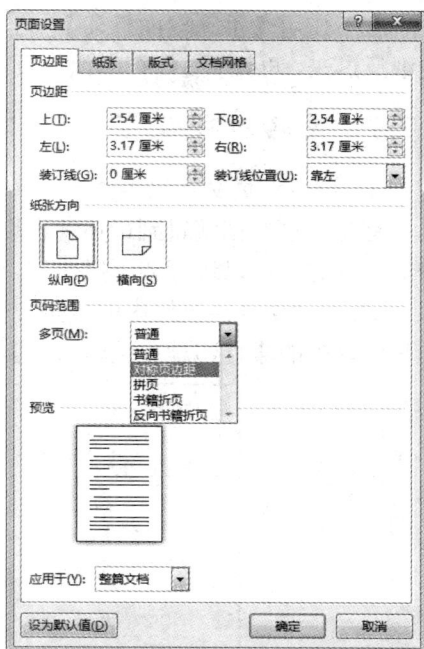

图 2-242　【对称页边距】选项

(6) 在【文件】选项中选择【打印】命令。如勾选【手动双面打印】，系统会先自动打印奇数页，打完奇数页后，需要人工把所有的纸张反过来，再放进打印机后再打印偶数页，如图 2-243 所示。

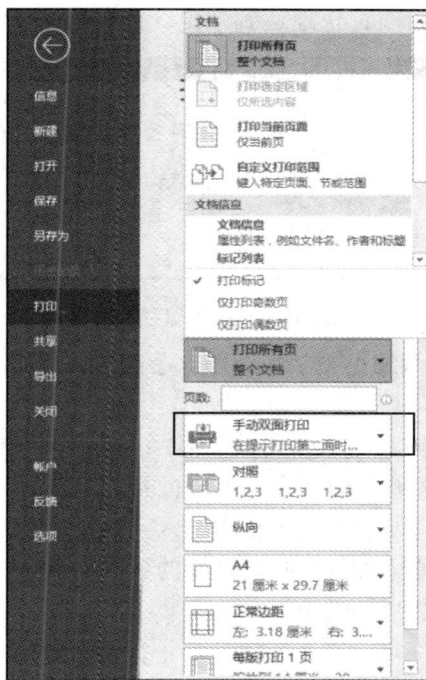

图 2-243　手动双面打印

若不使用【手动双面打印】，可以在页面范围下面设置"仅打印奇数页"，打完之后，把纸反过来，再设置"仅打印偶数页"(如果是一体打印机，则双面打印由打印机自行控制)。

2.7.3 灵活打印设置

(1) 最后一页文字很少。

有时一篇文档编辑到最后才发现，最后一页就两行字，不打印肯定不行，打印也太浪费纸了。这时可以进行如下操作：

① 在功能区菜单栏内的搜索文本框中输入"打印"两字，选择【预览和打印】选项中级联菜单中的【打印预览编辑模式】，如图 2-244 所示。

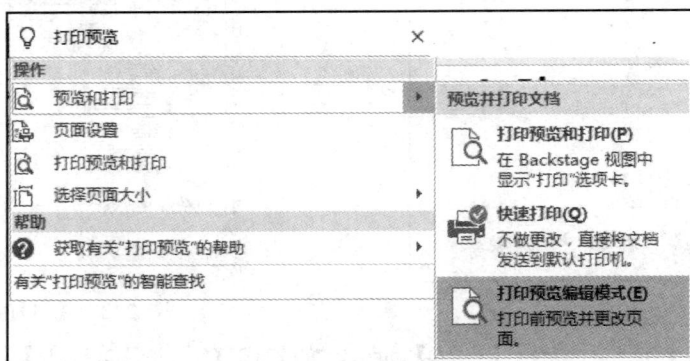

图 2-244　打印预览编辑模式

② 在打开的【打印预览】编辑模式中，单击【预览】组中的【缩减一页】命令，即可使多出的这两行文字挤到上一页，快速达到减少一页文档的目的，如图 2-245 所示。

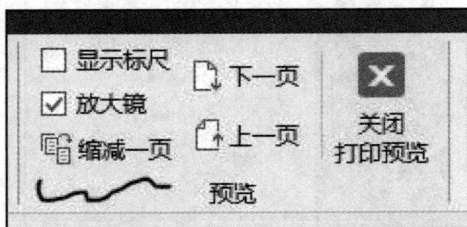

图 2-245　打印预览缩减一页

此功能的原理是通过略微缩小文字间距和大小的方式将文档缩减一页，这个方法需要由多出的文字量而定。

最好的缩减页面张数的方法是集体调整文档内容的行间距或者字符间距。

(2) 文档页数太多，只需要打印其中一部分页面。

打开【打印】界面，在【页数】文本框中输入需要打印的页码，如输入"2,5,8"，则是打印第 2 页、第 5 页和第 8 页。如果是打印连续的页面，则可以在页码之间用短横线隔开，如"6-10"，则是打印第 6 页到第 10 页。

(3) 打印所选内容。

如果要打印某一页或某几页的部分内容，则可以用鼠标左键结合键盘 Shift 键连续选择文档内容，或者结合 Ctrl 键间断选中文档中的某部分内容，然后利用【打印】界面中的【打印所选内容】即可。

　　(4) 打印多份文档时，文档自动分页。

　　当打印多份文档时，预期的打印顺序是从第一页打印到最后一页，然后重复 N 遍。这时为方便操作，可以通过在【打印】界面的【设置】中选择【对照】，再设置相应的打印份数即可。

第 3 章　电子表格软件 Excel 2016

Excel 2016 是微软公司推出的 Office 2016 办公软件系列的一个重要组成部分，主要用于电子表格处理。所谓电子表格，是指一种数据处理和报表制作的工具软件，只要将数据输入到规律排列的单元格中，通过算术运算或逻辑运算，分析汇总各单元格中的数据信息，并且可以把相关数据通过各种表格和图表的设计展示出来。

3.1　工作簿与工作表和单元格的操作

Excel 2016 主要用于电子表格处理，它可以高效地完成各种表格和图的设计，以及复杂的数据计算和分析。要进行电子表格的管理，首先要分清楚工作簿、工作表、单元格的概念。

3.1.1　工作簿与工作表和单元格的概述

1. 工作簿

工作簿是指在 Excel 中用来存储并处理工作数据的文件，扩展名是.xlsx。在 Excel 2016 中一个文档称为一个工作簿，如图 3-1 所示。

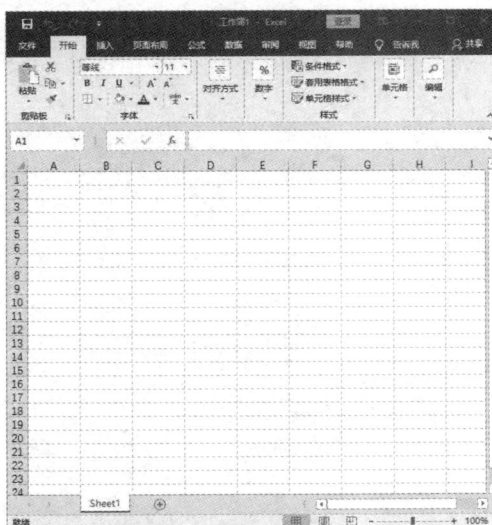

图 3-1　Excel 的工作簿

2. 工作表

工作表是工作簿中的一个表。一个工作簿最多包含 255 个工作表，但系统默认的只有 1 个。在工作表的标签上显示了系统默认的工作表名称为"Sheet1"，可根据需要继续添加

Sheet2、Sheet3……工作表标签可以根据需要自行命名，如图 3-2 所示。工作簿就好像一个活页夹，而工作表就好像活页夹中的活页纸。特别注意：在一个工作簿中，无论有多少个工作表，都会保存在同一个工作簿文件中，而不是按照工作表的个数保存的。

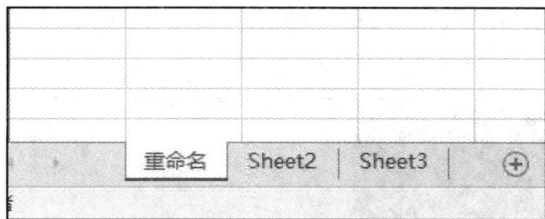

图 3-2　工作表重命名

工作簿内可包含有多个具有不同类型的工作表，常用的有以下两种。

(1) 一般工作表：表示基本数据的工作表。它是存储和处理数据的主要空间，是最基本的工作单位，由行和列组成，各行、各列都包含若干个单元格。工作表的名称显示在左下角的"工作表标签"中，其中突出、有下划线的为活动工作表。

(2) 图表工作表：以图表形式表示数据的工作表，例如柱形图、条形图等。

3. 单元格

屏幕上一个个长方形格就是单元格，是构成工作表的基本单位。如果一个单元格被选中，会以粗线方框包围着，如图 3-3 所示。

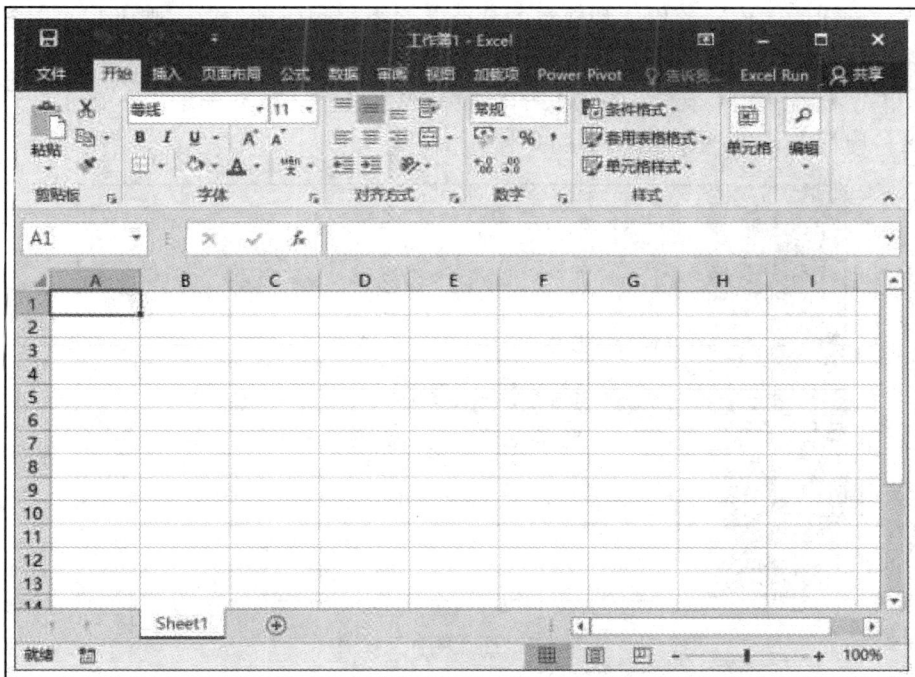

图 3-3　单元格

当前正在操作的单元格称为活动单元格。

3.1.2 工作簿的基本操作

1. 创建空白工作簿

启动 Excel 2016，在初始界面单击右侧的【空白工作簿】选项，如图 3-4 所示。系统会自动创建一个名称为"工作簿1"的工作簿。

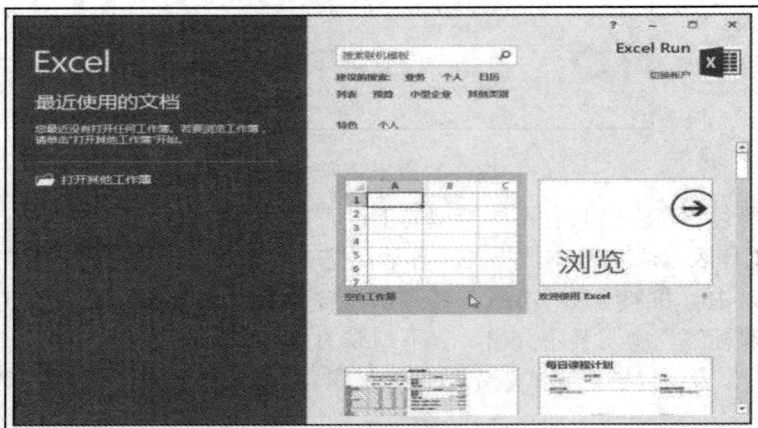

图 3-4 新建空白工作簿

2. 基于现有工作簿创建工作簿

如果要创建的工作簿的格式和现有的某个工作簿相同或者类似，则可基于该工作簿创建，然后在其基础上修改即可，具体操作步骤如下：

(1) 单击【文件】选项卡，在弹出的下拉列表中选择【打开】选项，在【打开】区域双击【这台电脑】选项，如图 3-5 所示。

图 3-5 打开现有工作簿

(2) 在弹出的【打开】对话框中选择要新建的工作簿名称，此处选择"学生成绩表.xlsx"文件，单击右下角的【打开】按钮，在弹出的快捷菜单中选择【以副本方式打开】选项，如图 3-6 所示。

图 3-6 基于现有工作簿创建工作簿

即可创建一个名称为"副本(1)学生成绩表.xlsx"的工作簿,如图 3-7 所示。

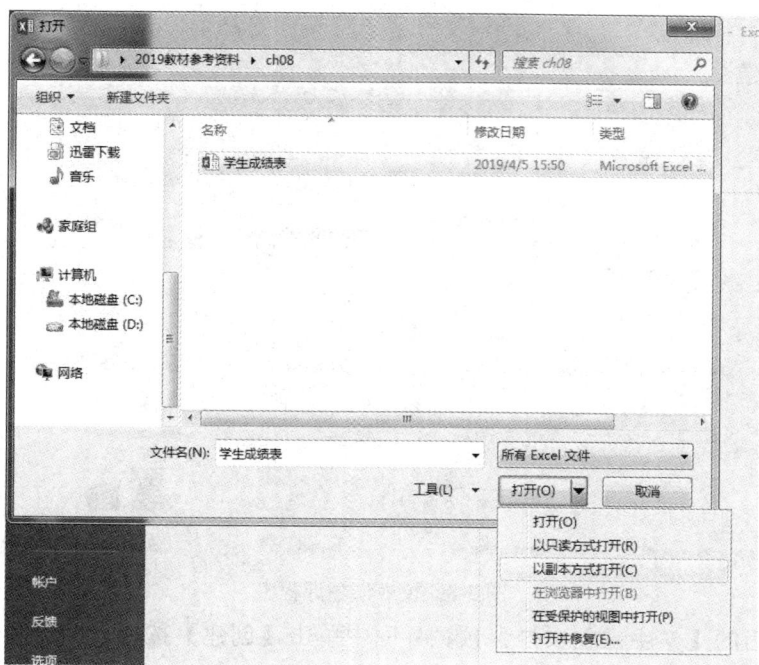

图 3-7 副本工作簿

3. 使用模板创建工作簿

Excel 可以使用系统自带的模板或者搜索联机模板,以方便在模板上进行修改并使用。例如可以通过 Excel 模板创建一个课程表,具体操作步骤如下:

(1) 单击【文件】选项卡,在弹出的下拉列表中选择【新建】选项,然后单击【新建】区域的【学生课程安排】模板,如图 3-8 所示。

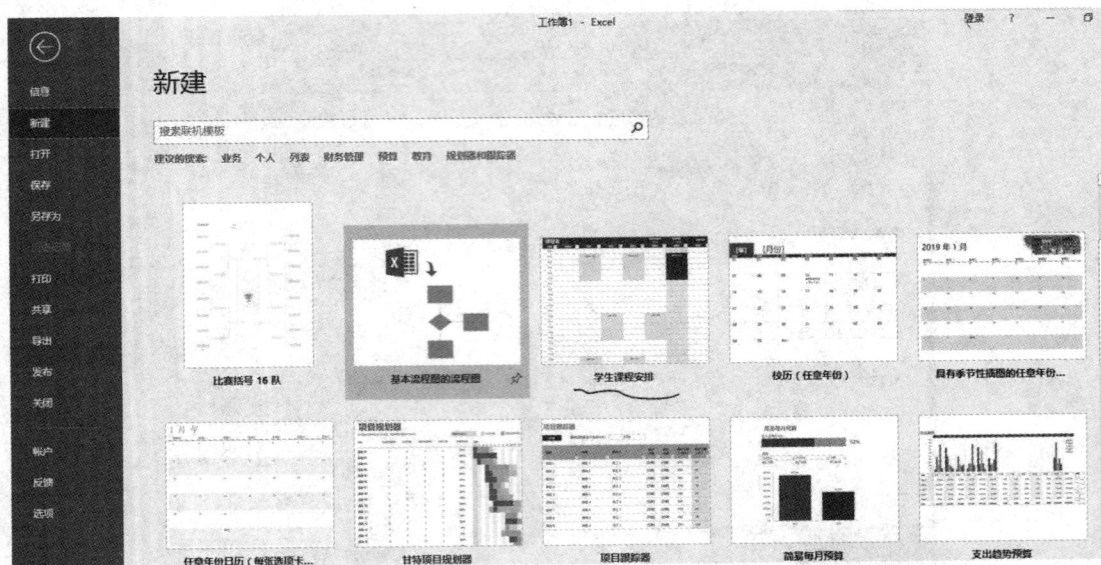

图 3-8　模板创建课程表

(2) 在弹出的【学生课程安排】预览界面中单击【创建】按钮，即可下载该模板，如图 3-9 所示。

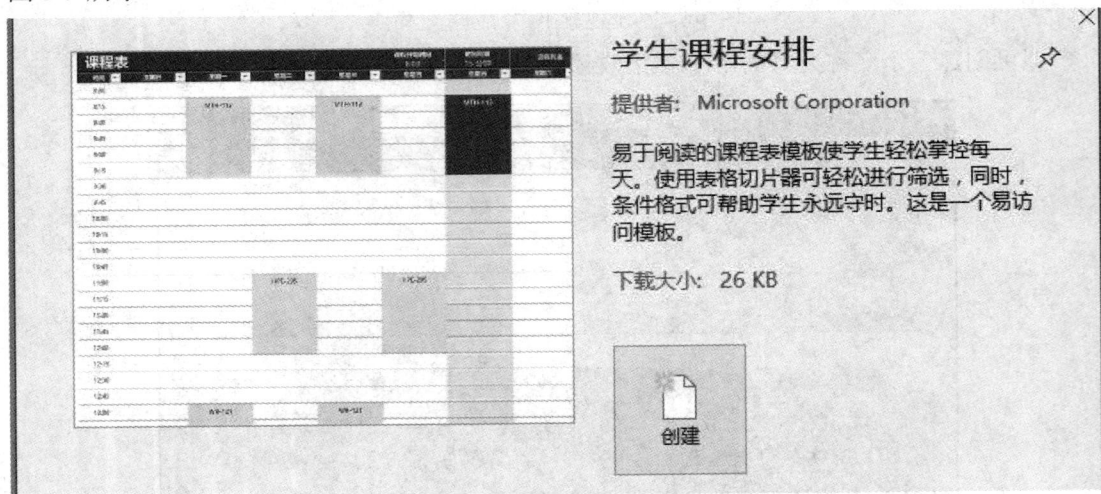

图 3-9　创建下载课程表模板

(3) 下载完成后，系统会自动打开该模板，用户只需要在表格中输入或修改相应的数据即可。

4. 设置工作簿信息

工作簿的属性包括大小、作者、创建日期、修改日期、标题、备注等信息。有些信息是由系统自动生成的，如大小、创建日期、修改日期等；有些信息是可以修改的，如作者、标题等。

选择【文件】选项卡，在弹出的列表中选择【信息】选项，窗口右侧就是此文档的属性信息，包括基本属性、相关日期、相关人员等，单击【显示所有属性】即可显示更多的属性。在属性类别右侧，可进行对应修改，如标题、标记、备注等。

5. 打开工作簿

打开 Excel 2016 工作簿的方法有很多种，常用的方法有以下几种。

1) 双击图标打开

一般情况下，找到要打开的工作簿所处的位置，双击图标即可打开。

2) 右键菜单命令打开

用户可以通过单击鼠标右键，在弹出的快捷菜单中单击【打开】命令打开文件，或者选择【打开方式】选项，在弹出的列表中选择【Excel】命令打开工作簿。

3) 使用【文件】选项卡打开

(1) 单击【文件】选项卡，在弹出的下拉列表中选择【打开】选项，在【打开】区域单击【浏览】按钮，如图 3-10 所示。

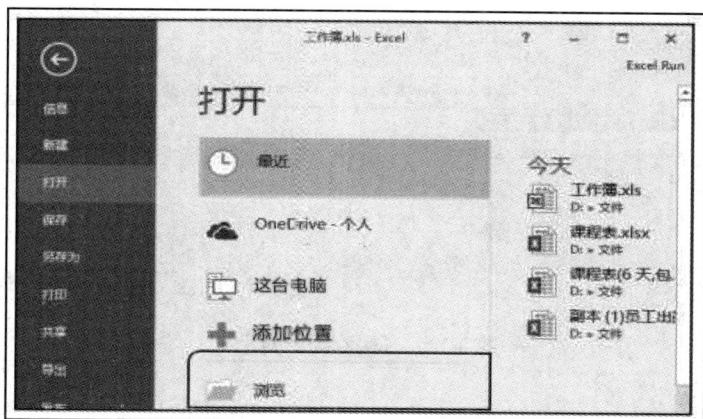

图 3-10　浏览选择文件

(2) 在弹出的【打开】对话框中选择要打开的工作簿，然后单击【打开】按钮即可。

6. 保存工作簿

单击【文件】选项卡，在弹出的下拉列表中选择【保存】选项，可以将现有的文档保存到目的地中，如图 3-11 所示。

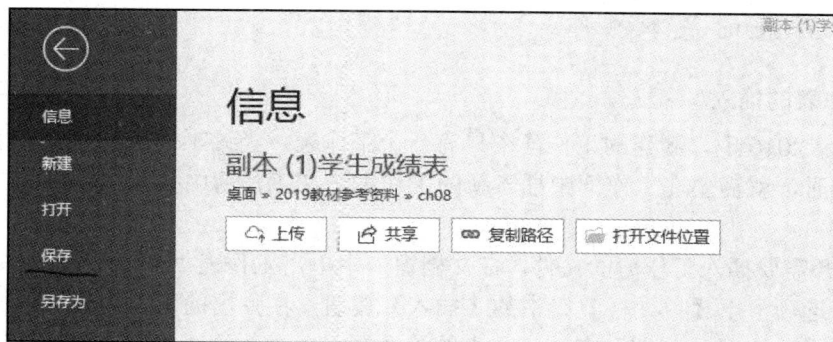

图 3-11　保存工作簿

提示：

若当前工作簿是新建的并且是第一次保存，则显示为【另存为】。

单击【文件】选项卡，在弹出的下拉列表中选择【另存为】选项，则可将工作簿按照需求保存，如图 3-12 所示。用【另存为】可以改变文件所在的磁盘、文件夹或原有的文件名。

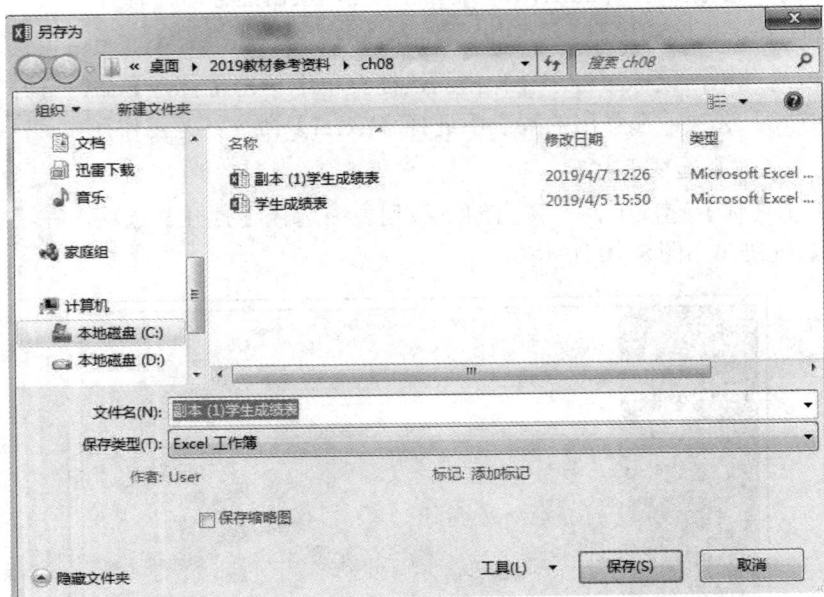

图 3-12　【另存为】对话框

7. 关闭工作簿

关闭工作簿有以下几种方法：

(1) 单击【文件】选项卡，在弹出的下拉列表中选择【关闭】选项，可以关闭当前 Excel 工作簿。

(2) 单击 Excel 界面右上角的【关闭】按钮×，则可退出 Excel 2016。

(3) 在窗口标题栏上右键单击，在弹出的快捷菜单中选择【关闭】菜单命令。

(4) 单击 Excel 窗口，直接按【Alt+F4】组合键也可关闭当前文件。

3.1.3　工作表的基本操作

1. 工作表的插入

在 Excel 2016 中，新建的工作簿中只有一个工作表，当该工作簿需要保存多个不同类型的工作表时，就需要在工作簿中插入新的工作表。在工作簿中插入工作表的方法主要有四种：

(1) 打开需要插入工作簿的文件，在文档窗口中单击工作表"Sheet1"的标签，然后单击【开始】选项卡下【单元格】组中的【插入】按钮，在弹出的下拉列表中选中【插入工作表】，如图 3-13 所示，即可在该工作表的前面插入一个新的活动工作表。新插入的工作表，系统自动命名为"Sheet2"，如图 3-14 所示。

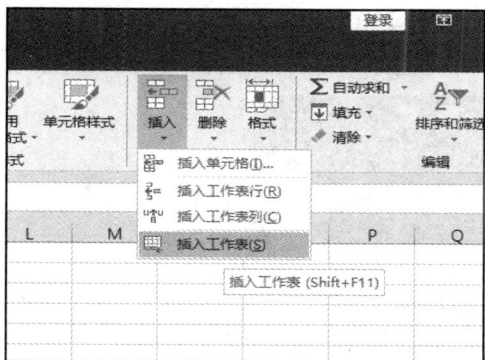

图 3-13　插入工作表

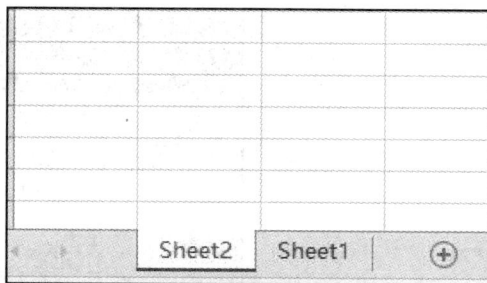

图 3-14　新建工作表结果

(2) 单击工作表标签右侧的【新工作表】按钮 ⊕，即可在工作表标签最右侧插入一个新的工作表，如图 3-15 所示。

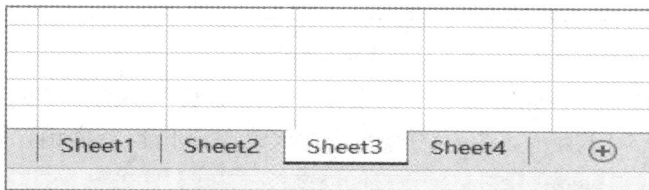

图 3-15　按钮添加新工作表

(3) 在工作表"Sheet1"的标签上右击，在弹出的快捷菜单中选择【插入】命令，如图 3-16 所示。在弹出的【插入】对话框中选择【常用】选项卡中的【工作表】图标，如图 3-17 所示。单击【确定】按钮，即可插入新的工作表。

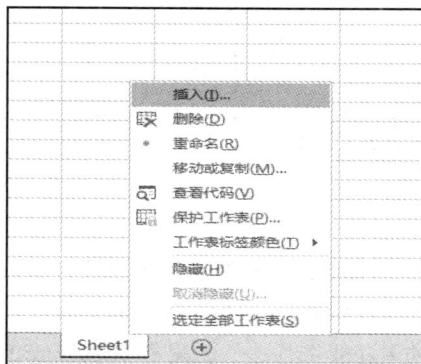

图 3-16　快捷菜单插入命令

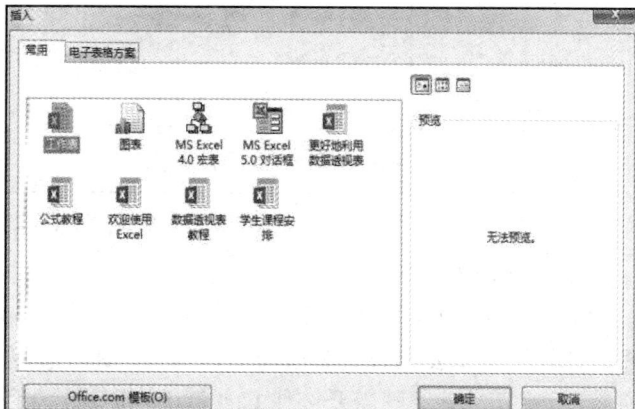

图 3-17　【插入】对话框

(4) 在键盘上按【Shift+F11】组合键，即可在当前工作簿的活动工作表左侧插入新的工作表。

2. 工作表的删除

为了便于管理 Excel 表格，应当将无用的 Excel 表格删除，以节省存储空间。删除 Excel 表格的方法主要有两种：

(1) 选择要删除的工作表，单击【开始】选项卡下【单元格】组中的【删除】按钮，在弹出的下拉菜单中选择【删除工作表】选项，即可将选择的工作表删除，如图 3-18 所示。

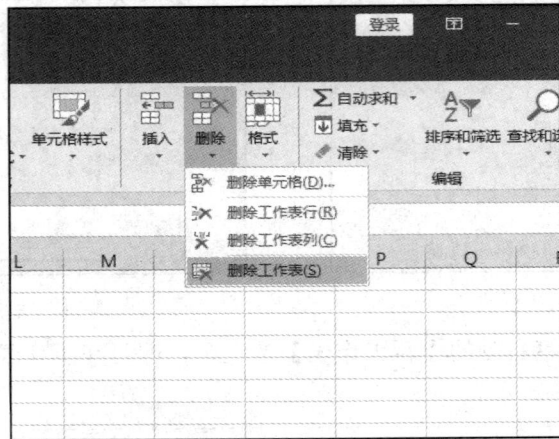

图 3-18 【删除工作表】选项

(2) 在要删除的工作表标签上右击，在弹出的快捷菜单中选择【删除】选项，即可将工作表删除，如图 3-19 所示。需要注意的是，该删除操作不能撤销，即工作表将被永久删除。

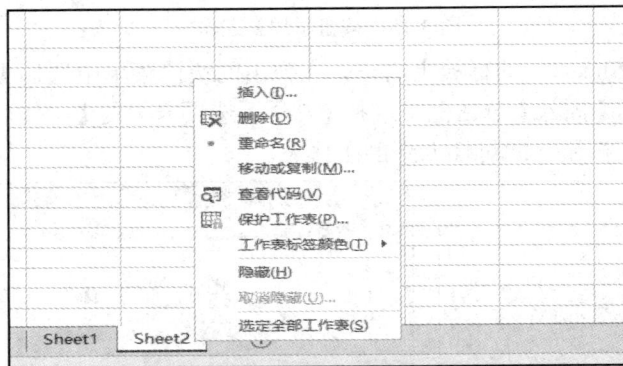

图 3-19 快捷菜单删除工作表

3. 工作表的选中

在操作 Excel 工作表之前必须先选中它。用鼠标选中 Excel 工作表是最常用的方法，只需在对应的工作表标签上单击即可，这样可以一次选中一个工作表。如果要选中不连续的多个 Excel 工作表，则需要按住 Ctrl 键的同时选择相应的 Excel 工作表。如果要选择连续的多个 Excel 工作表，则需要按住 Shift 键的同时选择连续的 Excel 工作表。

4. 工作表的移动

在同一个工作簿中移动工作表的方法有两种。

1) 直接拖曳法

(1) 移动工作表最简单的方式就是使用鼠标操作。选中要移动的工作表标签，按住鼠标左键不放，拖曳鼠标指针到工作表的新位置，黑色倒三角会随鼠标指针移动，如图 3-20 所示。

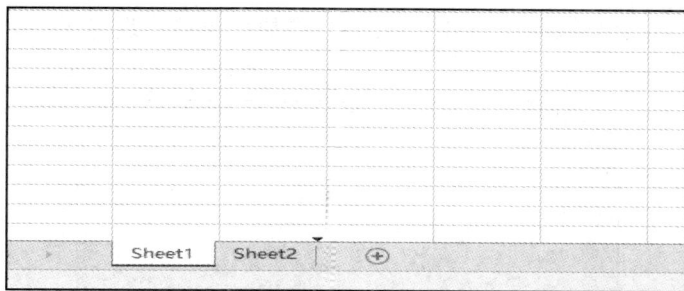

图 3-20　鼠标拖曳移动工作表

(2) 松开鼠标左键，工作表即被移动到新位置。

2) 使用快捷菜单法

(1) 在要移动的工作表标签上右击，在弹出的快捷菜单中选择【移动或复制】选项，如图 3-21 所示。

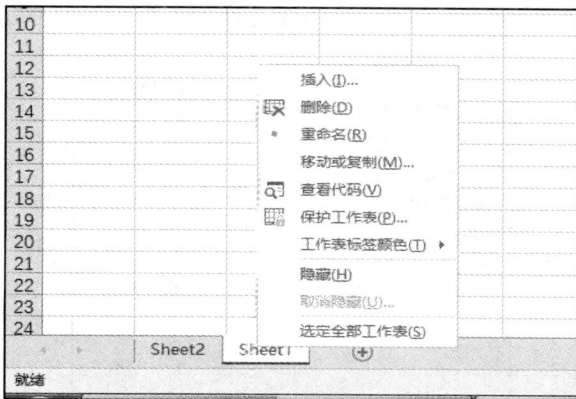

图 3-21　快捷菜单中选择移动工作表

(2) 在弹出的【移动或复制工作表】对话框中选择要插入的位置，如图 3-22 所示。

图 3-22　【移动或复制工作表】对话框

(3) 单击【确定】按钮，即可将当前工作表移动到指定的位置。

　　另外，Excel 不但可以在同一个工作簿中移动工作表，还可以在不同的工作簿中移动工作表。在不同的工作簿中移动工作表的前提是工作簿必须是打开的。具体操作步骤如下：

(1) 在要移动的工作表标签上右击，在弹出的快捷菜单中选择【移动或复制】选项，如图 3-23 所示。

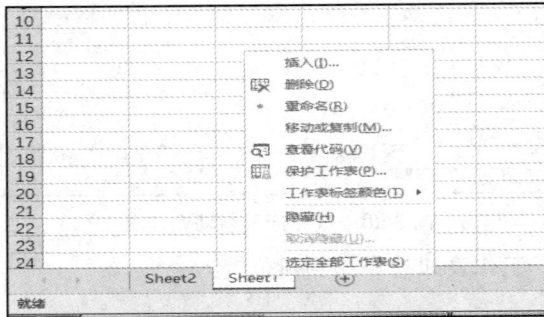

图 3-23　选择【移动或复制】选项

(2) 弹出【移动或复制工作表】对话框，在【将选定工作表移至工作簿】下拉列表中选择要移动的目标位置，在【下列选定工作表之前】列表框中选择要插入的位置，如图 3-24 所示。

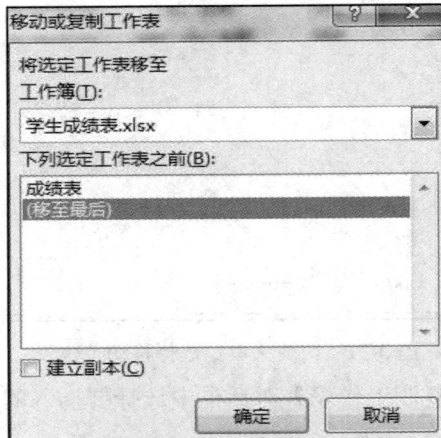

图 3-24　【移动或复制工作表】对话框

(3) 单击【确定】按钮，即可将当前工作表移动到指定的位置。

5. 工作表的复制

用户在一个或多个 Excel 工作簿中复制工作表的方法有以下两种。

1) 使用鼠标复制

用鼠标复制工作表的步骤与移动工作表的步骤类似，只是在移动鼠标的同时要按住 Ctrl 键，具体方法如下：

选中要复制的工作表，按住 Ctrl 键同时单击该工作表，然后拖曳鼠标指针到工作表的新位置，黑色倒三角会随着鼠标指针移动，松开鼠标左键，工作表即被复制到新的位置。

2) 使用快捷菜单复制

使用快捷菜单复制方法的步骤如下：

(1) 选择要复制的工作表，在工作表标签上右击，在弹出的快捷菜单中选择【移动或复制】选项，如图 3-25 所示。

图 3-25　选择【移动或复制】选项

(2) 在弹出的【移动和复制工作表】对话框中选择要复制的目标工作簿和插入的位置，然后勾选【建立副本】复选框，如图 3-26 所示。

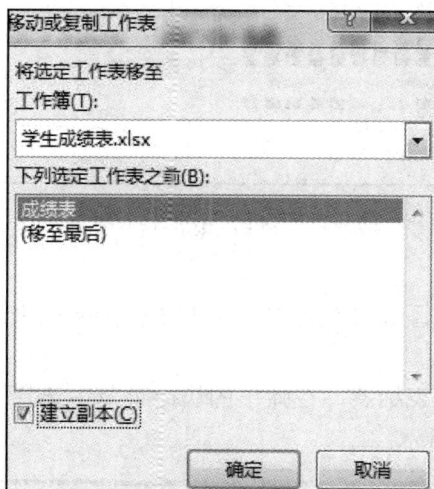

图 3-26　【移动和复制工作表】对话框

(3) 单击【确定】按钮，即可完成复制工作表的操作。

6. 工作表的重命名

每个工作表都有自己的名称，Excel 在默认情况下是以 Sheet1、Sheet2、Sheet3……命名工作表。这种命名方式不便于管理，为此可以对工作表进行重命名操作，以便更好地管理工作表。重命名工作表的方法有两种，分别是直接在标签上重命名和使用快捷菜单重命名。

7. 工作表的标签颜色

为了使工作表更加醒目，还可以为工作表标签设置颜色。设置工作表标签颜色的方法如下：

在工作表标签上单击鼠标右键，在弹出的快捷菜单中选择【工作表标签颜色】按钮；或选择【文件】选项卡下【单元格】组中的【格式】下拉列表中的【工作表标签颜色】按钮，设置工作表标签的颜色，如图 3-27 所示。

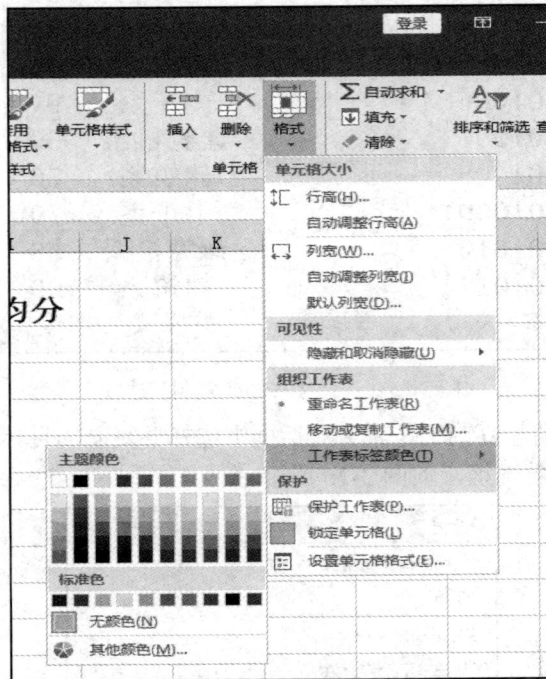

图 3-27　设置工作表标签颜色

8. 隐藏/显示工作表

在实际应用中，可以将暂时用不到的 Excel 表格隐藏起来，在需要的时候再将它们显示出来。

右键单击要隐藏的工作表标签，在弹出的快捷菜单中选择【隐藏】选项，则该工作表即被隐藏起来，如图 3-28 所示。

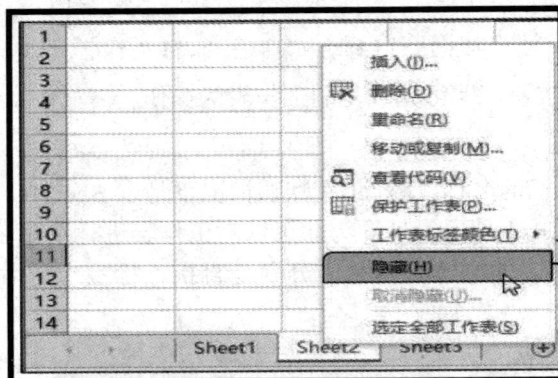

图 3-28　隐藏工作表

在任意一个标签上右键单击，如图 3-29 所示。在弹出的快捷菜单中选择【取消隐藏】项，如图 3-30 所示。弹出【取消隐藏】对话框。选择要取消隐藏的工作表名称，单击【确定】按钮，则隐藏的工作表即被显示出来，如图 3-31 所示。

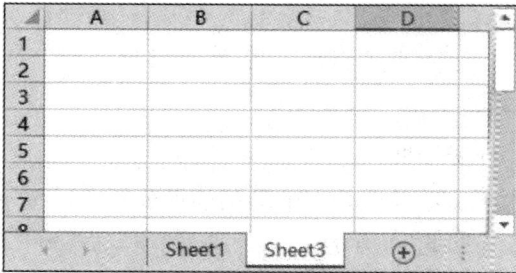

图 3-29　选择任意工作表标签

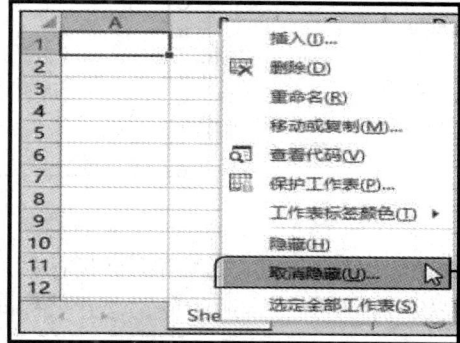

图 3-30　【取消隐藏】选项

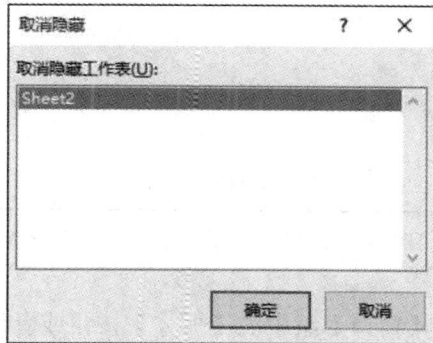

图 3-31　【取消隐藏】对话框

9. 工作表的拆分和取消拆分

工作表中可以存入很多数据，当需要观察相距较远的两个数据时，可以通过拆分窗口实现。

1）工作表的拆分

工作表的拆分包括水平和垂直拆分。选定单元格，该单元格的位置称为拆分点，单击【视图】选项卡下【窗口】组中的【拆分】按钮，如图 3-32 所示。即可将工作表拆分成四个窗格，如图 3-33 所示。

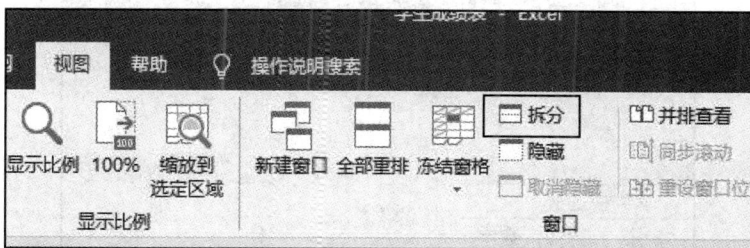

图 3-32　【拆分】按钮

图 3-33　拆分窗格结果

还可以用鼠标拆分。将鼠标指针移动到水平流动条或垂直滚动条的拆分框上，按下鼠标左键并拖动到达合适的位置松开鼠标即可，如图 3-34 所示。

图 3-34　鼠标拖动拆分框拆分工作表

2）工作表的取消拆分

单击【视图】选项卡下【窗口】组中的【拆分】按钮或者鼠标双击拆分条可以快速地去取消拆分。

10．工作表的冻结与解冻

若需要使工作表的顶端标题或左端标题固定，则可采用冻结窗口的方法。拆分和冻结只是对数据显示方式的改变，不会影响工作表内的数据。

1）工作表的冻结

单击【视图】选项卡下【窗口】组中【冻结窗格】按钮下拉菜单中的对应选项，即可完成冻结操作，如图 3-35 所示。

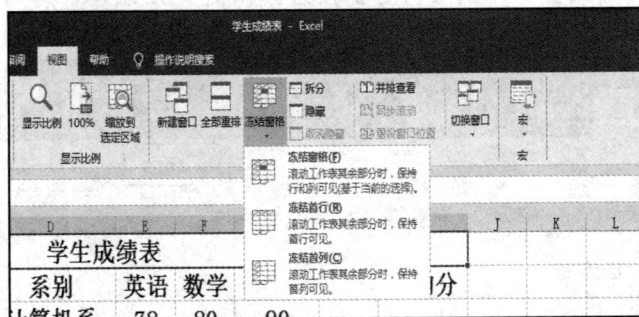

图 3-35　工作表冻结选项

冻结窗格：当前选定单元格将成为冻结点，其上侧和左侧的单元格都被冻结。

冻结首行：当前工作表的首行被冻结，滚动其余部分，首行永远可见。

冻结首列：当前工作表的首列被冻结，滚动其余部分，首列永远可见。

2）工作表的解冻

单击【视图】选项卡下【窗口】组中【冻结窗格】按钮下拉菜单中的【取消冻结窗格】命令，即可完成对工作表的解冻。

11. 保护工作表

为防止工作表被更改、移动或删除某些重要的数据，Excel 提供了保护工作表的功能。保护工作表的具体操作步骤如下：

(1) 选择要保护的工作表，单击鼠标右键，在弹出的下拉菜单中选择【保护工作表】选项，如图 3-36 所示。也可以在【开始】选项卡【单元格】组中的【格式】下拉列表中选择【保护工作表】选项。

图 3-36　保护工作表命令

(2) 在弹出的【保护工作表】对话框中可以根据需要勾选保护内容，如图 3-37 所示。

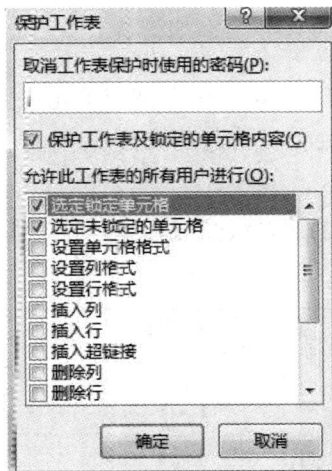

图 3-37　【保护工作表】对话框

(3) 单击【确定】按钮，在弹出的【确认密码】对话框中重新输入密码，单击【确定】按钮即可完成工作表的保护，如图 3-38 所示。

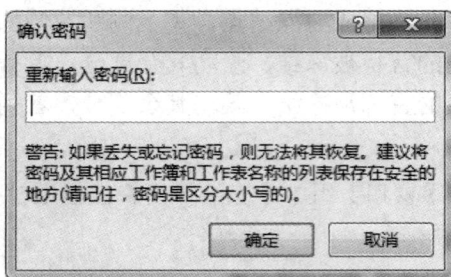

图 3-38 【确认密码】对话框

提示：

也可以在【审阅】选项卡【更改】组中单击【保护工作表】按钮，在打开的【保护工作表】对话框中进行设置。

如果要取消工作表保护，则在该工作表上单击鼠标右键，在弹出的快捷菜单中选择【取消工作表保护】命令，在【撤消工作表保护】对话框中输入保护密码，单击【确定】按钮即可，如图 3-39 所示。

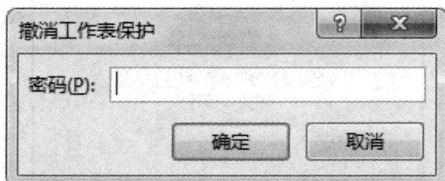

图 3-39 【撤消工作表保护】对话框

3.1.4 单元格的基本操作

1. 选择单元格

对单元格进行编辑操作，首先要选择单元格或单元格区域。注意：启动 Excel 并创建一个新的工作簿时，A1 单元格处于自动选定状态。

1）选择一个单元格

单击某一单元格，若单元格的边框线变成粗线，则说明单元格处于选定状态，如图 3-40 所示。当前单元格的地址则显示在名称框中。

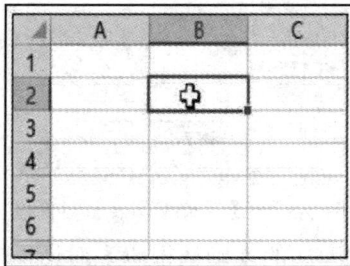

图 3-40 选定单元格

在名称框中输入目标单元格的地址，如"D5"，按 Enter 键即可选中第 D 列和第 5 行交汇处的单元格。此外使用键盘上的上、下、左、右四个方向键，也可以选定单元格。

2) 选择连续的单元格区域

连续区域是指多个单元格之间是相互连续、紧密衔接的，连接的区域形状呈规则的矩形。连续区域的单元格地址标识一般用"左上角单元格地址:右下角单元格地址"表示，如"A2:D5"包含了从 A2 单元格到 D5 单元格的区域，共 16 个单元格，如图 3-41 所示。

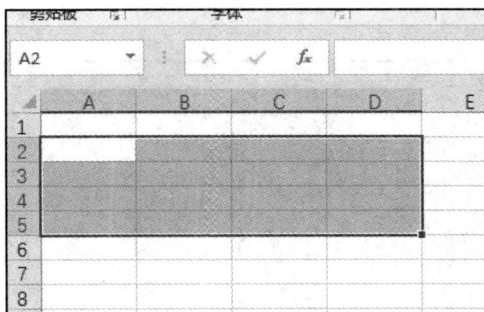

图 3-41　选中连续单元格区域

选择连续的单元格区域，常用的方法如下：

(1) 选中一个单元格，按住鼠标左键，在工作表中拖曳鼠标选取相邻的区域。

(2) 选中一个单元格，按住 Shift 键，使用方向键选取相邻的区域。

(3) 选定左上角的单元格，按住 Shift 键的同时单击待选区最右下角的单元格，即可选中单元格区域。

(4) 在工作表名称框中输入连续区域的单元格地址，按 Enter 键即可选取该区域。

3) 选择不连续的单元格区域

不连续单元格区域是指不相邻的单元格或单元格区域。不连续区域的单元格地址主要由单元格或单元格区域的地址组成，以","分隔，例如"A1:B4,C7:C9,G10"即为一个不连续区域的单元格地址，如图 3-42 所示。

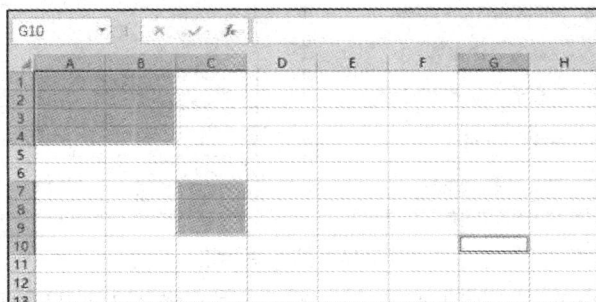

图 3-42　不连续单元格区域

不连续区域的选择操作方法有两种。

(1) 选定一个单元格或者连续区域，按住 Ctrl 键不放，使用鼠标左键单击或者拖曳选择多个单元格或者连续区域，选择完毕，松开 Ctrl 键即可。

(2) 在工作表名称框栏中输入不连续区域的单元格地址，按 Enter 键，即可选取指定的单元格区域。

除了选择连续和不连续单元格区域外，还可以选择所有单元格，即选择整张工作表，方法有两种。

(1) 按【Ctrl+A】组合键可以选择整个表格。

(2) 单击工作表左上角行号与列标相交处的【选定全部】按钮，即可选定整个工作表，如图 3-43 所示。

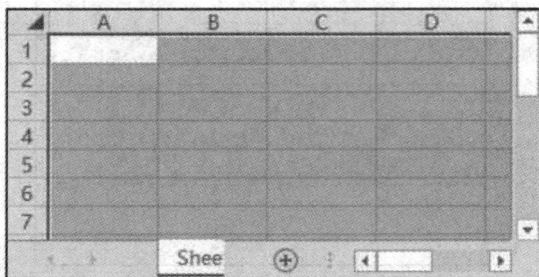

图 3-43　选择整张工作表

2. 插入和删除单元格

在工作表中，可以在活动单元格的上方和左侧插入空白单元格，不需要的单元格也可以删除。

选择要插入单元格的位置，在【开始】选项卡下【单元格】组中单击【插入】按钮下方的箭头，在下拉列表中单击【插入单元格】菜单命令，在弹出的【插入】对话框中选择要插入的方式，如图 3-44 所示。

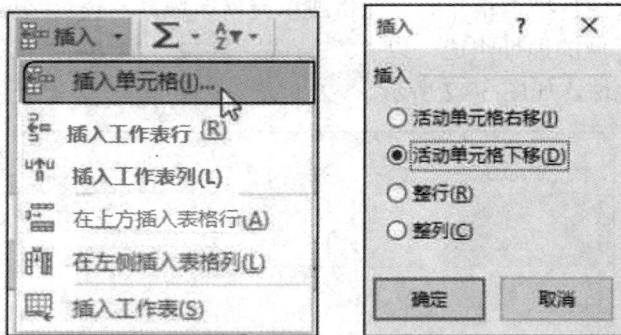

图 3-44　插入单元格

如果要插入多个单元格，则需要选择与要插入单元格数量相同的单元格。例如要插入两个空白单元格，则选择两个单元格，重复上面的操作即可。

如果要重复插入单元格，则单击要插入单元格的位置，按【Ctrl+Y】组合键执行重复操作即可。

选择要删除的单元格，单击【开始】选项卡下【单元格】组中的【删除】按钮下方的箭头，则在弹出的下拉菜单中勾选【删除单元格】菜单命令。如果要删除单元格或单元格范围，则在弹出的【删除】对话框中勾选【右侧单元格左移】【下方单元格上移】【整行】【整列】等选项，再单击【确定】按钮，如图 3-45 所示。

图 3-45　删除单元格

3. 合并与拆分单元格

合并与拆分单元格是最常用的调整单元格的方法。

合并单元格是指在 Excel 工作表中，将两个或多个选定的相邻单元格合并成一个单元格，步骤如下：

(1) 打开随书素材中的"素材\ch09\学生成绩表.xlsx"工作表，选择单元格区域 A1:I1，单击【开始】选项卡下【对齐方式】组中【合并后居中】右侧的下拉按钮，在弹出的列表中选择【合并后居中】选项，如图 3-46 所示。

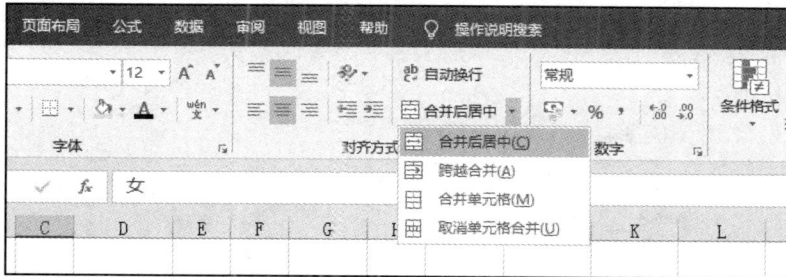

图 3-46　【合并后居中】选项

(2) 该表格标题行即合并且居中显示，如图 3-47 所示。

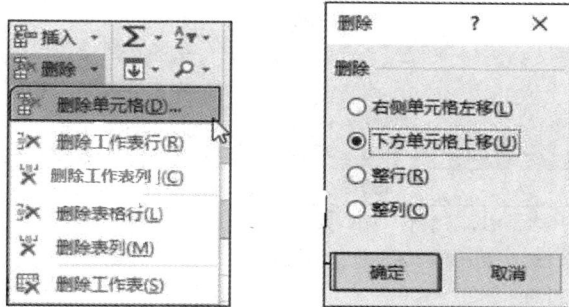

图 3-47　合并后居中结果

在 Excel 工作表中，还可以将合并后的单元格拆分成多个单元格，步骤操作如下：

(1) 选择合并后的单元格，单击【开始】选项卡下【对齐方式】组中的【合并后居中】右侧的下拉按钮，在弹出的列表中选择【取消单元格合并】选项，如图 3-48 所示。该表格标题行即被取消合并，恢复合并前的单元格显示。

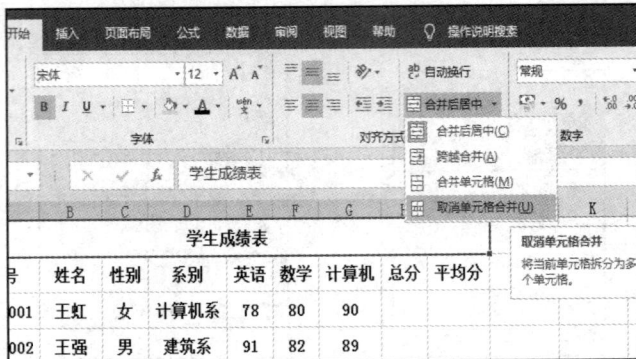

图 3-48　取消单元格合并

（2）在合并单元格上单击鼠标右键，在弹出的快捷菜单中选择【设置单元格格式】选项，弹出【设置单元格格式】对话框，在【对齐】选项卡下撤销【合并单元格】复选框，单击【确定】按钮，也可以拆分合并后的单元格，如图 3-49 所示。

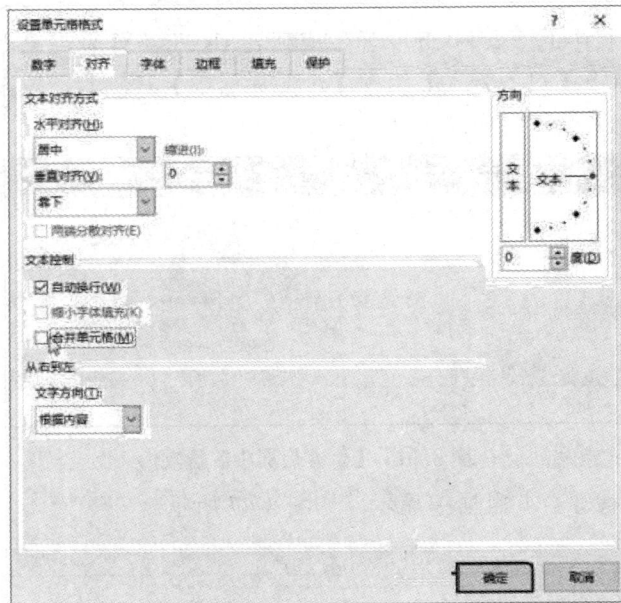

图 3-49　单元格格式设置拆分单元格

4. 复制和移动单元格

在编辑 Excel 工作表时，使用复制和移动功能可以快速地完成工作，方法如下：

（1）使用鼠标复制和移动单元格区域是编辑工作表最快的方法。

选择要复制的单元格或单元格区域，按住 Ctrl 键的同时将鼠标指针移动到所选区域的边框线上，当指针变为复制指针时，拖动到目标单元格区域，即可将所选择的单元格区域复制到新的位置上。

选择要复制的单元格或单元格区域，将鼠标指针移动到所选区域的边框线上，直接拖曳到目标单元格区域,即可将所选择的单元格区域移动到新的位置上。

(2) 使用组合键复制和移动单元格。

选择单元格区域,按【Ctrl+C】组合键进行复制,选择目标位置(如选定目标区域的左上角第一个单元格),按【Ctrl+V】组合键,选择的单元格区域即被复制到目标单元格区域中。

选择单元格区域,按【Ctrl+X】组合键进行复制,选择目标位置(如选定目标区域的某一个单元格),按【Ctrl+V】组合键,选择的单元格区域即被移动到目标单元格区域中。

在编辑 Excel 工作表的过程中,有时需要插入包含数据和公式的单元格,操作过程如下:

(1) 选择单元格区域,按【Ctrl+C】组合键进行复制,选择目标位置(如选定目标区域的某一个单元格),单击鼠标右键,在弹出的快捷菜单中选择【插入复制的单元格】菜单项,如图 3-50 所示。

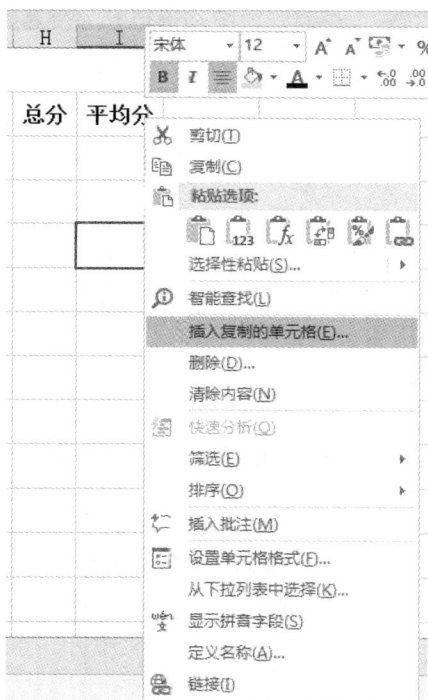

图 3-50　【插入复制的单元格】命令

(2) 弹出【插入粘贴】对话框,选中【活动单元格下移】选项,如图 3-51 所示。单击【确定】按钮,即可将复制的单元格区域数据插入到目标单元格中。

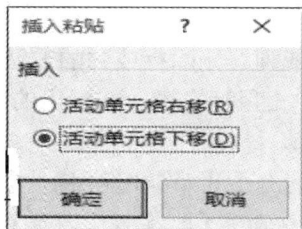

图 3-51　【插入粘贴】对话框

3.1.5　行与列的基本操作

在使用 Excel 2016 处理数据之前，先要对行与列的基本操作有一了解。

1. 选择行与列

将鼠标光标放在行标签或者列标签上，当光标变为向右的箭头"➜"或向下的箭头"➜"时，单击鼠标左键，即可选中该行或者该列，如图 3-52 所示。

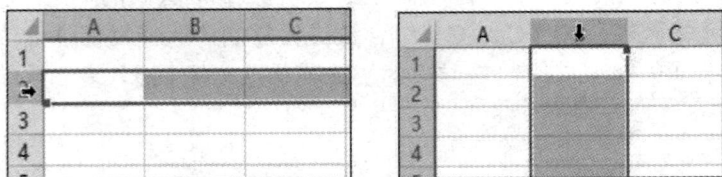

图 3-52　选中行或者列

如果按 Shift 键再进行选择，则可以选中连续的多行或者多列；如果按 Ctrl 键再选择，则可选中不连续的行或列。

2. 插入行与列

选中某行或某列后，单击鼠标右键，在弹出的快捷菜单中选择【插入】菜单命令，则可插入行或列，如图 3-53 所示。在工作表中插入新行时，当前行向下移动；而插入新列时，当前列向右移动。

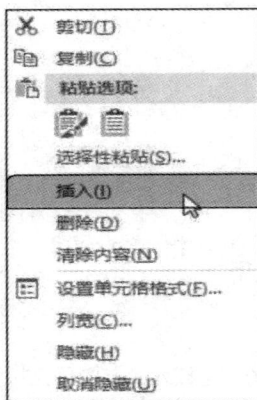

图 3-53　快捷菜单插入行或列

3. 删除行或列

可以删除工作表中多余的行或列。删除行或列的方法有以下几种：

(1) 选择要删除的行或列，单击鼠标右键，在弹出的快捷菜单中选择【删除】菜单项，即可将所选行或列删除。

(2) 选择要删除的行或列，单击【开始】选项卡下【单元格】组中【删除】按钮右侧的下拉箭头，在弹出的下拉菜单中选择【删除工作表行】或【删除工作表列】选项，即可将选中的行或列删除。

（3）选择要删除的行或列中的一个单元格，单击鼠标右键，在弹出的快捷菜单中选择【删除】菜单项，在【删除】对话框中选中【整行】或【整列】选项，然后单击【确定】按钮，如图 3-54 所示。

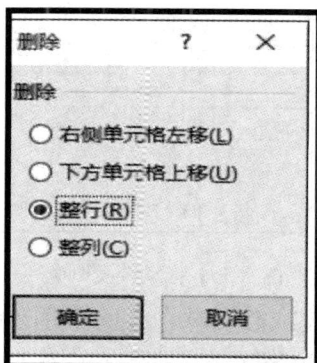

图 3-54　【删除】对话框

4. 隐藏或显示行与列

使用 Excel 工作表过程中，可以将暂时不需要编辑或查看的行或列隐藏起来，需要时再取消隐藏。下面以隐藏和显示行为例进行介绍。

选中要隐藏的行，单击【开始】选项卡下【单元格】组中的【格式】按钮，在弹出的下拉菜单中选择【隐藏和取消隐藏】→【隐藏行】菜单项，则当前被选中的行即被隐藏起来了。或者在选中的行上使用右键菜单命令，也可以实现隐藏功能。

将行隐藏后，这些行中单元格的数据就变得不可见了。如果需要查看这些数据，就需要将这些隐藏的行显示出来。

选中被隐藏行的上下行，单击【开始】选项卡下【单元格】组中的【格式】按钮，在弹出的下拉菜单中选择【隐藏和取消隐藏】→【取消隐藏行】菜单项，则工作表中被隐藏的行即可显示出来。

5. 设置行高与列宽

在 Excel 工作表中，当单元格的宽度或者高度不足时，会导致数据显示不完整，这时就需要调整行高或列宽了。可以使用鼠标快速地调整行高和列宽，方法如下：

（1）如果要调整行高，将鼠标指针移动到两行的行号之间，当鼠标指针变成上下双向箭头形状时，按住鼠标左键向上拖动可以使行高变小，向下拖动可以使行高变大。拖动时将显示出以点和像素为单位的宽度工具提示，如图 3-55 所示。

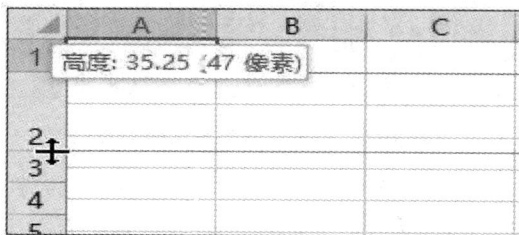

图 3-55　拖动改变行高

(2) 如果要调整列宽，将鼠标指针移动到两列的列标之间，当指针变为左右双箭头形状时，按住鼠标左键向左拖动可以使列变窄，向右拖动则可使列变宽，如图 3-56 所示。

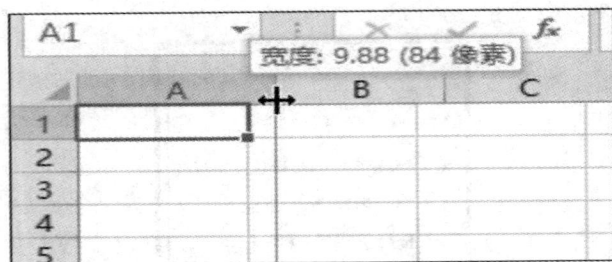

图 3-56　拖动改变列宽

(3) 要调整多行、多列的宽度或高度时，选择要更改的行或列，然后拖动所选行号、列标下侧或右侧的边界，则可以调整行高或列宽，如图 3-57 所示。

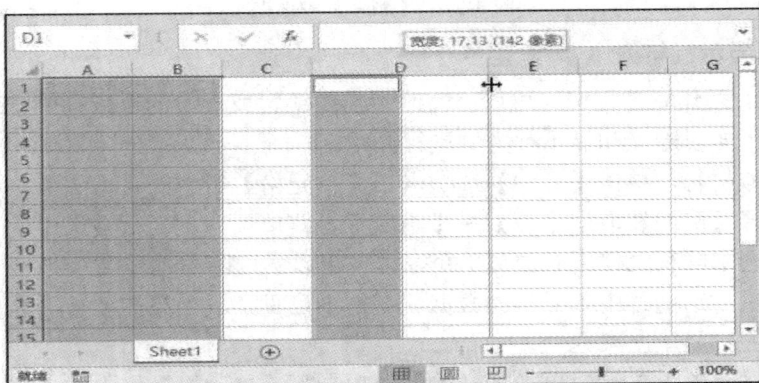

图 3-57　调整多行或多列

(4) 要调整整张工作表中所有行、列的宽度或高度时，单击【全选】按钮或按【Ctrl+A】组合键，然后拖动任意行、列的边界线就可以调整所有的行高或列宽，如图 3-58 所示。

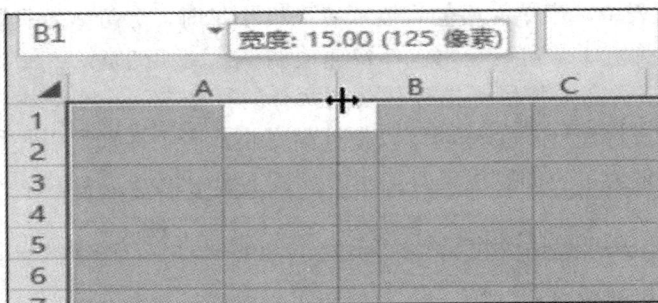

图 3-58　调整所有的行高或列宽

使用过程中也可以根据单元格内容，自动调整行高或列宽。操作过程如下：

选择要调整的行或列，单击【开始】选项卡下【单元格】组中的【格式】按钮，在弹出的下拉菜单中选择【自动调整行高】或【自动调整列宽】，如图 3-59 所示。

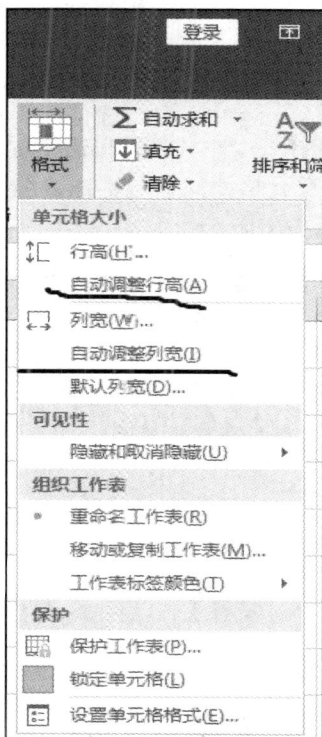

图 3-59　自动调整行高或列宽

　　虽然使用鼠标可以快速调整行高或列宽，但精确度不高，如果需要调整行高或列宽为固定值，那么就需要使用【行高】或【列宽】命令进行调整。操作步骤如下：

　　(1) 在选择的行号或者列标上单击鼠标右键，在弹出的快捷菜单中选择【行高】或【列宽】菜单命令，弹出【行高】或【列宽】对话框，如图 3-60 所示。

　　(2) 单击【确定】按钮，即可精确调整所选中的行或列。

　　列宽的数值范围为 0～255，表示以标准字体进行格式设置的单元格中可显示的字符数，默认列宽是 8.43 个字符。如果列宽设置为 0，则此列被隐藏。

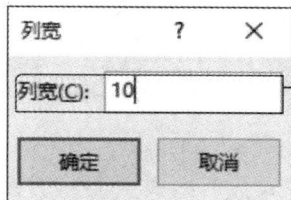

图 3-60　【列宽】对话框

　　行高的数值范围为 0～409，表示以点计量的高度(1 点约等于 0.035 cm)，默认行高为 12.75 点(约 0.4 cm)。如果行高设置为 0，则此行被隐藏。

3.2　工作表数据的输入与编辑

　　在 Excel 的单元格内可以输入各种类型的数据，包括文本、数字、日期和时间等。下面将介绍输入数据、快速填充和编辑数据的方法。

3.2.1　工作表数据的输入

1. 认识数据

Excel 中的数据有很多种，选择一个单元格，单击鼠标右键，在下拉列表中选择【设置单元格格式】选项，弹出【设置单元格格式】对话框，选择【数字】选项卡，左侧的列表中列出了各种数据的类型，如图 3-61 所示。

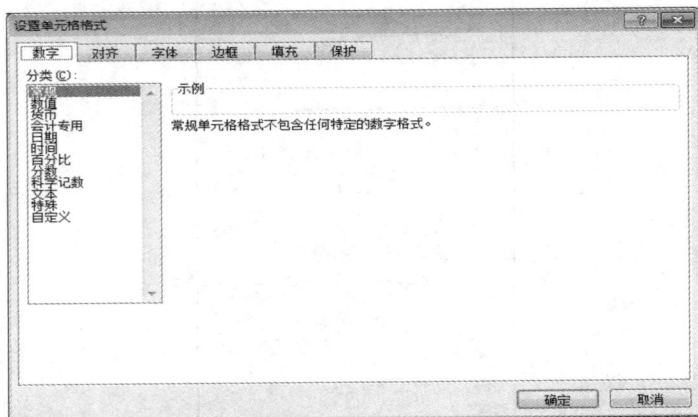

图 3-61　【设置单元格格式】对话框

(1) 常规格式是不包括特定格式的数据格式，Excel 中默认的数据格式即为常规格式。图 3-62 中显示的数据，A 列为常规格式，B 列为文本格式，C 列为数值格式。

	A	B	C
1	常规	文本	数值
2	123	123	123.00
3	1.23457E+12	1234567890123	1234567890123.00
4			
5			

图 3-62　数据格式显示

(2) 数值格式主要用于设置小数点位数，用数值格式表示金额时，还可以使用千分位分隔符表示，如图 3-63 所示。

部门	名称	数量	单位	单价（元）	总价（元）	备注
办公区	组合办公桌椅	1	套	1780	1780	
办公区	电话机	1	部	450	450	
办公区	饮水机	1	个	130	130	
财务	A4打印纸	1	箱	78	78	
财务	办公桌	2	个	450	900	
财务	保险柜	1	台	1600	1600	
财务	电脑	1	台	2700	2700	
财务	文件柜	1	个	359	359	
财务	打印机	1	个	340	340	
财务	文件夹	2	个	20	40	
财务	办公椅	2	个	130	260	
财务	电话机	1	部	78	78	
董事长室	单人床		床	3350		

图 3-63　数值格式显示

(3) 货币格式主要用于设置货币的形式，包括货币类型和小数位数等，如图 3-64 所示。

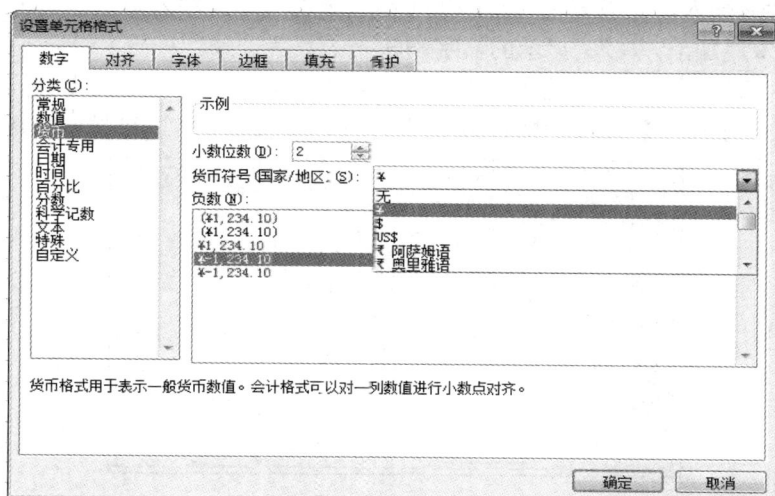

图 3-64　货币格式显示

(4) 会计专用格式也是用货币符号表示数字，货币符号包括人民币符号和美元符号等。与货币符号不同的是，会计专用格式可对一列数值进行货币符号和小数点对齐设置，如图 3-65 所示。

图 3-65　会计专用格式显示

(5) 在单元格中输入日期(一般数据之间用"-"或"/"符号连接，如"2013-5-30"或者"2013/5/30")和时间时，系统会以默认的日期和时间格式显示。也可以对其设置其他的日期和时间的格式显示，如图 3-66 所示。

图 3-66　日期和时间格式显示

(6) 将单元格中的数字转换为百分比格式有两种情况。

① 先设置后输入。先设置单元格的数字格式为百分比，输入数值时，Excel 就会自动在输入的数字末尾加上"%"，显示的数字和输入的数字一致。

② 先输入后设置。在单元格中输入数据，设置单元格数字格式为【百分比】，小数位数为"2"，单击【确定】按钮，即可设置两位小数并添加"%"符号，如图 3-67 所示。

图 3-67　百分比数据格式显示

(7) 使用分数格式将以实际分数(而不是小数)的形式显示或键入数字。例如，如果没有对单元格应用分数格式，输入"1/2"时，将显示为日期格式。要将它显示为分数，可以先应用分数格式，再输入相应的数值；还可以先输入数字"0+空格"再输入需要的分数。

(8) 文本格式包含字母、数字和符号等。在文本单元格格式中数字作为文本处理，单元格显示的内容和输入的内容完全一致。如果输入"001"，默认情况下显示为"1"，设置为文本格式则可显示为"001"。或先输入英文单引号再输入 001 也可以变更为文本格式。如邮政编码、电话号码和身份证号码等全部由数字组成，为避免 Excel 将其默认为数字格式，则可以先设置使用特殊格式，如图 3-68 所示。

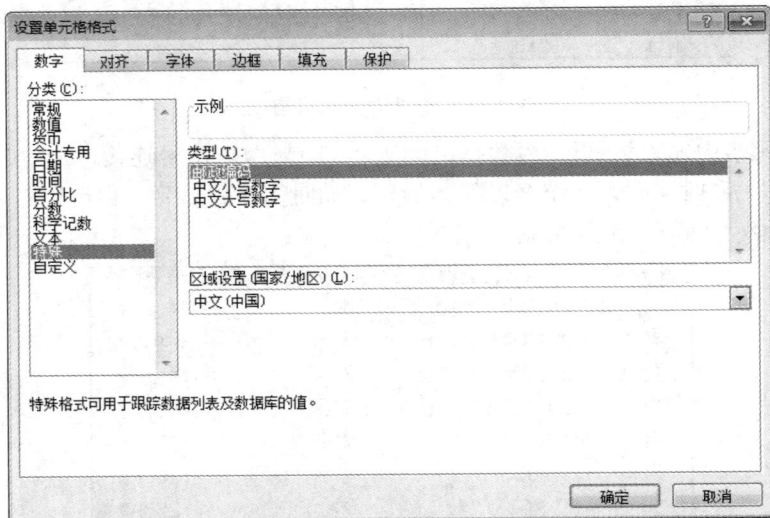

图 3-68　特殊格式显示

(9) 如果上述的格式都不能满足需要，还可以设置自定义格式。例如在输入学生基本信息时，学号的前几位都是相同的，这时就可以对这样的数值进行自定义格式设置，来简化输入的过程，且保证位数显示一致，如图 3-69 所示。

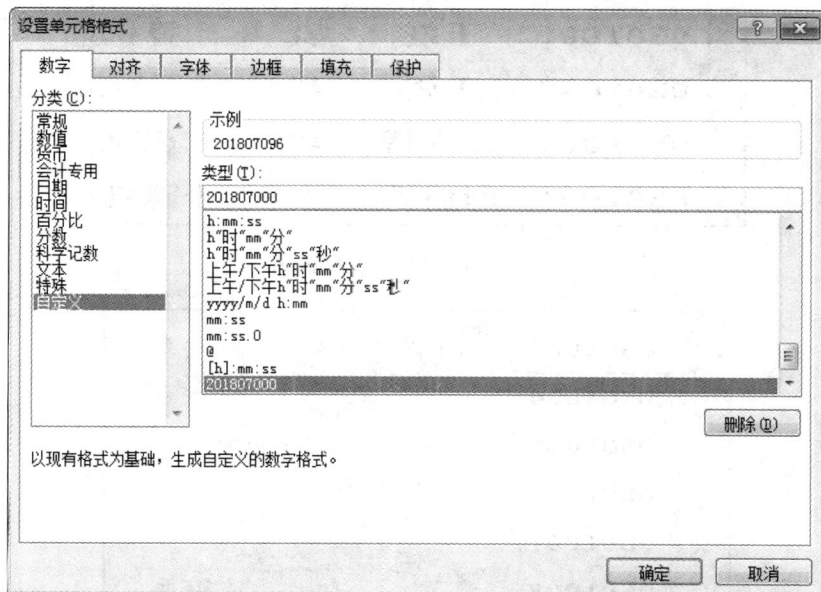

图 3-69　自定义格式设置

2. 输入文本

单元格中的文本包括字母、汉字、数字、空格和符号等，每个单元格最多可包含 32 000 个字符。文本是 Excel 工作表中最常见的数据类型之一，在单元格中输入文本有以下几种情况：

(1) 启动 Excel 2016，新建一个工作簿，单击选中单元格输入所需的文本，此时编辑栏中将会自动显示输入的内容。

(2) 在默认情况下，Excel 将输入文本的对齐方式设置为"左对齐"。在输入文本时，若文本的长度大于单元格的列宽，则文本会自动占用相邻的单元格；若相邻的单元格已存在数据，则会截断显示，被截断显示的文本依然存在，只要增加单元格的列宽即可完全显示。

(3) 如果在一个单元格中输入多行文本，则在句尾按住【Alt+Enter】组合键即可换行。

(4) 如果需要输入一长串全部用数字组成的文本(例如直接输入手机号、身份证号等)，系统会自动将其作为数字处理，并用科学计数法显示。针对这样的问题，在输入数字时，在其前面添加一个英文的单引号即可解决。添加单引号后，虽然能够以数字形式显示完整的文本，但单元格左上角会显示一个绿色的倒三角标识，提示存在错误，如图 3-70 所示。单击选中该单元格，其侧边会有一个错误的图标，单击图标右侧的下拉按钮，在弹出的下拉列表框中选择【错误检查选项】，如图 3-71 所示，弹出一个【Excel 选项】对话框，在【错误检查规则】列表中取消选中【文本格式的数字或者前面有撇号的数字】复选框，单击【确定】按钮，如图 3-72 所示。经过以上设置之后，系统将不再对此类错误进行检查，也就不会显示绿色的倒三角标记了。

学号	姓名	性别	系别
0501001	王虹	女	计算机
0501002	王强	男	建筑系
0501003	高文博	男	电子系
0501004	刘丽冰	女	计算机

图 3-70　数据错误标识

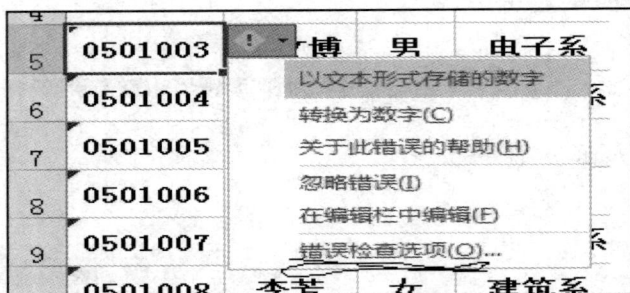

图 3-71　错误检查选项

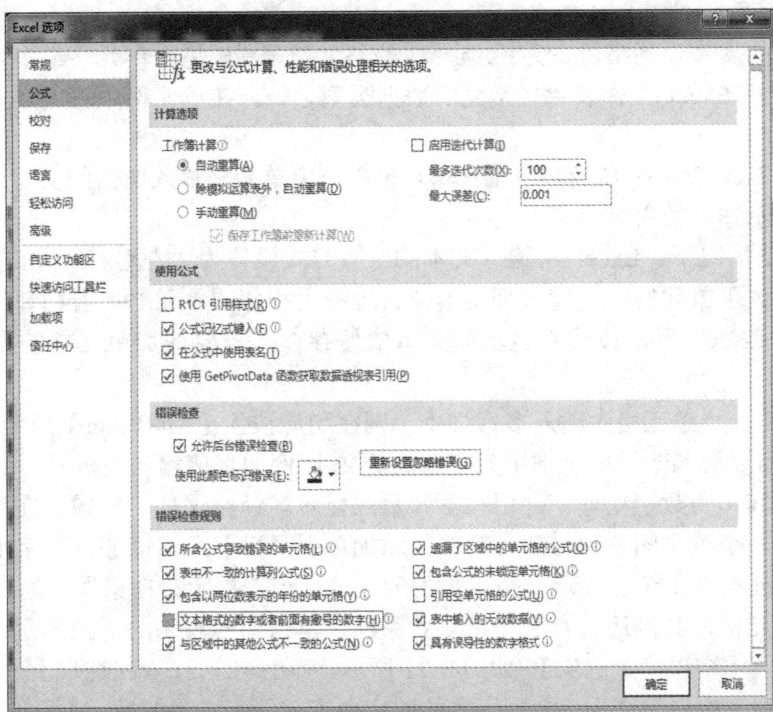

图 3-72　错误检查规则

　　如果只是想隐藏当前单元格的错误标记，可以选择【忽略错误】这个选项，如图 3-73 所示。

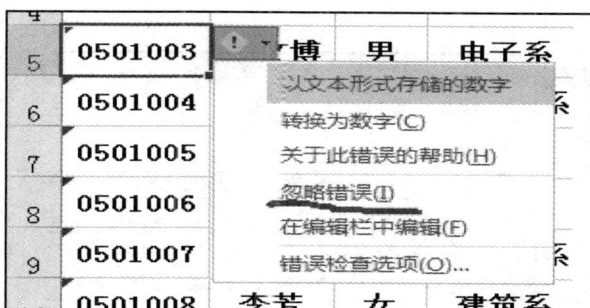

图 3-73　忽略错误

3. 输入数值

在 Excel 中输入的数值型数据可以是整数、小数、分数和科学计数等。它们是 Excel 使用最多的数据类型。输入数值型数据与输入文本的方法相似，这里不再赘述。

与输入文本不同的是在单元格中输入数值型数据时，在默认情况下，会将其对齐方式设为"右对齐"。另外，若要在单元格中输入分数，如果直接输入，那么系统会自动将其显示为日期，因此在输入分数时为了与日期型数据区分，则需要在前面加一个零和一个空格。如输入"1/3"，则显示为"1 月 3 日"，若输入"0 1/3"，则显示为"1/3"，如图 3-74 所示。

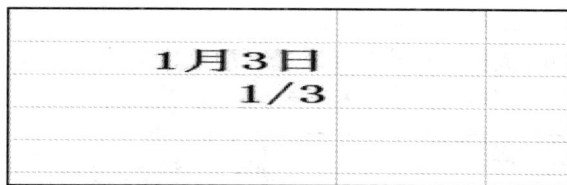

图 3-74　分数输入显示

4. 输入日期和时间

日期和时间也是 Excel 工作表中常见的数据类型之一。在 Excel 单元格中输入日期和时间型数据时，在默认情况下会将其对齐方式设为"右对齐"。若要在 Excel 单元格中输入日期和时间，则需要遵循特定的规则。

在单元格中输入日期型数据时，使用"/"或者"."分隔日期的年、月、日。如输入"2018.12.13"或"2018/12/13"，按下 Enter 键后，单元格中显示的日期格式默认显示为"2018.12.13"；如果要获取系统当前的日期，再按【Ctrl+;】组合键即可。

在单元格中输入日时间型数据时，使用"："分隔时间的小时、分、秒。若使用 12 小时制表示时间，就需要在时间后面添加一个空格，然后输入 am(上午)和 pm(下午)；如果要获取系统当前的时间，则按【Ctrl+Shift+;】组合键即可。

5. 输入特殊符号

在 Excel 工作表中的单元格内输入特殊符号的方法，与在 Word 中插入特殊符号的方法类似。首先选中需要插入特殊符号单元格，单击【插入】选项卡下【符号】组中的【符号】按钮，即可打开【符号】对话框，切换到【符号】选项卡，在子集下拉菜单中选择某一类型，然后在弹出的列表框中选择相应符号，单击【插入】按钮，再单击【关闭】按钮，即可完成特殊符号的插入操作，如图 3-75 所示。

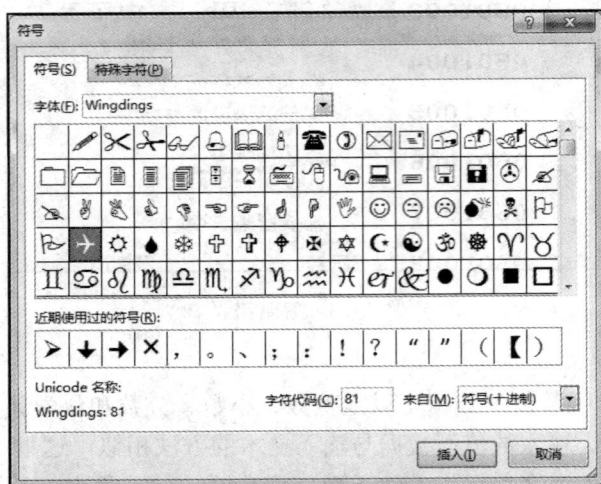

图 3-75   插入特殊符号对话框

6. 使用填充柄

填充柄是位于活动单元格右下角的方块，使用它可以有规律、快速地填充单元格。具体的操作步骤如下：

(1) 启动 Excel 2016，新建一个空白工作簿，输入相关数据内容，然后将光标定位到活动单元格 C1 右下角的方块上，如图 3-76 所示。

图 3-76   定位光标位置

(2) 当光标变为"十"状时，可以向下拖动光标到 C5，即可快速填充单元格。填充后的单元格与 C1 单元格的内容相同，如图 3-77 所示。

图 3-77   填充结果

填充结束后，右下角会有一个【自动填充选项】图标，单击其右侧的下拉三角图标，在弹出的下拉列表中选择填充的选项，如图 3-78 所示。

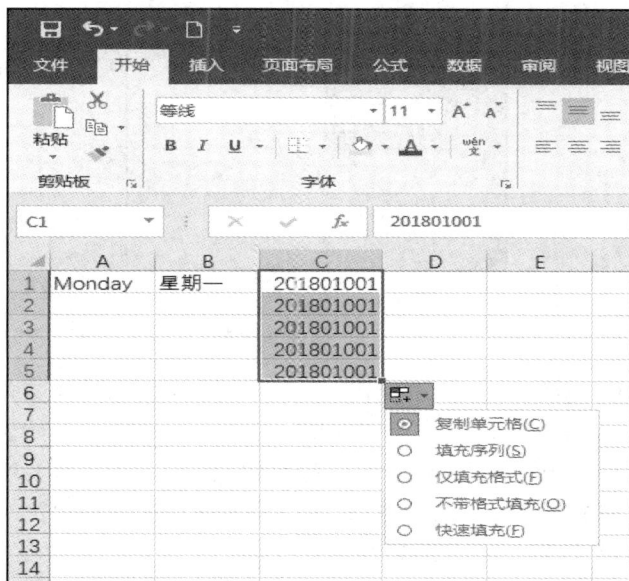

图 3-78 填充选项

快速填充选项的说明如下。

【复制单元格】：默认情况下与起始单元格内容一致。

【填充序列】：数值以"1"为步长值进行递增，如图 3-79 所示。

【仅填充格式】：被选择单元格的格式会与起始单元格一致，但并不填充内容。

【不带格式填充】：被选择单元格的内容与起始单元格一致，但并不应用起始单元格的格式。

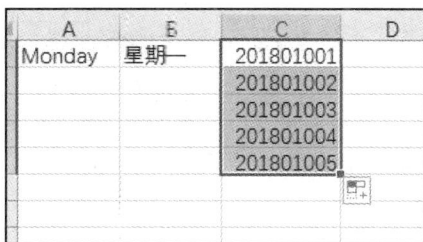

图 3-79 填充序列

7. 数据序列填充

对于数值型数据，使用填充柄能以复制和递增的形式快速填充，还能以等差、等比的形式快速填充。下面介绍如何通过等差和等比的形式来填充数据。

1）等差数列

启动 Excel 2016，新建一个空白工作簿。在 A1 和 A2 单元格分别输入数字"1"和"5"，然后选中单元格区域 A1:A2，将光标定位到 A2 右下角的复制柄方块上，当鼠标变为"十"状时，拖动光标到 A5，松开左键。此时单元格按照步长值为"4"的等差数列形式进行填充，如图 3-80 所示。

图 3-80　等差数列填充

2）等比系列

启动 Excel 2016，新建一个空白工作簿。在单元格中输入等比数列的起始数字。比如在单元格 A1 中输入"1"，然后选择 A1:A6 单元格区域，单击【开始】选项卡下【编辑】组中的【填充】按钮，在弹出的下拉列表中选择【序列】，如图 3-81 所示。弹出【序列】对话框，【序列产生在】选项为默认的选择，【类型】选项选择"等比序列"，【步长值】填充"5"，单击【确定】按钮，如图 3-82 所示。

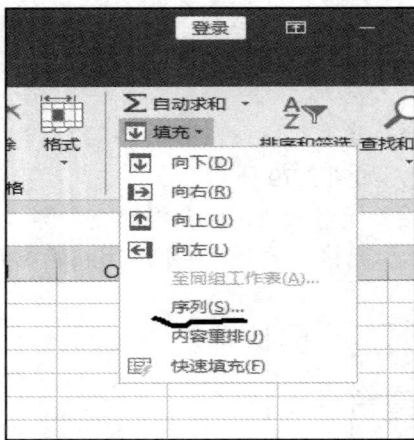

图 3-81　编辑填充选项

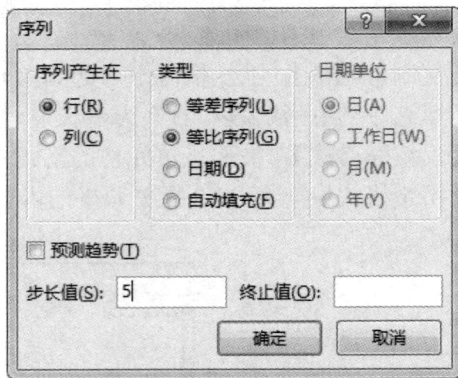

图 3-82　【序列】对话框

填充结果如图 3-83 所示。

8．文本序列填充

除了使用填充命令填充文本序列外，还可以使用填充柄来填充文本序列。

启动 Excel 2016，新建一个空白工作簿。在 A1 单元格中输入文本"半江瑟瑟半江红"，然后将光标定位在 A1 右下角的复制柄方块上，当鼠标变为"十"状时，拖动光标到 A1:C3 区域，释放鼠标，单元格内容即可按照相同的文本进行填充，如图 3-84 所示。

图 3-83　等比序列填充

	A	B	C
1	半江瑟瑟半江红	半江瑟瑟半江红	半江瑟瑟半江红
2	半江瑟瑟半江红	半江瑟瑟半江红	半江瑟瑟半江红
3	半江瑟瑟半江红	半江瑟瑟半江红	半江瑟瑟半江红
4			
5			
6			
7			

图 3-84　文本序列填充

当文本内容后带阿拉伯数字时，拖动复制柄，则文本内容不变但阿拉伯数字会按照递增形式进行填充。

9. 日期和时间序列填充

用日期和时间序列填充时，同样有使用填充柄和使用填充命令两种方法。不同的是对于文本序列和数值序列，系统默认以复制的形式填充，而对于日期和时间序列，系统默认则是以递增的形式填充。

启动 Excel 2016，新建一个空白工作簿。在 A1 单元格中输入"2018/12/12"，然后光标定位在 A1 单元格右下角的复制柄方块上，当鼠标变为"十"状时，拖动光标到 A7 单元格，释放鼠标，则填充结果如图 3-85 所示。

图 3-85　日期序列填充

以上是以日期加 1 的形式默认填充的，如果想以工作日的形式填充数据，则首先需要选中 A1:A7 单元格区域，单击【开始】选项卡下【编辑】组中的【填充】按钮，在弹出的下拉列表中选择【序列】，弹出【序列】对话框，如图 3-86 所示。【序列产生在】选项为默认的选择，【类型】选项选择"日期"，【日期单位】选中"工作日"，【步长值】输入"1"，单击【确定】按钮，结果显示如图 3-87 所示。

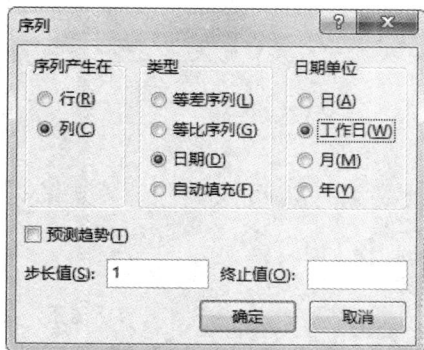

图 3-86　【序列】对话框

图 3-87　工作日序列填充

还可以根据需要将对话框中的【日期单位】修改为年、月等，根据步长值进行其他的填充。

10. 自定义序列填充

在进行一些特殊的、有规律的序列填充时，若以上的方法均不能满足需要，还可以自定义序列填充。具体操作步骤如下：

(1) 启动 Excel 2016，新建一个空白工作簿。切换到【文件】选项卡，进入文件操作页面，选择左侧列表中的【选项】命令，如图 3-88 所示。

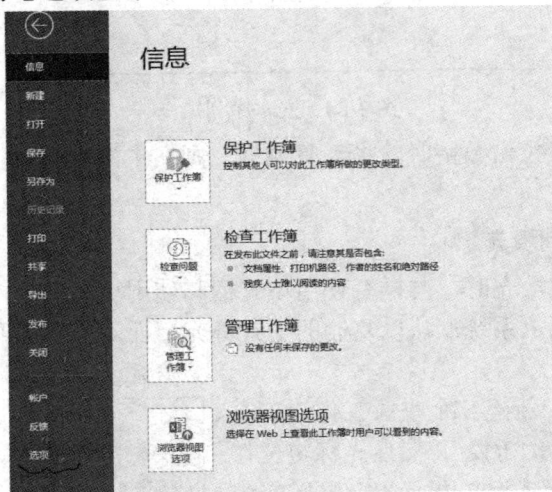

图 3-88　【选项】命令

(2) 在弹出的【Excel 选项】对话框中，选择左侧的【高级】选项，然后在右侧的【常规】栏中单击【编辑自定义列表】按钮，如图 3-89 所示。

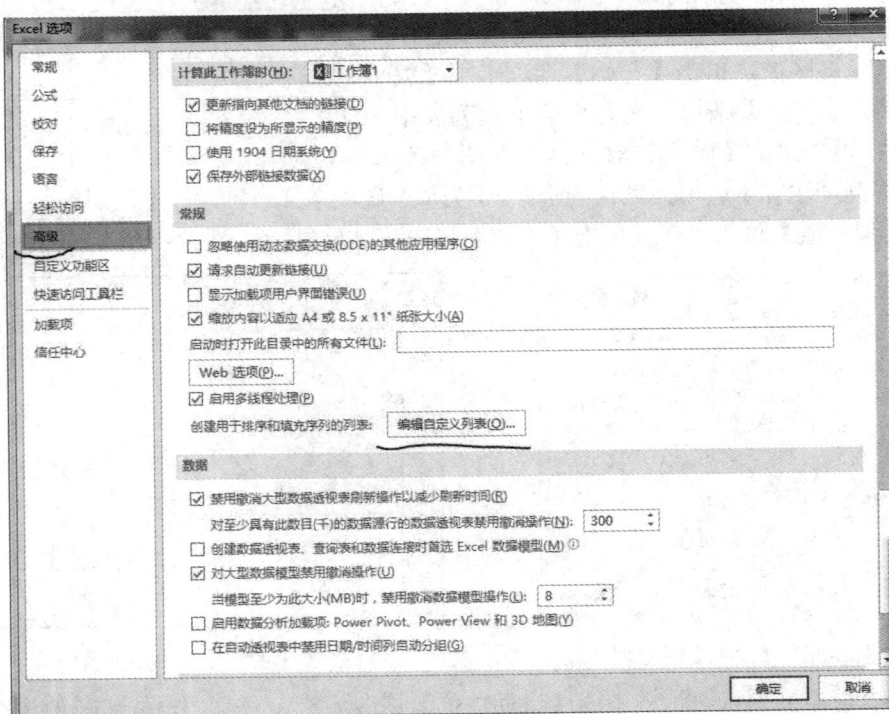

图 3-89　【Excel 选项】对话框

(3) 在弹出的【自定义序列】对话框中，在【输入序列】文本框中依次输入自定义的序列，单击【添加】按钮。例如输入"音乐系、舞蹈系、美术系、戏剧系、传媒系、文管系、艺术系，基础部"，每个数据间用 Enter 键换行，如图 3-90 所示。

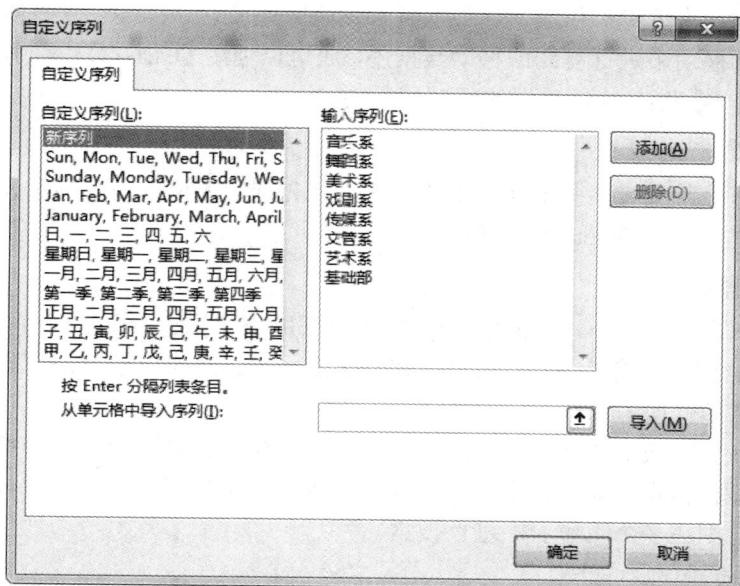

图 3-90　【自定义序列】对话框

(4) 添加完成后，单击【确定】按钮，返回到工作表界面，在 A1 单元格输入"音乐系"，然后拖动右下角的复制柄方块，系统就会以刚刚添加的自定义序列进行单元格数据填充，如图 3-91 所示。

图 3-91　自定义序列填充结果

3.2.2　工作表数据的编辑

1. 修改数据

当数据输入错误时，左键单击需要修改数据的单元格，然后输入正确的数据，则该单元格将自动更正数据，原单元格中的数据将被覆盖。

2. 移动复制单元格数据

在编辑工作表时，若数据输错了位置，不必重新输入，将其移动到正确的单元格或单元格区域即可。若单元格区域数据与其他区域数据相同，为了避免重复输入，提高效率，可采用复制的方法来编辑工作表。

除了用鼠标拖动来进行复制或移动数据外，还可以使用【Ctrl+C】(复制)、【Ctrl+X】(剪切)和【Ctrl+V】(粘贴)来实现数据的复制和移动。

3. 删除数据

若只是想清除某个或某些单元格中的内容，就先选中要清除内容的单元格和单元格区域，然后单击键盘上的 Delete 键删除即可。

4. 查找和替换数据

Excel 工作表中提供的查找和替换功能，可以帮助用户快速定位到要查找的信息，并且可以有选择地用其他数值代替。不仅可以在一个工作表，还可以在多个工作表中进行查找与替换以及批量地修改信息。

在进行查找和替换操作之前，先选定一个搜索区域。如果只选择一个单元格，则仅在当前工作表中进行搜索；如果选定一个单元格区域，则选择在该区域内进行搜索；如果选定多个工作表，则在多个工作表中进行搜索。

1) 查找数据

查找数据的具体步骤如下：

(1) 打开随书素材"素材\ch10\学生成绩表.xlsx"文件，单击【开始】选项卡下【编辑】组中的【查找和选择】按钮，在弹出的下拉列表中选择【查找】菜单项，如图 3-92 所示。

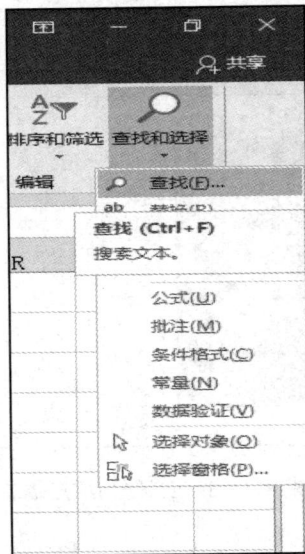

图 3-92　【查找】菜单项

(2) 在弹出的【查找和替换】对话框中的【查找内容】文本框中输入要查找的内容，单击【查找下一个】按钮，查找下一个符合条件的单元格，并且这个单元格会自动被选中，如图 3-93 所示。

图 3-93 【查找和替换】对话框

提示:

还可以按【Ctrl+F】组合键打开【查找和替换】对话框,默认的选择是【查找】选项。

(3) 单击【查找和替换】对话框中的【选项】按钮,可以设置查找的格式、范围、方式(按行或按列)等,如图 3-94 所示。

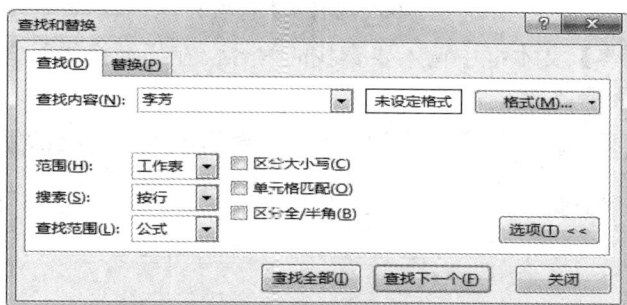

图 3-94 查找选项

(4) 单击【查找全部】按钮,则在下方将列出所有符合条件的记录,单击每一个记录即可快速定位到该记录所在的单元格,如图 3-95 所示。

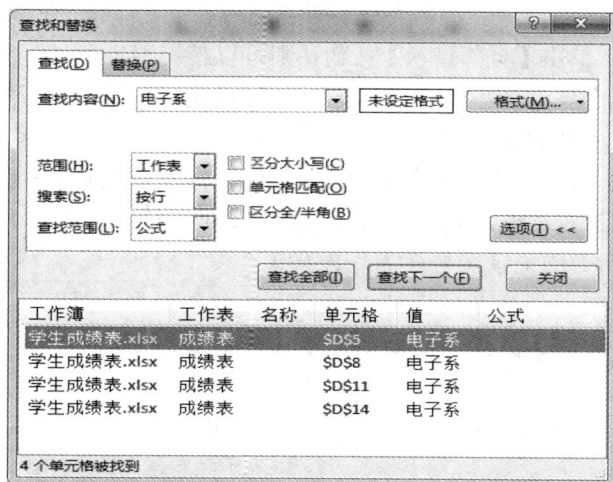

图 3-95 全部查找记录

2) 替换数据

下面使用替换功能，将内容为"电子系"的记录全部替换为"电子电工系"，具体操作步骤如下：

(1) 打开随书素材"素材\ch10\学生成绩表.xlsx"文件，单击【开始】选项卡下【编辑】组中的【查找和选择】按钮，在下拉列表中选择【替换】选项，弹出【查找和替换】对话框，选择【替换】选项卡，如图 3-96 所示。

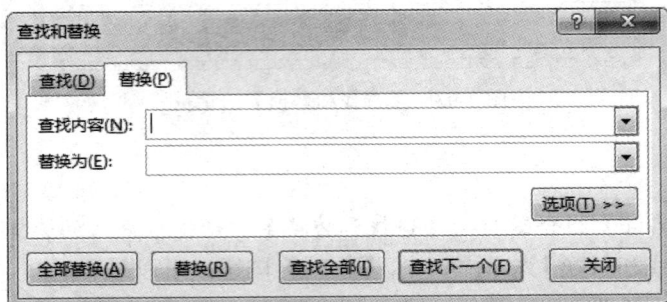

图 3-96　【替换】选项卡

(2) 在【查找内容】文本框中输入要查找的内容，在【替换为】文本框中输入替换后的内容，如图 3-97 所示。

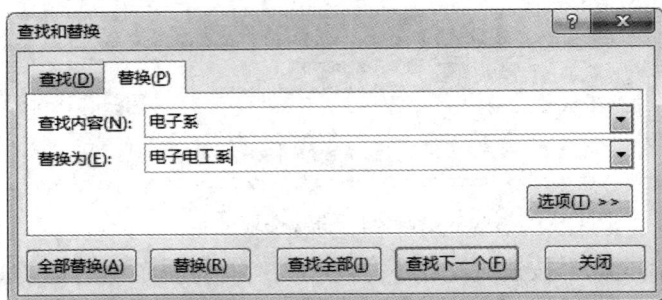

图 3-97　输入替换内容

(3) 设置完成后，单击【全部替换】按钮，则可以替换选定区域中所有符合条件的单元格数据。当全部替换完成，则会弹出如图 3-98 所示的提示框。

(4) 单击【确定】按钮，然后单击【关闭】按钮，即可关闭【查找和替换】对话框，返回 Excel 工作表。此时所有内容为"电子系"的记录均替换为"电子电工系"，如图 3-99 所示。

图 3-98　替换完成提示框

在进行查找和替换时，如果不能确定完整的搜索信息，则可以使用通配符"？"和"*"来代替不能确定的部分信息。"？"代表一个字符，"*"代表一个或多个字符。

5. 设置文本格式

单元格是工作表的基本组成单位，也是进行数据处理操作的最小单位。在 Excel 2016

中，可以根据需要设置单元格中文本的字体、字号、颜色、方向等。

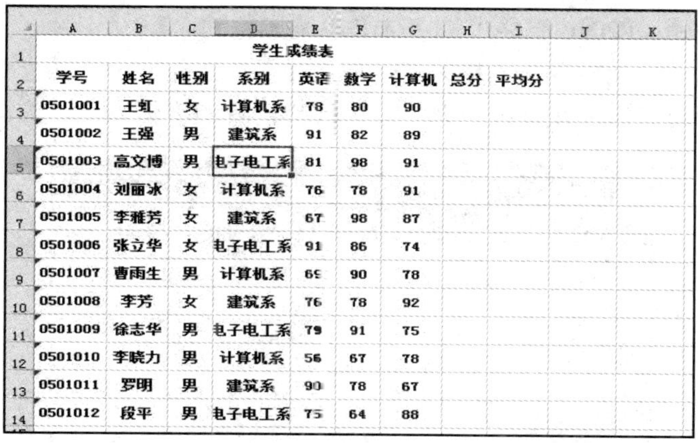

	A	B	C	D	E	F	G	H	I	J	K
1	学生成绩表										
2	学号	姓名	性别	系别	英语	数学	计算机	总分	平均分		
3	0501001	王虹	女	计算机系	78	80	90				
4	0501002	王强	男	建筑系	91	82	89				
5	0501003	高文博	男	电子电工系	81	98	91				
6	0501004	刘丽冰	女	计算机系	76	78	91				
7	0501005	李雅芳	女	建筑系	67	98	87				
8	0501006	张立华	女	电子电工系	91	86	74				
9	0501007	曹雨生	男	计算机系	69	90	78				
10	0501008	李芳	女	建筑系	76	78	92				
11	0501009	徐志华	男	电子电工系	79	91	75				
12	0501010	李晓力	男	计算机系	56	67	78				
13	0501011	罗明	男	建筑系	90	78	67				
14	0501012	段平	男	电子电工系	75	64	88				

图 3-99　替换数据

6. 设置字体

在 Excel 2016 中可以更改工作表中选定区域的字体格式，也可以更改 Excel 表格中默认的字体、字号等，设置方法有以下几种：

(1) 选中需要修改字体的单元格或者单元格区域，选择【开始】选项卡下【字体】组中的【字体】列表框，在弹出的下拉列表中选择需要的字体即可更改所选区域的字体格式。默认情况下，表格中的字体格式是"黑色，等线，11 号"。

在【字号】下拉列表中，最大的字号是 72 磅，Excel 支持的最大字号是 409 磅。设置字号也可以直接在【字号】下拉列表的文本框中直接输入字号数值，然后按 Enter 键确认。

(2) 在需要改变格式的字体上右击，在弹出的浮动工具条中设置字体和字号。

(3) 选择需要修改的区域后，单击【字体】选项组右下角的按钮，或者直接在选择区域上右击，在弹出的【设置单元格格式】对话框中设置字体和字号，如图 3-100 所示。

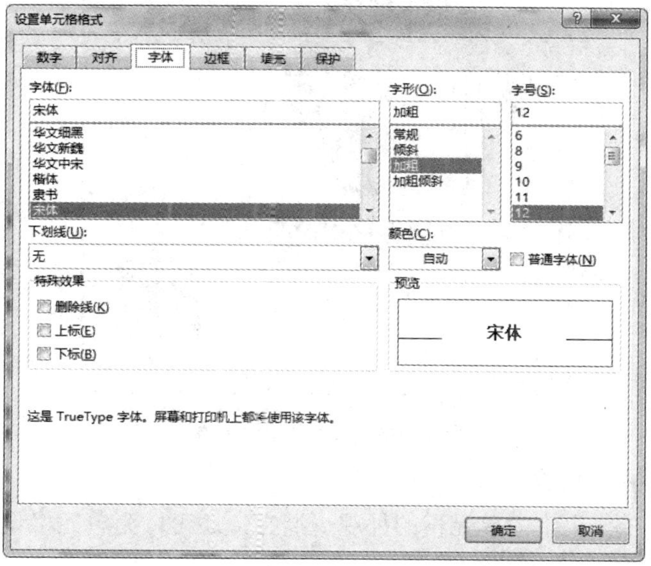

图 3-100　【字体】选项卡

7. 设置字体颜色

默认情况下，Excel 2016 表格中的字体颜色是黑色的。

选择需要修改的单元格或单元格区域，单击【开始】选项卡下【字体】组中【字体颜色】按钮右侧的下拉按钮，在弹出的调色板中选择需要的字体颜色，如图 3-101 所示。

图 3-101　　【字体颜色】按钮

如果调色板中没有需要的颜色，则可以选择【其他颜色】选项，弹出【颜色】对话框，在【标准】选项卡中选择需要的颜色或者在【自定义】选项卡中调整适合的颜色，单击【确定】按钮，即可应用重新设置的字体颜色，如图 3-102 所示。

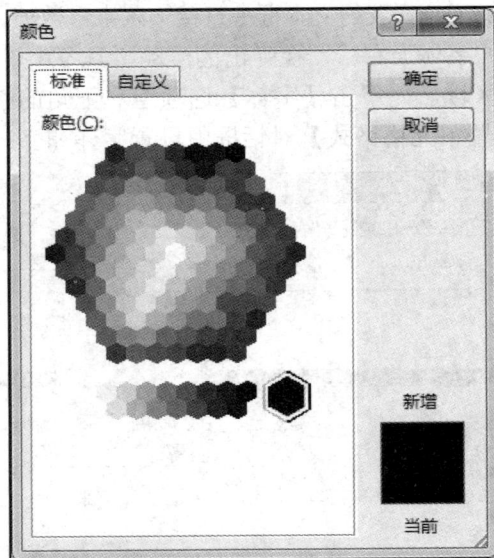

图 3-102　　【颜色】对话框

8. 设置背景颜色和图案

若要使 Excel 工作表中的单元格的外观更漂亮，还可以为单元格设置背景颜色和背景图案。

1) 设置单元格背景和填充图案

选中需要修改字体的单元格或者单元格区域，单击【开始】选项卡下【字体】组中【填充颜色】按钮右侧的下拉按钮，在弹出的调色板中选择需要的填充颜色，如图 3-103 所示。

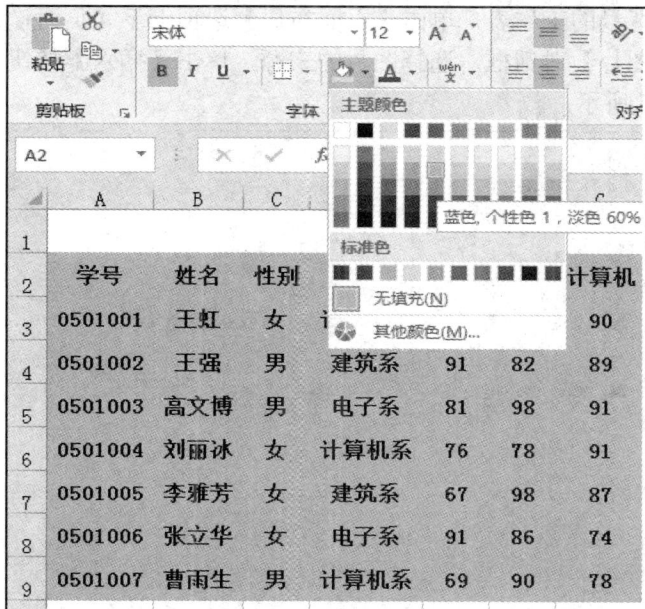

图 3-103　填充颜色按钮

也可以在选择好需要修改的区域后，单击【字体】选项组右下角的按钮，或者直接在选择区域上右击，在弹出的【设置单元格格式】对话框的【填充】选项卡中进行相应设置，单击【确定】按钮即可完成填充颜色的修改，如图 3-104 所示。

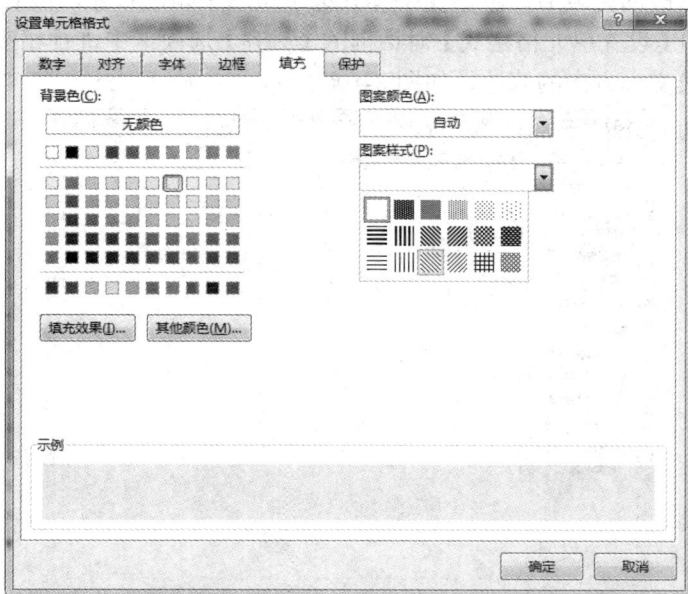

图 3-104　单元格背景和填充图案设置

2) 工作表的背景图案

Excel 2016 支持多种格式的图片作为背景图案。注意背景图案应尽量选用颜色比较淡的图片，以免遮挡工作表中的文字。

选择需要设置背景的工作表，单击【页面布局】选项卡下【页面设置】组中【背景】按钮，弹出【插入图片】对话框，选择图片的来源，单击【插入】按钮，即可设置好工作表背景，如图 3-105 所示。

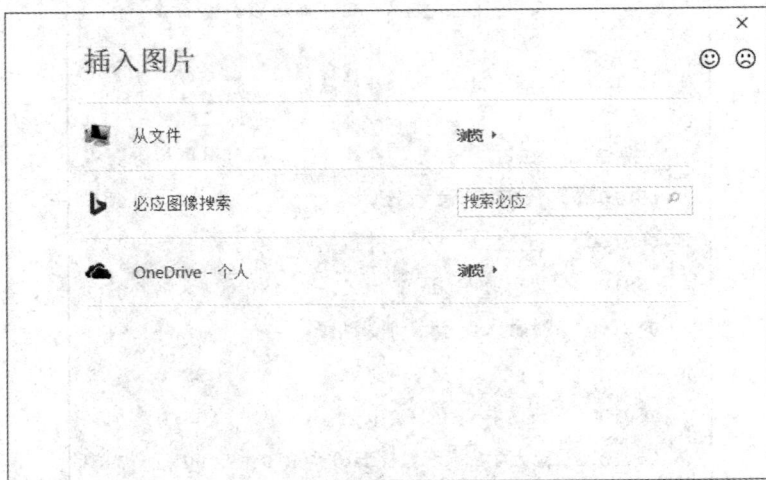

图 3-105　背景图片选择

9. 设置文本方向

在 Excel 2016 中默认的文本方向为水平方向显示，可根据需要调整文本方向，以不同的角度显示在工作表中。

选择好需要修改的区域后，单击【字体】选项组右下角的按钮，或者直接在选择区域上右击，在弹出的【设置单元格格式】对话框的【对齐】选项卡中进行相应设置，单击【确定】按钮即可完成文本方向的修改，如图 3-106 所示。

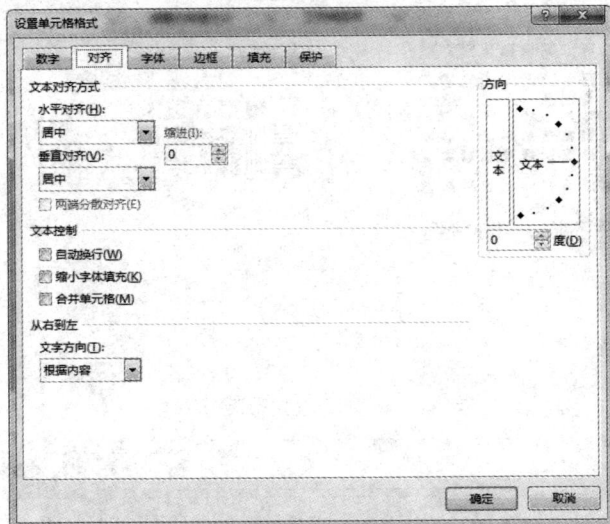

图 3-106　设置文本方向

10. 设置边框

Excel 2016 工作表默认显示的表格线是灰色的，打印不出来，如果需要将表格线打印出来，就需要对表格边框进行相应的设置。

1) 使用功能区进行边框设置

选择好需要修改的区域后，单击【开始】选项卡下【字体】组中【边框】右边的下拉三角按钮，在下拉列表中选择【所有框线】选项，即可对所选区域添加边框，如图 3-107 所示。

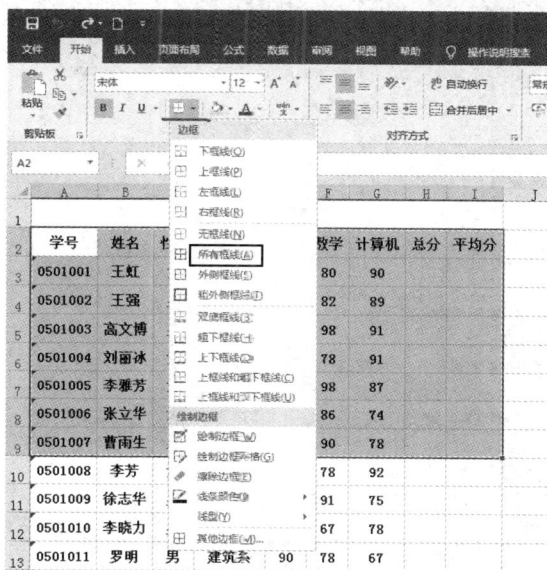

图 3-107　功能区设置边框

2) 使用对话框设置边框

选择好需要修改的区域后，单击【字体】组右下角的按钮，或者直接在选择区域上右击，在弹出的【设置单元格格式】对话框的【边框】选项卡中进行相应设置，单击【确定】按钮即可完成单元格边框线的设置，如图 3-108 所示。

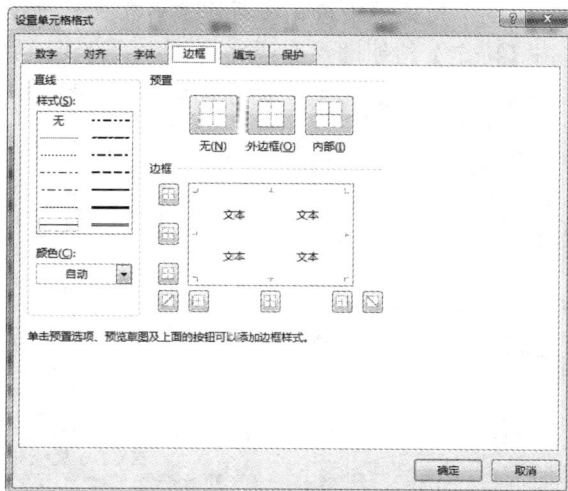

图 3-108　对话框设置边框

11. 设置表格样式

Excel 2016 中提供了 60 种自动套用格式功能，可以从众多预设好的样式中选择一种快速地套用在某一工作表中。

打开任意的 Excel 文件，选择需要套用表格样式的工作表区域，单击【开始】选项卡下【样式】组中的【套用表格格式】按钮，在弹出的下拉菜单中选择想用的格式，如图 3-109 所示。

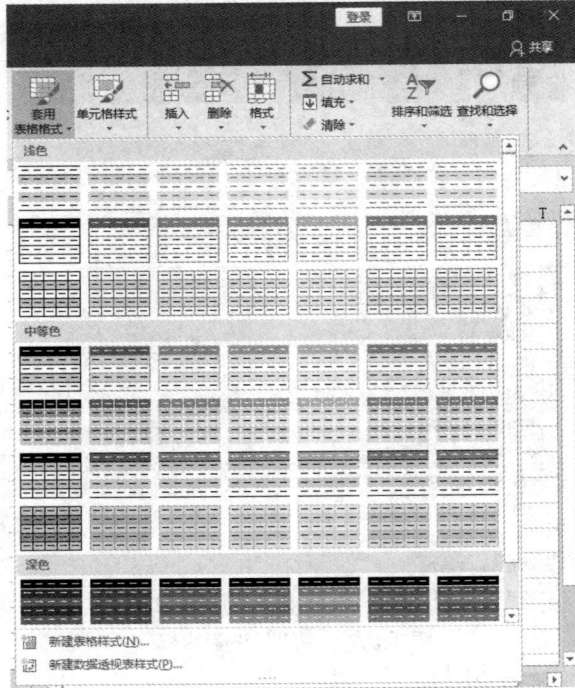

图 3-109　套用表格格式

如果给定的表格样式不能满足需要，则还可以设置自定义表格样式。打开任意的 Excel 文件，选择需要套用表格样式的工作表区域，单击【开始】选项卡下【样式】组中的【套用表格格式】按钮，在弹出的下拉菜单中选择【新建表格样式】，弹出【新建表样式】对话框，进行相关设置后单击【确定】按钮即可完成表格样式的设置，如图 3-110 所示。

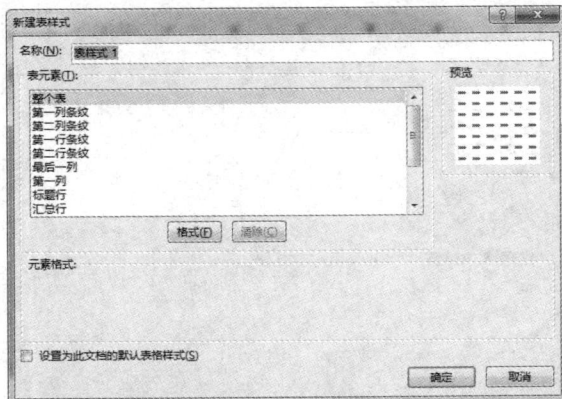

图 3-110　【新建表样式】对话框

12. 单元格样式

Excel 2016 中内置的单元格样式包括单元格文本样式、背景样式、标题样式和数字样式等。

打开任意的 Excel 文件，选择需要套用单元格样式的工作表区域，单击【开始】选项卡下【样式】组中的【单元格样式】按钮，在弹出的下拉菜单中选择想用的格式即可，如图 3-111 所示。

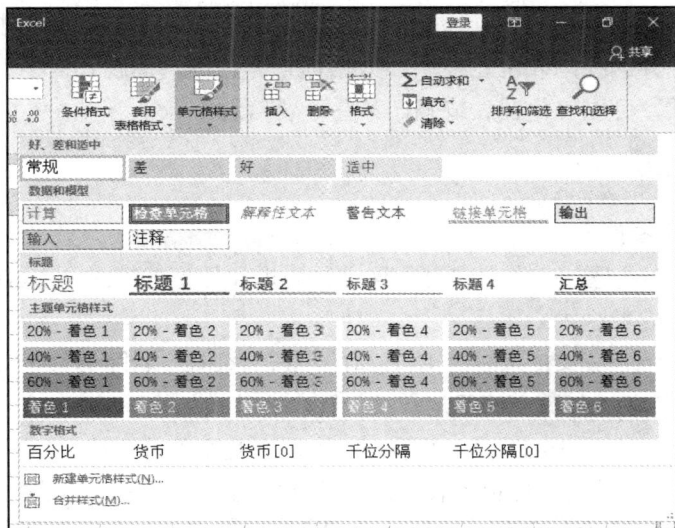

图 3-111　单元格样式

如果给定的单元格样式不能满足需要，则还可以通过新建单元格样式来进行设置。打开任意的 Excel 文件，选择需要套用单元格样式的工作表区域，单击【开始】选项卡下【样式】组中的【单元格样式】按钮，在弹出的下拉菜单中选择【新建单元格样式】，弹出【样式】对话框，进行相关设置后单击【确定】按钮即可完成单元格样式的设定，如图 3-112 所示。

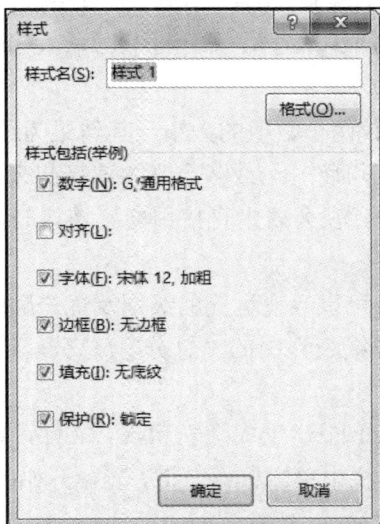

图 3-112　新建单元格样式对话框

3.3　数据计算及使用图表与图形

　　Excel 有着强大的计算功能，熟练使用公式和函数，可大大提高用户分析和处理工作表中数据的效率。Excel 允许以图表的形式表示工作表数据，当工作表中的数据发生改变时，图表也会随之自动更新以反映数据的变化。图表方式直观、简洁，便于进行数据分析以及比较数据之间的差异。在图表上还能增加数据标记、图例、标题、文字、网格线、趋势线和误差线等图表项，可以美化图表或强调某些重要信息。

3.3.1　数据计算

1. 公式的基本操作

　　在 Excel 中，公式是在工作表中对数据进行分析和计算的等式，由数据、单元格地址、函数和运算符等组成表达式。

　　公式要以等号"＝"开始，用于表明其后的字符为公式。紧随等号之后的是需要进行计算的元素(操作数)，各操作数之间用运算符分隔。

　　一个完整的公式(如"=SUM(A2:A5)+5")由以下几个部分组成：

　　(1) 等号：相当于公式的标记，表示之后的字符为公式。

　　(2) 运算符：表示运算关系的符号，如例中的"+"号、引用符号"："等。

　　(3) 函数：一些预定义的计算关系，可将参数按特定的顺序或结构进行计算，如求和函数"SUM"。

　　(4) 单元格引用：参与计算的单元格或单元格范围，如"A2:A5"。

　　(5) 常量：参与计算的常数，如数值"5"。

　　(6) 算术运算符：+(加)、−(减)、*(乘)、/(除)、＾(指数)。

　　(7) 关系运算符：=(等于)、>(大于)、<(小于)、>=(大于等于)、<=(小于等于)、<>(不等于)。

　　(8) 比较运算符：用于比较两个数值的大小，其结果为逻辑值 TRUE 或者 FALSE。

　　(9) 文本运算符&(连接)：可将一个或多个文本连接起来组合成一个文本值。引用中的数值型数据将按文本数据对待。在公式中直接用文字连接时，需要用英文下的双引号将文本文字括起来。

　　(10) 括号运算：利用括号可以改变运算的级别及优先顺序。

　　操作样例：计算"学生成绩表"中的"总分"(总分=英语+数学+计算机)。操作步骤如下：

　　(1) 打开随书素材"素材\ch11\学生成绩表.xlsx"文件，单击选定欲放置结果的单元格 H3。在单元格中双击或在编辑栏中单击鼠标左键，光标开始闪烁，提示可以输入公式内容，如图 3-113 所示。

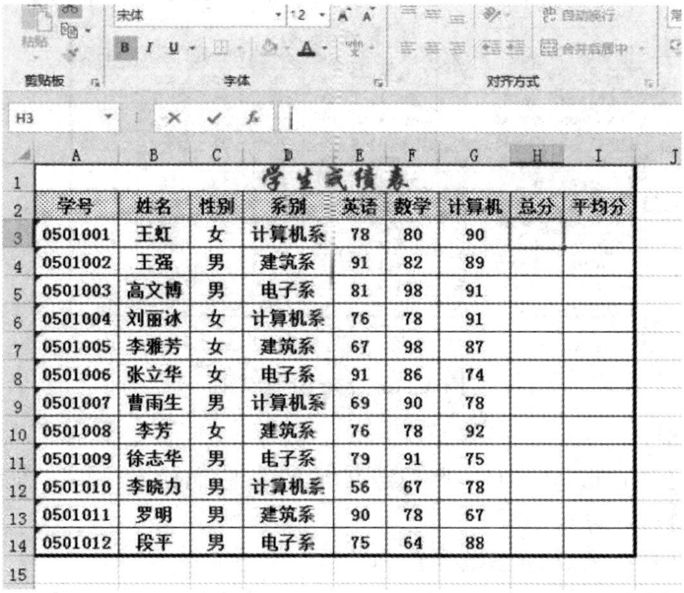

学号	姓名	性别	系别	英语	数学	计算机	总分	平均分
0501001	王虹	女	计算机系	78	80	90		
0501002	王强	男	建筑系	91	82	89		
0501003	高文博	男	电子系	81	98	91		
0501004	刘丽冰	女	计算机系	76	78	91		
0501005	李雅芳	女	建筑系	67	98	87		
0501006	张立华	女	电子系	91	86	74		
0501007	曹雨生	男	计算机系	69	90	78		
0501008	李芳	女	建筑系	76	78	92		
0501009	徐志华	男	电子系	79	91	75		
0501010	李晓力	男	计算机系	56	67	78		
0501011	罗明	男	建筑系	90	78	67		
0501012	段平	男	电子系	75	64	88		

图 3-113　编辑栏选择

(2) 首先输入“=”，然后用鼠标单击 E3，再输入“+”，再用鼠标单击 F3，再输入“+”，最后再用鼠标单击 G3。公式输入如图 3-114 所示。

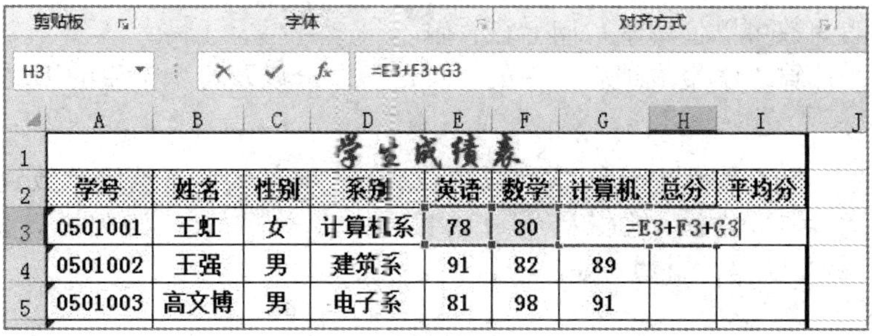

学号	姓名	性别	系别	英语	数学	计算机	总分	平均分
0501001	王虹	女	计算机系	78	80	=E3+F3+G3		
0501002	王强	男	建筑系	91	82	89		
0501003	高文博	男	电子系	81	98	91		

图 3-114　公式输入

(3) 单击 Enter 键或者点击编辑栏上的“✓”按钮，计算结果即可出现，如图 3-115 所示。

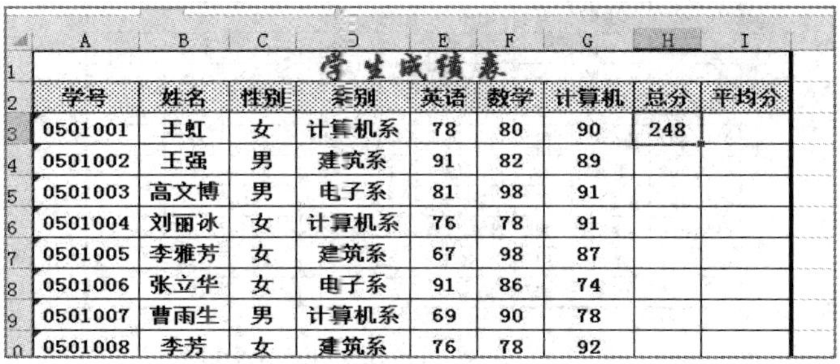

学号	姓名	性别	系别	英语	数学	计算机	总分	平均分
0501001	王虹	女	计算机系	78	80	90	248	
0501002	王强	男	建筑系	91	82	89		
0501003	高文博	男	电子系	81	98	91		
0501004	刘丽冰	女	计算机系	76	78	91		
0501005	李雅芳	女	建筑系	67	98	87		
0501006	张立华	女	电子系	91	86	74		
0501007	曹雨生	男	计算机系	69	90	78		
0501008	李芳	女	建筑系	76	78	92		

图 3-115　公式计算结果

(4) 选择 H3 单元格右下角的复制柄小方块，拖曳鼠标左键到 H14 单元格，松开鼠标，则所有的总分计算结果就会出现，如图 3-116 所示。

图 3-116　总分计算结果

2. 函数的使用

Excel 中所提到的函数其实是一些预定义的公式,它们使用一些被称为参数的特定数值按照特定的结构进行计算。

函数的一般格式:函数名(参数列表)

参数列表中的参数可以是常量、表达式,单元格引用也可以是空(没有任何参数)。无论参数列表中的内容是什么,其外面的括号是不能缺省的。

对于一些比较简单的函数,可以手工方法输入,先在目标单元格或其所对应的编辑栏中输入一个等号"=",然后再输入函数本身,例如可以在单元格中输入"=SUM(E3:G3)"。对于比较复杂的函数可以使用函数向导进行输入。

操作样例:计算"学生成绩表"中的"英语"总分以及每个学生的平均成绩。

1) 计算总分

(1) 打开随书素材"素材\ch11\学生成绩表.xlsx"文件,单击选定欲放置结果的单元格 E16。在单元格中双击或在编辑栏中单击鼠标左键,光标开始闪烁,此时可以输入"=SUM(E3:E14)",如图 3-117 所示。

图 3-117　输入求和函数

(2) 单击 Enter 键,即可看到计算结果,如图 3-118 所示。

9	0501007	曹雨生	男	计算机系	69	90	78	237
10	0501008	李芳	女	建筑系	76	78	92	246
11	0501009	徐志华	男	电子系	79	91	75	245
12	0501010	李晓力	男	计算机系	56	67	78	201
13	0501011	罗明	男	建筑系	90	78	67	235
14	0501012	段平	男	电子系	75	64	88	227
15								
16	总计				929			
17	最大值							

图 3-118　英语求和结果

2) 计算平均分

平均分的计算有两种方法：

· **方法一**

(1) 单击选定欲放置结果的单元格 I3。在单元格中双击或在编辑栏中单击鼠标左键，光标开始闪烁，然后单击【开始】选项卡下【编辑】组中【∑自动求和】按钮右侧的下三角，在下拉菜单中选择【平均值】选项，如图 3-119 所示。

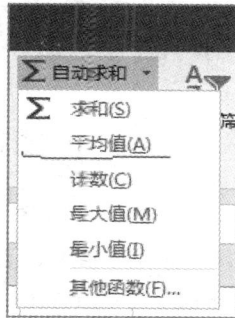

图 3-119　选择平均值函数

(2) 在显示的数据项选择界面上进行数据的拖选，如图 3-120 所示。

图 3-120　平均值函数计算选择项

(3) 按 Enter 键，即可显示计算结果，如图 3-121 所示。

图 3-121　平均分计算结果

- **方法二**

(1) 选中欲放置计算结果的单元格后，单击编辑栏上的【*f(x)*】按钮，即可弹出【插入函数】对话框，如图 3-122 所示。

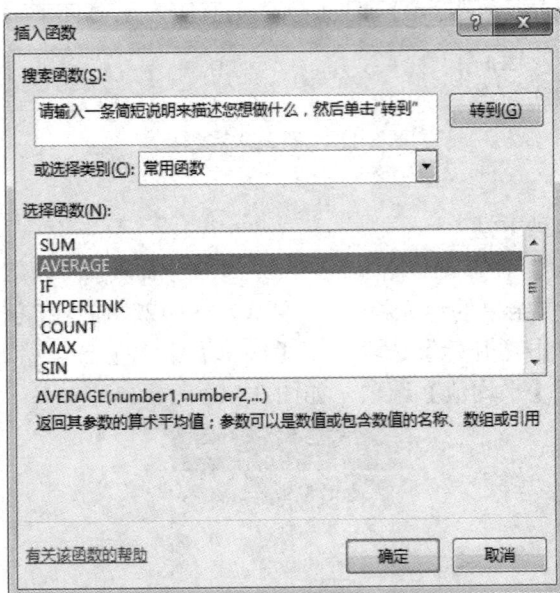

图 3-122 【插入函数】对话框

(2) 在【或选择类别】下拉列表框中选择要输入函数的类别(本例中选择【常用函数】)。

(3) 在【选择函数】列表框中选择所需要的函数(本例中选择"AVERAGE"函数)。

(4) 单击【确定】按钮，打开【函数参数】对话框，如图 3-123 所示。在参数框中既可以直接输入参数，也可以通过【切换】按钮到工作表中选取数据区域。

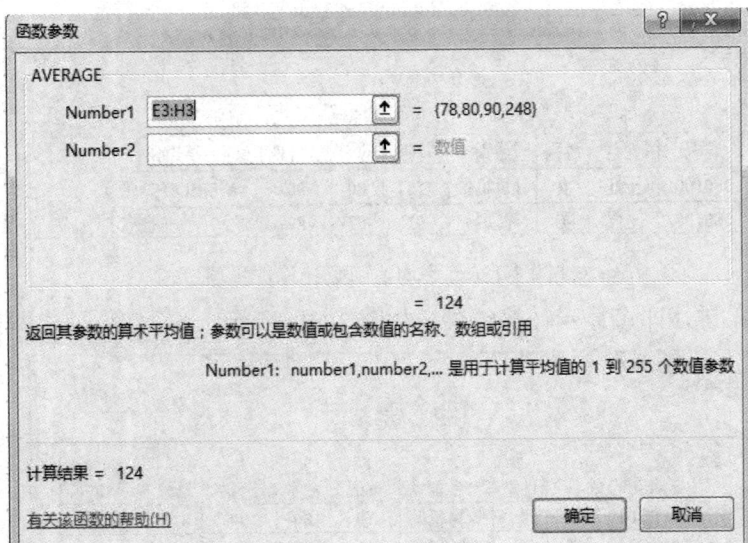

图 3-123 【函数参数】对话框

(5) 单击【确定】按钮后，即可得到函数的结果，如图 3-124 所示。

学号	姓名	性别	系别	英语	数学	计算机	总分	平均分
0501001	王虹	女	计算机系	78	80	90	248	124
0501002	王强	男	建筑系	91	82	89	262	131
0501003	高文博	男	电子系	81	98	91	270	135
0501004	刘丽冰	女	计算机系	76	78	91	245	123
0501005	李雅芳	女	建筑系	67	98	87	252	126
0501006	张立华	女	电子系	91	86	74	251	126
0501007	曹雨生	男	计算机系	69	90	78	237	119
0501008	李芳	女	建筑系	76	78	92	246	123
0501009	徐志华	男	电子系	79	91	75	245	123
0501010	李晓力	男	计算机系	56	67	78	201	101
0501011	罗明	男	建筑系	90	78	67	235	118
0501012	段平	男	电子系	75	64	88	227	114
总计				929				
最大值								

图 3-124　平均分计算结果

将操作过的 Excel 文件原名保存。

3.3.2　格式及显示设置

1. 行高和列宽设置

打开随书素材"素材\ch11\学生成绩表.xlsx"文件，将数据区域的行高设置为 20，列宽为自动调整列宽。

(1) 选中 A2:I14，单击【开始】选项卡下【单元格】组【格式】选项右侧下拉菜单中的【行高】，如图 3-125 所示。

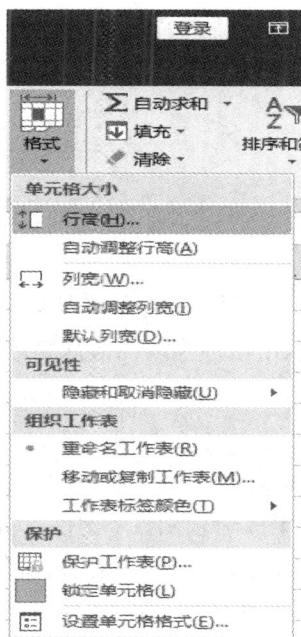

图 3-125　单元格格式行高选择

(2) 弹出【行高】对话框，在对话框中输入"20"，如图 3-126 所示。

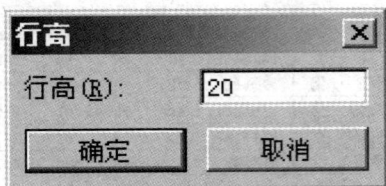

图 3-126　【行高】对话框

(3) 再次选中 A2:I14，单击【开始】选项卡下【单元格】组【格式】选项右侧下拉菜单中的【自动调整列宽】，如图 3-127 所示。

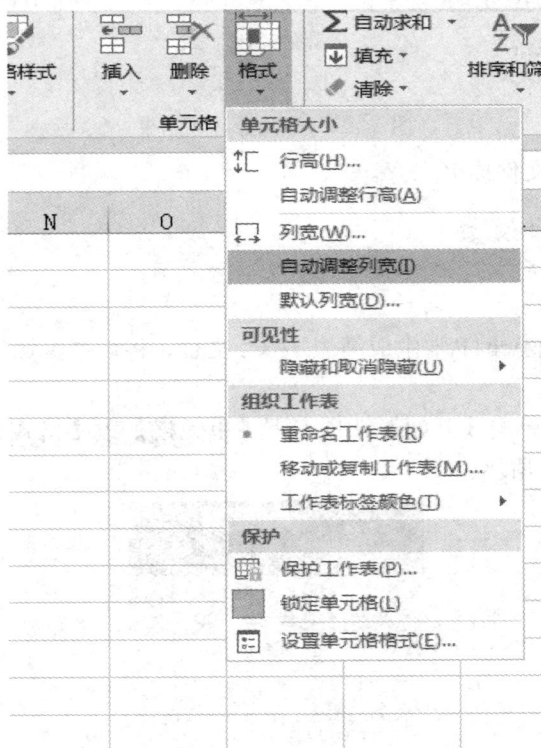

图 3-127　自动调整列宽设置

行高和列宽的粗略调整还可以用鼠标拖动的方法来改变。

2. 设置条件格式

在工作表中有时为了突出显示满足设定条件的数据，可以设置单元格的条件格式。如果所选单元格满足指定的条件，则系统会自动将条件格式应用于单元格上。

打开随书素材"素材\ch14\学生成绩表.xlsx"文件，将数据区域中的"英语成绩"大于等于 90 分的单元格的格式设置为加粗、倾斜，颜色为蓝色。

(1) 选中需设置格式的单元格区域 E3:E14，单击【开始】选项卡下【样式】组【条件格式】下拉菜单中的【突出显示单元格规则】，在其子菜单中选择【其他规则】，如图 3-128 所示。

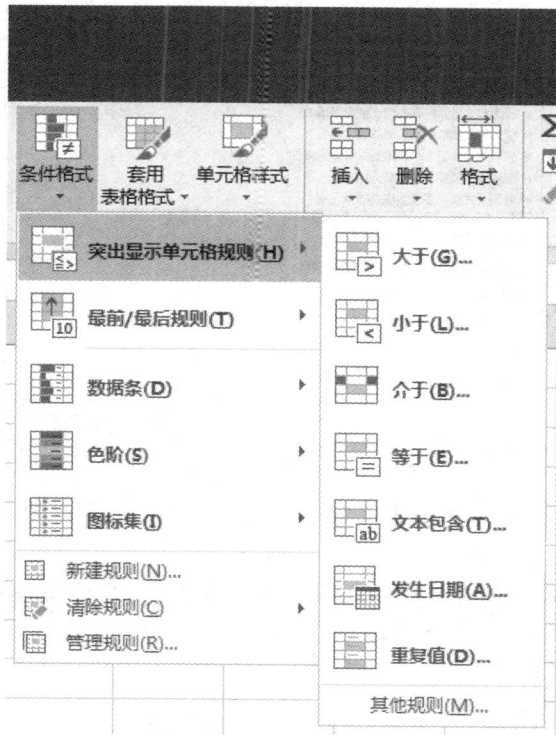

图 3-128　条件格式选项

(2) 在弹出的【新建格式规则】对话框中进行相关设置，如图 3-129 所示。

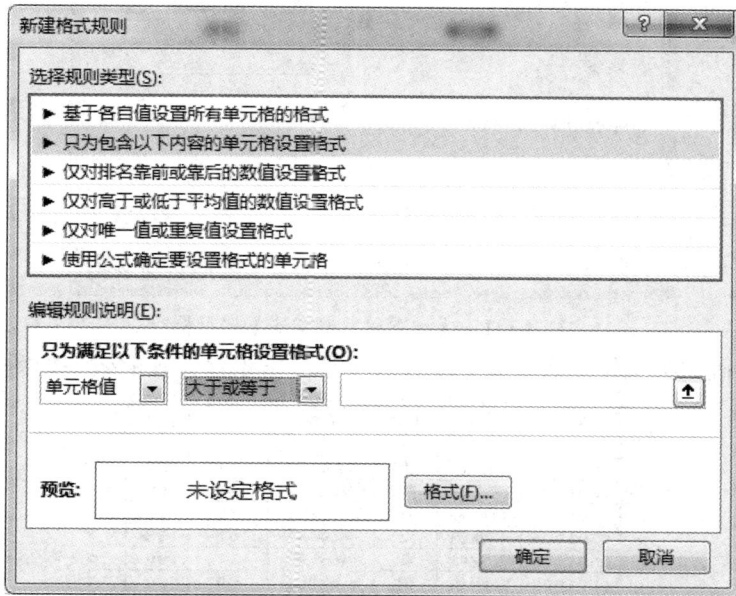

图 3-129　【新建格式规则】对话框

(3) 在对话框的【编辑规则说明】选项中选定比较词组，如【大于或等于】，然后在数值框内键入数值"90"，设置结果如图 3-130 所示。

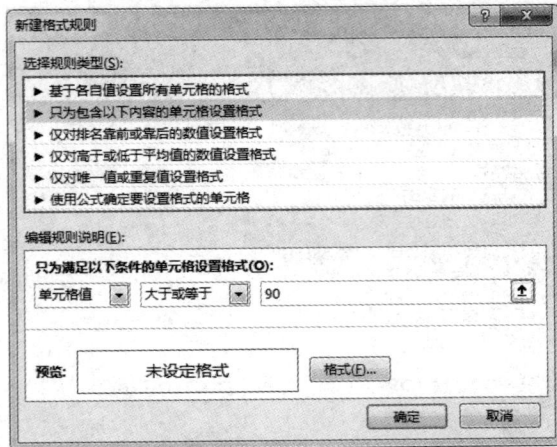

图 3-130　单元格条件设置

(4) 单击【格式】按钮，弹出【设置单元格格式】对话框，在其中设置加粗、倾斜、蓝色，如图 3-131 所示。

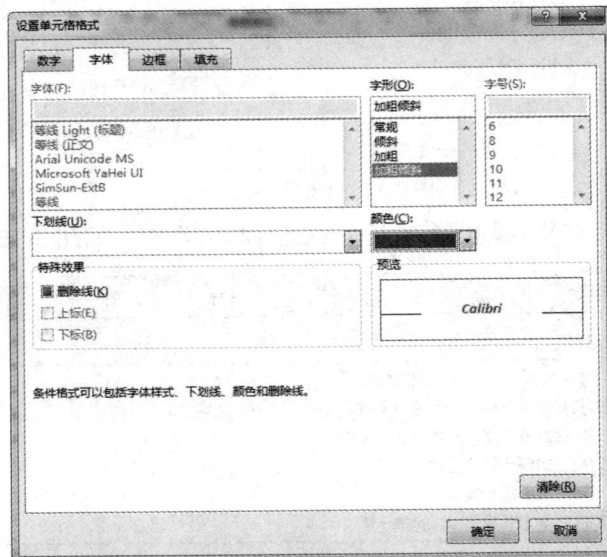

图 3-131　【设置单元格格式】对话框

(5) 单击【确定】按钮完成设置。工作表中单元格条件设置的效果如图 3-132 所示。

	A	B	C	D	E	F	G
2	学号	姓名	性别	系别	英语	数学	计
3	0501001	王虹	女	计算机系	78	80	9
4	0501002	王强	男	建筑系	91	82	8
5	0501003	高文博	男	电子系	81	98	9
6	0501004	刘丽冰	女	计算机系	76	78	9
7	0501005	李雅芳	女	建筑系	67	98	9
8	0501006	张立华	女	电子系	91	86	7
9	0501007	曹雨生	男	计算机系	69	90	7
10	0501008	李芳	女	建筑系	76	78	9
11	0501009	徐志华	男	电子系	79	91	7
12	0501010	李晓力	男	计算机系	56	67	7
13	0501011	罗明	男	建筑系	90	78	6
14	0501012	段平	男	电子系	75	64	7

图 3-132　英语成绩条件格式设置结果

除了单元格中的数值外，还可以对选定单元格中的数据或条件进行测试，可使用公式来作为格式条件。用户不但可以对所选区域设置条件格式，而且还可以设置多条件格式(最多可以设置 3 个条件格式)，通过【条件格式】对话框中的【添加】按钮来完成多条件格式的设置。

3.3.3　图表的基本操作

1. 使用图表

Excel 2016 不但提供了多种内部的图表类型，而且用户还可以自定义图表。通过插入图表，可以更加直观地分析数据的走向和差异；通过添加图片、形状、艺术字等元素，能够丰富报表内容。

2. 创建图表的方法

在 Excel 2016 中，可以使用快捷键、功能区和图表向导来创建图表。

1) 使用快捷键创建图表

通过 F11 键或者【Alt+F1】组合键都可以快速地创建图表。不同的是，F11 只能创建工作表图表，工作表图表是特定的工作表，是单独的图表；而【Alt+F1】只能创建嵌入式图表，嵌入式图表是与工作表数据在一起或者与其他嵌入式图表在一起的图表。

使用快捷键创建图表的方法如下：

(1) 打开随书素材中"素材\ch11\学生成绩表.xlsx"文件，选中 A1:I14 单元格区域，如图 3-133 所示。

图 3-133　选择单元格

按 F11 键，即可插入一个根据所选区域的数据创建的名为"Chart1"的工作表图表，如图 3-134 所示。

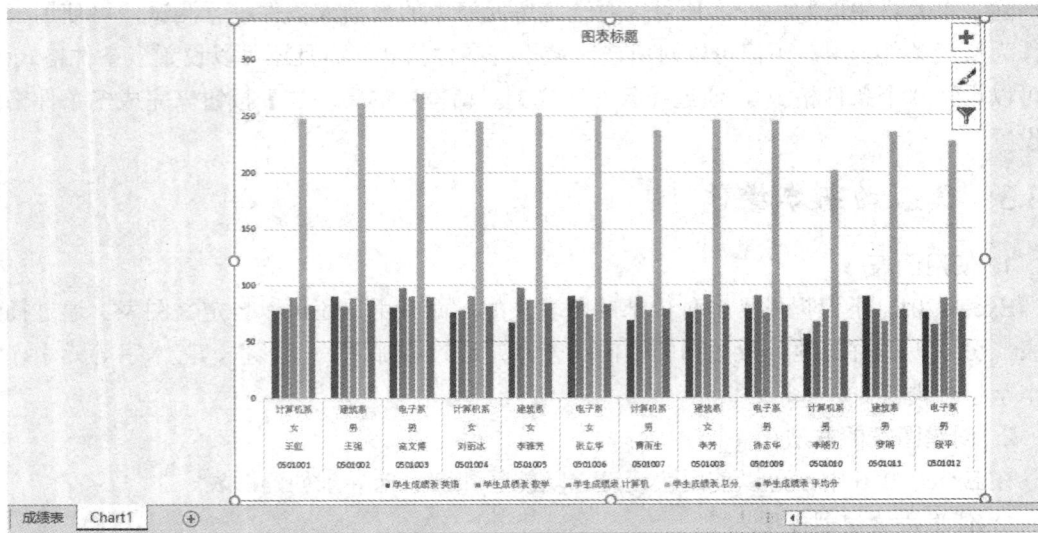

图 3-134　创建图表

(2) 选中 A1:I14 单元格区域，按下【Alt+F1】组合键，即可在当前工作表中插入一个嵌入式图表，如图 3-135 所示。

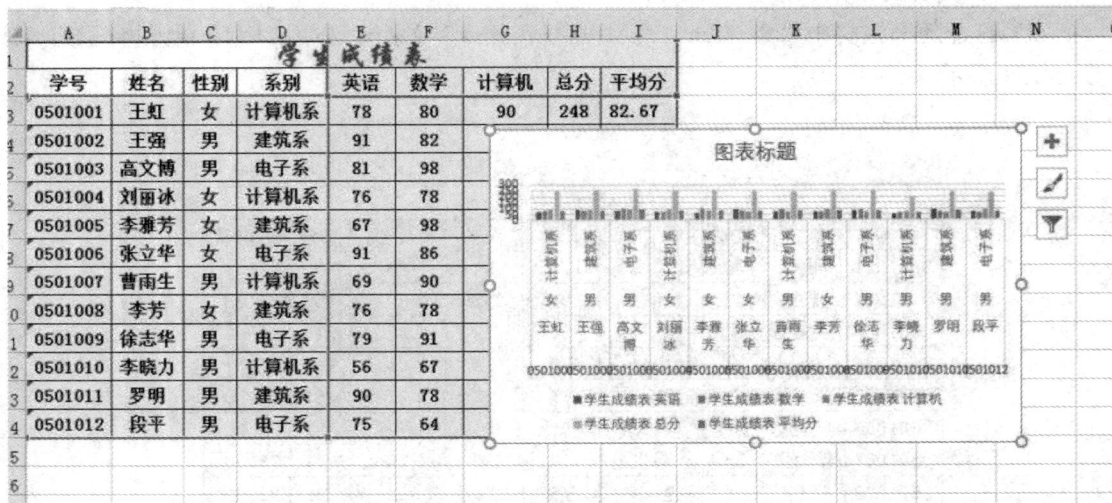

学号	姓名	性别	系别	英语	数学	计算机	总分	平均分
			学生成绩表					
0501001	王虹	女	计算机系	78	80	90	248	82.67
0501002	王强	男	建筑系	91	82			
0501003	高文博	男	电子系	81	98			
0501004	刘丽冰	女	计算机系	76	78			
0501005	李雅芳	女	建筑系	67	98			
0501006	张立华	女	电子系	91	86			
0501007	曹雨生	男	计算机系	69	90			
0501008	李芳	女	建筑系	76	78			
0501009	徐志华	男	电子系	79	91			
0501010	李晓力	男	计算机系	56	67			
0501011	罗明	男	建筑系	90	78			
0501012	段平	男	电子系	75	64			

图 3-135　创建嵌入式图表

2) 使用功能区创建图表

使用功能区创建图表是最常用的方法，具体操作步骤如下。

打开随书素材中"素材\ch11\学生成绩表.xlsx"文件，选中 A1:I14 单元格区域，在【插入】选项卡中单击【图表】组中的【柱形图】按钮，在弹出的下拉列表框中选择【簇状柱形图】选项，如图 3-136 所示。

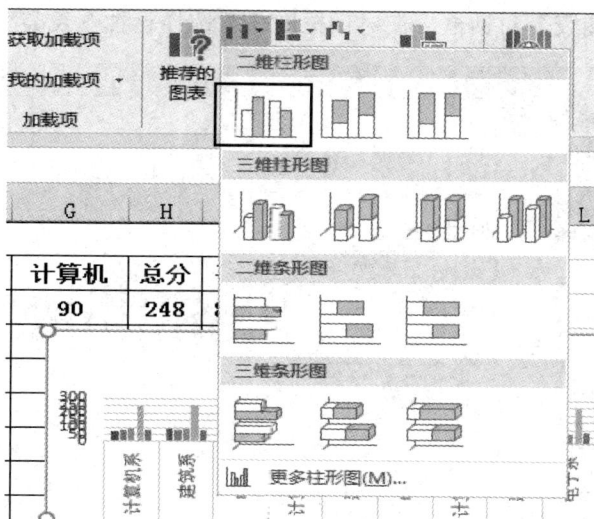

图 3-136　选择图表类型

此时即可创建一个簇状柱形图，如图 3-137 所示。

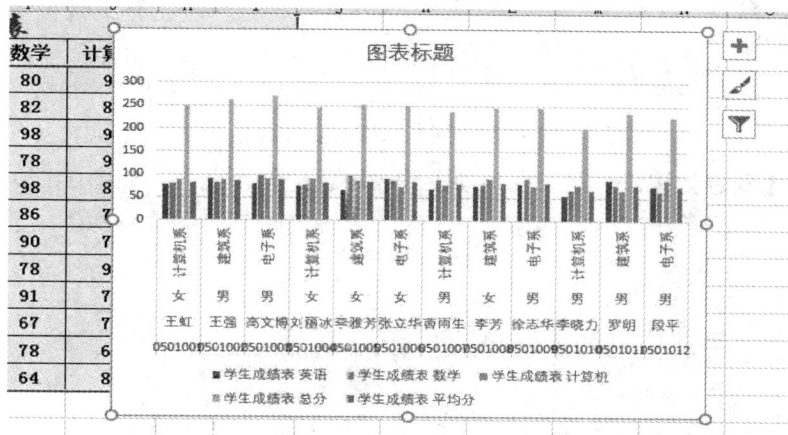

图 3-137　创建簇状柱形图

3）使用图表向导创建图表

使用图表向导创建图表的具体操作步骤如下：

（1）打开随书素材中"素材\ch11\学生成绩表.xlsx"文件，选中 A1:I14 单元格区域，在
【插入】选项卡中，单击【图表】组中右下角的展开按钮，如图 3-138 所示。

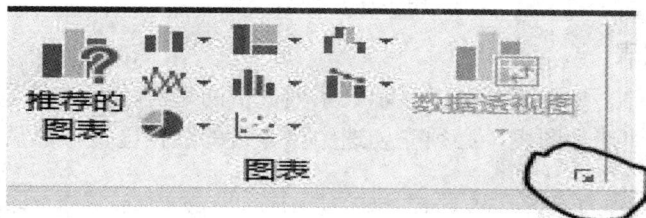

图 3-138　图表向导按钮

(2) 弹出【插入图表】对话框，在对话框中任意选择一种图表类型，如图 3-139 所示。

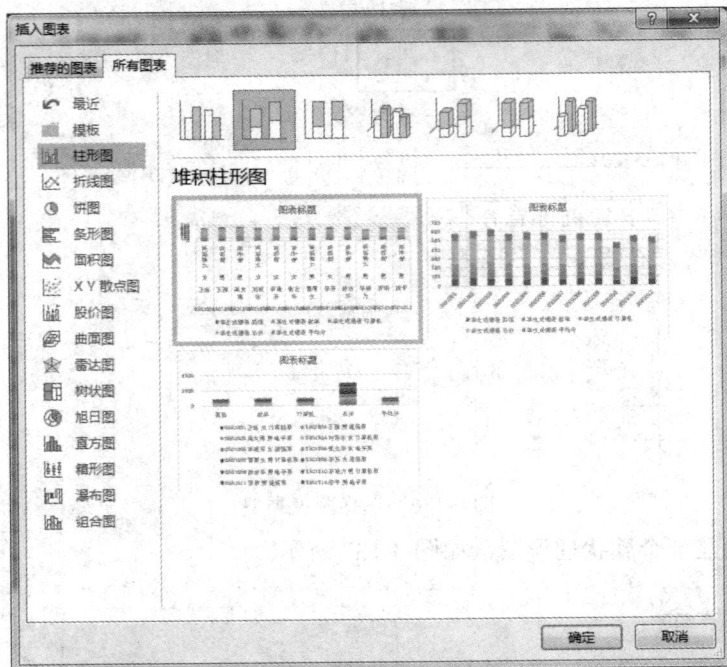

图 3-139　【插入图表】对话框

(3) 单击【确定】按钮，即可在当前工作表中创建一个图表，如图 3-140 所示。

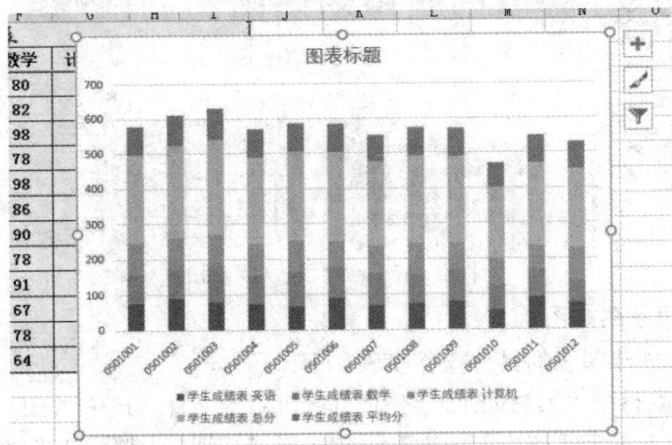

图 3-140　创建图表

3. 创建迷你图表

迷你图表是一种小型图表，可以显示一系列数值的趋势，可放在工作表内的任意单个单元格中。若要创建迷你图表，必须先要选中要分析的数据区域，然后选中要放置迷你图的位置。

Excel 2016 提供了柱形图、折线图和盈亏图三种类型的迷你图。下面介绍如何创建折线图，具体操作步骤如下：

(1) 打开随书素材中"素材\ch11\学生成绩表.xlsx"文件，将光标定位在数据区域内任意单元格，在【插入】选项卡中，单击【迷你图】组中的【折线】按钮，如图 3-141 所示。

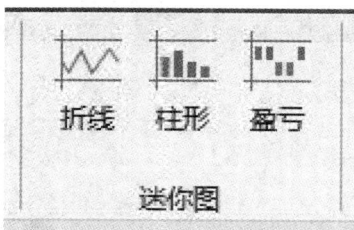

图 3-141　迷你图选项

(2) 弹出【创建迷你图】对话框，将光标定位在【数据范围】右侧的框中，然后在工作表中拖动鼠标选中数据区域 B3:I14，使用同样的方法在【位置范围】框中设置放置迷你图的位置，如图 3-142 所示。

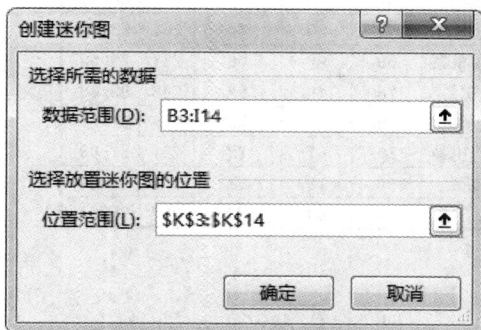

图 3-142　【创建迷你图】对话框

(3) 单击【确定】按钮，迷你图创建完成，如图 3-143 所示。

	A	B	C	D	E	F	G	H	I	J	K	L
1				学生成绩表								
2	学号	姓名	性别	系别	英语	数学	计算机	总分	平均分			
3	0501001	王虹	女	计算机系	78	80	90	248	82.67			
4	0501002	王强	男	建筑系	91	82	89	262	87.33			
5	0501003	高文博	男	电子系	81	98	91	270	90.00			
6	0501004	刘丽冰	女	计算机系	76	78	91	245	81.67			
7	0501005	李雅芳	女	建筑系	67	98	87	252	84.00			
8	0501006	张立华	女	电子系	91	86	74	251	83.67			
9	0501007	曹雨生	男	计算机系	69	90	78	237	79.00			
10	0501008	李芳	女	建筑系	76	78	92	246	82.00			
11	0501009	徐志华	男	电子系	79	91	75	245	81.67			
12	0501010	李晓力	男	计算机系	56	67	78	201	67.00			
13	0501011	罗明	男	建筑系	90	78	67	235	78.33			
14	0501012	段平	男	电子系	75	64	88	227	75.67			
15												

图 3-143　创建迷你图

(4) 在【设计】选项卡的【显示】组中选择【高点】和【低点】复选框，此时迷你图中会将最高点和最低点标识出来，如图 3-144 所示。

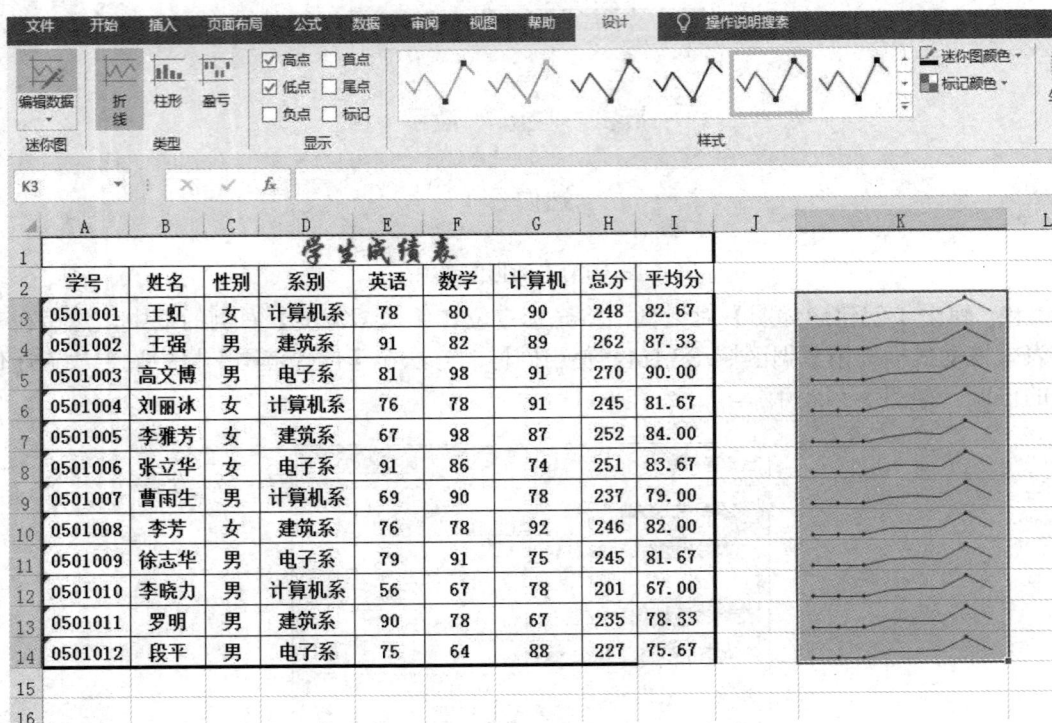

图 3-144　标识最高点和最低点

4. 更改图表类型

在建立图表时已经选择了图表类型，但如果觉得创建的图表不能直观地表达工作表中的数据，还可以更改图表的类型。具体操作步骤如下：

(1) 打开需要修改图表的文件，选中需要更改类型的图表，然后单击【图表工具|设计】选项卡【类型】组中的【更改图表类型】按钮，如图 3-145 所示。

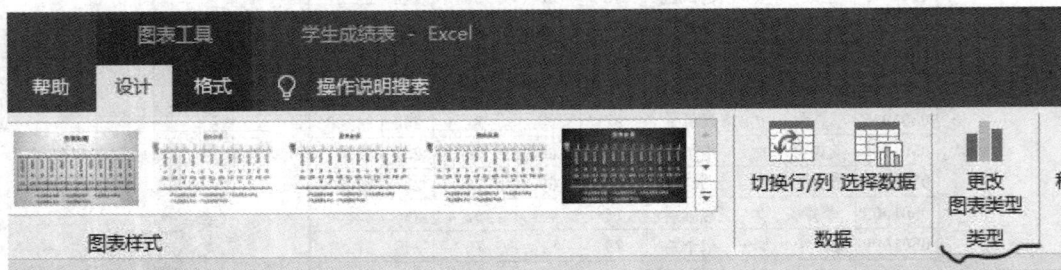

图 3-145　【更改图表类型】按钮

(2) 打开【更改图表类型】对话框，在【所有图表】列表框中选择【柱形图】选项，然后在图表类型列表框中选择【三维簇状柱形图】选项，如图 3-146 所示。

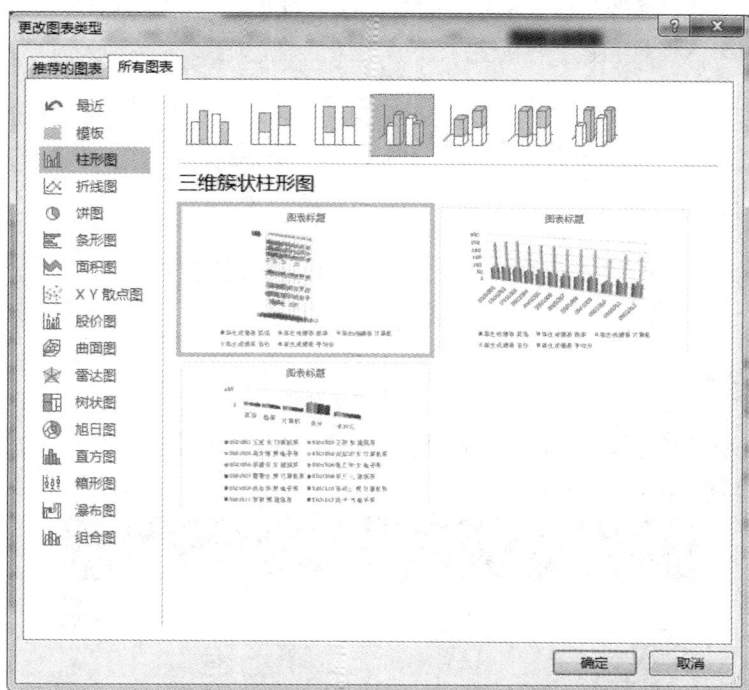

图 3-146　【更改图表类型】对话框

(3) 单击【确定】按钮，即可得到更改后的图表类型。

(4) 选择图表，将鼠标放到图表边或角上，会出现方向箭头，拖曳鼠标即可改变图表大小，如图 3-147 所示。

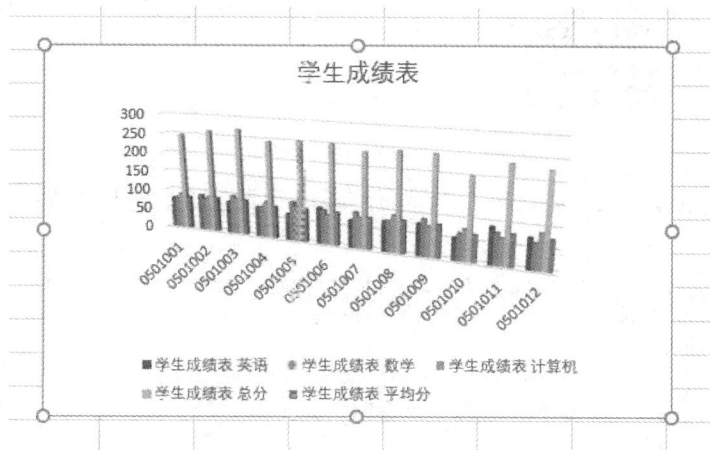

图 3-147　更改图表大小

5. 使用图表样式

在 Excel 2016 中创建图表后，系统会根据创建的图表提供多种图表样式，可以根据需要选中其中的样式效果。具体操作步骤如下：

(1) 打开需要美化的 Excel 文件，选中需要美化的图表，如图 3-148 所示。

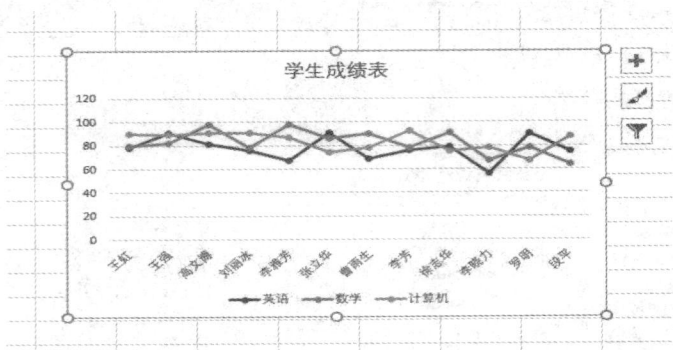

图 3-148   选中要美化的图表

(2) 在【图表工具I设计】选项卡【图表样式】组中单击【更改颜色】按钮，在弹出的颜色面板中选择颜色块，如图 3-149 所示。

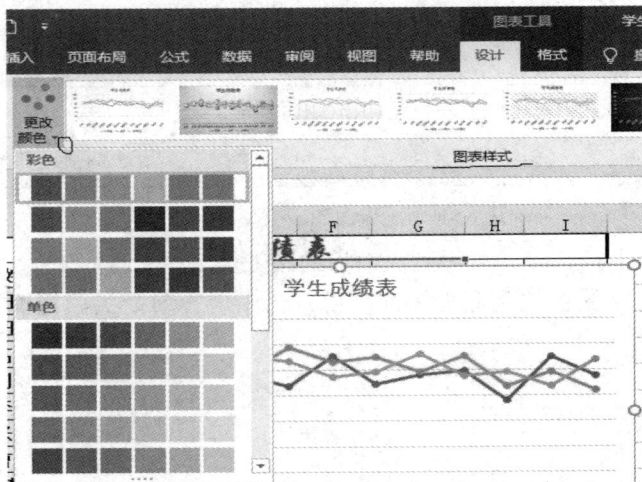

图 3-149   选择颜色

(3) 选好颜色后，返回 Excel 工作界面，即可看到更改颜色后的图表显示效果，如图 3-150 所示。

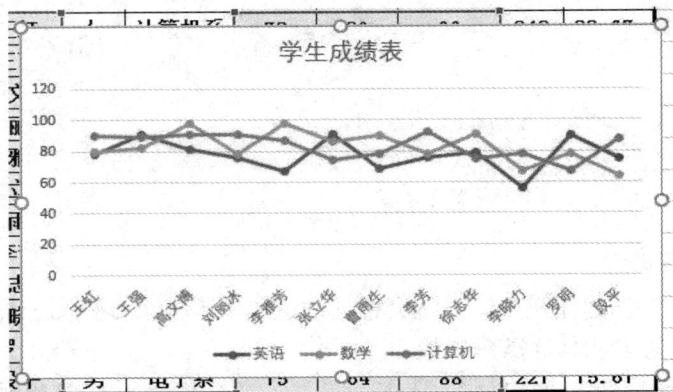

图 3-150   更改图表的颜色

单击【图表样式】组中的【其他】按钮，打开【图表样式】选项框，还可以根据需要选择不同的图表样式，如图 3-151 所示。

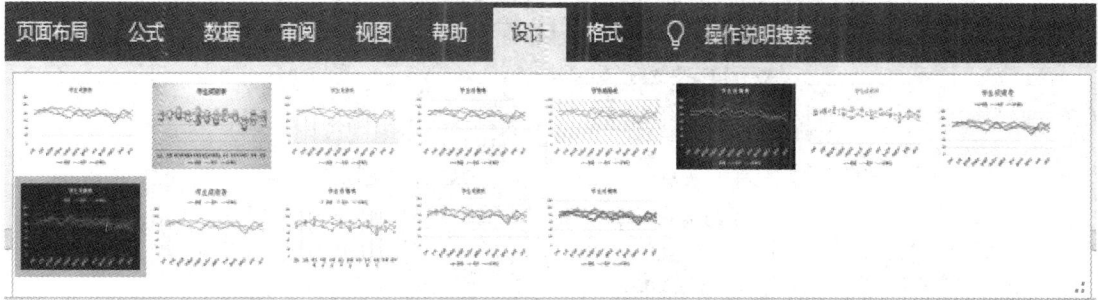

图 3-151　应用图表样式

6. 图表美化工具

在 Excel 图表上可以增加数据标记、图例、标题、文字、网格线、趋势线和误差线等图表项，可以美化图表或强调某些重要信息。例如为美化学生成绩表中的图表部分可进行如下设计：图表标题为黑体、红色、24 号；分类(X)轴刻度线为红色粗线条，数据倾斜 30°，刻度值为楷体、蓝色、加粗、15 号；数字的数据系列格式为填充色红色，边框线蓝色。具体操作步骤如下：

(1) 打开随书素材中"素材\ch11\学生成绩表图表美化.xlsx"文件，在 Chart1 工作表的图表标题上右击，在弹出的快捷菜单中选择【设置图表标题格式】，如图 3-152 所示。

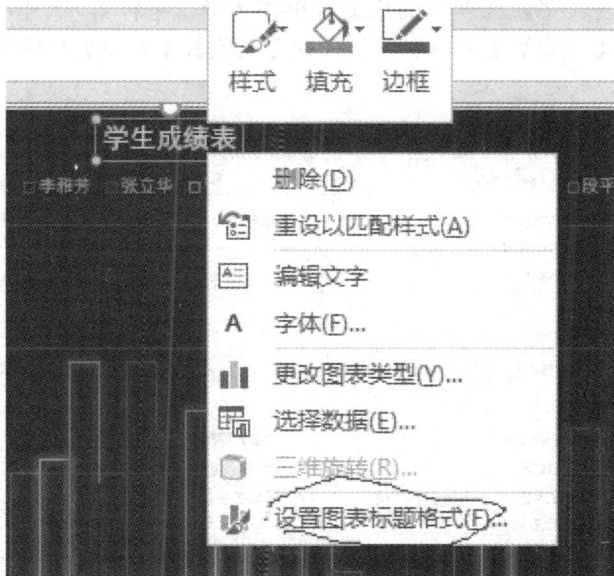

图 3-152　设置图表标题格式

(2) 弹出【设置图表标题格式】对话框，可以根据需要对【标题选项】和【文本选项】分别进行相应设置，如图 3-153 所示。

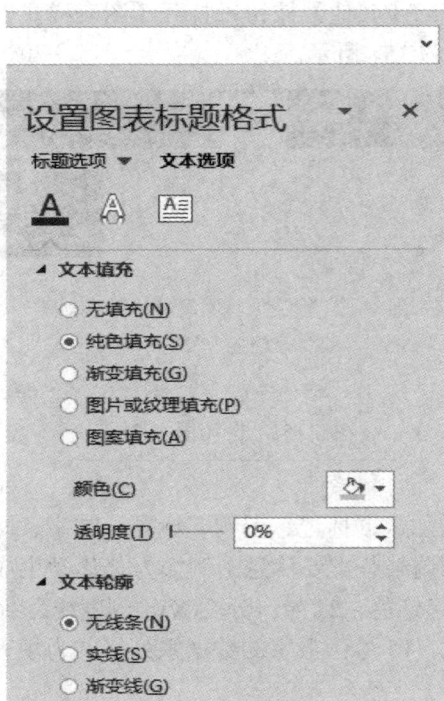

图 3-153　【设置图表标题格式】对话框

（3）右击图表标题文字，在弹出的快捷菜单中选择【字体】，在弹出的【字体】对话框中【中文字体】选择【黑体】，【字体颜色】选择【红色】，【大小】选择【24 号】，如图 3-154所示。

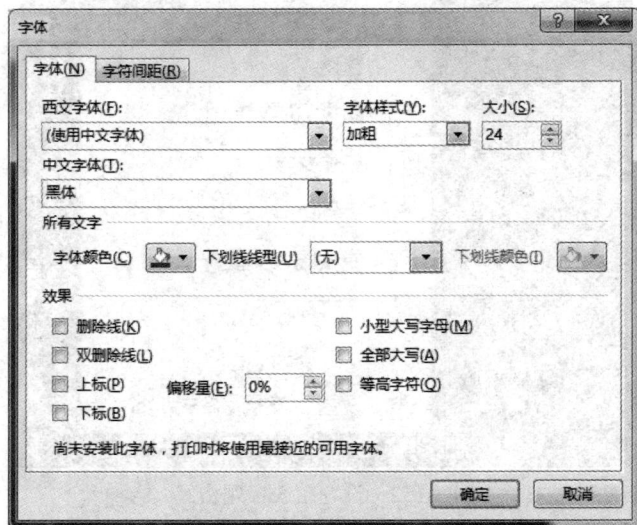

图 3-154　【字体】对话框

（4）右击图表的 X 坐标轴，在弹出的快捷菜单中选择【设置坐标轴格式】按钮，如图3-155 所示。

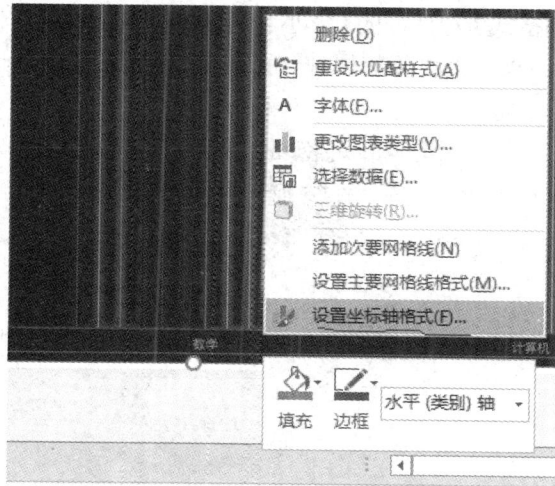

图 3-155　设置坐标轴格式选项

（5）在窗口右侧打开【设置坐标轴格式】对话框，如图 3-156 所示。

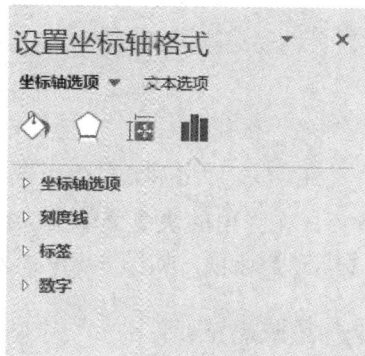

图 3-156　【设置坐标轴格式】对话框

（6）在【设置坐标轴格式】对话框的【填充和线条】选项中进行刻度线设置，如图 3-157 所示。

图 3-157　填充和线条设置

(7) 在【设置坐标轴格式】对话框的【大小和方向】选项中设置【对齐方式】，如图 3-158 所示。在【文本选项】中设置刻度值的字体、字号等。

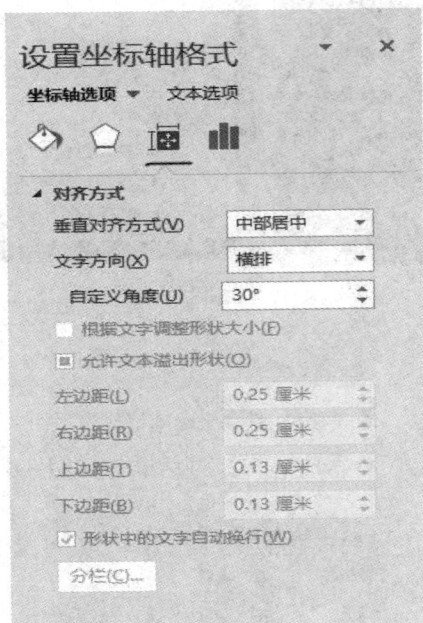

图 3-158　大小和方向设置

(8) 右击选择图表的数据系列，在弹出的快捷菜单中选择【设置数据点格式】，在【设置数据点格式】对话框中设置【填充】选项，如图 3-159 所示。

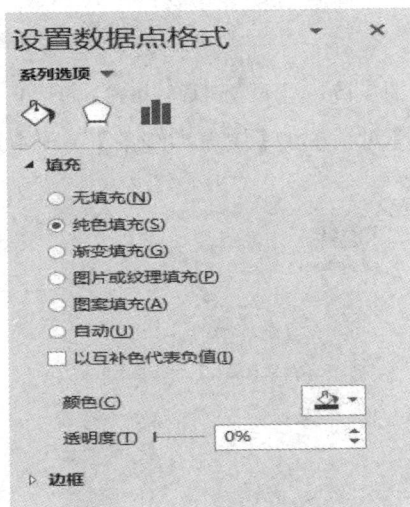

图 3-159　设置填充

(9) 在【设置数据点格式】对话框中设置【边框】选项，如图 3-160 所示。设置效果如图 3-161 所示。

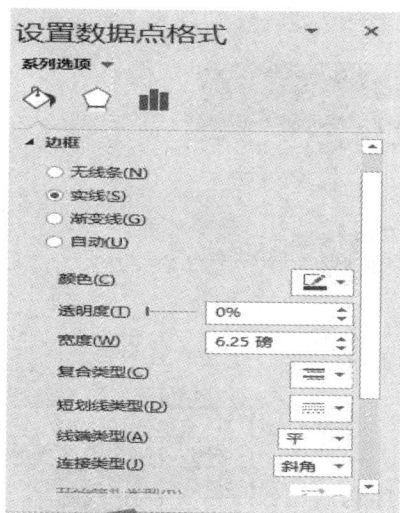

图 3-160　设置边框

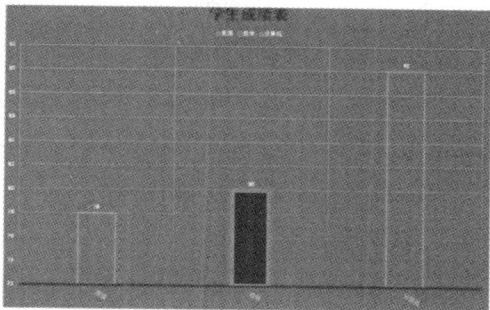

图 3-161　图表美化结果

3.4　工作表数据的管理与分析

使用 Excel 2016 可以对工作表中的数据进行分析。例如通过排序功能可对数据表中的内容按照特定的规则排序；使用筛选功能可使满足给定条件的数据单独显示；使用分类汇总可以分别显示需求数字信息等。本节主要介绍工作表数据管理与分析的方法。

3.4.1　数据的排序

1. 数据排序概述

数据排序是指将数据清单中的记录根据某一字段(关键字段)的数据由小到大(升序或递增)或由大到小(降序或递减)进行排列。Excel 2016 提供了多种排序方法，可以根据需要进行按条件排序或多条件排序，也可以按照行列排序，还可以自定义排序。

对数值型数据可以按数值大小划分升序和降序；对字符型数据可以按数据的第一个字母(汉字以拼音的第一个字母)从 A→B→⋯→Z 次序升序排序，或者从 Z→Y→⋯→A 次序降序排序。

数据排序可以通过两种操作方法实现。

(1) 使用工具栏按钮：在【开始】选项卡下【编辑】组中的【排序和筛选】按钮右侧下拉菜单中选择【升序】【降序】或【自定义排序】，如图 3-162 所示。利用它们可以迅速地对数据清单中的记录按某一关键字段进行排序。

(2) 使用数据选项命令：使用【开始】选项卡下【编辑】组中【排序和筛选】下拉菜单中的排序按钮，只能按一个关键字段进行排序。如果要按多个数据进行排序，则需要选择【数据】选项卡下【排序和筛选】组【排序】中的不同命令选项，如图

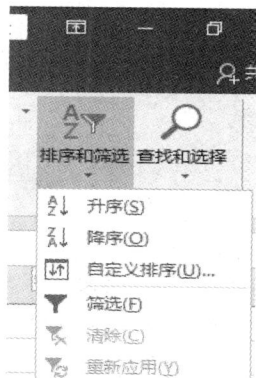

图 3-162　排序按钮选项

3-163 所示。

图 3-163　数据排序选项

如果在执行数据排序前，选定了数据清单的部分数据区域，则只对选定的数据区域进行排序。

2. 单条件排序

单条件排序是依据一个条件对数据进行排序，有升序和降序两种方式。

1) 对"学号"进行升序排序

对学生成绩单中的"学号"进行升序排序，有以下两种方法：

(1) 打开随书素材的"素材\ch12\学生成绩表.xlsx"文件，将光标定位在"学号"列的任意单元格，在【开始】选项卡下【编辑】组中选择【排序和筛选】按钮下拉菜单中的【升序】命令，所得结果如图 3-164 所示。

(2) 选中数据区域内任意单元格，单击【数据】选项卡下【排序和筛选】组的【排序】命令，打开【排序】对话框，如图 3-165 所示。根据要求设置对应的选项，单击【确定】按钮即可得到结果。

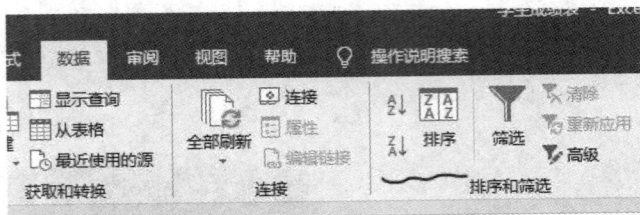

图 3-164　学号升序排序结果

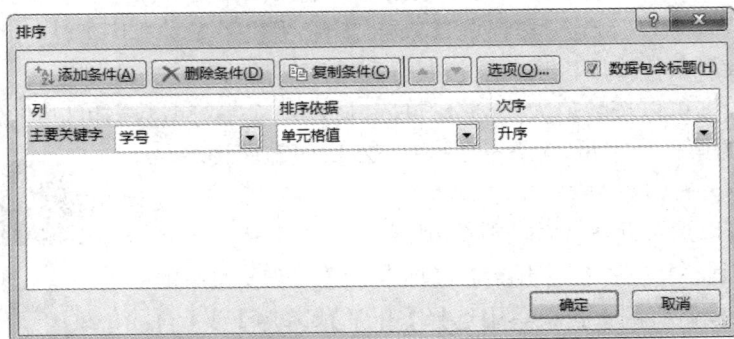

图 3-165　【排序】对话框

2) 对"英语"成绩进行降序排列

对"学生成绩表"中的英语成绩进行降序排列的操作步骤如下：

将光标定位在"英语"列的任意单元格，单击【数据】选项卡下【排序和筛选】组中的【排序】命令，在弹出的【排序】对话框中设置【主要关键字】为【英语】，【排序依据】

为【单元格值】，【次序】为【降序】，单击【确定】按钮进行排序，如图 3-166 所示。

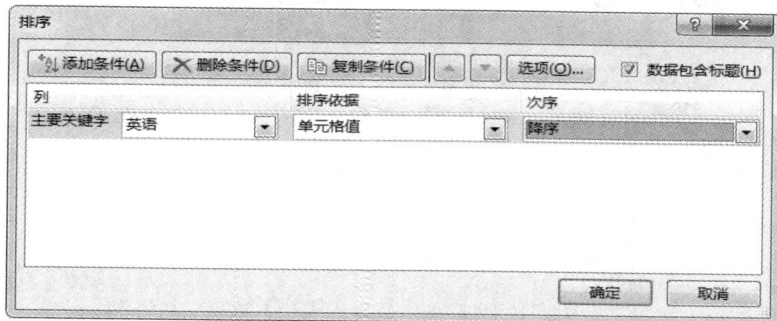

图 3-166　英语降序排序

3. 多条件排序

多条件排序是依据多个条件对数据表进行排序。例如要对"学生成绩表"中的"系别"进行升序排序，当"系别"相同时，以此为基础再对"数学"成绩进行升序排列，当"数学"成绩也相同时，以此为基础再对"计算机"成绩进行升序排列。具体操作步骤如下：

(1) 打开随书素材的"素材\ch12\学生成绩表.xlsx"文件，将光标定位在数据区域内的任意单元格，然后单击【数据】选项卡下【排序和筛选】组中的【排序】按钮，如图 3-167 所示。

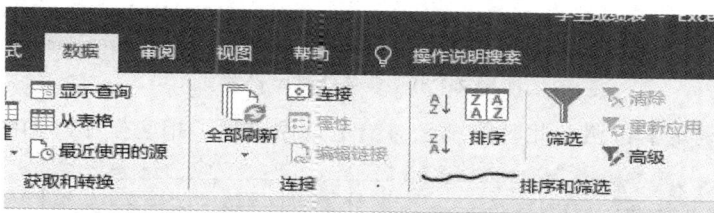

图 3-167　数据排序按钮

(2) 弹出【排序】对话框，单击【主要关键字】右侧的下拉按钮，在弹出的下拉列表框中选择【系别】，在【排序依据】和【次序】中分别选择【单元格值】和【升序】选项，如图 3-168 所示。

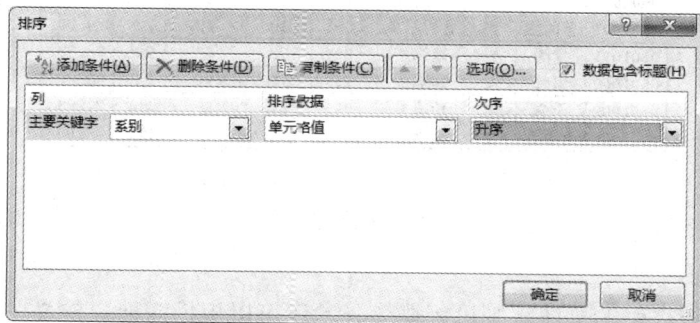

图 3-168　系别排序设置

(3) 单击【添加条件】按钮，将添加一个【次要关键字】选项，如图 3-169 所示。

图 3-169 添加【次要关键字】选项

(4) 重复步骤(2)和步骤(3)，分别设置【数学】和【计算机】的排序条件，单击【确定】按钮，如图 3-170 所示。

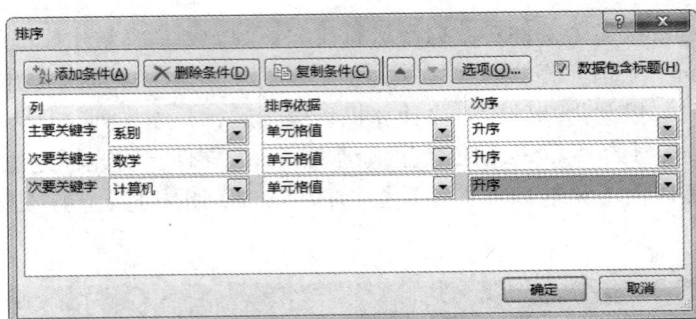

图 3-170 多条件排序设置

(5) 单击【确定】按钮，此时系统已对给定条件进行了相应排序，如图 3-171 所示。

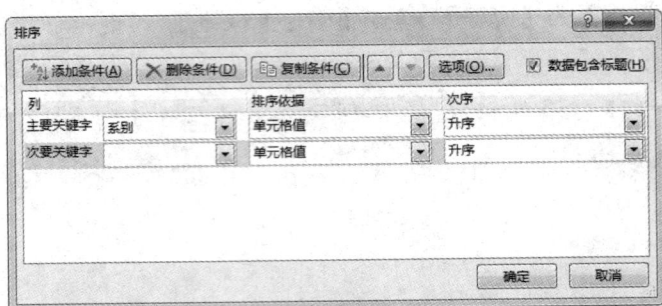

学号	姓名	性别	系别	英语	数学	计算机	总分	平均分
0501012	段平	男	电子系	75	64	88	227	75.67
0501006	张立华	女	电子系	91	86	74	251	83.67
0501009	徐志华	男	电子系	79	91	75	245	81.67
0501003	高文博	男	电子系	81	98	91	270	90.00
0501010	李晓力	男	计算机系	56	67	78	201	67.00
0501004	刘丽冰	女	计算机系	76	78	91	245	81.67
0501001	王虹	女	计算机系	78	80	90	248	82.67
0501007	曹雨生	男	计算机系	69	90	78	237	79.00
0501011	罗明	男	建筑系	90	78	67	235	78.33
0501008	李芳	女	建筑系	76	78	92	246	82.00
0501002	王强	男	建筑系	91	82	89	262	87.33
0501005	李雅芳	女	建筑系	67	98	87	252	84.00

图 3-171 多条件排序结果

4. 自定义排序

除了按照系统提供的排序规则进行排序外，还可以根据需要自定义一个序列，使数据按照自定义序列来排序。具体操作步骤如下：

(1) 打开随书素材中的"素材\ch12\学生成绩表.xlsx"文件，选择【文件】选项卡，进入文件操作界面，单击左侧列表中的【选项】命令，如图 3-172 所示。

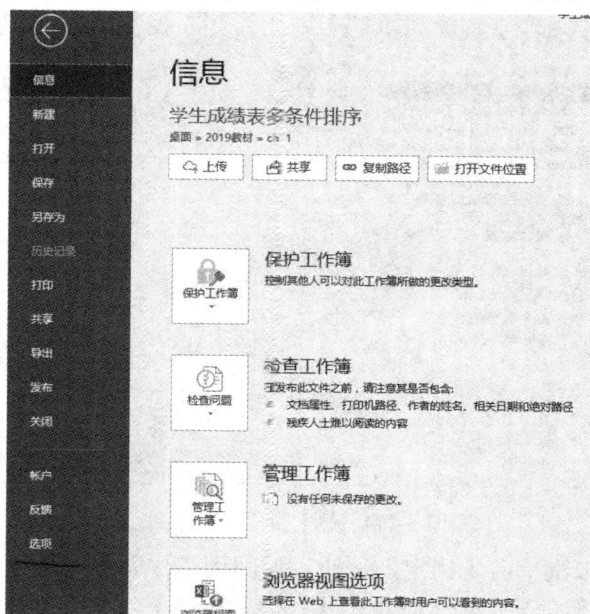

图 3-172　单击【选项】命令

　　(2) 弹出【Excel 选项】对话框，在左侧选择【高级】选项，然后在右侧单击【常规】区域中的【编辑自定义列表】按钮，如图 3-173 所示。

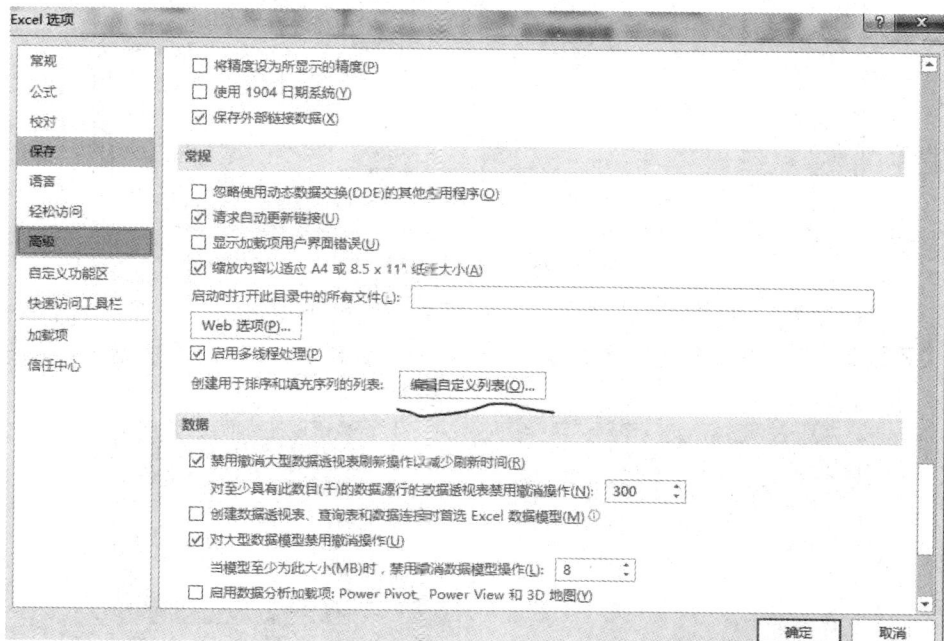

图 3-173　单击【编辑自定义列表】按钮

　　(3) 弹出【自定义序列】对话框，在【输入序列】文本框中输入如图 3-174 所示的序列"建筑系,电子系,计算机系"，然后单击【添加】按钮。

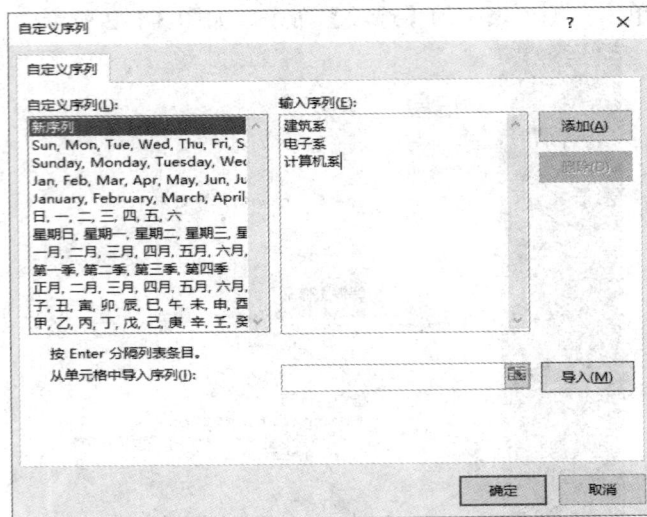

图 3-174　输入自定义的序列

(4) 添加完成后依次单击【确定】按钮，返回到工作表中，将光标定位在数据区域内的任意单元格，在【数据】选项卡下单击【排序和筛选】组中的【排序】按钮，弹出【排序】对话框，如图 3-175 所示。

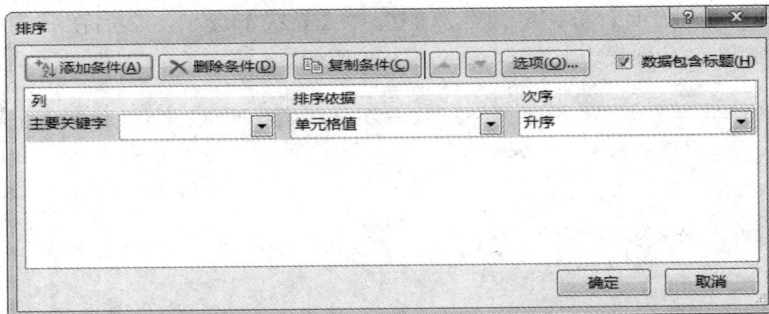

图 3-175　【排序】对话框

(5) 在【排序】对话框中单击【主要关键字】右侧的下拉按钮，在弹出的下拉列表框中选择【系别】选项，然后在【次序】的下拉列表框中选择【自定义序列】选项，如图 3-176 所示。

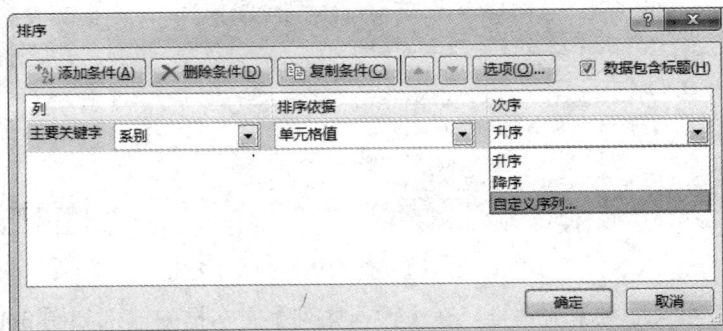

图 3-176　设置【主要关键字】的排序条件

(6) 弹出【自定义序列】对话框，在【自定义排序】列表框中选择相应的序列，如图 3-177 所示，再单击【确定】按钮。

图 3-177　选择自定义序列

(7) 返回到【排序】对话框，可以看到【次序】的下拉列表中已经设置为自定义的序列，单击【确定】按钮，如图 3-178 所示。

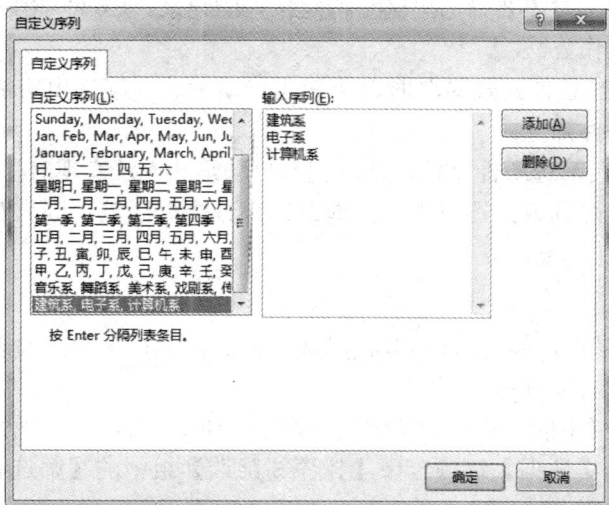

图 3-178　自定义序列

(8) 此时可以看到系统已经按照自定义的序列对数据进行了排序，如图 3-179 所示。

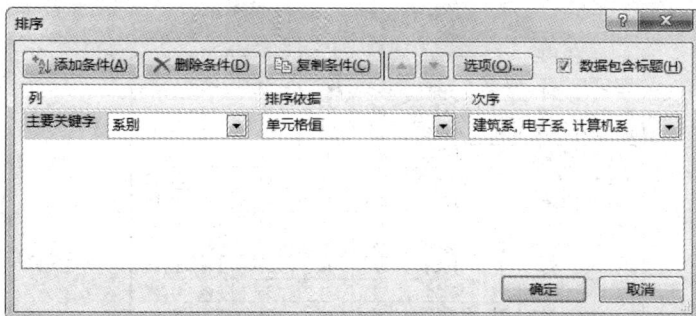

学号	姓名	性别	系别	英语	数学	计算机	总分	平均分
0501011	罗明	男	建筑系	90	78	67	235	78.33
0501008	李芳	女	建筑系	76	78	92	246	82.00
0501002	王强	男	建筑系	91	82	89	262	87.33
0501005	李雅芳	女	建筑系	67	98	87	252	84.00
0501012	段平	男	电子系	75	64	88	227	75.67
0501006	张立华	女	电子系	91	86	74	251	83.67
0501009	徐志华	男	电子系	79	91	75	245	81.67
0501003	高文博	男	电子系	81	98	91	270	90.00
0501010	李晓力	男	计算机系	56	67	78	201	67.00
0501004	刘丽冰	女	计算机系	76	78	91	245	81.67
0501001	王虹	女	计算机系	78	80	90	248	82.67
0501007	曹雨生	男	计算机系	69	90	78	237	79.00

图 3-179　自定义排序结果

3.4.2 数据的筛选

进行数据分析时常常需要筛选出满足特定条件的记录。Excel 2016 有以下两种筛选满足特定条件数据的操作方法。

(1) 自动筛选：当条件比较简单时，可使用自动筛选，筛选出所需数据。自动筛选分为单条件筛选和多条件筛选。

(2) 高级筛选：当筛选条件比较复杂，使用自动筛选无法实现时，可使用高级筛选。

如果在执行数据筛选前，选定了数据清单的部分数据区域，则只对选定的数据区域进行筛选。

1. 单条件筛选

单条件筛选是将符合某项条件的数据筛选出来。例如在学生成绩表中要将所有计算机系的记录筛选出来，具体操作步骤如下：

(1) 打开随书素材中的"素材\ch12\学生成绩表.xlsx"文件，将光标定位在数据区域的任意单元格上，单击【数据】选项卡下【排序和筛选】组中的【筛选】按钮，如图 3-180 所示。

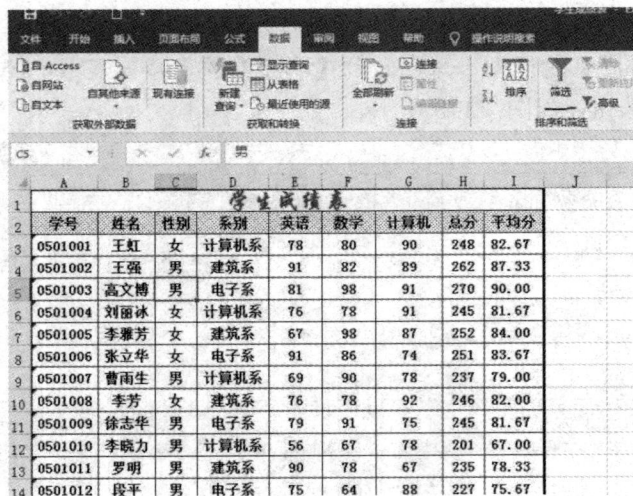

图 3-180　单击【筛选】按钮

(2) 数据区域即可进入自动筛选状态，此时标题行每列的右侧会出现一个下三角按钮，如图 3-181 所示。

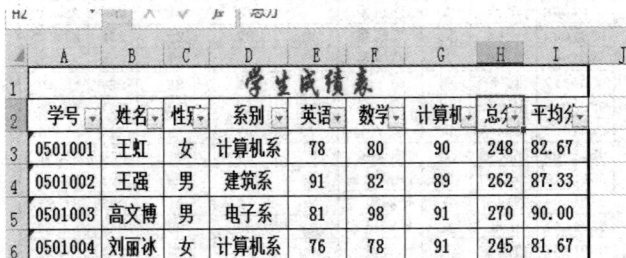

图 3-181　自动筛选状态

(3) 单击【系别】列右侧的下三角按钮，在弹出的下拉列表中取消已选中的【全选】复选框，勾选【计算机系】复选框，如图 3-182 所示。

图 3-182   设置单条件筛选

(4) 单击【确定】按钮，此时系统将筛选出系别为计算机系的所有记录，其他记录则被隐藏起来，如图 3-183 所示。

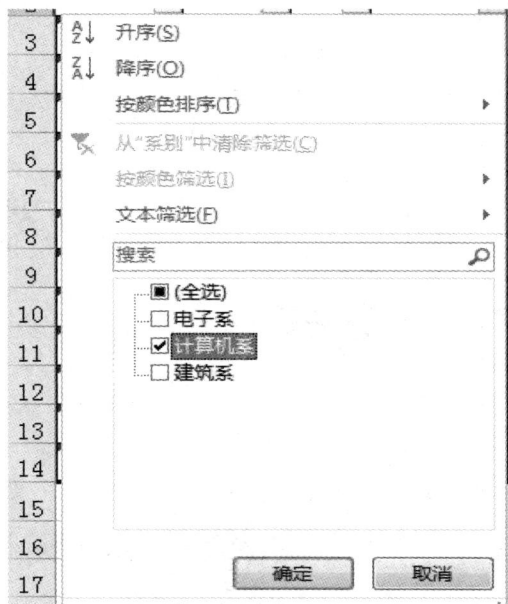

图 3-183   筛选出符合条件的数据

筛选后要显示原来的数据，可再次单击【数据】选项卡下【排序和筛选】组的【筛选】按钮，或者点击筛选项列右侧下拉三角按钮中的【全选】复选框即可。

2. 多条件筛选

多条件筛选是将符合多个条件的数据筛选出来。例如将学生成绩表中系别为计算机系和建筑系的数据记录筛选出来，具体操作步骤如下：

(1) 重复单条件筛选中的步骤(1)和步骤(2)，单击【系别】列右侧的下三角按钮，在弹出的下拉列表框中取消已选中的【全选】复选框，选中【计算机系】和【建筑系】复选框，如图 3-184 所示。

图 3-184　设置筛选多条件

(2) 单击【确定】按钮，此时系统已筛选出系别为计算机系和建筑系的所有记录，其他记录被隐藏，如图 3-185 所示。

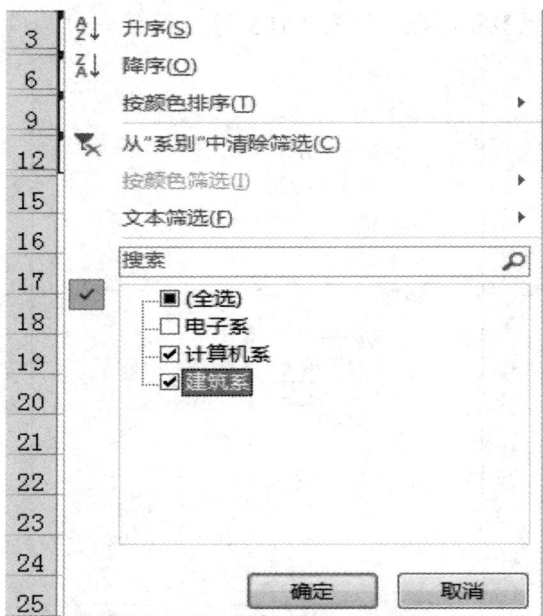

学号	姓名	性别	系别	英语	数学	计算机	总分	平均分
0501001	王虹	女	计算机系	78	80	90	248	82.67
0501002	王强	男	建筑系	91	82	89	262	87.33
0501004	刘丽冰	女	计算机系	76	78	91	245	81.67
0501005	李雅芳	女	建筑系	67	98	87	252	84.00
0501007	曹雨生	男	计算机系	69	90	78	237	79.00
0501008	李芳	女	建筑系	76	78	92	246	82.00
0501010	李晓力	男	计算机系	56	67	78	201	67.00
0501011	罗明	男	建筑系	90	78	67	235	78.33
总计				929	990	1000		
最大值				91	98	92		

图 3-185　筛选出符合多条件的记录

操作练习：筛选学生成绩表中平均分大于等于 70 并且小于或等于 82 的所有记录，具体操作步骤如下：

(1) 重复多条件筛选中的步骤(1)，单击【平均分】列右侧的下三角按钮，在弹出的下拉列表框中选择【数字筛选】，在其右侧弹出的菜单中单击【自定义筛选】按钮，如图 3-186 所示。

图 3-186　多条件自定义筛选

(2) 在弹出的【自定义自动筛选方式】对话框中进行如图 3-187 所示的设置。

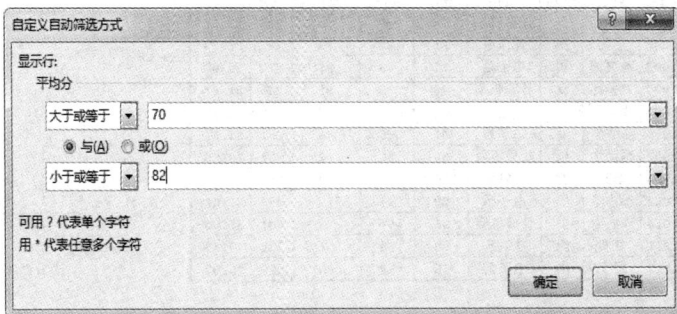

图 3-187　【自定义自动筛选方式】对话框

　　(3) 单击【确定】按钮，此时系统已筛选出符合要求的所有记录，其他记录被隐藏，如图 3-188 所示。

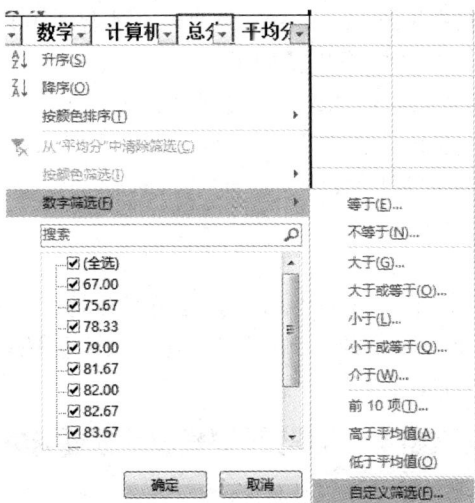

	A	B	C	D	E	F	G	H	I
1				学生成绩表					
2	学号	姓名	性别	系别	英语	数学	计算机	总分	平均分
6	0501004	刘丽冰	女	计算机系	76	78	91	245	81.67
9	0501007	曹雨生	男	计算机系	69	90	78	237	79.00
10	0501008	李芳	女	建筑系	76	78	92	246	82.00
11	0501009	徐志华	男	电子系	79	91	75	245	81.67
13	0501011	罗明	男	建筑系	90	78	67	235	78.33
14	0501012	段平	男	电子系	75	64	88	227	75.67
15									
16	总计				929	990	1000		

图 3-188　自定义筛选结果

3. 高级筛选

　　自动筛选不能表示两个筛选字段间的"或"关系，并且筛选出来的结果会代替原数据区域。当筛选条件比较复杂或者希望筛选出来的结果与原数据同时显示时，就要用到高级筛选。比如，在学生成绩表中筛选出英语 90 分及以上或数学 90 分及以上的数据记录，并放置到 A16 开始的单元格，具体操作步骤如下：

(1) 打开随书素材中的"素材\ch12\学生成绩表.xlsx"文件，将光标定位在空白单元格处，定义所需的条件区域(比如下面将条件区域定义在 K12:L14)，如图 3-189 所示。

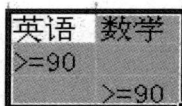

英语	数学
>=90	
	>=90

图 3-189　条件区域

🔔 提示：

原表格中现有的数据可以直接复制粘贴，其他的符号均需在标准英文状态下录入。

(2) 将光标定位在数据区域内的任意单元格，在【数据】选项卡下单击【排序和筛选】组的【高级】按钮，如图 3-190 所示。

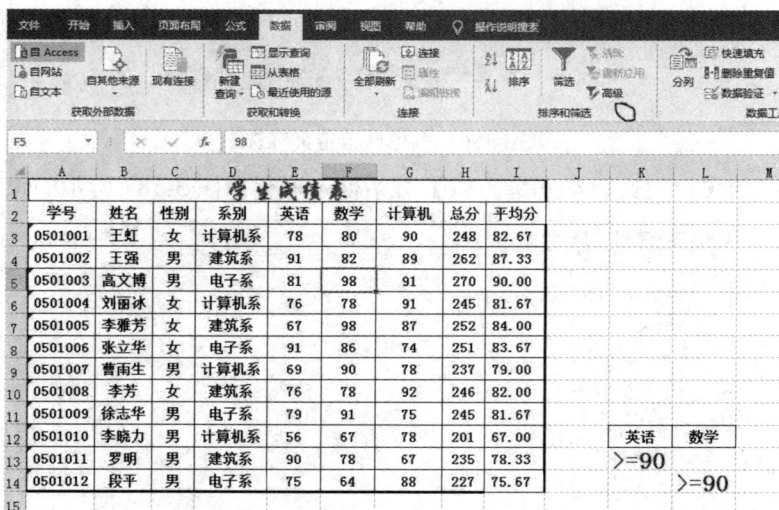

图 3-190　【高级】按钮

(3) 弹出【高级筛选】对话框，选中【将筛选结果复制到其他位置】单元按钮，在【列表区域】中选定单元格区域为 A2:I14，在【条件区域】中选定刚刚定义的条件区域 K12:L14，在【复制到】中选定单元格 A16，如图 3-191 所示。

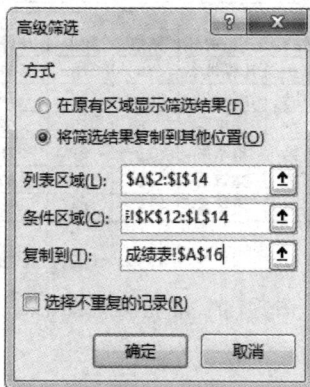

图 3-191　【高级筛选】对话框

(4) 单击【确定】按钮，此时系统已在选定的列表区域中筛选出了符合条件的记录，如图 3-192 所示。

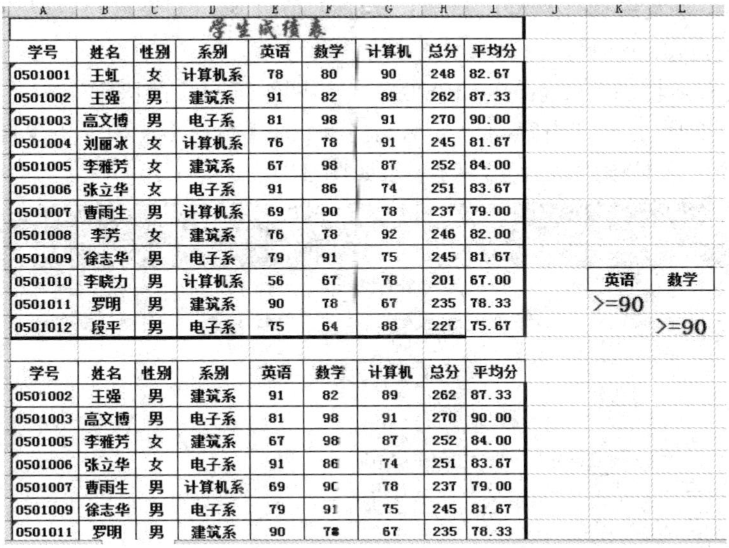

学生成绩表

学号	姓名	性别	系别	英语	数学	计算机	总分	平均分
0501001	王虹	女	计算机系	78	80	90	248	82.67
0501002	王强	男	建筑系	91	82	89	262	87.33
0501003	高文博	男	电子系	81	98	91	270	90.00
0501004	刘丽冰	女	计算机系	76	78	91	245	81.67
0501005	李雅芳	女	建筑系	67	98	87	252	84.00
0501006	张立华	女	电子系	91	86	74	251	83.67
0501007	曹雨生	男	计算机系	69	90	78	237	79.00
0501008	李芳	女	建筑系	76	78	92	246	82.00
0501009	徐志华	男	电子系	79	91	75	245	81.67
0501010	李晓力	男	计算机系	56	67	78	201	67.00
0501011	罗明	男	建筑系	90	78	67	235	78.33
0501012	段平	男	电子系	75	64	88	227	75.67

英语	数学
>=90	
	>=90

学号	姓名	性别	系别	英语	数学	计算机	总分	平均分
0501002	王强	男	建筑系	91	82	89	262	87.33
0501003	高文博	男	电子系	81	98	91	270	90.00
0501005	李雅芳	女	建筑系	67	98	87	252	84.00
0501006	张立华	女	电子系	91	86	74	251	83.67
0501007	曹雨生	男	计算机系	69	90	78	237	79.00
0501009	徐志华	男	电子系	79	91	75	245	81.67
0501011	罗明	男	建筑系	90	78	67	235	78.33

图 3-192　高级筛选结果

在高级筛选的定义条件区域中，列标题下不同行上的条件项表示“或”关系，同一行上的条件项表示“与”(并且)关系。

由以上操作可知，在使用高级筛选功能之前，应先建立一个条件区域，用来指定筛选的数据必须满足的条件，并且在条件区域中要求包含作为筛选条件的字段名。

3.4.3　数据的分类汇总

1. 分类汇总概述

分类汇总是将经过排序后已具有一定规律的数据进行汇总，生成各类汇总报表。进行分类汇总，首先要按照汇总字段进行排序，然后执行数据分类汇总命令进行汇总。

以哪个字段进行分类汇总，就以哪个字段为关键字进行排序。当进行嵌套分类汇总时，首先要进行多关键字的排序，然后通过【数据】选项卡下【分级显示】组中的【分类汇总】命令来执行即可。在弹出的【分类汇总】对话框的【分类字段】右侧下拉选项中选择用来分类汇总的数据列；在【汇总方式】右侧下拉选项中选择汇总使用的函数名；在【选定汇总项】列表框右侧下拉选项中选定要进行汇总计算的数据列。单击【确定】按钮，即可得到的分类汇总结果。

在分类汇总表的左侧，有一组控制按钮：单击 1，只显示总的汇总结果，其余均被隐藏起来；单击 2，显示分类汇总的结果和总的汇总结果，其余数据被隐藏起来；单击 3，可以看到汇总结果及全部数据清单。

当用户对数据清单进行了分类汇总之后，如果希望回到分类汇总前数据清单的初始状态，则只需再次执行【数据】选项卡下【分级显示】组中的【分类汇总】命令，并在弹出的【分类汇总】对话框中，单击【全部删除】按钮即可。

2. 简单分类汇总

进行分类汇总的数据列表的每一列数据都要有列标题。Excel 2016 将依据列标题来决定如何创建分类，以及进行什么样的运算。下面在 2012 年第四季度自主品牌轿车销量表中，依据厂商进行销量总和计算。具体操作步骤如下：

(1) 打开随书素材中的"素材\ch12\2012 年第四季度自主品牌轿车销量表.xlsx"文件，将光标定位在厂商所在 B 列内容的任意单元格上，在【数据】选项卡下单击【排序和筛选】组的【升序】按钮，对该列进行升序排序，如图 3-193 所示。

图 3-193　升序排列

(2) 排序完成后，在【数据】选项卡下单击【分级显示】组的【分类汇总】按钮，如图 3-194 所示。

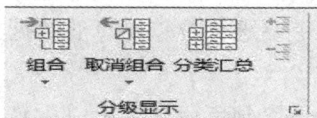

图 3-194　【分类汇总】按钮

(3) 弹出【分类汇总】对话框，在【分类字段】右侧的下拉列表下选择【厂商】选项，在【汇总方式】右侧的下拉列表中选择【求和】，在【选定汇总项】右侧的下拉列表中选择【销量】，单击【确定】按钮，如图 3-195 所示。

图 3-195　【分类汇总】对话框

(4) 此时销量表将依据厂商进行分类汇总，并统计出销量总和，如图 3-196 所示。

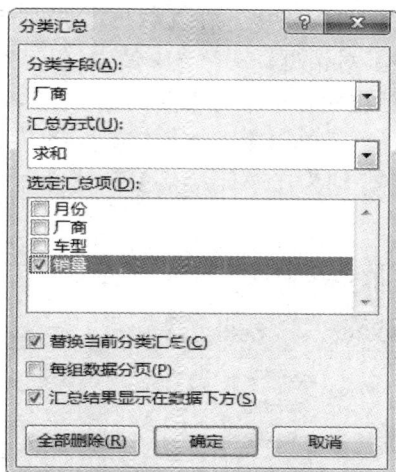

图 3-196　简单分类汇总结果

3. 多重分类汇总

多重分类汇总是指将依据两个或更多个分类项，对工作表中的数据进行分类汇总。下面在销量表中，先依据月份汇总出每月的销量情况，再依据厂商汇总出每个厂商的销量情况。具体操作步骤如下：

(1) 打开随书素材中的"素材\ch12\2012 年第四季度自主品牌轿车销量表.xlsx"文件，

将光标定位在数据区域内的任意单元格上，在【数据】选项卡下单击【排序和筛选】组的【排序】按钮，将弹出【排序】对话框。

(2) 在弹出的【排序】对话框中，设置【主要关键字】为【月份】，【排序依据】为【单元格值】，【次序】为【升序】。然后单击【添加条件】按钮，并设置【次要关键字】为【厂商】，【排序依据】和【次序】分别为【单元格值】和【升序】，单击【确定】按钮，如图3-197所示。

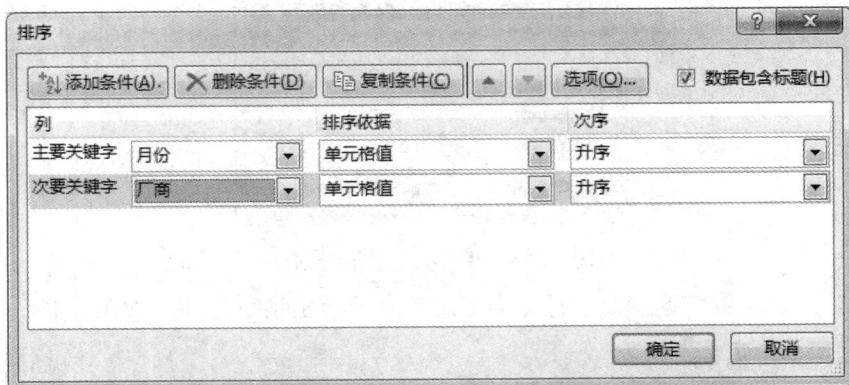

图 3-197　设置【主要关键字】和【次要关键字】

(3) 返回到工作表，接下来设置分类汇总。将光标定位在数据区域内的任意单元格上，在【数据】选项卡下单击【分级显示】组的【分类汇总】按钮，弹出【分类汇总】对话框，在【分类字段】的下拉列表框中选择【月份】选项，在【汇总方式】的下拉列表框中选择【求和】选项，在【选定汇总项】列表框中选中【销量】复选框，然后单击【确定】按钮，如图3-198所示。

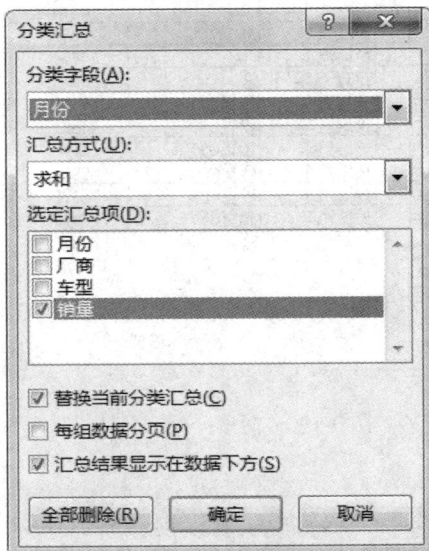

图 3-198　设置条件

(4) 此时已经建立了简单分类汇总，如图3-199所示。

图 3-199　月份简单分类汇总

（5）将光标定位在原有数据区域的任意单元格上，再次单击【分级显示】组中的【分类汇总】按钮，弹出的【分类汇总】对话框，在【分类字段】下拉列表框中选择【厂商】选项，在【汇总方式】下拉列表框中选择【求和】选项，在【选定汇总项】列表框中选择【销量】复选框，取消选中【替换当前分类汇总】复选框，如图 3-200 所示。点击【确定】按钮，汇总结果如图 3-201 所示。

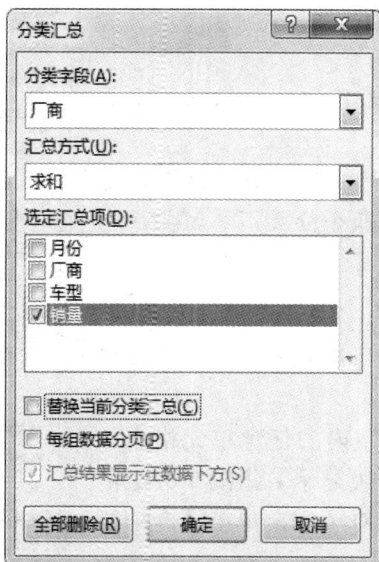

图 3-200　【分类汇总】对话框设置

	A	B	C	D	E
1	2012年第四季度部分自主品牌主流车型销量				
2	月份	厂商	车型	销量	
3	10月	吉利汽车	帝豪EC7	16481	
4	10月	吉利汽车	全球鹰自由舰	5965	
5		吉利汽车 汇总		22446	
6	10月	奇瑞汽车	E5	5321	
7	10月	奇瑞汽车	QQ	12290	
8		奇瑞汽车 汇总		17611	
9	10月	长城汽车	腾翼C30	10083	
10	10月	长城汽车	腾翼C50	4821	
11		长城汽车 汇总		14904	
12	10月 汇总			54961	
13	11月	吉利汽车	帝豪EC7	16568	
14	11月	吉利汽车	全球鹰自由舰	5436	
15		吉利汽车 汇总		22004	
16	11月	奇瑞汽车	E5	7584	
17	11月	奇瑞汽车	QQ	16670	
18		奇瑞汽车 汇总		24254	
19	11月	长城汽车	腾翼C30	14698	
20	11月	长城汽车	腾翼C50	5570	
21		长城汽车 汇总		20268	
22	11月 汇总			66526	
23	12月	吉利汽车	帝豪EC7	15977	
24	12月	吉利汽车	全球鹰自由舰	7013	
25		吉利汽车 汇总		22990	
26	12月	奇瑞汽车	E5	10369	
27	12月	奇瑞汽车	QQ	14754	
28		奇瑞汽车 汇总		25123	
29	12月	长城汽车	腾翼C30	14975	
30	12月	长城汽车	腾翼C50	6328	
31		长城汽车 汇总		21303	
32	12月 汇总			69416	
33	总计			190903	

Sheet1　Sheet2　Sheet3

图 3-201　两重分类汇总结果

提示：

(1) 建立分类汇总后，如果修改明细数据，汇总的数据也会跟着自动更新。

(2) 进行分类汇总以前最好先选定数据范围，并根据分类字段首先进行排序。嵌套分类汇总时要注意去掉【替换当前分类汇总】前面的勾选符号。

4. 清除分类汇总结果

如果不需要分类汇总，则可以将其清除。具体操作步骤如下：

(1) 将光标定位在数据区域内的任意单元格上，在【数据】选项卡下单击【分级显示】组的【分类汇总】按钮，弹出【分类汇总】对话框，单击【全部删除】按钮，如图 3-202 所示。

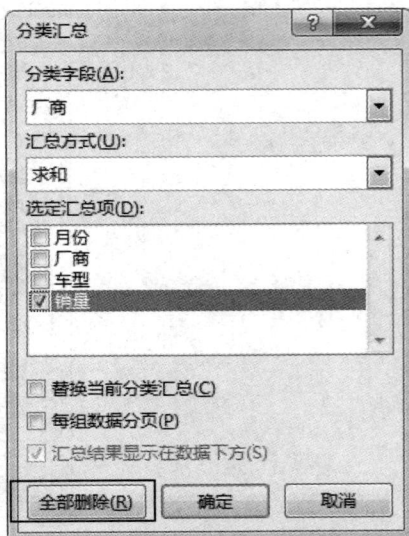

图 3-202　【全部删除】按钮

(2) 此时将清除工作表中所有的分类汇总，如图 3-203 所示。

	A	B	C	D	E
1	2012年第四季度部分自主品牌主流车型销量				
2	月份	厂商	车型	销量	
3	10月	吉利汽车	帝豪EC7	16481	
4	10月	吉利汽车	全球鹰自由舰	5965	
5	10月	奇瑞汽车	B5	5321	
6	10月	奇瑞汽车	QQ	12290	
7	10月	长城汽车	腾翼C30	10083	
8	10月	长城汽车	腾翼C50	4821	
9	11月	吉利汽车	帝豪EC7	16568	
10	11月	吉利汽车	全球鹰自由舰	5436	
11	11月	奇瑞汽车	E5	7584	
12	11月	奇瑞汽车	QQ	16670	
13	11月	长城汽车	腾翼C30	14698	
14	11月	长城汽车	腾翼C50	5570	
15	12月	吉利汽车	帝豪EC7	15977	
16	12月	吉利汽车	全球鹰自由舰	7013	
17	12月	奇瑞汽车	E5	10369	
18	12月	奇瑞汽车	QQ	14754	
19	12月	长城汽车	腾翼C30	14975	
20	12月	长城汽车	腾翼C50	6328	
21					
22					

图 3-203　清除工作表中所有的分类汇总

第 4 章　演示文稿软件 PowerPoint 2016

PowerPoint 2016 也是 Office 办公软件中的重要一员，主要用于制作演示文稿、幻灯片、讲义等。

4.1　演示文稿的设计创作流程

演示文稿的目的是用于信息的有效传递，这就决定了演示文稿的设计创作是从构思演示文稿的逻辑结构开始，如图 4-1 所示。

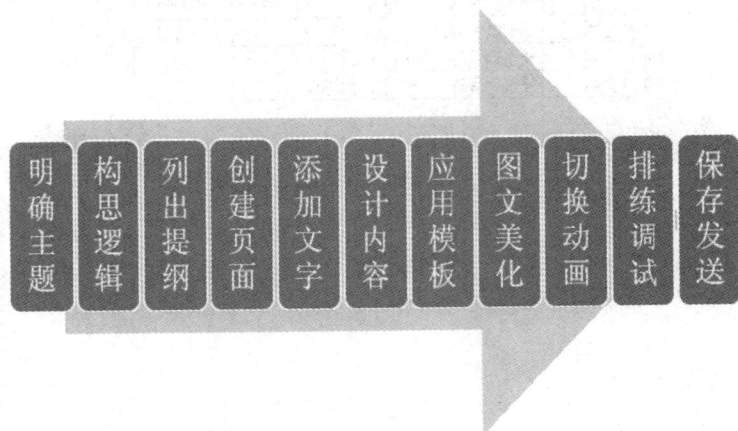

图 4-1　演示文稿的设计创作流程

演示文稿的设计创作流程说明如下。

(1) 明确主题：明确演示文稿要传递的信息。

(2) 构思逻辑：构思演示文稿的逻辑结构。

(3) 列出提纲：列出演示文稿的提纲。

(4) 创建页面：将演示文稿的提纲项转换为一页幻灯片。

(5) 添加文字：为每一页幻灯片添加内容。

(6) 设计内容：对每一页幻灯片进行内容加工，按"文不如表、表不如图"的原则，能以图表表示的内容尽可能做成图表，不适合做成图表的内容尽量精简文字、突出重点。

(7) 应用模板：为演示文稿选择合适的模板。

(8) 图文美化：对应用模板后的演示文稿中的图片和文字等内容进行美化。

(9) 切换动画：为演示文稿中的幻灯片根据需要设置适当的切换方式，添加动画。

(10) 排练调试：预览演示文稿的放映，进行查错、修改和调试，排列计时，演讲预演。

(11) 保存发送：检查演示文稿的兼容性、嵌入字体等，最后保存和发送演示文稿。

4.2　演示文稿的基本操作

4.2.1　PowerPoint 2016 工作界面

启动 PowerPoint 2016 的程序界面如图 4-2 所示，它主要包含标题栏、功能区、工作区和状态栏等部分。

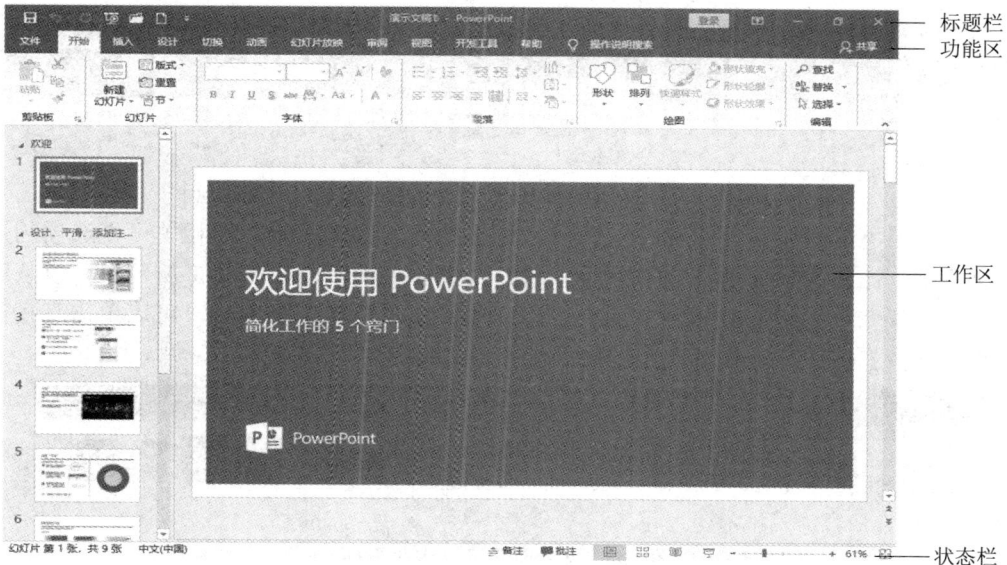

图 4-2　PowerPoint 2016 工作界面

1．标题栏

标题栏位于窗口的顶端，显示当前窗口的名称等，通常包含控制框、最小化、最大化/恢复和关闭按钮。

2．功能区

PowerPoint 2016 将完成某项任务所需的命令以功能区的形式展示出来，以方便用户更快捷地找到所需的命令。功能区由多个选项卡及每个选项卡下所包含的命令按钮组成。选项卡位于标题栏下方，每个选项卡均与一种活动类型相关，例如插入媒体或对对象应用动画，由【开始】【插入】【设计】【切换】【动画】【幻灯片放映】【审阅】【视图】及【帮助】等选项卡组成。单击选项卡名，即可切换到相应的选项卡。选项卡右面是【操作说明搜索】框，可用于智能搜索与当前任务相关的操作。功能区最右边是【共享】按钮，用于共享演示文稿到云上，可以与他人协作编辑。

每个选项卡下的命令按钮按任务逻辑及相关性组织成若干个组，每个组中包含与完成任务的某一方面密切相关的一组命令按钮。例如对幻灯片上的选中文本进行加粗的操作描述为：单击【开始】选项卡下【字体】组中的【加粗】按钮，即首先选择哪个选项卡，然后单击该选项卡下哪个组中的哪个命令按钮，如图 4-3 所示。

图 4-3　【开始】选项卡【字体】组

　　除了默认的选项卡外，当插入某类特殊对象并对其进行编辑时，选项卡栏会自动显示与该对象相关的上下文选项卡，例如插入或选中图片时会显示【图片工具】选项卡，如图4-4 所示；插入或选中形状时会显示【绘图工具】选项卡。这类选项卡只有在选中相应操作对象时才显示，以使选项卡栏更为简洁，减少混乱。所以，当找不到所需的选项卡时，可能是因为没有先选中操作对象，当选中操作对象时，相应的上下文选项卡会自动显示。

图 4-4　选中图片后功能区出现【图片工具|格式】上下文选项卡

　　在选项卡下的组中，除了命令按钮外，还包括库。库是显示一组相关可视选项的矩形窗口或菜单，比如【设计】选项卡下【主题】组中的主题库，如图 4-5 所示，可以从库中预览并选择某一主题应用到演示文稿中。当库中元素不能完全显示时，可以单击下拉箭头形状的【其他】按钮，以显示完整的库。

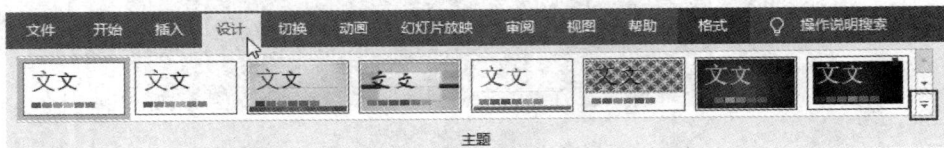

图 4-5　【设计】选项卡主题库

　　当某些操作通过该组显示的基本命令按钮无法完成时，单击对话框或任务窗格启动器按钮(位于组的右下角，显示为一个右下方向的箭头)，用于启动可完成更高级或更详细的操作的对话框或任务窗格。例如单击图 4-6 上【开始】选项卡【字体】组右下角的启动器按钮，将启动【字体】对话框，可以对字体进行更详细的设置。

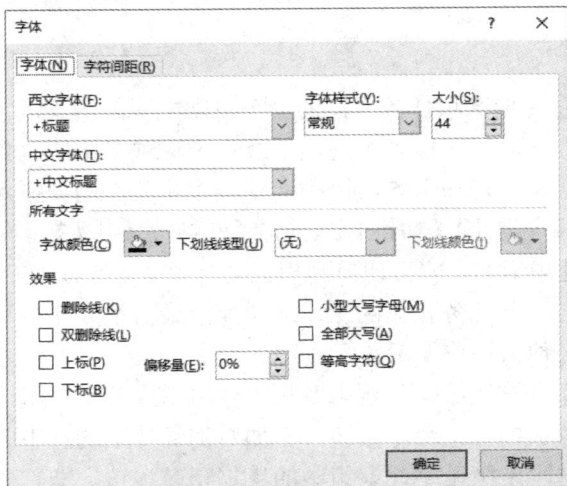

图 4-6　通过【字体】组对话框启动器按钮启动【字体】对话框

3．工作区

幻灯片工作区位于功能区的下方，如图 4-7 所示，用于幻灯片的浏览、创建和编辑。在默认的普通视图下，自左向右依次为导航窗格、编辑窗格、备注窗格、任务窗格。

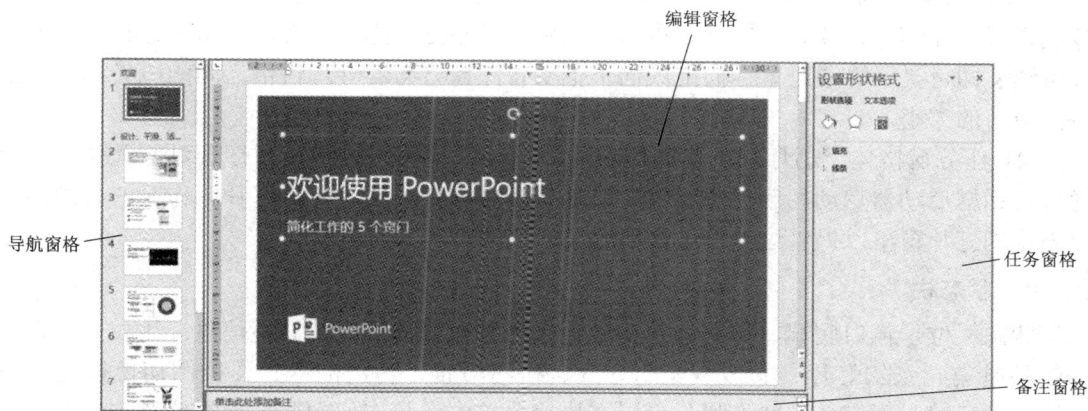

图 4-7　幻灯片工作区

(1) 幻灯片导航窗格位于幻灯片工作区的左侧。在普通视图下，该窗格以缩略图的形式显示演示文稿中的所有幻灯片。在【大纲视图】下，以大纲的形式列出演示文稿中的所有幻灯片的文本大纲，如图 4-8 所示。要编辑演示文稿中的某张幻灯片时，首先要在幻灯片导航窗格中单击该幻灯片的缩略图，该张幻灯片会显示到右侧的幻灯片编辑窗格中，这时就可以对该张幻灯片进行编辑了。在幻灯片导航窗格中还可以进行幻灯片的添加、剪切、复制、粘贴和调整幻灯片的排列顺序等操作。

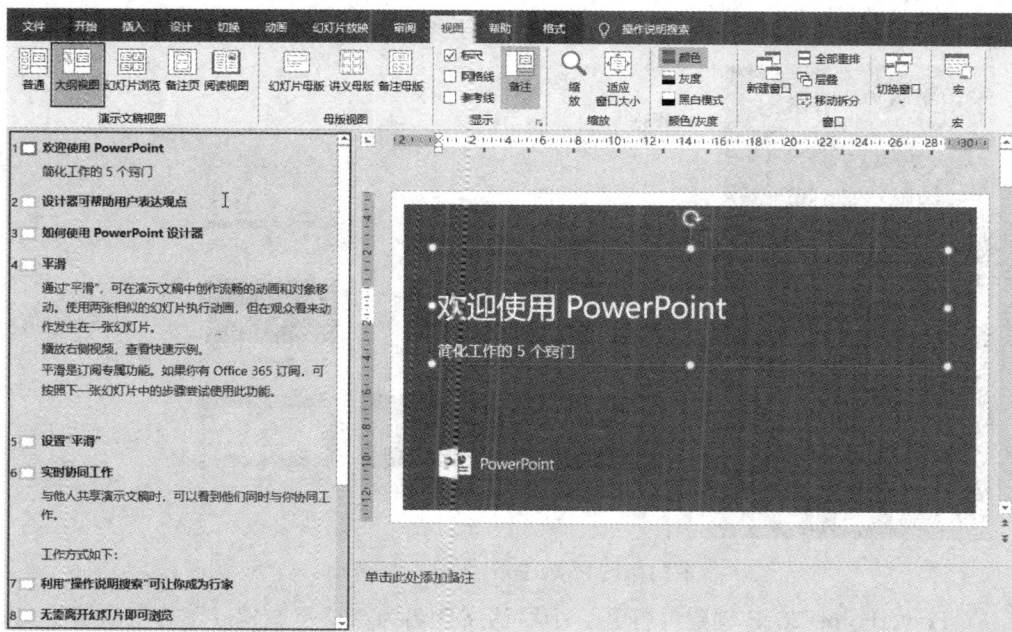

图 4-8　大纲视图下的幻灯片导航窗格

当打开剪贴板或进行文档恢复时，其窗格也将显示在幻灯片导航窗格的位置。

(2) PowerPoint 工作区窗口中间的白色区域为幻灯片编辑区，该部分是演示文稿的核心部分，主要用于显示和编辑正在操作的幻灯片，该窗格也称为幻灯片窗格。

(3) 备注窗格位于幻灯片编辑区的下方，用于为幻灯片添加注释说明，也可以用作存放演讲词，在幻灯片放映时辅助演讲。如果备注窗格处于隐藏状态，单击下方状态栏上的【备注】即可显示。通过鼠标向上或向下拖动备注窗格与幻灯片窗格之间的边界线，调整备注窗格的大小。

(4) 任务窗格位于幻灯片工作区的右侧，默认情况下不显示。当打开对象选择窗格或通过对话框启动器启动相应任务窗格时，这些任务窗格会显示在幻灯片工作区的右侧，同时缩小幻灯片窗格以提供这些任务窗格的显示空间。

4. 状态栏

状态栏位于窗口底端，如图 4-9 所示。用于显示当前幻灯片属性信息。比如当前正在编辑的是第几张幻灯片、共多少张幻灯片、拼写检查、使用的语言、视图切换按钮和缩放比例按钮等。右键单击状态栏，可以在快捷菜单中对状态栏中要显示的信息进行自定义选择。

图 4-9　PowerPoint 2016 状态栏

4.2.2　演示文稿的创建

1. 创建空白演示文稿

(1) 启动 PowerPoint 2016。

(2) 在 PowerPoint 2016 的开始界面中单击【空白演示文稿】，如图 4-10 所示。

图 4-10　PowerPoint 2016 开始界面

(3) PowerPoint 2016 创建并打开一个默认文件名为"演示文稿 1"的空白演示文稿，如图 4-11 所示。

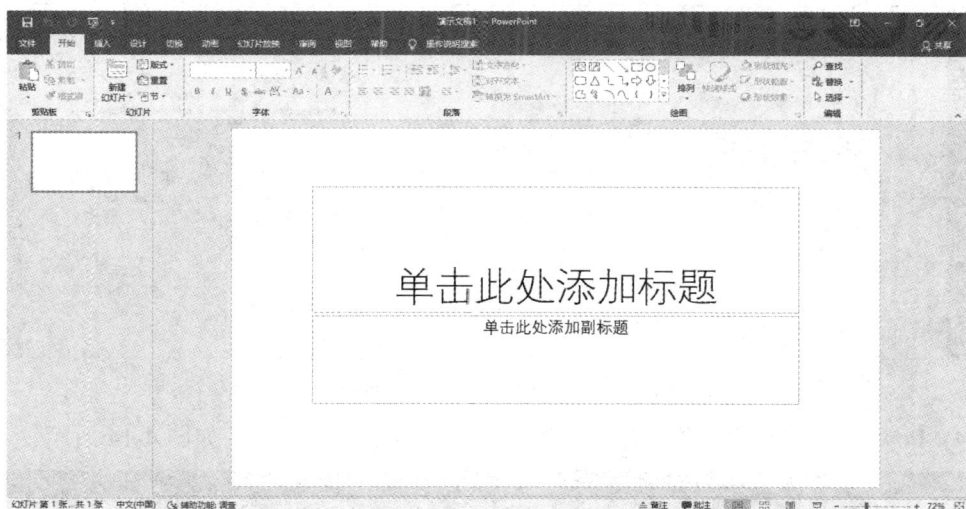

图 4-11　启动 PowerPoint 2016 时创建空白演示文稿

如果已经打开了其他的演示文稿，这时再新建空白演示文稿的方法如下：

选择【文件】选项卡，在列表中选择【新建】，在右侧的【新建】区域中单击【空白演示文稿】，如图 4-12 所示。

图 4-12　已打开其他演示文稿时创建空白演示文稿

2. 基于本地模板创建演示文稿

(1) 启动 PowerPoint 2016。

(2) 在 PowerPoint 2016 的开始界面中单击列出的某个模板，比如"木材纹理"。

(3) 打开模板预览窗口，选定模板后，在模板预览窗口中单击【创建】按钮，如图 4-13 所示。

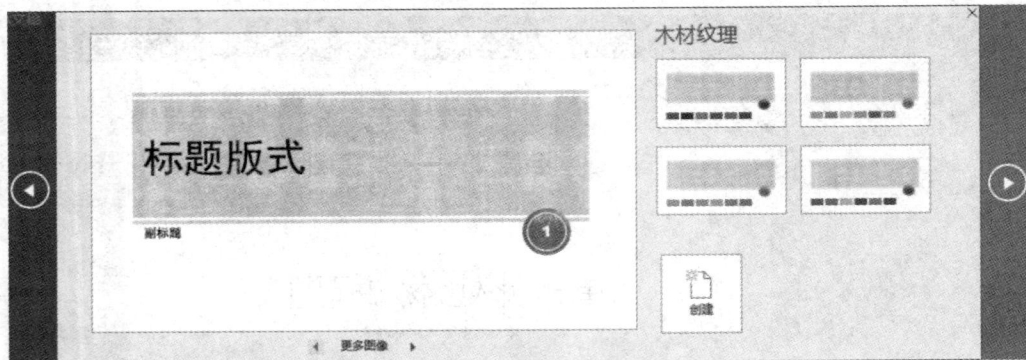

图 4-13　选择内置模板创建演示文稿

(4) PowerPoint 2016 创建并打开一个基于该模板的演示文稿，如图 4-14 所示。

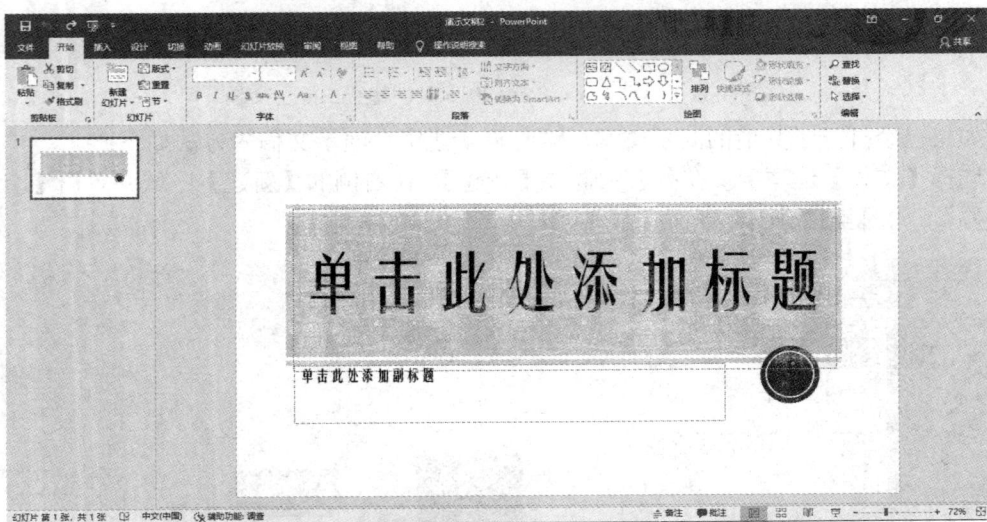

图 4-14　基于内置木材纹理模板创建演示文稿

3. 基于联机模板创建演示文稿

(1) 启动 PowerPoint 2016。

(2) 在 PowerPoint 2016 开始界面的上方搜索框内输入关键词，查找联机模板和主题，根据搜索列出的联机模板或主题创建演示文稿。过程与基于本地模板创建演示文稿相同。

提示：

以上是在 PowerPoint 2016 没有打开演示文稿的情况下创建新的演示文稿的过程。如果已经启动了 PowerPoint 2016，并打开了演示文稿，或 PowerPoint 2016 设置为不显示开始界面的情况下，可单击【文件】选择卡，选择【新建】，在打开的【新建】界面下进行相同的操作即可。

4. 基于下载模板创建演示文稿

从网络下载演示文稿模板后，双击该演示文稿模板，启动 PowerPoint 2016，则自动创建基于该模板的演示文稿，编辑完成后默认保存为演示文稿文件类型。

4.2.3 演示文稿的基本操作

1. 保存演示文稿

保存演示文稿有以下三种方法：

(1) 单击快速启动栏上的保存按钮，如图 4-15 所示。

(2) 选择【文件】选项卡，选择【保存】选项，如图 4-16 所示。

图 4-15 通过快速访问工具栏保存文稿

图 4-16 通过【文件】选项卡保存文稿

(3) 按【Ctrl+S】组合键保存文稿。

如果是第一次保存，即未更改默认文件名，会自动选择为【另存为】选项(如已更改过文件名，则不会有任何提示，直接在后台保存文件)。在【另存为】界面选择保存的位置，单击【浏览】确定保存的位置，然后单击【保存】按钮。其中的保存位置选择【OneDrive】时，则可以与他人共享和协作，以后可从任何位置(计算机、平板电脑或手机)访问文档；如果选择【这台电脑】，则将演示文稿保存在本地。

2. 打开演示文稿

若要打开现有演示文稿，执行下列操作都可以(以打开本地文件为例)：

(1) 单击【文件】选项卡，然后选择【打开】选项，如图 4-17 所示。

图 4-17 通过【文件】选项卡打开演示文稿

(2) 单击【浏览】按钮，弹出【打开】对话框，找到所需的文件，然后单击【打开】按钮，如图 4-18 所示。

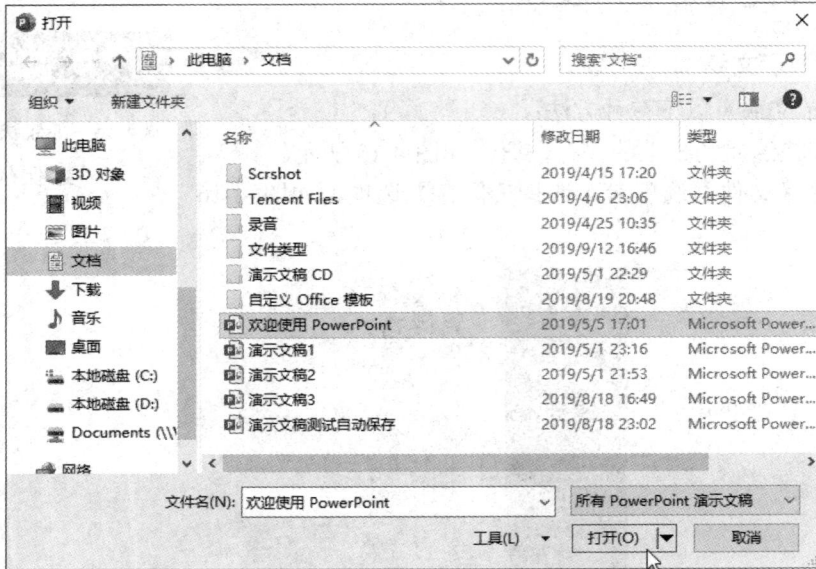

图 4-18　通过文件资源管理器浏览要打开的演示文稿

3. 查看演示文稿信息

单击【文件】选项卡，然后选择【信息】选项，转到【信息】页面，如图 4-19 所示。

图 4-19　查看演示文稿文件信息

在信息页面下可实现如下功能(根据演示文稿内嵌入对象的不同，会显示更多功能)：

(1) 保护演示文稿：控制他人对演示文稿做更改，如图 4-20 所示。

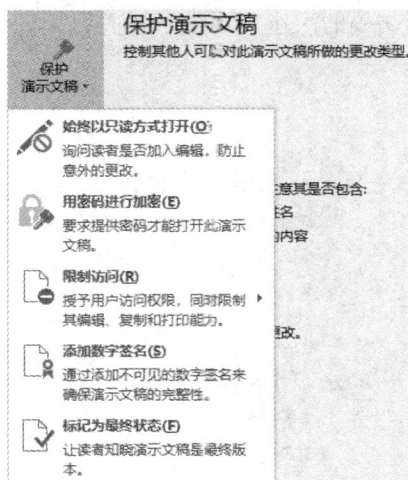

图 4-20　保护演示文稿

(2) 检查问题：在文档发布之前检查是否包含隐私信息和影响辅助功能方面的问题，如图 4-21 所示。

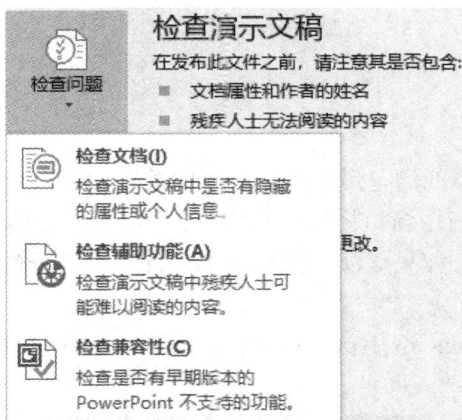

图 4-21　检查演示文稿

(3) 管理演示文稿：对因故未保存文稿做出相应处理，如图 4-22 所示。

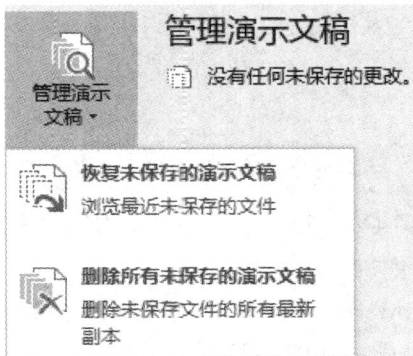

图 4-22　管理演示文稿

(4) 查看文档属性：包括文稿的大小、页数、相关日期、作者等，如图 4-23 所示。

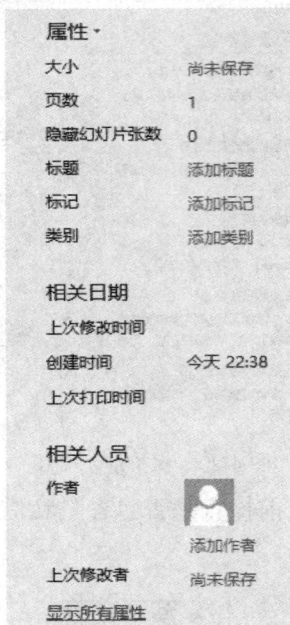

图 4-23　查看演示文稿属性

4. 关闭演示文稿

完成对演示文稿的编辑或浏览后，关闭打开的演示文稿有以下五种方法：

(1) 单击 PowerPoint 应用窗口标题栏右侧的关闭按钮，如果有未保存的更改，将提示保存，然后关闭演示文稿。如果该演示文稿是唯一的一个打开的演示文稿，关闭时会同时关闭 PowerPoint 2016。

(2) 右键单击 PowerPoint 应用窗口标题栏，在弹出的快捷菜单中选择【关闭】选项，如图 4-24 所示。

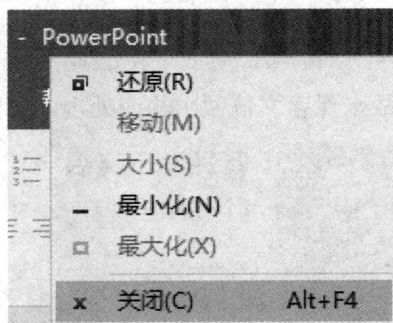

图 4-24　通过窗口标题栏关闭演示文稿

(3) 按【Alt+F4】组合键即可关闭文稿。

(4) 鼠标指向任务栏的 PowerPoint 2016 应用图标，在该应用的打开文档预览窗口中，单击演示文稿缩略图的关闭按钮，如图 4-25 所示。

图 4-25　通过任务栏图标关闭演示文稿

（5）单击【文件】选项卡，选择【关闭】选项，如
图 4-26 所示，则关闭打开的演示文稿，但不退出
PowerPoint 2016，可以继续创建或打开其他演示文稿，
这是推荐的关闭方式。

5. 打印演示文稿

图 4-26　通过文件菜单关闭演示文稿

（1）单击【文件】选项卡。

（2）选择【打印】选项，显示【打印】页面，如图 4-27 所示。

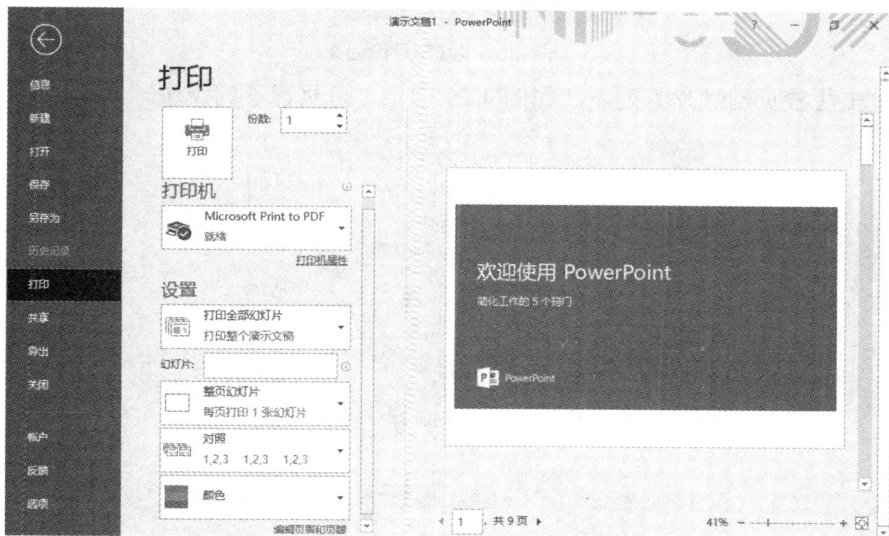

图 4-27　打印演示文稿

（3）在【份数】框中输入要打印的份数。

（4）在【打印机】下选择要使用的打印机。如果要以彩色打印，务必选择彩色打印机。

（5）单击【打印全部幻灯片】列表，如图 4-28 所示，可执行以下操作之一：

■ 若要打印所有幻灯片，单击【打印全部幻灯片】。

■ 若要打印所选的一张或多张幻灯片，单击【打印选定区域】。这需要在打印之前事
先在普通视图下的幻灯片浏览窗格中单击选中单张幻灯片，然后按住 Ctrl 单击选择所需的

多张幻灯片。

■ 如果仅打印当前显示的幻灯片，单击【打印当前幻灯片】。

■ 若要按编号打印特定幻灯片，单击【自定义范围】，然后在下方【幻灯片】框中输入幻灯片的编号列表或范围。使用无空格的逗号将各个编号隔开，例如"1，3，5-12"。

■ 如果演示文稿分节，可以选择打印指定节。

■ 如果演示文稿有隐藏幻灯片，可以选择是否打印隐藏的幻灯片。

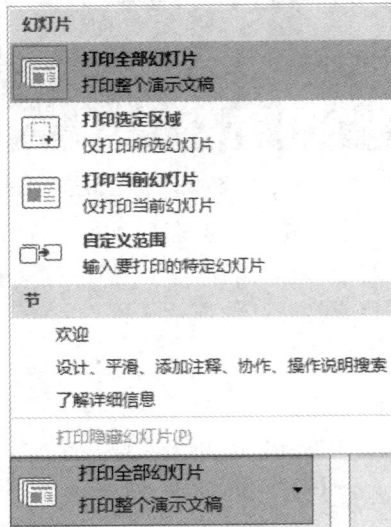

图 4-28　选择打印范围

(6) 单击【整页幻灯片】列表，如图 4-29 所示，可执行下列操作。

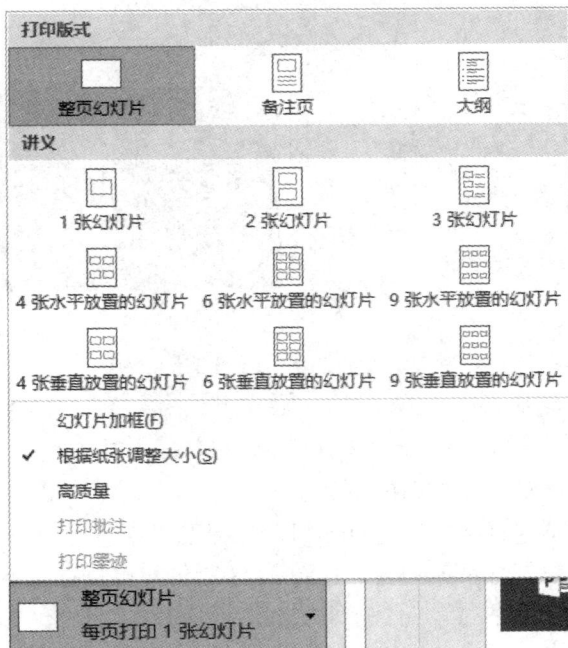

图 4-29　设置打印版式

■ 若要在一整页上打印一张幻灯片，在【打印版式】下单击【整页幻灯片】。

■ 若要以讲义格式在一页上打印一张或多张幻灯片，在【讲义】下单击每页所需的幻灯片数，以及希望按垂直还是水平顺序显示这些幻灯片。

■ 若要在幻灯片周围打印一个细边框，选择【幻灯片加框】。再次单击该项可取消选择，不打印边框。

■ 若要在打印机选择的纸张上打印幻灯片，单击【根据纸张调整大小】。

■ 若要增大分辨率、混合透明图形以及在打印作业上打印柔和阴影，单击【高质量】。

■ 选择是否打印批注。

■ 选择是否打印墨迹。

(7) 单击【对照】列表，选择多份打印时的打印顺序，如图 4-30 所示。

图 4-30　选择打印顺序

(8) 单击【颜色】列表，如图 4-31 所示，可选择下列选项：

■ 颜色：使用此选项在彩色打印机上以彩色打印。

■ 灰度：此选项打印的图像包含介于黑色和白色之间的各种灰色色调。背景填充的打印颜色为白色，从而使文本更加清晰(有时灰度的显示效果与"纯黑白"一样)。

■ 纯黑白：此选项打印不带灰填充色的文稿。

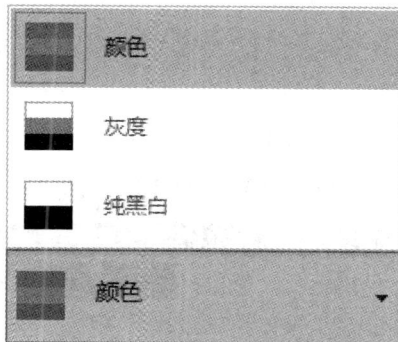

图 4-31　选择打印颜色

(9) 若要包括或更改页眉和页脚，单击【编辑页眉和页脚】链接，然后在显示的【页眉和页脚】对话框中进行选择，如图 4-32 所示。

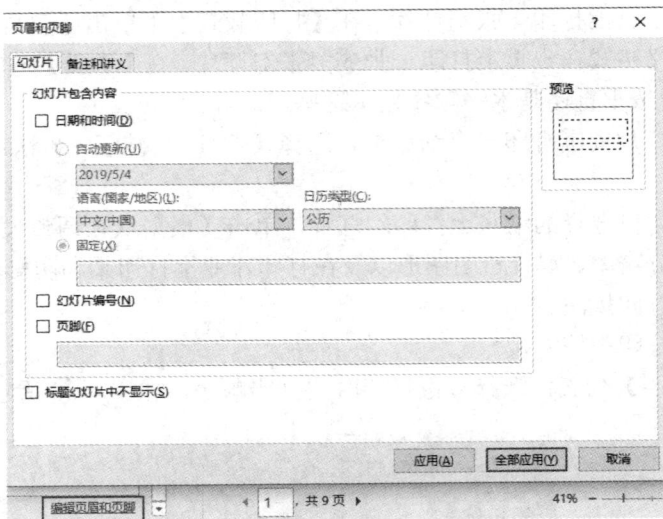

图 4-32　编辑页眉和页脚

(10) 设置完成后单击【打印】按钮，如图 4-33 所示。

图 4-33　打印按钮

4.3　制作幻灯片

4.3.1　幻灯片的设置

1. 设置幻灯片大小

要设置幻灯片大小，可执行以下操作：

(1) 单击【设计】选项卡下【自定义】组的【幻灯片大小】按钮，如图 4-34 所示。

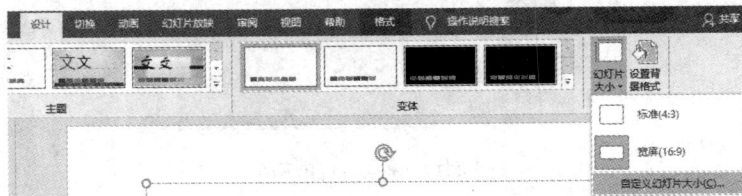

图 4-34　设置幻灯片大小

(2) 打开【幻灯片大小】对话框，选择【标准(4:3)】【宽屏(16:9)】或【自定义幻灯片大小】，如图 4-35 所示。

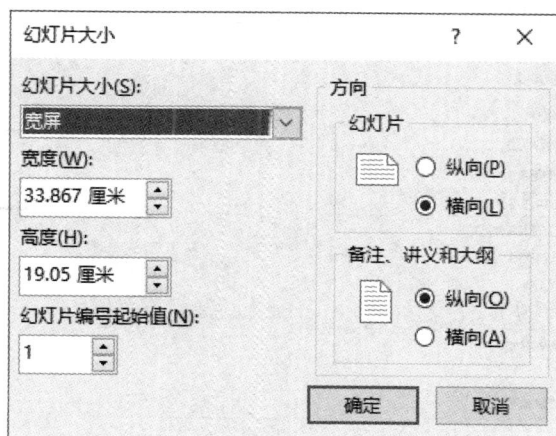

图 4-35　【幻灯片大小】对话框

2. 定义页眉和页脚

PowerPoint 2016 可以给幻灯片添加页眉和页脚。对于普通视图下的幻灯片来说，这里的页眉和页脚是指在页脚中添加日期和时间、页脚及幻灯片编号。对于备注和讲义来说，指的是添加页眉、页脚、日期和时间及页码。

给选中的幻灯片添加页眉和页脚的操作如下：

(1) 单击【插入】选项卡下【文本】组中的【页眉和页脚】按钮，如图 4-36 所示。

图 4-36　【页眉和页脚】按钮

(2) 在【页眉和页脚】对话框中，单击【幻灯片】选项卡，如图 4-37 所示，可执行下列操作之一。

■ 若要向幻灯片中添加日期和时间，选中【日期和时间】复选框，然后执行下列操作之一。

· 若要将日期和时间设置为特定的日期，单击【固定】，然后在【固定】框中键入期望的日期。在演示文稿中设置日期固定，可以轻松地跟踪最后一次对它所做的更改。

· 若要指定在每次打开或打印演示文稿时反映当前的日期和时间更新，单击【自动更新】，然后选择所需的日期和时间格式。

■ 若要添加幻灯片编号，选中【幻灯片编号】复选框。

■ 若要添加页脚，选中【页脚】复选框，然后在下面的页脚框中输入页脚内容。

■ 若要在标题幻灯片中不显示页眉和页脚，选中【标题幻灯片中不显示】复选框。

■ 若要演示文稿中所有的幻灯片都应用同样的页眉和页脚设置，单击【全部应用】按钮。

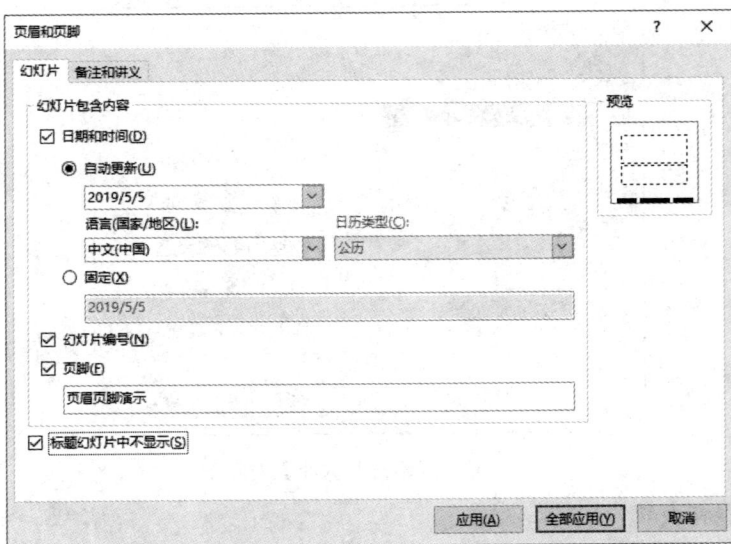

图 4-37   向幻灯片添加页眉和页脚

　　向备注页和讲义添加页眉和页脚的操作类似，在【页眉和页脚】对话框中选择【备注和讲义】选项卡，如图 4-38 所示，根据需要进行相应的设置。

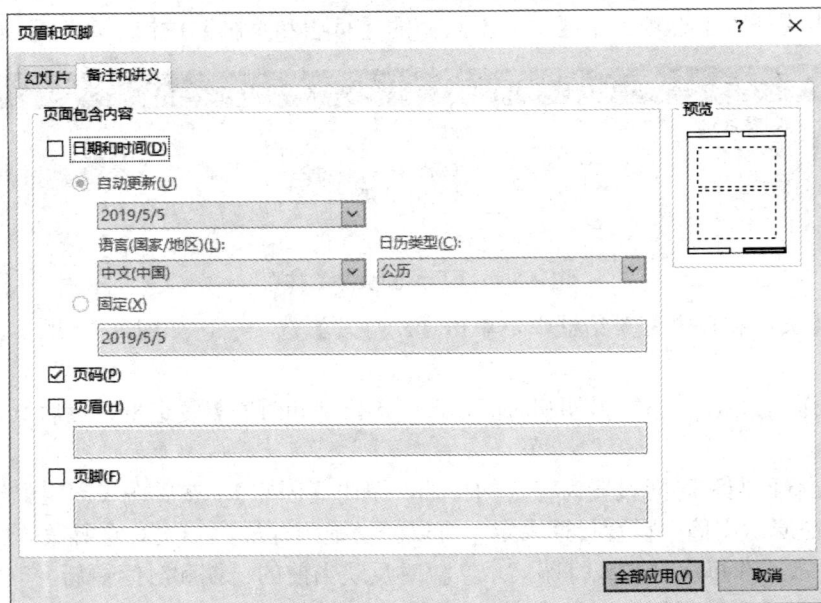

图 4-38   向备注页和讲义添加页眉和页脚

4.3.2　幻灯片的基本操作

1. 添加幻灯片

　　新创建的演示文稿一般默认只有一张幻灯片(通常是标题幻灯片)，可根据需要添加其他的幻灯片。

若要在演示文稿中插入新幻灯片，执行下列操作：

(1) 在幻灯片导航窗格选定插入位置(选择要插入幻灯片的上一张幻灯片或在该幻灯片下方单击，显示为一条横线)，如图 4-39 所示。

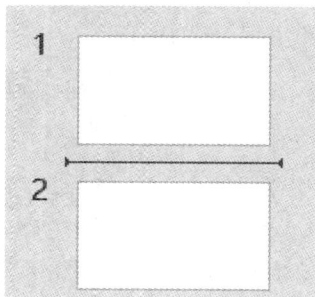

图 4-39　在幻灯片导航空格中选择添加幻灯片的位置

(2) 在【开始】选项卡下【幻灯片】组中单击【新建幻灯片】旁边的箭头，选择所需版式，则在选定幻灯片的下方新建了一张具有选定版式的幻灯片，如图 4-40 所示。

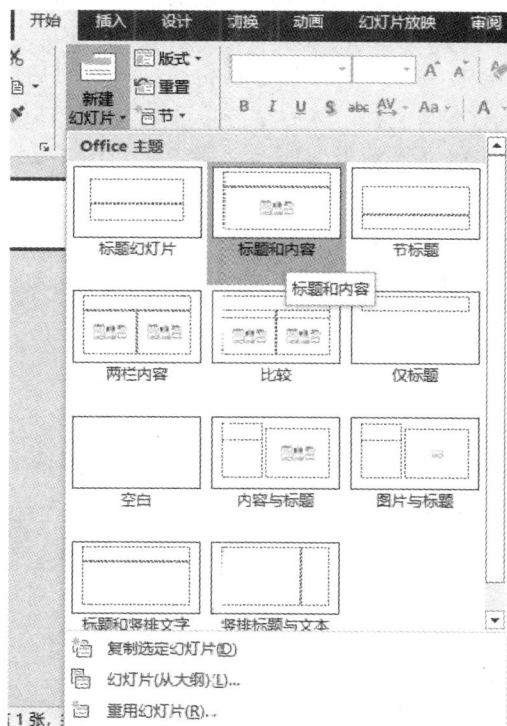

图 4-40　选择新建幻灯片的版式

如果希望新幻灯片使用与演示文稿中幻灯片相同的版式或默认版式，只需单击【新建幻灯片】即可，而不必单击其旁边的箭头；或在幻灯片导航窗格中选定要插入幻灯片之前的幻灯片，直接按 Enter 键；也可以在幻灯片导航窗格要插入幻灯片的位置(显示为一根横线)右键单击，在弹出的菜单中选择【新建幻灯片】，如图 4-41 所示。

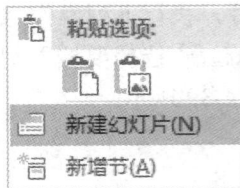

图 4-41　新建默认版式的幻灯片

2. 选择幻灯片

在窗口左侧的幻灯片导航窗格中单击某张幻灯片，则选中该幻灯片，并在右侧编辑窗口显示可用于编辑；按住 Ctrl 键，然后在幻灯片导航空格中单击要选择的幻灯片，可用于选中一组不连续的幻灯片；先选中要选择的首张幻灯片，然后按住 Shift 键单击要选中的末尾幻灯片，可选中一组连续的幻灯片。

3. 复制幻灯片

如果希望创建多个内容和布局都类似的幻灯片，则可以通过创建一个共享所有格式和内容的幻灯片，然后复制该幻灯片来保存工作，最后向每个幻灯片单独添加最终的风格。

可以通过以下方法来实现幻灯片的复制：

(1) 在幻灯片导航窗格中，右键单击要复制的幻灯片，然后单击【复制】按钮；再右键单击要添加幻灯片的新副本的位置，然后单击【粘贴】按钮。通过这种复制粘贴的方法，将幻灯片从另外一个演示文稿插入到当前演示文稿中，如图 4-42 所示。

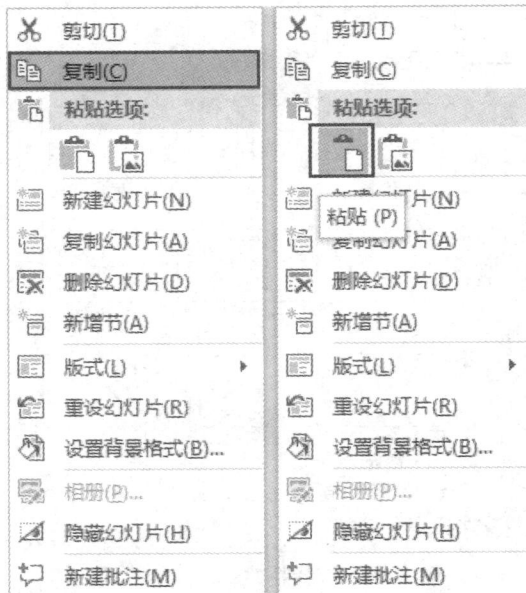

图 4-42　通过复制粘贴复制幻灯片

(2) 单击选中要复制的幻灯片缩略图，选择【开始】选项卡下【幻灯片】组中【新建幻灯片】的下拉箭头，在打开的列表中选择【复制选定幻灯片】，如图 4-43 所示，则在选定的幻灯片下方添加了该幻灯片的副本。

图 4-43　通过【复制选定幻灯片】创建幻灯片副本

（3）在幻灯片导航空格中，右键单击要复制幻灯片的缩略图，在弹出的快捷菜单中选择【复制幻灯片】，则在该幻灯片下方添加了其副本，如图 4-44 所示。

（4）在幻灯片导航空格中选中要复制的幻灯片，按【Ctrl+D】组合键，则在该幻灯片下方添加了其副本。

4. 重用幻灯片

在制作幻灯片时，经常需要在当前编辑的演示文稿中插入来自另外演示文稿文件中的一个或多个幻灯片，PowerPoint 2016 允许这项功能且无需打开另一个文件。默认情况下，复制的幻灯片会在目标演示文稿中继承当前的幻灯片的设计，也可以选择保留要复制的幻灯片的格式。将幻灯片从一个演示文稿导入到另一个演示文稿时，它只是原始文件的副本，对副本所做的更改不会影响其他演示文稿中的原始幻灯片。

重用或导入其他演示文稿的幻灯片的操作如下：

（1）选择【开始】选项卡下【幻灯片】组中【新建幻灯片】的下拉箭头，选择【重用幻灯片】，如图 4-45 所示。

（2）在右侧打开的【重用幻灯片】窗格中单击【浏览】按钮，如图 4-46 所示。

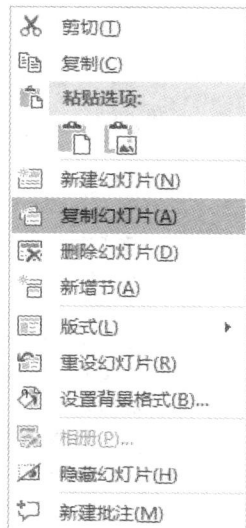

图 4-44　通过右键快捷菜单创建幻灯片副本

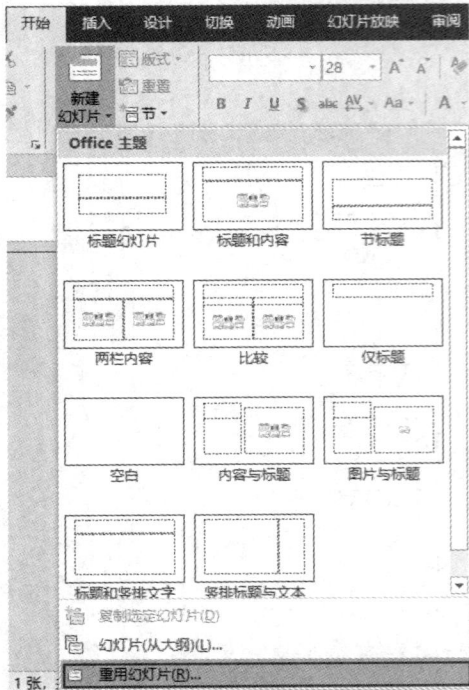

图 4-45　选择【重用幻灯片】

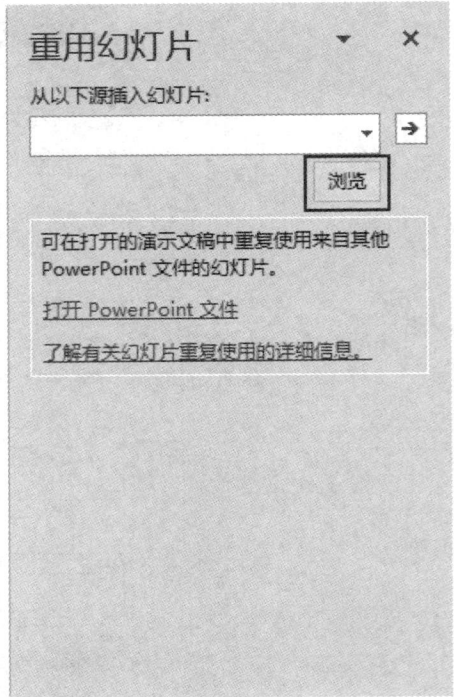

图 4-46　【重用幻灯片】窗格

(3) 在打开的【浏览】对话框中选定要插入的幻灯片的演示文稿文件，单击【打开】按钮，如图 4-47 所示。

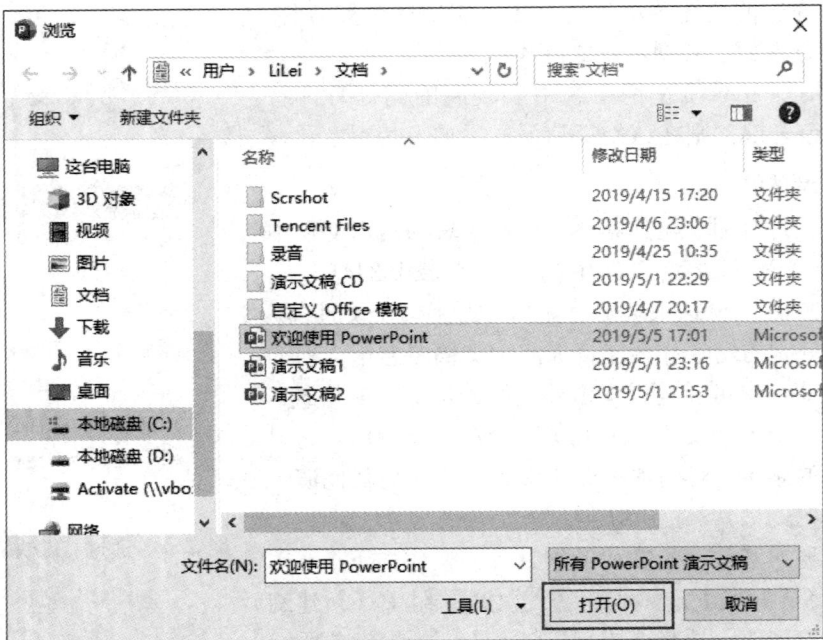

图 4-47　打开文件

（4）自动返回到【重用幻灯片】窗格，在该空格正文显示要重用演示文稿中的幻灯片缩略图，在要引用的幻灯片上依次单击，则单击过的幻灯片被插入到当前演示文稿中，并默认采用当前演示文稿的主题、格式等。若要以格式插入，需要选中这些缩略图列表下方的【保留源格式】复选框，如图 4-48 所示。

5. 移动幻灯片

在幻灯片导航窗格中，选中要移动的幻灯片的缩略图，然后将其拖动到新位置。移动多张幻灯片时，先按住 Ctrl 键，然后在幻灯片导航窗格中单击要移动的每张幻灯片，释放 Ctrl 键，然后将选定的幻灯片一起拖放到新位置。

6. 隐藏幻灯片

如果因某些特定需要，不希望幻灯片在放映中显示，则可以隐藏幻灯片。隐藏的幻灯片仍保留在该演示文稿中，只是放映时不显示。

图 4-48 选择【保留源格式】复选框

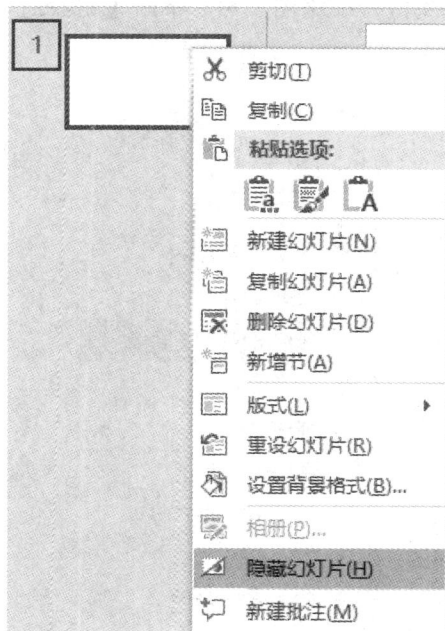

隐藏或取消隐藏幻灯片的步骤如下：

（1）在左侧的导航窗格中选择幻灯片。

（2）右键单击要隐藏的幻灯片，然后单击【隐藏幻灯片】，【隐藏幻灯片】呈按下状态，如图 4-49 所示。该幻灯片的编号会加上斜杠，指示处于隐藏状态。

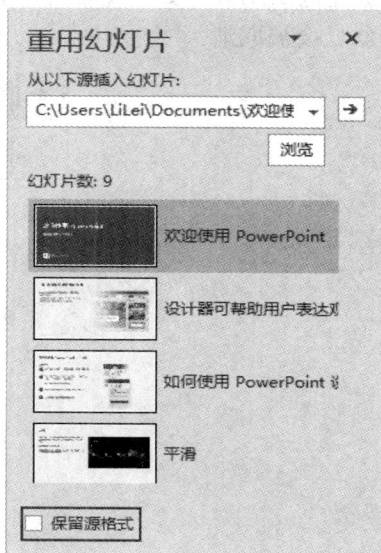

图 4-49 隐藏幻灯片

（3）若要显示以前隐藏的幻灯片，右键单击要显示的该幻灯片，然后单击【隐藏幻灯片】,【隐藏幻灯片】呈现取消按下的状态,如图 4-50 所示。幻灯片编号上指示牌隐藏状态的斜杠会被取消。

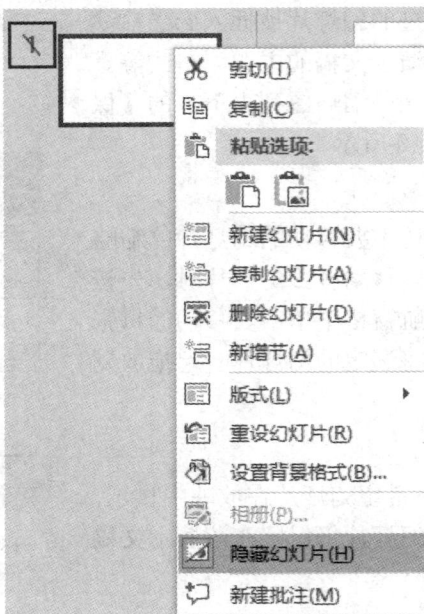

图 4-50　取消隐藏幻灯片

7. 删除幻灯片

在幻灯片导航窗格中单击选中要删除的幻灯片缩略图,按 Delete 键删除;或右键单击幻灯片导航窗格中要删除的幻灯片缩略图,然后单击【删除幻灯片】,如图 4-51 所示。

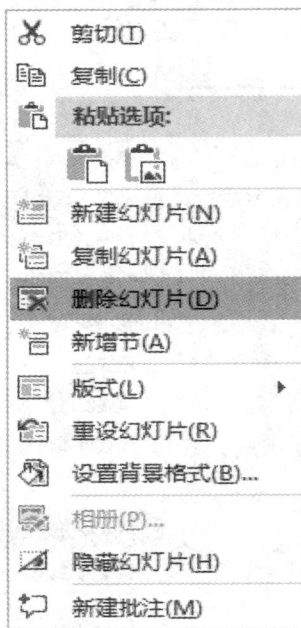

图 4-51　删除幻灯片

4.4　设置幻灯片版式

4.4.1　应用版式

1. 幻灯片版式概述

幻灯片版式包含幻灯片上显示的所有内容的格式、位置和占位符框。占位符是幻灯片版式上的虚线容器，其中包含标题、正文文本、表格、图表、SmartArt 图形、图片、剪贴画、视频和音频等内容。幻灯片版式还包含幻灯片的颜色、字体、效果和背景(整体称为主题)。

PowerPoint 2016 包含内置幻灯片版式，每种版式均显示了在其中添加文本或图形的各种占位符的位置，如图 4-52 所示，可以修改这些版式以满足用户的特定需求。

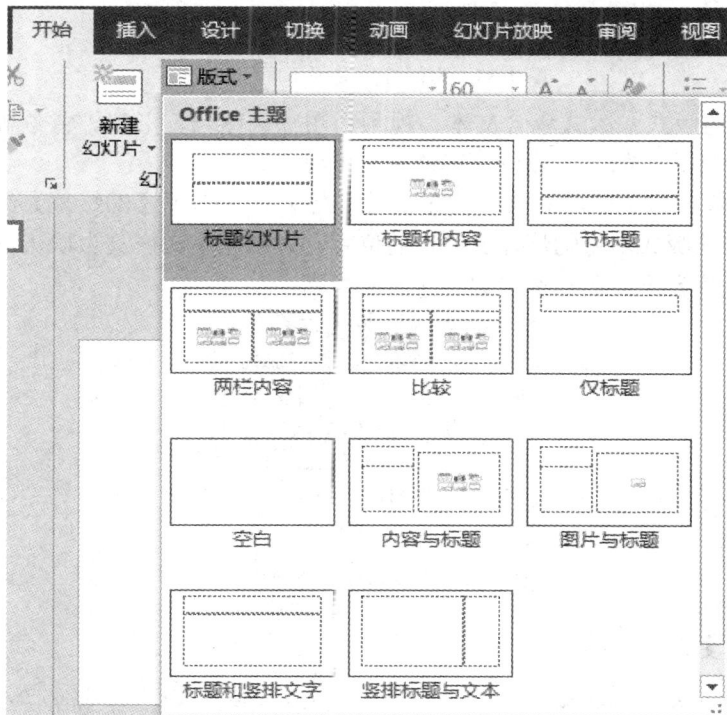

图 4-52　Office 主题默认版式列表

2. 应用幻灯片版式

在 PowerPoint 中打开空白演示文稿时，将显示名为【标题幻灯片】的默认版式，但还存在可供应用的其他预定义版式，如通用的【标题和内容】布局、并排的【比较】版式，以及带标题的图片布局等。可根据需要使用不同的幻灯片版式来编排幻灯片内容，使内容更加明晰易懂。对现有幻灯片应用版式的操作如下：

(1) 选择要更改版式的幻灯片。

(2) 选择【开始】选项卡下【幻灯片】组的【版式】，如图 4-53 所示。

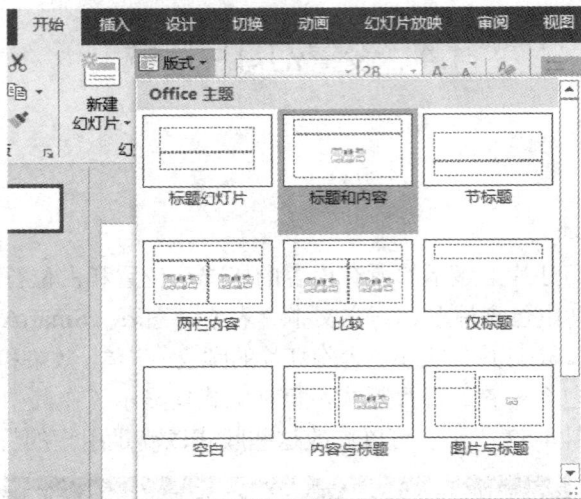

图 4-53　为幻灯片应用不同的版式

(3) 选择所需版式。版式包含文本、视频、图片、图表、形状、背景等的占位符，还包含这些对象的格式，如主题颜色、字体和效果等。

(4) 如果要修改已更改的版式，可单击【开始】选项卡下【幻灯片】组的【重置】按钮，还原到原来的版式，将幻灯片占位符的位置、大小和格式恢复为默认设置，如图 4-54 所示。使用【重置】不会删除所添加的任何内容。

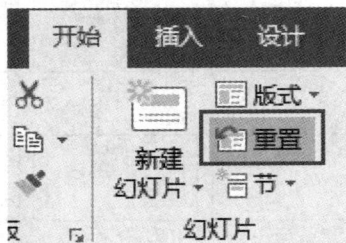

图 4-54　恢复幻灯片的默认版式

4.4.2　应用主题

PowerPoint 提供了多个预设主题，每个主题都使用唯一的一组颜色、字体和效果来创建幻灯片的整体外观，它们位于左侧功能区的【设计】选项卡上。应用主题的操作步骤如下：

(1) 打开幻灯片。在【设计】选项卡上，鼠标指向主题缩略图以预览该主题下幻灯片的外观，如图 4-55 所示。若要查看完整的主题库，单击【其他】下拉按钮，展开主题库，如图 4-56 所示。

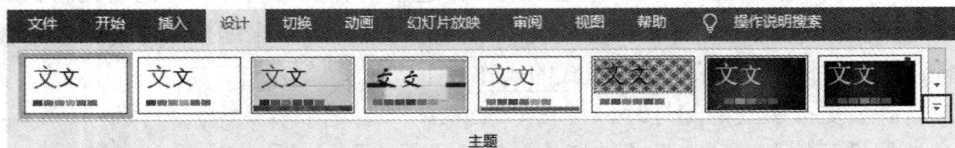

图 4-55　默认显示的主题库

图 4-56　展开完整主题库

(2) 选定所需的主题后，单击其缩略图将其应用于演示文稿中的所有幻灯片上。右键单击可选择将该主题只应用于当前选定的幻灯片，如图 4-57 所示。

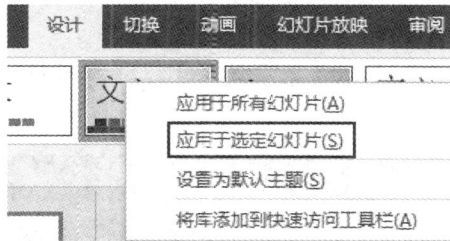

图 4-57　选择主题的应用范围

(3) 若要应用下载的主题，单击【其他】下拉箭头，选择【浏览主题】，在打开的【选择主题或主题文档】对话框中找到下载的主题文件，然后单击【应用】按钮，如图 4-58 所示。

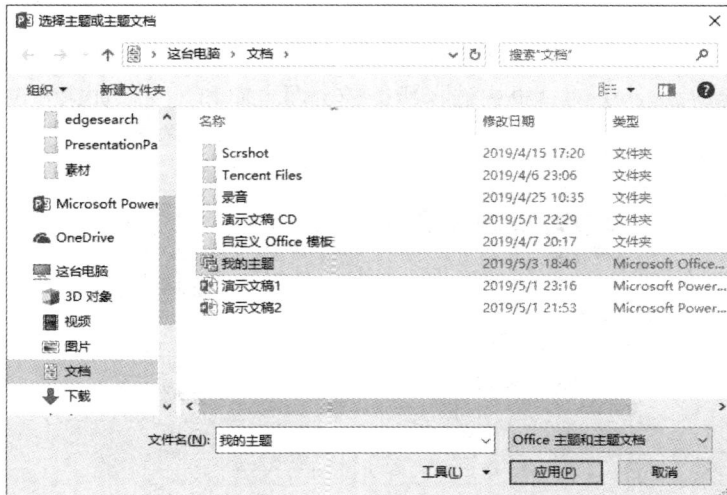

图 4-58　浏览和应用下载的主题

在 PowerPoint 2016 中，如果内置主题不能满足需要，可以基于内置主题，使用自定义颜色、字体和效果对其进行修改，创建自定义主题。

4.4.3　应用模板

1. 模板

模板是一个主题加上一些用于特定领域或特定目的内容的样本。因此，模板具有协同工作的设计元素(颜色、字体、背景、效果)以及可以替换的样本内容。模板上包含有特定的不允许修改的文本和内容，如果更改的话只能从幻灯片母版进行编辑。另外通过占位符等提供用户可以定制的内容。

2. 创建模板

创建演示文稿并将其另存为 PowerPoint 模板(.potx)文件后，可以共享该模板并反复使用。要创建模板，需要修改幻灯片母版和一组幻灯片板式。

创建模板操作如下：

(1) 启动 PowerPoint 2016，选择【文件】选项卡，单击【新建】按钮，选择【空白演示文稿】，创建一个空白演示文稿。

(2) 在【设计】选项卡上，单击【自定义】组中【幻灯片大小】按钮，选择【自定义幻灯片大小】，如图 4-59 所示。

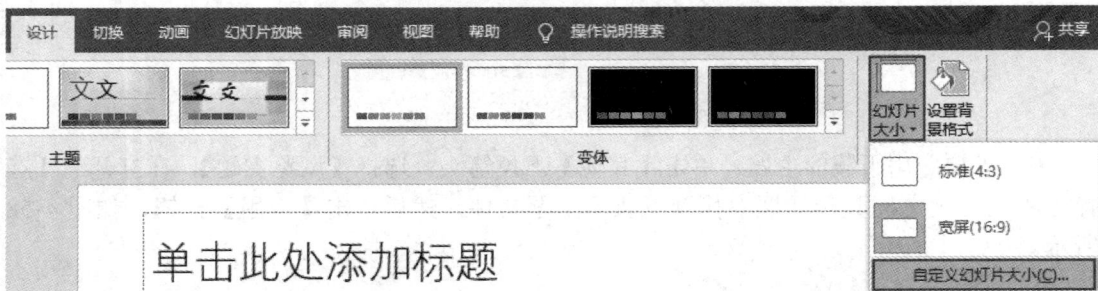

图 4-59　自定义模板的幻灯片大小

(3) 在【幻灯片大小】对话框中选择所需的页面方向和尺寸，如图 4-60 所示。

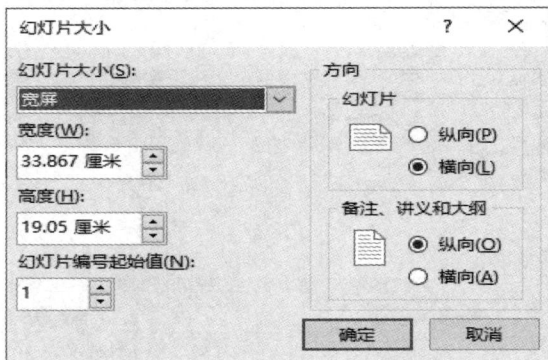

图 4-60　【幻灯片大小】对话框

（4）在【视图】选项卡上【母版视图】组中单击【幻灯片母版】按钮，如图 4-61 所示。

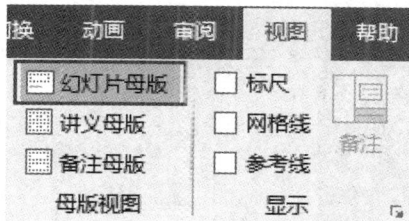

图 4-61　选择【幻灯片母版】视图

（5）切换到幻灯片母版视图。左侧窗格幻灯片缩略图列表顶部最大的幻灯片缩略图就是幻灯片母版，其他相关幻灯片版式位于幻灯片母版下方，如图 4-62 所示。

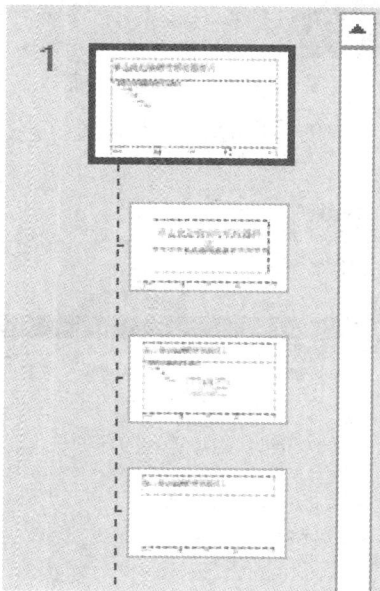

图 4-62　幻灯片母版视图

要对幻灯片母版或幻灯片版式进行更改，可在【幻灯片母版】选项卡上执行操作，如图 4-63 所示。

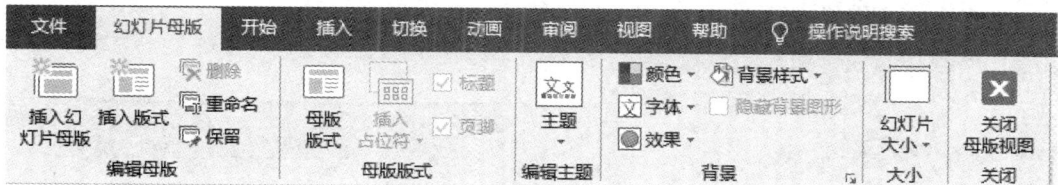

图 4-63　幻灯片母版选项卡

在幻灯片母版或幻灯片版式中，单击并拖动鼠标以绘制占位符大小。若要调整占位符的大小，拖动其中一个边框的一角即可。

（6）保存模板文件。设置完成后，单击【文件】选项卡，选择【另存为】，单击【浏览】

按钮，如图 4-64 所示。

图 4-64　【另存为】页面

在打开的【另存为】对话框中的【保存类型】列表中，选择【PowerPoint 模板】，如图 4-65 所示。

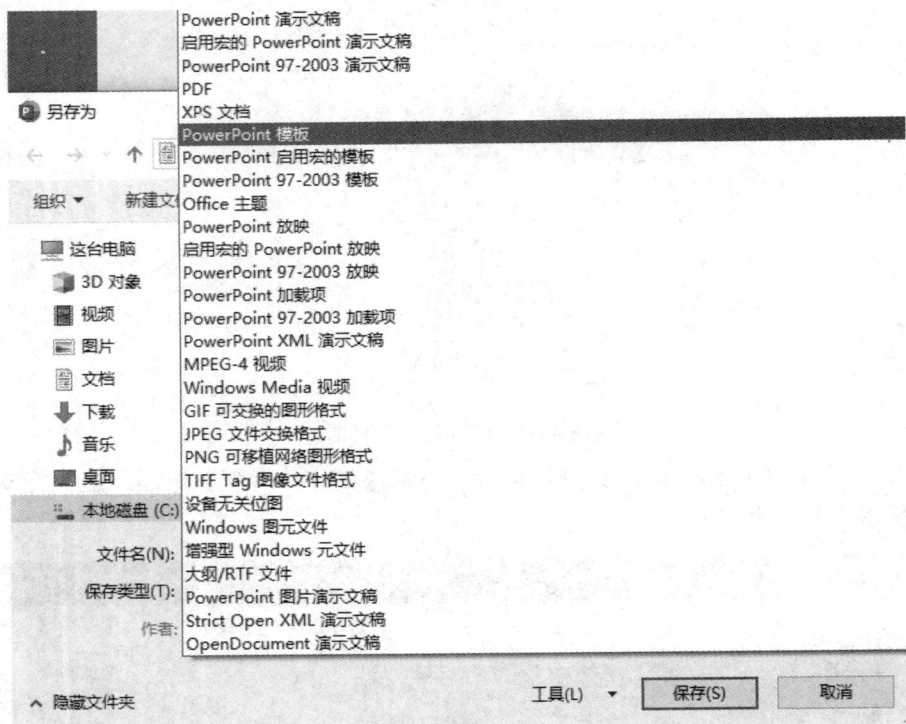

图 4-65　选择保存类型为 PowerPoint 模板

选择【模板】类型时，PowerPoint 会自动将存储位置切换到相应的文件夹，即【自定义 Office 模板】文件夹。

在【另存为】对话框中的【文件名】框中，为模板键入文件名，或不执行任何操作直接接受建议的文件名，如图 4-66 所示，选择【保存】即可。

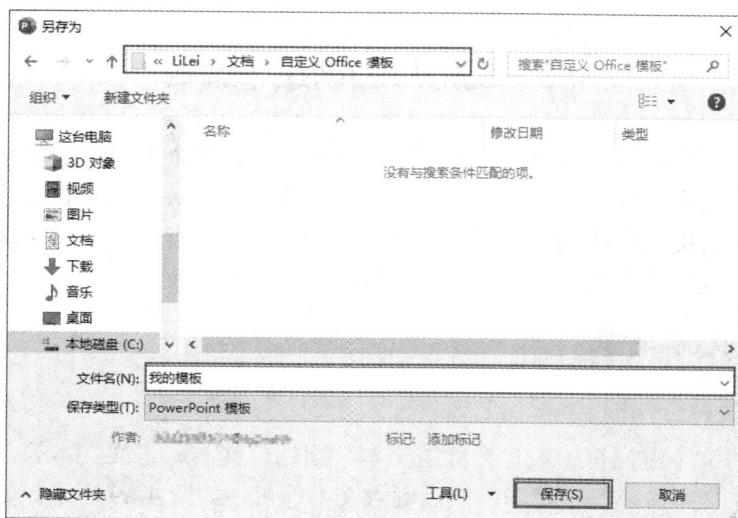

图 4-6S 保存模板

要将模板应用于新的演示文稿，单击【文件】选项卡，选择【新建】，然后在右侧区域单击【自定义】，选择【自定义 Office 模板】文件夹，打开该文件夹，选择自己的模板，单击【创建】，则基于自己的模板创建演示文稿，如图 4-67 所示。

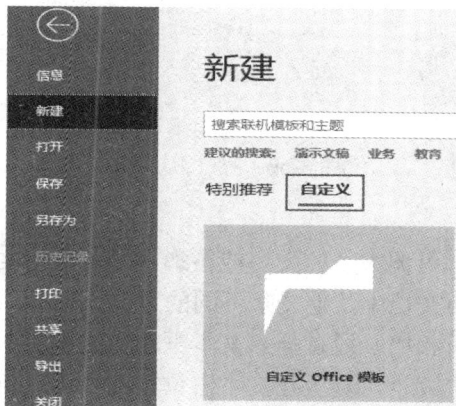

图 4-67 应用自定义模板创建演示文稿

要把模板应用到已有的演示文稿上，可以通过基于该模板创建一个空白演示文稿，复制粘贴或重用要应用的演示文稿中的幻灯片的方法来实现，操作如下：

(1) 根据模板创建一个空白演示文稿。

(2) 打开要应用模板的演示文稿文件，全选并复制所有幻灯片。

(3) 在基本模板创建的空白演示文稿窗口左侧幻灯片导航窗格中右键单击【使用目标主题】，粘贴所有幻灯片，如图 4-68 所示。

(4) 保存粘贴后的演示文稿。

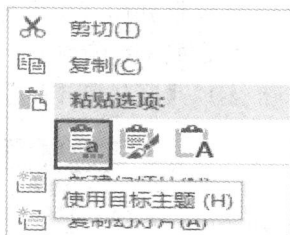

图 4-68 应用模板到已有演示文稿

4.5　幻灯片的创建与编辑

幻灯片中文本的输入主要通过向文本占位符或插入的文本框中添加文本来实现。文本输入完成后可对文本进行字体格式和段落格式的设置。在 PowerPoint 2016 创建演示文稿中占位符是一种带有虚线边缘的框，绝大部分幻灯片版式中都有这种框。在这些框内可以放置标题及正文，或者是图表、表格和图片等对象。

4.5.1　创建文本对象

1. 文本占位符

幻灯片中的文本占位符一般包括标题文本、副标题文本、正文文本等，若要在其中添加文本，只需在文本占位符中单击，然后键入文本即可，如图 4-69 所示。如果输入的文本内容超过了占位符的大小，PowerPoint 2016 一般会以自动缩小字号或压缩行距的方式使文本符合占位符的大小。以下以文本与内容版式幻灯片为例，说明文本的输入。

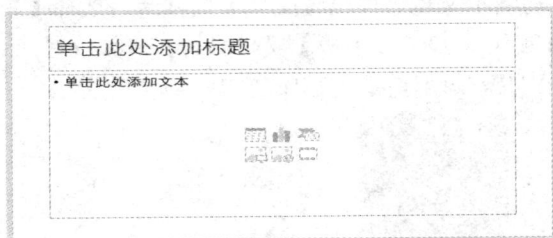

图 4-69　空白幻灯片

2. 文本框

文本框是一种可移动、可调大小的文字或图形容器。使用文本框，可以在一页上放置数个文字块，或使文字按与文档中其他文字不同的方向排列。

与幻灯片提供的占位符相比，通过插入文本框输入文本更具灵活性。使用文本框可将文本放置在幻灯片的任何位置上，甚至在文本占位符的外部。例如要为图片添加标题，可添加一个文本框并将其放置在图片旁边。

1) 添加文本框

添加文本框并向其中添加文本的操作如下：

(1) 在【插入】选项卡下【文本】组中单击【文本框】下的箭头，然后单击【绘制横排文本框】或【竖排文本框】，如图 4-70 所示。

图 4-70　通过【插入】选项卡【文本】组插入文本框

(2) 在幻灯片上单击，并拖动指针以绘制文本框，如图 4-71 所示。

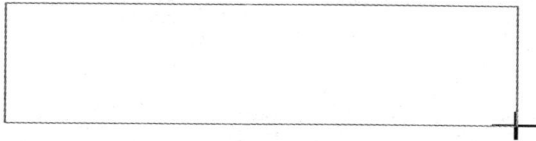

图 4-71　拖动鼠标指针绘制文本框

(3) 绘制完成后，光标自动停留在文本框内，直接键入要添加的文本。

2) 文本框其他操作

在幻灯片中添加文本框后，作为幻灯片的插入对象，可以对其进行移动、复制、删除等操作。

3) 文本框格式设置

添加文本框后，其默认格式不能满足需要时，可对其格式按需进行设置。文本框的格式包括其形状样式(形状填充、形状轮廓、形状效果)，文本样式(文本填充、文本轮廓、文本效果)，大小，位置，文字方向，文字对齐方式，分栏，内部间距等。

选中文本框，在 PowerPoint 2016 功能区的【绘图工具|格式】选项卡中对文本框进行格式设置。对某些选项进行设置时，还会在幻灯片窗格右侧打开【设置形状格式】任务窗格，便于对格式进行详细的设置，如图 4-72 所示。

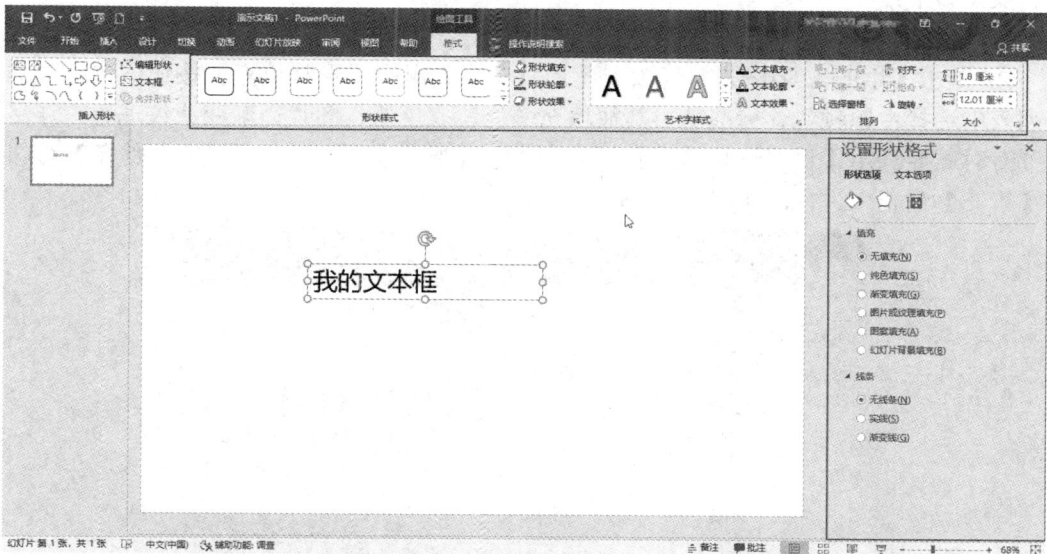

图 4-72　【绘图工具|格式】选项卡

(1) 设置文本框的形状样式。

文本框的形状样式是指文本框的外观，包括文本框的填充、轮廓和效果等。应用 PowerPoint 2016 内置的形状效果的操作如下：

① 选中文本框。

② 单击【绘图工具|格式】选项卡【形状样式】组中形状样式库右侧的【其他】下拉箭头，在打开的形状样式列表中浏览并单击要应用的形状样式，如图 4-73 所示。

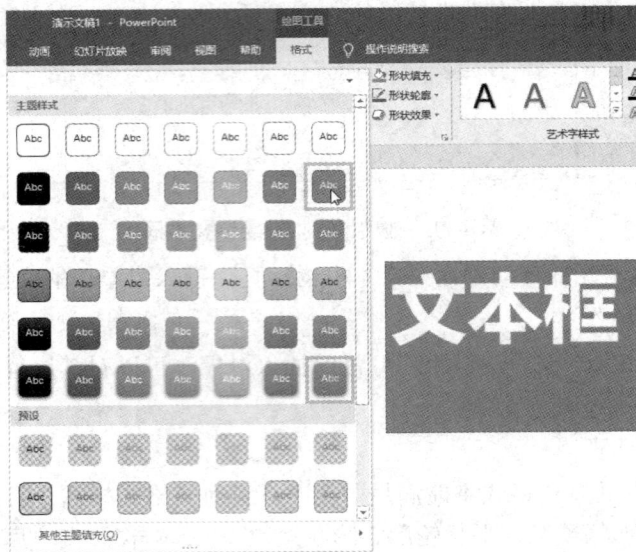

图 4-73　为文本框应用形状样式库中的形状样式

(2) 设置文本框的形状填充。

文本框的形状填充是指用纯色、渐变、图片或纹理填充文本框的内部。设置文本框填充的操作如下：

① 选择文本框。

② 单击【绘图工具|格式】选项卡【形状样式】组中【形状填充】按钮，在打开的下拉列表中选择主题颜色、标准色、其他填充颜色、取色器、图片、渐变或纹理等。详尽的设置有时需要利用【设置形状格式】任务窗格中【形状选项】标签【填充与线条】按钮下的【填充】列表来进行，如图 4-74 所示。

图 4-74　设置文本框的形状填充颜色

要添加或更改填充颜色时，直接单击所需的颜色即可。

(3) 设置文本框的形状轮廓。

文本框的形状轮廓是指文本框边框的线型、宽度和颜色。设置文本框轮廓的操作如下：

① 选择文本框。

② 单击【绘图工具I格式】选项卡【形状样式】组中【形状轮廓】按钮，在打开的下拉列表中选择主题颜色、标准色、其他轮廓颜色、取色器、粗细(宽度)、虚线(线型)等。详尽的设置有时需要利用【设置形状格式】任务窗格中【形状选项】标签【填充与线条】按钮下的【线条】列表来进行，如图 4-75 所示。

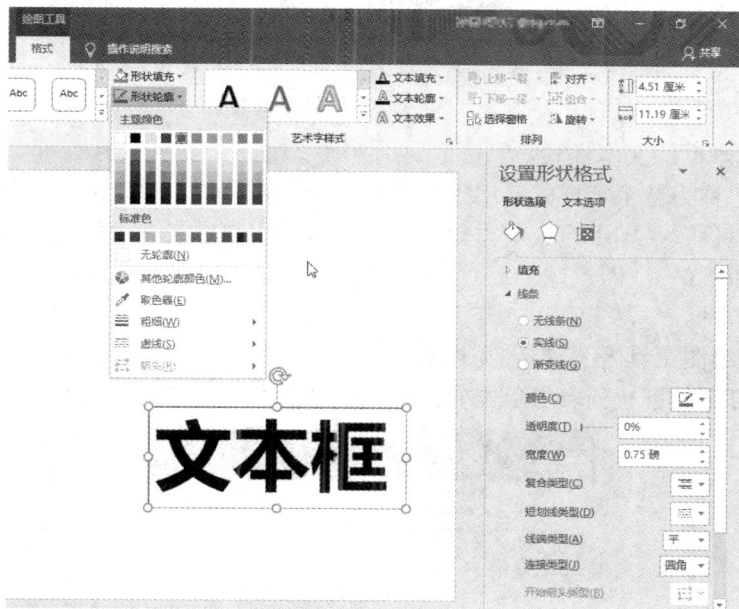

图 4-75　设置文本框的形状轮廓

③ 若要取消轮廓，单击【形状轮廓】下拉列表中的【无轮廓】或【设置形状格式】任务窗格的【无线条】即可。

(4) 设置文本框的形状效果。

文本框的形状效果是指文本框的阴影、发光、映像、三维旋转等外观效果。更改填充颜色只影响文本框的内部或正面。如果为文本框添加某种效果(如阴影)并且希望为该效果应用另一种颜色，则必须单独更改阴影的颜色，而不是填充颜色。三维效果可增加文本框的深度，可以向文本框添加内置的三维效果组合，也可以添加单个效果。设置文本框的外观效果的操作如下：

① 选择文本框。

② 单击【绘图工具I格式】选项卡【形状样式】组中的【形状效果】按钮，在打开的下拉列表中单击某种效果(预设、阴影、映像、发光、柔化边缘、棱台、三维旋转)，打开该效果的具体类型，然后单击选中要应用的效果。详尽的设置有时需要利用【设置形状格式】任务窗格中【形状选项】标签【效果】按钮下的列表来进行，如图 4-76 所示。

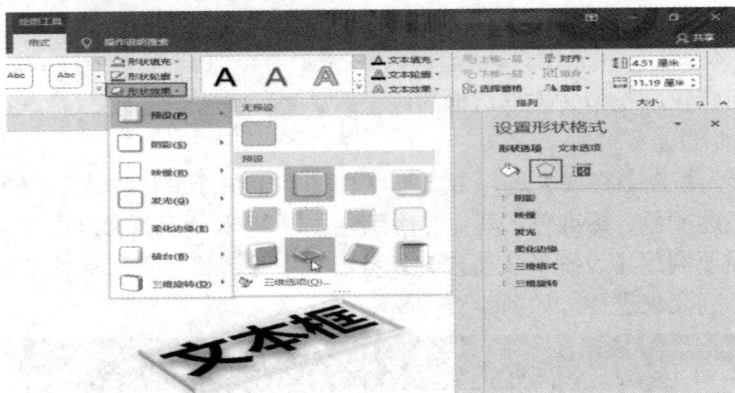

图 4-76　设置文本框的形状效果

(5) 设置文本框的文本样式。

文本样式也称为艺术字样式，用于给文本添加艺术风格。可以应用系统预置的艺术样式，也可以通过设置文本填充、文本轮廓、文本效果来自定义艺术样式。应用系统预置文本样式的操作如下：

① 选择文本框。

② 单击【绘图工具|格式】选项卡【艺术字样式】组中艺术字样式库右侧的【其他】下拉箭头，在打开的下拉列表中单击要应用的某种艺术字样式，如图 4-77 所示。

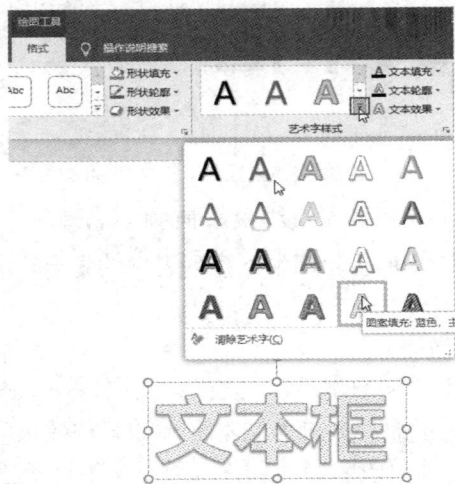

图 4-77　为文本框中的文本应用艺术字样式

③ 要重置文本为不加艺术风格的状态，单击【艺术字样式】下拉列表中的【清除艺术字】。

(6) 设置文本框的大小。

在 PowerPoint 2016 中，插入的文本框默认根据文本框中文本的字号和文字的多少自动调整最合适的大小。手动设置文本框大小的操作如下：

① 选中文本框。右键单击文本框的边框，在弹出的快捷菜单中选择【大小和位置】，如图 4-78 所示。

图 4-78　选择【大小和位置】

② 幻灯片窗格右侧的【设置形状格式】任务窗格自动切换到【大小和属性】页面，在【大小】选项下手动输入幻灯片的高度和宽度及其他设置，如图 4-79 所示。

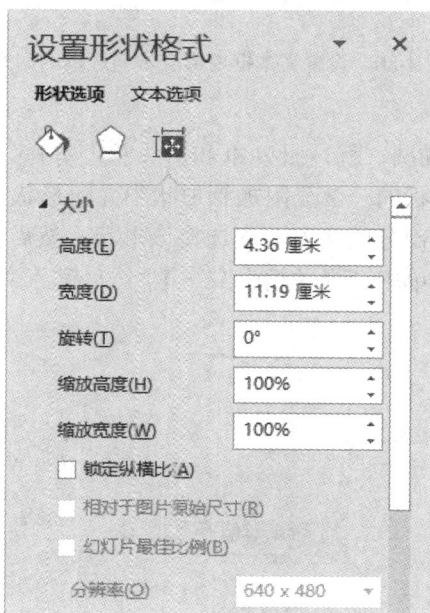

图 4-79　设置文本框的大小

(7) 设置文本框的内部间距。

文本框中的文本和文本框的边框之间默认有一定间距，有时需要调整这个间距，步骤如下：

① 选中文本框。右键单击文本框的边框，在弹出的快捷菜单中选择【大小和位置】。

② 幻灯片窗格右侧的【设置形状格式】任务窗格自动切换到【大小和属性】页面，展开【文本框】。

③ 在【根据文字调整形状大小】下方手动输入要设置的边距，如图 4-80 所示。

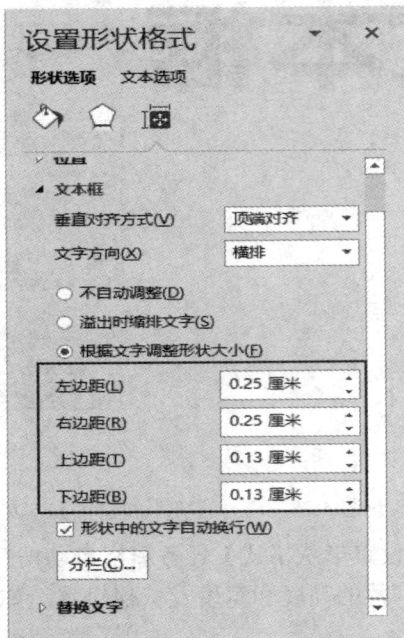

图 4-80　设置文本框内部文本与边框的间距

3. 形状

大部分形状(如矩形、椭圆、标注批注框和箭头总汇等)都可以包含文本。在形状中键入文本时，该文本会作为形状的一部分附加到形状中并随形状一起移动或旋转。

若要添加作为形状组成部分的文本，先选择该形状，然后直接键入文本；或者右键单击该形状，在弹出的快捷菜单中选择【编辑文字】，然后键入文本，如图 4-81 所示。

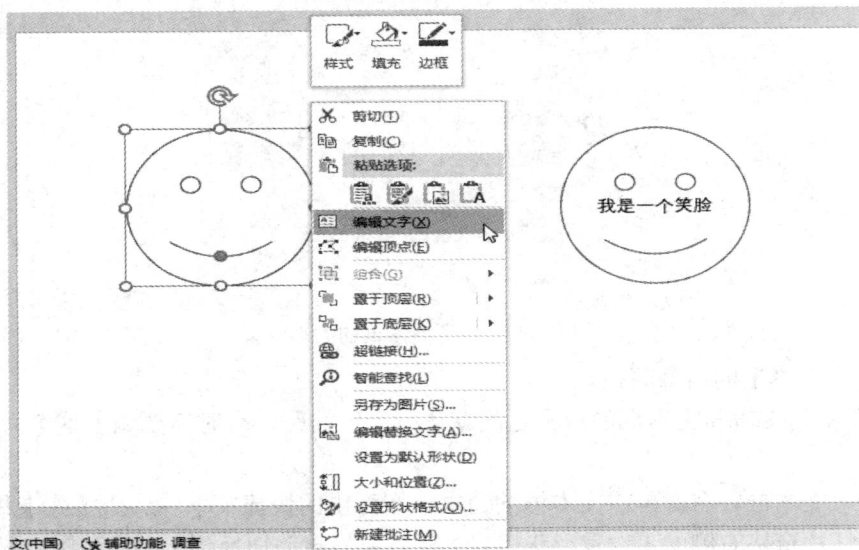

图 4-81　为形状添加文本

4.5.2　设置文本格式

1. 设置文本字体格式

在幻灯片中输入文本后，需要对其字体进行设置，使幻灯片突出重点、风格统一。在
PowerPoint 2016 中，对字体的设置可以通过选中文本后其右上方出现的浮动工具栏或【开
始】选项卡【字体】组来进行。

浮动工具栏具有基本的文本字体和段落格式设置功能，包含字体、字号、增大字号、
减小字号、降低列表级别、提高列表级别、加粗、倾斜、下划线、左对齐、居中对齐、右
对齐、字体颜色、格式刷等，如图 4-82 所示。

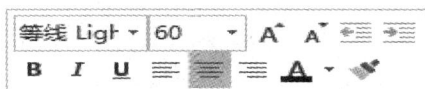

图 4-82　字体和段落浮动工具栏

【字体】组中字体格式的基本设置包括选取文本的字体、字号(即文字大小)、更改文
字的颜色、将文本加粗、使文本变为斜体、给文本添加下划线、给文本添加阴影、添加删
除线、设置字符间距、更改文本(英文)大小写、增大/减小字号，以及清除文本的所有格式
等，如图 4-83 所示。

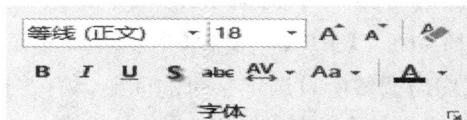

图 4-83　【开始】选项卡【字体】组

单击【开始】选项卡【字体】组右下角的对话框启动按钮，可打开【字体】对话框，
对文本的字体格式进行更详细的设置，如图 4-84 所示。

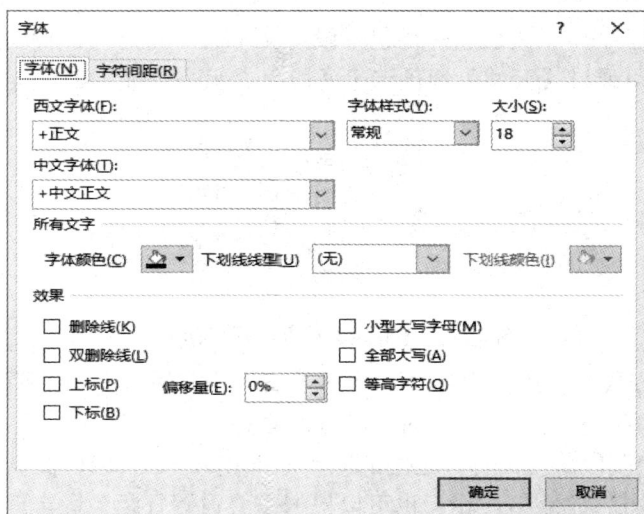

图 4-84　【字体】对话框

在【字体】标签下，可为选中的文本同时设置中文和西文字体、字体的样式、字号(这里的字号可以通过上下箭头微调或直接输入)、字体颜色、下划线的线型及颜色、字体的效果等。

在【字符间距】标签下，可设置字符间距的类型及度量值，如图 4-85 所示。

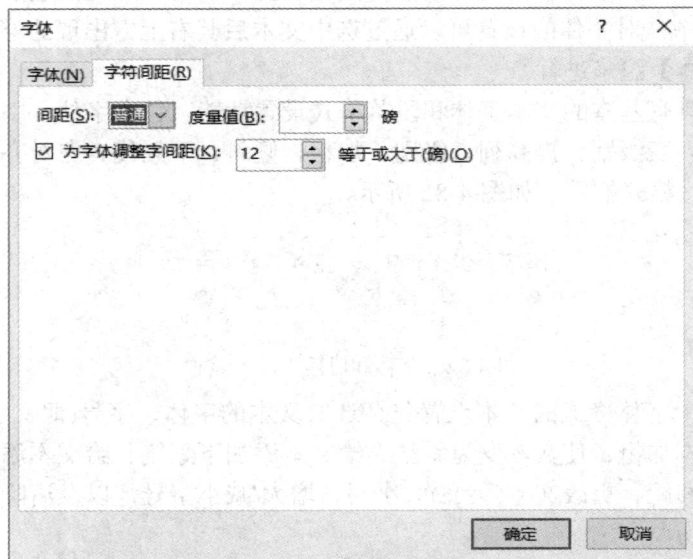

图 4-85　【字体】对话框【字符间距】标签

【间距】：按相同量值均匀调整所有选定字母的间距，有普通、加宽和紧缩三个选项，选择加宽或紧缩时需要在【度量值】栏输入加宽或紧缩的值。

【为字距调整字间距】：对两个特定字符之间的间距进行调整。通过减少或增大字符之间的间距(如"a"和"V")以达到需要的效果。

2. 设置文本段落格式

文本的格式除了字体相关设置外还包括段落文本的对齐方式、行间距、段间距、文本缩进等。这些设置可通过【开始】选项卡上【段落】组来完成，如图 4-86 所示。

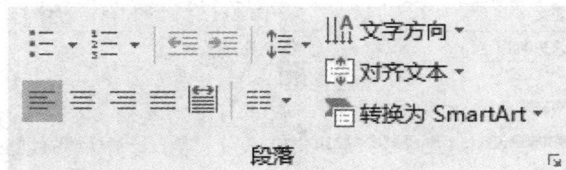

图 4-86　【开始】选项卡【段落】组

(1) 段落对齐方式是指段落内的文本相对于文本所在对象左右边距的对齐方式，可分为左对齐、居中对齐、右对齐、两端对齐和分散对齐。

(2) 行距 控制段落内部各行之间的间距。PowerPoint 2016 默认行距有单倍行距、1.5 倍、2.0 倍、2.5 倍、3.0 倍行距，也可以根据需要设置行距为固定值或其他多倍行距。单倍行距是指将行距设置为该行最大字体的高度加上额外间距，额外间距的大小取决于所用的字体。这里可近似理解为几倍行距即行间距离为该行文本最大字体的几倍。

(3) 文本缩进是指文本段落内文本相对于段落边距的缩进，可通过提高/降低列表级别或通过段落对话框实现。

- 提高列表级别 ：文本进一步向右缩进。
- 降低列表级别 ：文本左侧的缩进间距将减小，这种缩进也称之为文本之前缩进。

另外，还有两种特殊的缩进方式，分别为首行缩进和悬挂缩进。在 PowerPoint 2016 中适合用标尺而不是对话框进行首行缩进和悬挂缩进。

- 首行缩进：指示实际的项目符号或编号字符的位置。如果段落不带项目符号或编号，则首行缩进指示段落的第一行文本的位置。
- 悬挂缩进：指示除了项目符号或编号外实际文本行的位置。如果段落不带项目符号或编号，则悬挂缩进指示第二行(及后续行)文本的位置。

(4) 段落间距是相邻段落间的间距，分为段前间距和段后间距。段前间距是段落与上一段落间的间距(当该段落为页面上的第一个段落时，为该段落与页面上边距之间的距离)；段后间距是段落与下一段落之间的间距。事实上，页面上第一个段落的段前距和页面上的最后一个段落的段后距为指定值，中间其他段落的实际段前距为上一个段落的段后距与本段落的段前距设置值之和，实际段后距同样为本段落的段后距与下一段落段前距设置值之和。

4.5.3　添加符号

1. 项目符号

项目符号是放在文本(无序列表中的项目)前的符号，起到强调信息要点的作用，使文档的层次结构更清晰、更有条理。合理、有效、美观地使用项目列表，需要注意列表项应长度合适、简洁并易于浏览。

PowerPoint 2016 内置有 7 种项目符号，如图 4-87 所示；也可以在【项目符号和编号】对话框中单击【自定义】，如图 4-88 所示，打开【符号】对话框，选择自定义项目符号，如图 4-89 所示；还可以使用图片缩略图作为项目符号。

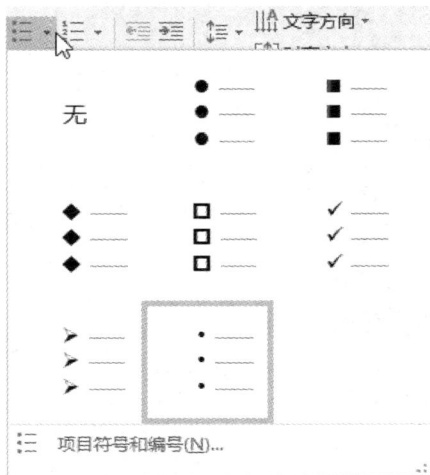

图 4-87　内置项目符号列表　　　　图 4-88　【项目符号和编号】对话框

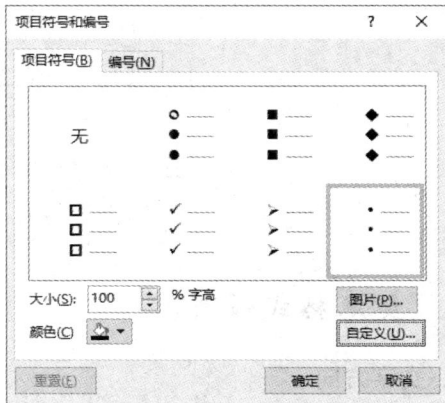

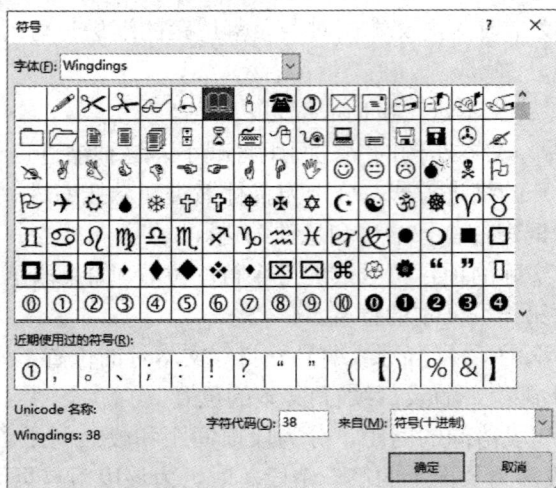

图 4-89　自定义项目符号

2. 编号

编号是放在文本(有序列表中的项目)前的字母或数字，同样起到强调信息要点的作用，使文档的层次结构更清晰、更有条理。

编号列表与项目符号列表的区别在于项目符号列表不强调列表项文本间的顺序，而编号列表则强调这种顺序关系。

PowerPoint 2016 内置有 7 种编号，如图 4-90 所示。

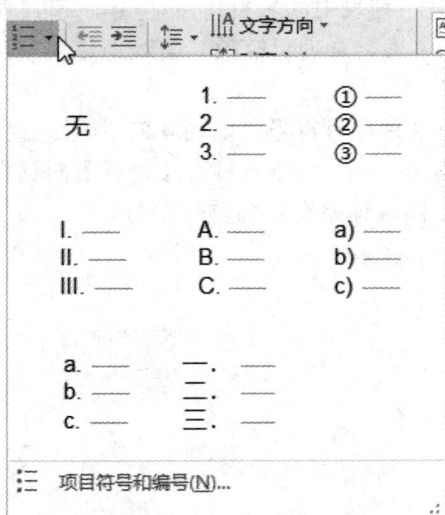

图 4-90　创建编号列表

4.5.4　文本格式设置

1. 文字方向

文本的文字方向可按需从横排、竖排、所有文字旋转 90°、所有文字旋转 270° 和堆积中选择，如图 4-91 所示。

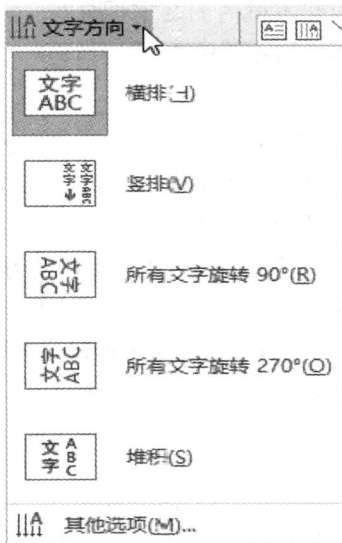

图 4-91　文字方向设置

2. 对齐文本

对齐文本用于设置文本占位符或文本框内文本作为整体相对于文本占位符或文本框的对齐方式。根据文字方向的不同，文本对齐方式也相应不同，文字方向为横排和竖排时文本的对齐方式各有 6 种，如图 4-92 和图 4-93 所示。

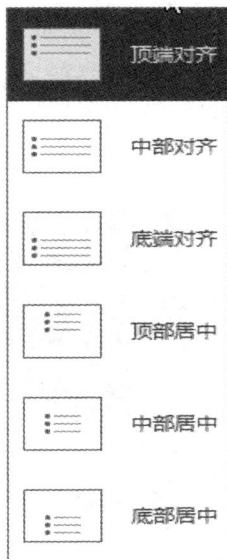

图 4-92　横排文本对齐方式

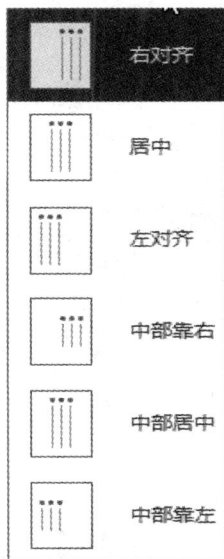

图 4-93　竖排文本对齐方式

这里需要注意的是对齐文本是文本作为整体在文本占位符或文本框内的对齐，而文本内部或段落内部的文本对齐方式有左对齐、居中、右对齐、两端对齐、分散对齐等。

3. 文本分栏

文本分栏是将文本占位符或文本框内的文本拆分为一栏或多栏，还可以选择分栏的栏数和栏间距，如图 4-94 所示。

4. 文本转换为 SmartArt 图形

SmartArt 图形与文本相比是更直观的信息交流方式。将文本转换为 SmartArt 图形(例如关系图或流程图)能够组织和演示(如关系、循环、进程和其他)很多信息，提示了文本之间的逻辑关系。选定文本或直接选中文本框，单击【开始】选项卡下【段落】组中的【转换为 SmartArt】按钮，从下拉列表中选择推荐的 SmartArt 图形样式，如图 4-95 所示。或选择【其他 SmartArt 图形】，打开【选择 SmartArt 图形】对话框进行选择，如图 4-96 所示。将文本转换为连续块状流程图的示例如图 4-97 所示。

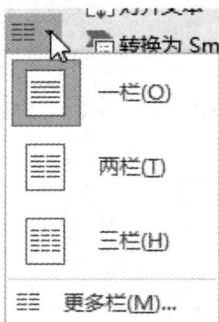

图 4-94　文本分栏

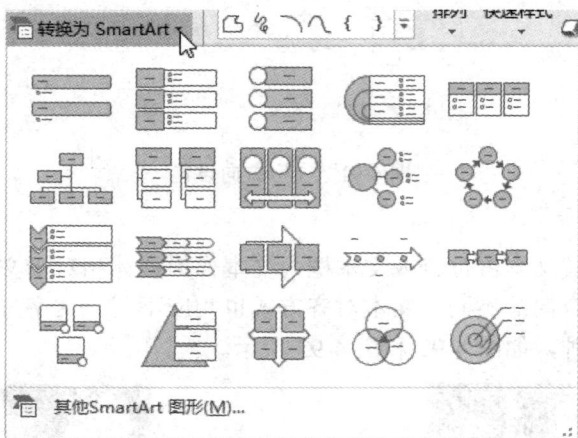

图 4-95　文本转换推荐的 SmartArt 图形

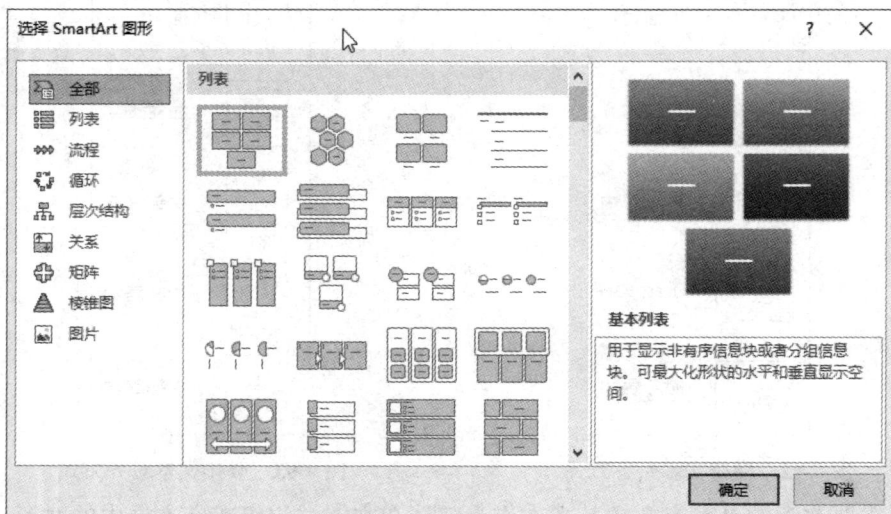

图 4-96　【选择 SmartArt 图形】对话框

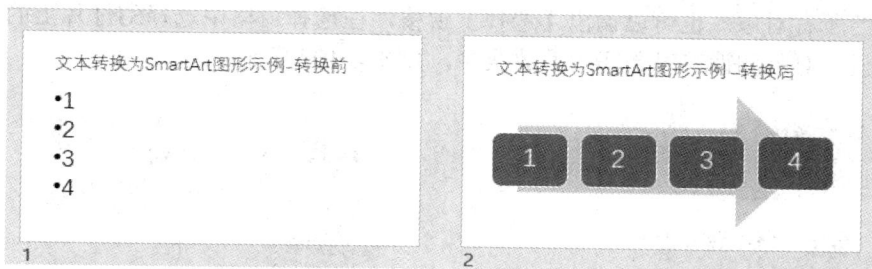

图 4-97　文本转换为 SmartArt 图形示例

5. 文本的查找和替换

查找用于搜索文字，如图 4-98 所示。

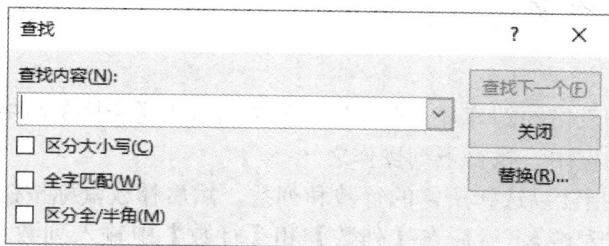

图 4-98　【查找】对话框

替换用于搜索要修改的文字，并同时替换为其他文字，如图 4-99 所示。

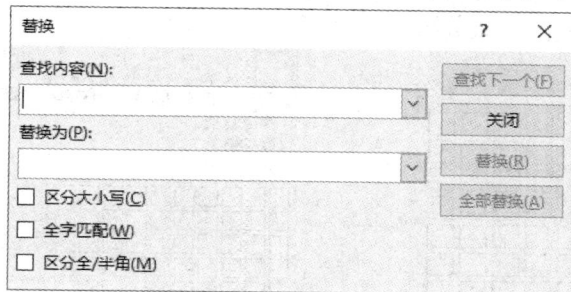

图 4-99　【替换】对话框

替换字体用于更改演示文稿中所有指定的字体，而不更改文本内容，如图 4-100 所示。

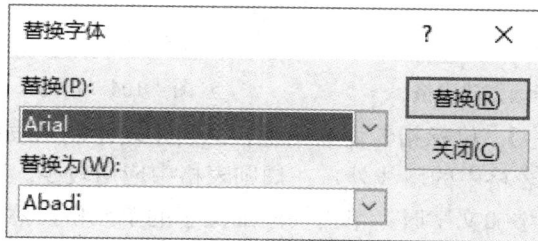

图 4-100　【替换字体】对话框

6. 选择工具

选择工具是用于选中幻灯片多个对象中指定的对象，如图 4-101 所示。选择工具默认处于【选择对象】状态，即通过鼠标单击选中幻灯片上的对象；还可以通过【全选】选中幻灯片上的所有对象。也可以调出【选择】窗格,在选择窗格中选择幻灯片上的对象,并可隐藏或显示对象和调整对象间的叠放次序,如图 4-102 所示。

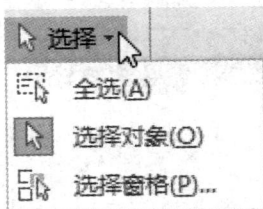

图 4-101 【选择】按钮下拉列表

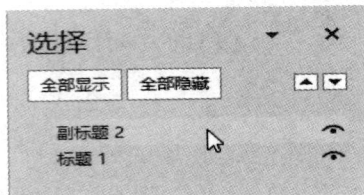

图 4-102 【选择】窗格

4.5.5 创建表格对象

1. 创建表格

选择要向其添加表格的幻灯片,在【插入】选项卡下【表格】组中单击【表格】按钮。在【插入表格】对话框中,执行下列操作之一:

(1) 单击并移动指针以选择所需的行数和列数,然后释放鼠标按钮,如图 4-103 所示。

(2) 单击【插入表格】,然后在【列数】和【行数】中输入列数和行数,如图 4-104 所示。

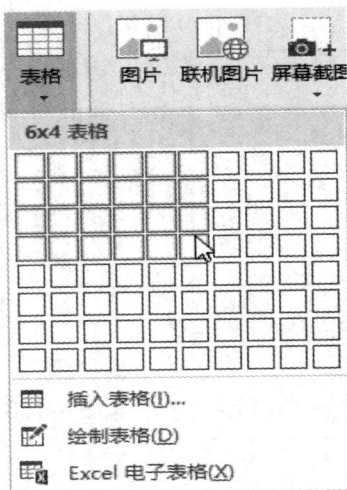

图 4-103 鼠标拖选创建表格

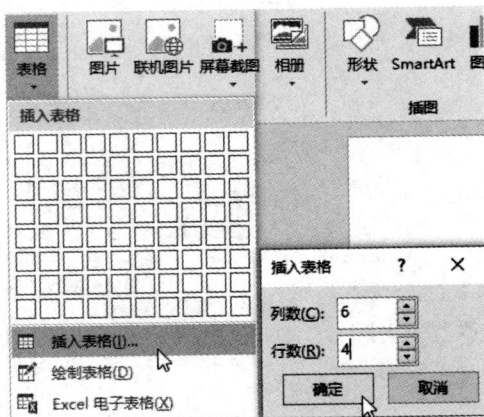

图 4-104 指定行、列数创建表格

(3) 单击【绘制表格】,鼠标指针变为铅笔,然后手动绘制出表格。绘制表格常用于手绘不规则表格,除手绘表格中的斜线外,在规则表格中应用较少。

要向表格单元格中添加文字时,单击要添加文字的单元格,然后输入文字。输入文字后,单击该表格外的任意位置。

2. 从 Word 中复制和粘贴表格

可以将在 Word 中创建好的表格插入到演示文稿中。

在 Word 中,单击要复制的表格的任一栏,然后单击【表格工具|布局】选项卡【表】

组中【选择】旁边的箭头，选择【选择表格】项，如图 4-105 所示。在【开始】选项卡下【剪贴板】组中单击【复制】按钮。

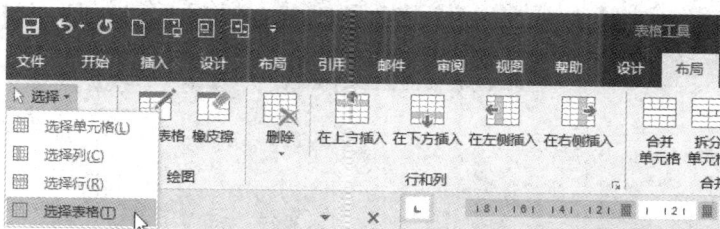

图 4-105　在 Word 中选择要复制的表格

在 PowerPoint 演示文稿中，选择要将表格复制到的幻灯片，然后在【开始】选项卡上单击【粘贴】按钮。

3. 从 Excel 复制并粘贴一组单元格

可以在幻灯片中插入 Excel 电子表格，以利用 Excel 电子表格函数进行计算。插入的 Excel 电子表格将调用 Excel 进行编辑，PowerPoint 不能用来编辑该表格。

首先选择要在其插入 Excel 电子表格的幻灯片，然后在【插入】选项卡下【表格】组中单击【表格】的下拉箭头，然后单击【Excel 电子表格】，在幻灯片上会插入默认大小的 Excel 电子表格(可拖动其周围控点调整大小)，并调用 Excel 进行编辑，如图 4-106 所示。

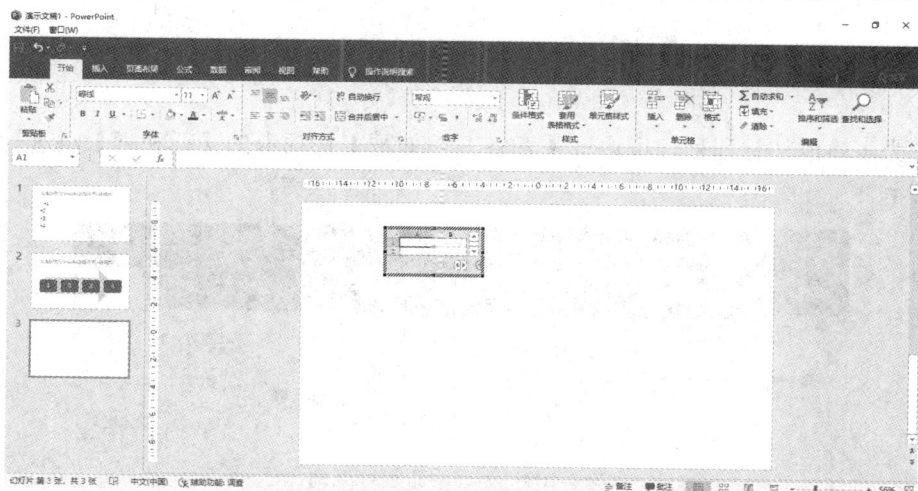

图 4-106　在幻灯片中插入 Excel 表格

若要向表格单元格中添加文字，单击相应单元格，然后输入文字。输入文字后，单击该表格外的任意位置，回到 PowerPoint。

若要对插入的 Excel 电子表格重新进行编辑，双击该表格，会调用 Excel 对其进行编辑。

4. 表格的编辑

(1) 在表格的某一单元格内单击鼠标，然后单击【表格工具|布局】选项卡【表】组中【选择】按钮的下拉箭头，在下拉列表中进行选择：【选择表格】用于选定该单元格所在的整张表格；【选择列】用于选定该单元格所在的列；【选择行】用于选定该单元格所在的行，

如图 4-107 所示。

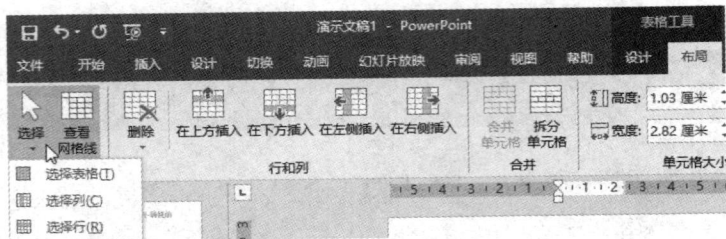

图 4-107　选择表格或行、列

(2) 要删除表格或要删除行或列中的表格单元格时，先选中对象，在【表格工具|布局】选项卡【行和列】组中单击【删除】按钮的下拉箭头，然后在下拉列表中进行选择：【删除列】用于删除选定单元格所在的列；【删除行】用于删除选定单元格所在的行；【删除表格】用于删除选定单元格所在的整张表格，如图 4-108 所示。

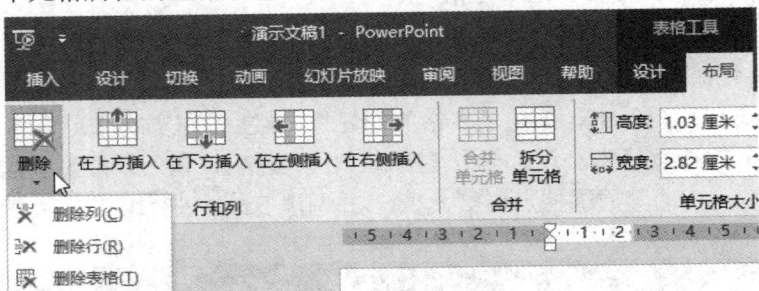

图 4-108　删除表格或行、列

(3) 为表格添加行和列，可通过【表格工具|布局】选项卡的【行和列】组进行，如图 4-109 所示。

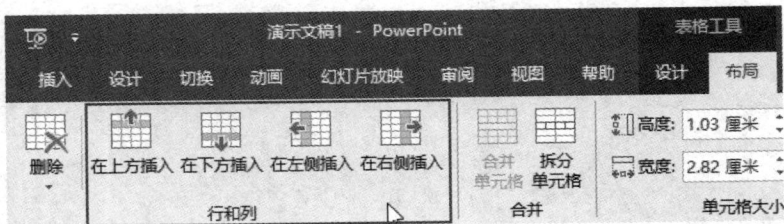

图 4-109　为表格添加行或列

(4) 合并或拆分单元格，可通过【表格工具|布局】选项卡的【合并】组进行，如图 4-110 所示。

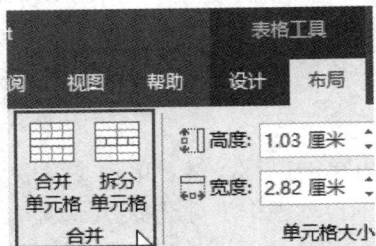

图 4-110　合并和拆分单元格

(5) 插入表格后可以根据需要调整列的宽度或行的高度。

单击要调整其大小的列或行的表格，执行下列一项或全部操作：

■　若要更改列的宽度，将指针停留在要调整其大小的列的左或右边框上，当指针变为垂直双向箭头时，单击并向左或向右拖动边框以调整该列的宽度。

■　若要更改行的高度，将指针停留在要调整其大小的行的上或下边框上，当指针变为水平双向箭头时，单击并向上或向下拖动边框以调整该行的高度。

■　先选定要调整行高或列宽的行或列中的任一单元格，在【表格工具|布局】选项卡【单元格大小】组中的【高度】和【宽度】框中精确输入所需的行高或列宽；在该组下还可以通过单击【分布行】或【分布列】按钮，平均分布选中行或列的行高或列宽，如图 4-111 所示。

(6) 通过【表格工具|布局】选项卡【对齐方式】组设置文本在单元格内的对齐方式、文字方向和单元格边距，如图 4-112 所示。

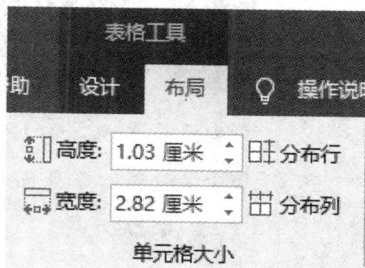

图 4-111　【单元格大小】组

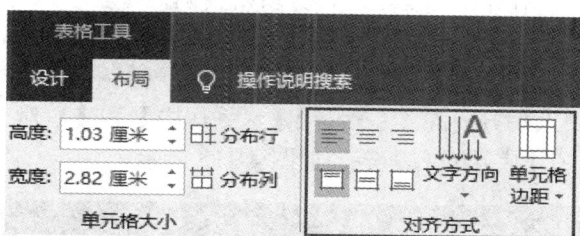

图 4-112　【对齐方式】组

单元格内的文本的方向可根据需要横排、竖排、旋转、堆积等，可通过单击【文字方向】按钮，在下拉列表中进行相应的选择，如图 4-113 所示。

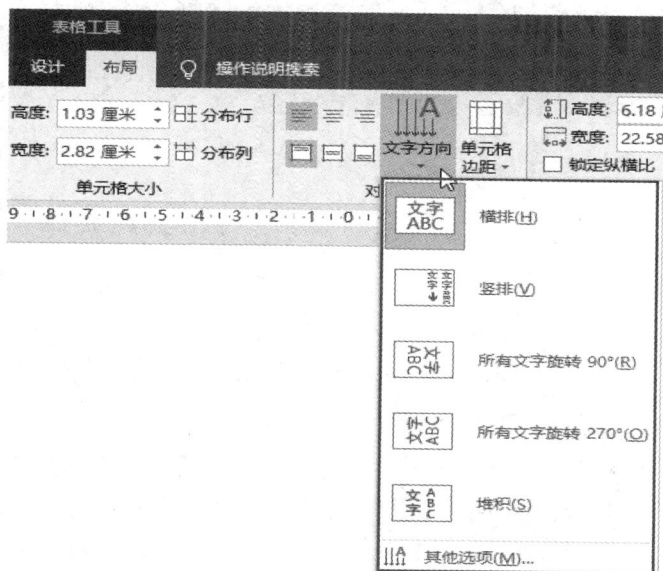

图 4-113　设置单元格文字方向

（7）用鼠标手动拖曳表格边框或使用【表格工具I布局】选项卡【表格尺寸】组来调整表格的大小。

若要设置特定的表格大小，首先单击要调整其大小的表格，然后在【表格工具I布局】选项卡上【表格尺寸】组中的【高度】和【宽度】框中输入所需的大小。若调整时高度和宽度要保持相同的比例，选择【锁定纵横比】复选框，如图 4-114 所示。

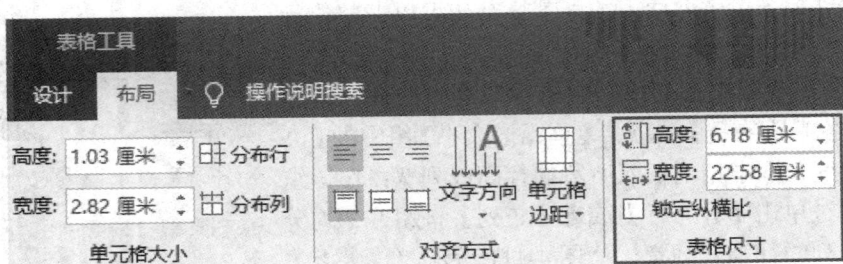

图 4-114　【表格尺寸】组

（8）表格在幻灯片上的位置调整有三种方法：一是手动移动表格；二是通过排列使表格在幻灯片上与其他对象对齐；三是通过任务窗格精确调整表格在幻灯片上的位置。

在幻灯片上对齐表格时，首先单击要在幻灯片中对齐的表格，然后在【表格工具I布局】选项卡【排列】组中单击【排列】按钮，在打开的命令列表中选择表格相对幻灯片的水平和垂直对齐方式，比如水平方向的【左对齐】【水平居中】和【右对齐】，垂直方向的【顶端对齐】【垂直居中】和【底端对齐】等，如图 4-115 所示。

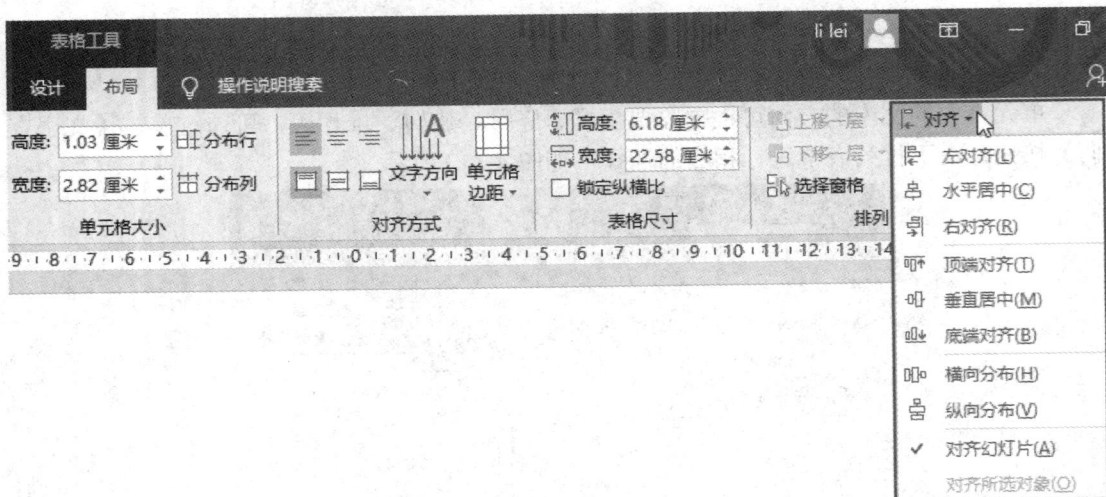

图 4-115　将表格在幻灯片上对齐

要精确指定表格在幻灯片上的位置时，首先右键单击幻灯片中的表格，在弹出的快捷菜单中单击【设置形状格式】，将在幻灯片窗格右侧打开【设置形状格式】任务窗格，然后单击【形状选项】下的【大小和属性】，展开【大小和属性】页面，向下滚动到【位置】栏，设置表格相对参考起点，比如幻灯片左上角的精确位置，如图 4-116 所示。

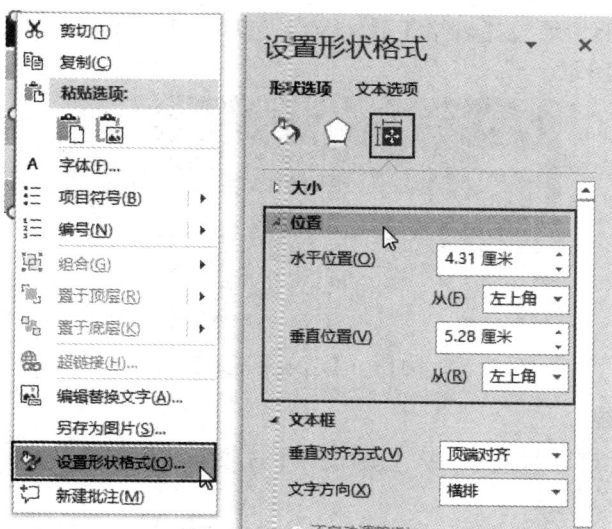

图 4-116　精确指定表格在幻灯片的位置

(9) 表格样式(或快速样式)是表格的不同格式设置选项的组合，包括来自演示文稿主题颜色的颜色组合，添加的所有表格都具有自动应用的表格样式。为表格应用表格样式可通过【表格工具I设计】选项卡中的【表格样式】组来完成，如图 4-117 所示。

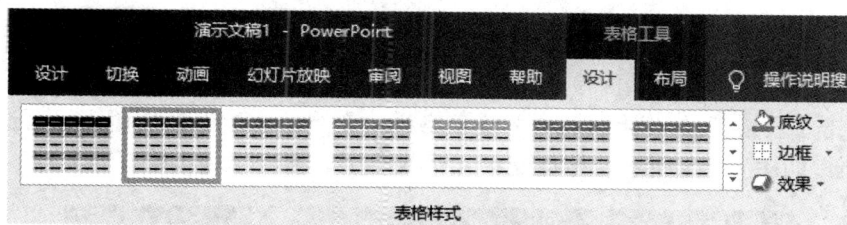

图 4-117　【表格样式】组

应用表格样式时，首先选择要对其应用新的或其他表格样式的表格，然后选择【表格工具I设计】选项卡，在【表格样式】组的表格样式库中选择所需的表格样式。若要查看更多的表格样式，单击【表格样式】库右侧【其他】下拉箭头。

若要删除表格样式，选择【表格工具I设计】选项卡，单击表格样式库右侧的【其他】下拉箭头，然后选择【清除表格】即可。

(10) 若要更改表格中文本的外观，有两种方法：

① 选中表格或表格中的单元格，然后通过【开始】选项卡【字体】组的相关按钮进行设置，如图 4-118 所示。

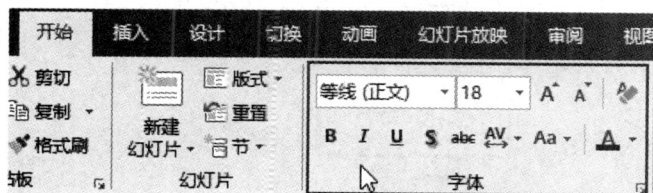

图 4-118　【开始】选项卡【字体】组

② 单击表格，然后通过【表格工具|设计】选项卡【艺术字样式】组中的相关按钮进行设置，如图 4-119 所示。

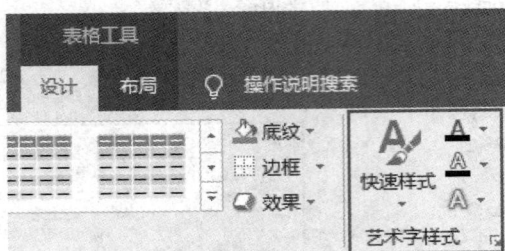

图 4-119 【艺术字样式】组

5. 设置表格边框

设计表格的框线可以通过【表格工具|设计】选项卡【绘制边框】组来完成，如图 4-120 所示。

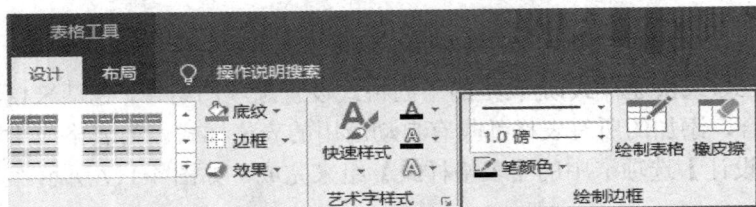

图 4-120 【绘制边框】组

若要将选择好的颜色、粗细或线型应用于表格，执行下列操作之一：

(1) 单击【表格工具|设计】选项卡【表格样式】组的【边框】按钮，然后选择要更改的边框选项，如图 4-121 所示。这也是单元格或整个表格应用边框推荐的方式。

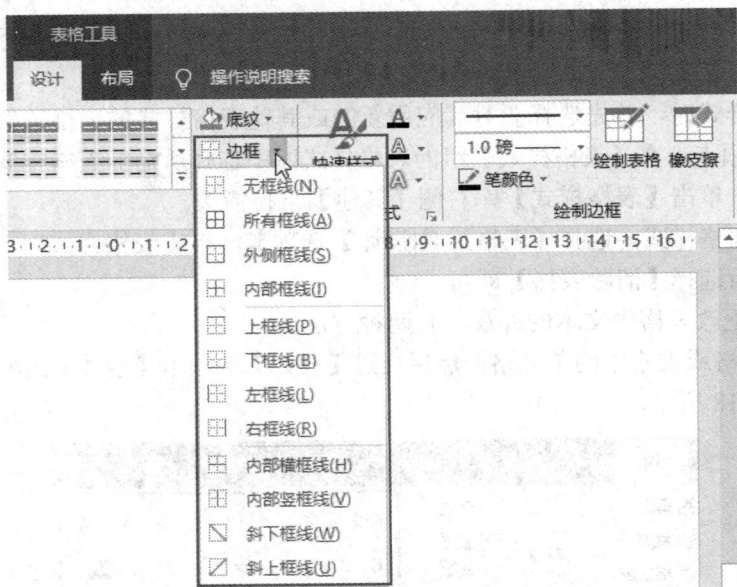

图 4-121 选择应用框线范围

(2) 单击【绘制边框】组的【绘制表格】按钮，当鼠标指针变为铅笔形状时，单击要更改的边框。

6. 设置表格背景

通过【表格工具|设计】选项卡【表格样式】组中的【底纹】按钮添加或更改整个表格的背景颜色，如图 4-122 所示。背景色显示在应用到表格单元格的任何填充颜色的下方。

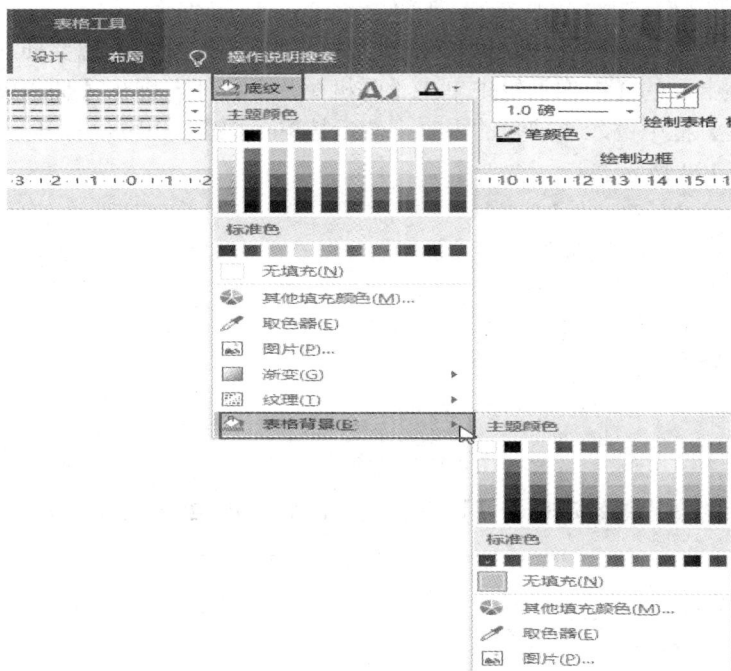

图 4-122　更改表格背景

4.5.6　创建图像对象

1. 插入图像

图片的插入和编辑是创作演示文稿的主要内容之一，PowerPoint 2016 提供了简单易用且丰富的功能用于图片的插入和编辑。

插入图片主要通过【插入】选项卡【图像】组来完成，可用来插入计算机上的图片、联机图片、屏幕截图和相册，如图 4-123 所示。

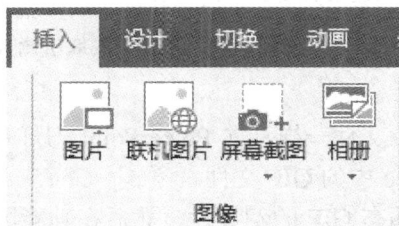

图 4-123　【插入】选项卡【图像】组

1) 插入计算机上的图片

若在幻灯片中插入本地计算机或连接到的其他计算机中的图片，单击幻灯片上想要插入图片的位置，然后在【插入】选项卡【图像】组上单击【图片】按钮，弹出【插入图片】对话框。在打开的对话框中，导航至要插入的图片，然后单击【插入】按钮。

如果想要一次插入多张图片，在按住 Ctrl 键的同时选择想要插入的所有图片。

2) 插入联机图片

若在幻灯片中插入来自各种联机来源的图片，则单击幻灯片上想要插入图片的位置，在【插入】选项卡上的【图像】组中单击【联机图片】按钮，弹出【插入图片】窗格。在【必应图像搜索】框中键入要搜索的内容，然后按 Enter 键，也可以打开个人 OneDrive 选择图片，如图 4-124 所示。

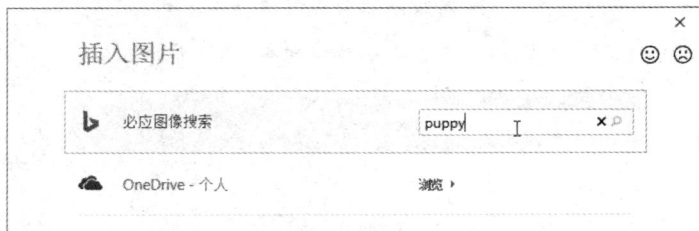

图 4-124　搜索联机图片

选择要插入的图片，然后单击【插入】按钮，如图 4-125 所示。

图 4-125　选择并插入搜索到的联机图片

3) 插入 GIF 动图

可以像添加任何其他图片文件一样，向 PowerPoint 幻灯片添加动态 GIF。可以插入存储在计算机硬盘上或 OneDrive 中的 GIF 文件。

首先选择要向其中添加动态 GIF 的幻灯片，然后在功能区的【插入】选项卡【图像】中单击【图片】按钮，在【插入图片】对话框中，导航到要添加的动态 GIF 的位置，选择该文件，然后单击【插入】按钮。

若要播放动画，选择功能区上的【幻灯片放映】选项卡，然后在【开始放映幻灯片】组中选择【从当前幻灯片开始】，从当前幻灯片开始放映。

还可以使用插入【联机图片】功能在 Web 上搜索 GIF。在功能区的【插入】选项卡上选择【联机图片】，在搜索框中键入要查找的关键词加上"GIF"即可。

4）插入相册图片

PowerPoint 相册是演示文稿的一种类型，可用于显示个人或企业的照片。

通过添加图片开始创建相册，步骤如下：

(1) 在【插入】选项卡【图像】组中单击【相册】下的箭头，然后单击【新建相册】，如图 4-126 所示。

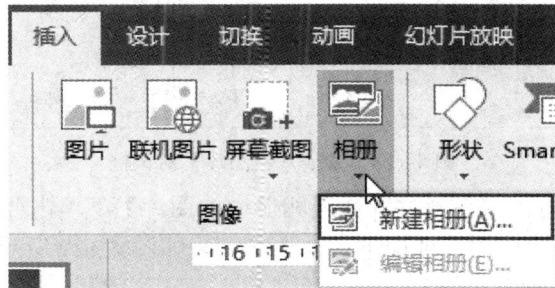

图 4-126 插入新建相册

(2) 在【相册】对话框中的【插入图片来自】下单击【文件/磁盘】，如图 4-127 所示。

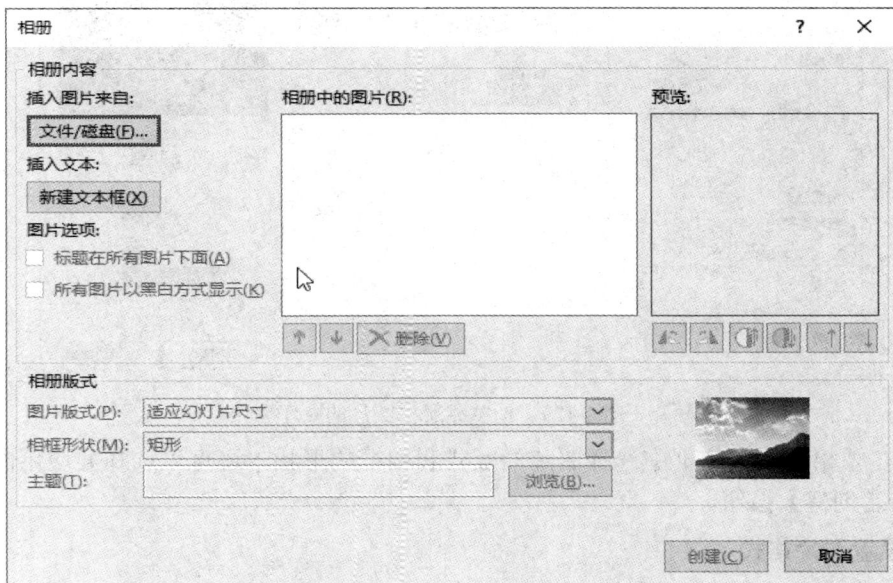

图 4-127 【相册】对话框

(3) 在【插入新图片】对话框中找到并打开包含要插入的图片的文件夹，选择要插入到相册的全部或部分图片，然后单击【插入】按钮，如图 4-128 所示。

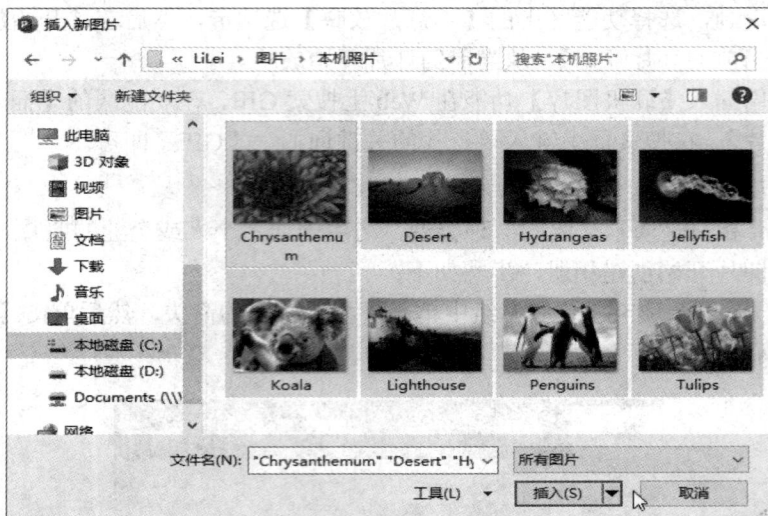

图 4-128   【插入新图片】对话框

(4) 如果要更改图片的显示顺序，在【相册中的图片】下单击要移动的图片的文件名，然后使用箭头按钮在列表中向上或向下移动该名称，如图 4-129 所示。

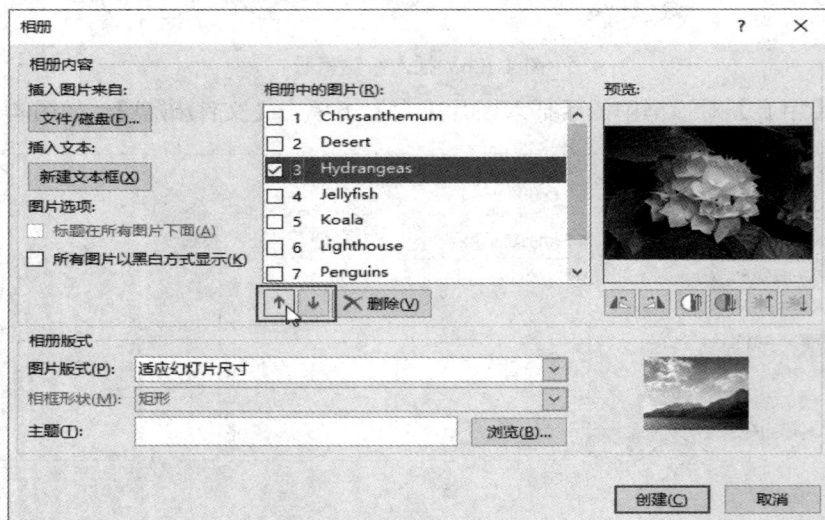

图 4-129   调整相册中图片的顺序

(5) 在【相册】对话框中选择图片的版式和相框的形状，还可以选择要应用的主题，然后单击【创建】按钮。

2. 设置图片格式

添加图片后，可以通过多种方式来增强图片效果，使图片更加美观。

调整图片亮度、对比度或清晰度的步骤如下：

(1) 选择图片。

(2) 单击【图片工具|格式】选项卡【调整】组中的【校正】按钮，如图 4-130 所示。

图 4-130　图片校正

(3) 将鼠标悬停在下拉选项上进行预览，然后选择所需【亮度/对比度】调整效果。

(4) 如需进行更细致的调整，单击最下方的【图片校正选项】，将在幻灯片窗格右侧打开【设置图片格式】任务窗格，在【图片校正】栏下进行精确的调整，如图 4-131 所示。

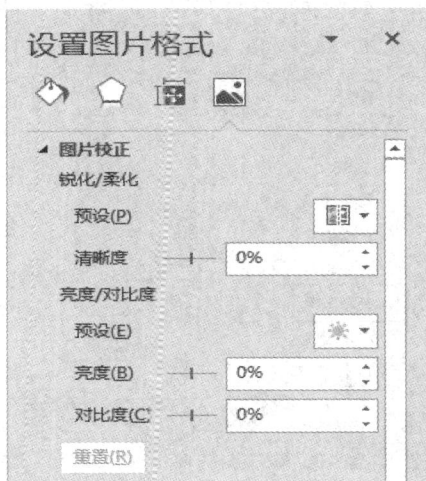

图 4-131　【设置图片格式】任务窗格【图片校正】设置

应用艺术效果的操作步骤如下：

(1) 选择图片。

(2) 单击【图片工具|格式】选项卡【调整】组中的【艺术效果】按钮，如图 4-132 所示。

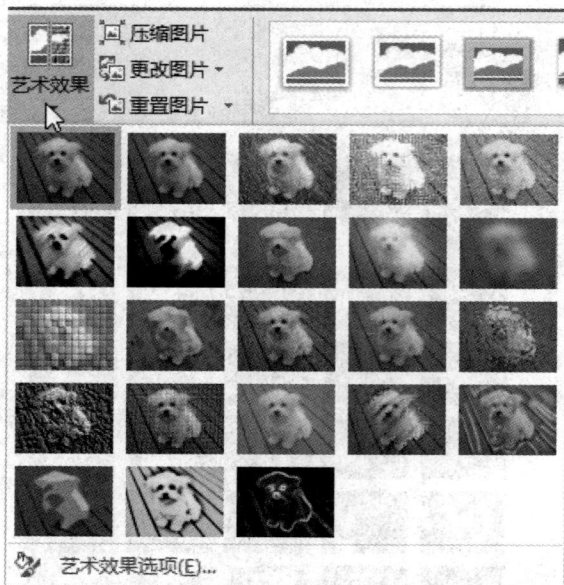

图 4-132 应用图片艺术效果

(3) 将鼠标悬停在选项上进行预览，然后选择所需效果。

(4) 如需对艺术效果进行更细致的调整，单击最下方的【艺术效果选项】，打开【设置图片格式】任务窗格，在【艺术效果】栏下选定艺术效果并精确指定该艺术效果特定的参数，如图 4-133 所示。

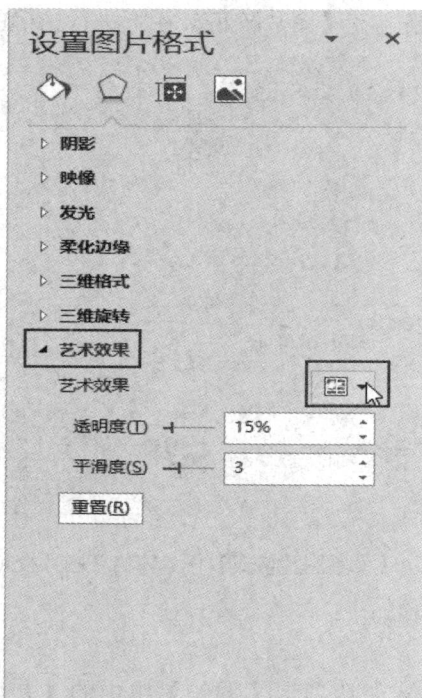

图 4-133 【设置图片格式】窗格【艺术效果】设置

更改颜色的操作步骤如下：

(1) 选择图片。

(2) 单击【图片工具I格式】选项卡【调整】组中的【颜色】按钮，如图 4-134 所示。

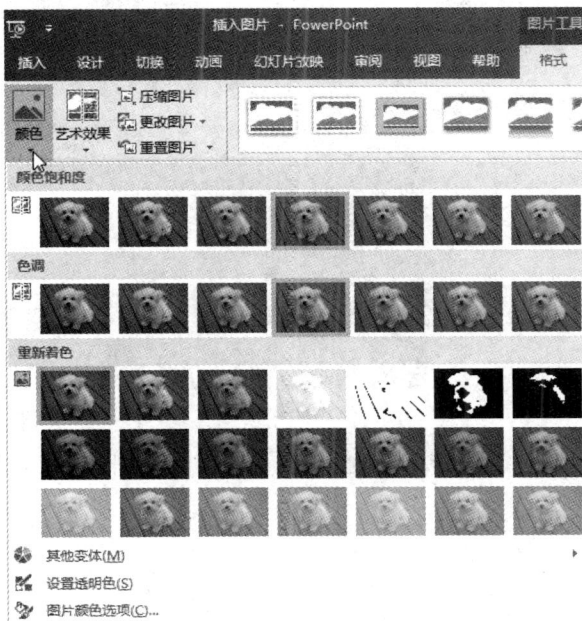

图 4-134　调整图片颜色

(3) 将鼠标悬停在下拉选项上进行预览，然后选择所需的【颜色饱和度】【色调】或【重新着色】。

(4) 可以通过选择【其他变体】选择其他颜色。

(5) 可以通过【设置透明色】，将图片上的某种颜色设为透明，消除该种颜色。

(6) 如需对颜色进行更细致的调整，选择【图片颜色选项】，打开【设置图片格式】任务窗格，在【图片颜色】栏下对颜色进行更精确的设置，如图 4-135 所示。

3. 应用图片样式

可以为插入幻灯片中的图片快速应用 PowerPoint 2016 内置的图片样式，操作步骤如下：

(1) 选择要应用样式的图片。

(2) 单击【图片工具I格式】选项卡【图片样式】组中【快速样式】，然后在快速样式库中选择所需的样式，如图 4-136 所示，示例图片应用了【金属框架】图片样式。单击快速样式库右侧的下拉箭头可展开快速样式库，显示更多的图片样式。

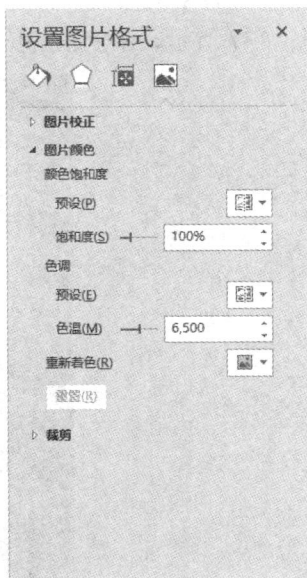

图 4-135　【设置图片格式】任务窗格
【图片颜色】设置

图 4-136 应用快速样式

如果快速样式库的样式不能满足需要的话，可以通过【图片样式】组中的【图片边框】【图片效果】设置自定义样式。

4. 应用图片效果

应用图片效果的操作步骤如下：

(1) 选择图片。

(2) 单击【图片工具|格式】选项卡【图片样式】组中的【图片效果】按钮。

(3) 选择所需效果，如【阴影】【映像】【发光】【柔化边缘】【棱台】【三维旋转】等，如图 4-137 所示，示例图片应用了【预设】中【预设 2】的效果。

图 4-137 应用图片效果

5. 为图片添加边框

为图片添加边框的操作步骤如下：

(1) 选择图片。

(2) 单击【图片工具|格式】选项卡【图片样式】组中的【图片边框】按钮。

(3) 在下拉选项中对边框的颜色、粗细和线形进行选择，比如给示例图片应用 6 磅黑色实线轮廓，如图 4-138 所示。

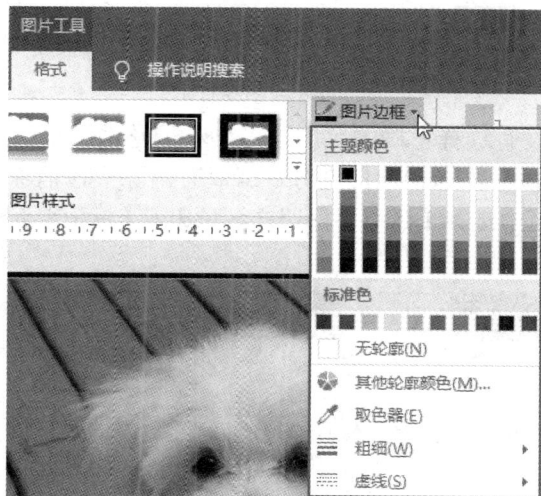

图 4-138　应用图片边框

6. 重置图片

如果对图片编辑后的效果不满意，可以放弃对图片格式所做的全部更改，恢复图片到初始状态，操作步骤如下：

(1) 选择图片。

(2) 单击【图片工具|格式】选项卡【调整】组中的【重置图片】旁边的箭头，如图 4-139 所示。

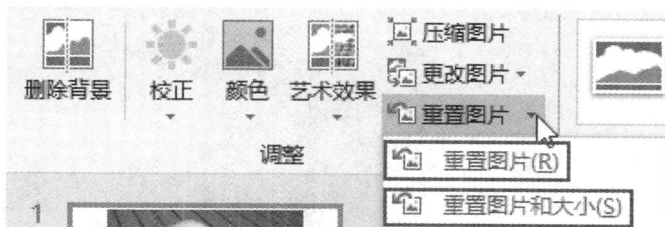

图 4-139　重置图片

(3) 选择【重置图片】将放弃除调整图片大小之外的所有格式的更改；选择【重置图片和大小】将放弃包括调整图片大小在内的所有格式的更改。

7. 删除图片背景

删除图片背景的操作步骤如下：

(1) 选择要删除背景的图片。

(2) 单击【图片工具|格式】选项卡【调整】组中的【删除背景】按钮，如图 4-140 所示。

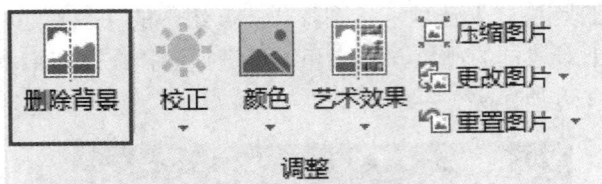

图 4-140　删除背景

(3) 如果自动删除没有选择正确的范围，可手动调整消除框，消除框外的部分和标记为紫色的区域。如果消除了不该消除的部分，或没有消除应该消除的部分，可在【背景消除】选项卡下【优化】组中选择【标记要保留的区域】或【标记要删除的区域】，如图 4-141 所示。

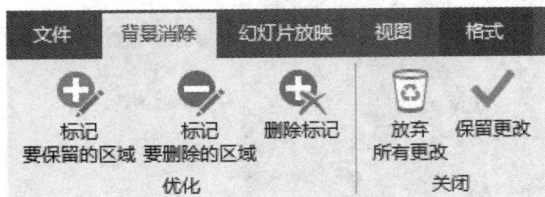

图 4-141　【背景消除】选项卡

(4) 手动标记区域并选择【关闭】组中的【保留更改】。

(5) 若要撤销背景消除操作，选择【关闭】组中的【放弃所有更改】。

(6) 若要将删除背景后的图片保存为单独文件以供日后使用，可右键单击该图像，然后选择【另存为图片】，将其另存为单独的文件。如图 4-142 所示示例图片为消除背景后的效果。

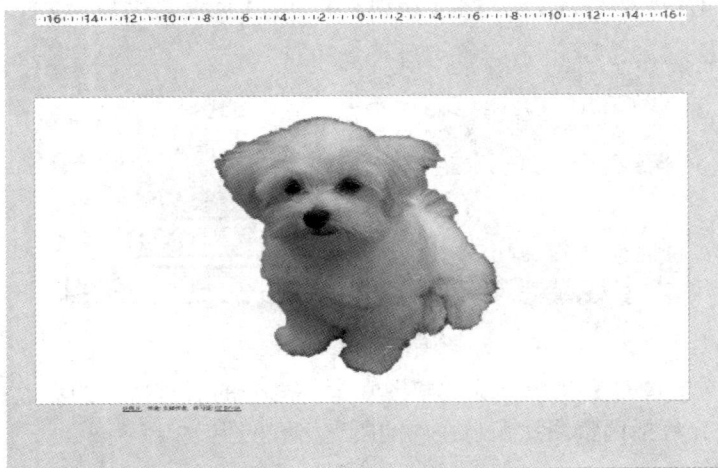

图 4-142　背景消除示例

8. 裁剪图片

插入图片后，可以根据需要对图片进行裁剪，即将与主题无关或不必要的部分剪裁掉。PowerPoint 2016 中除了能完成基本边缘裁剪外，还可将图片裁剪为特定的形状和纵横比，或裁剪图片来填充形状。

(1) 选择要进行剪裁的图片。

(2) 单击【图片工具|格式】选项卡【大小】组中【裁剪】的下拉箭头。

(3) 在下拉列表中选择【裁剪】，如图 4-143 所示。

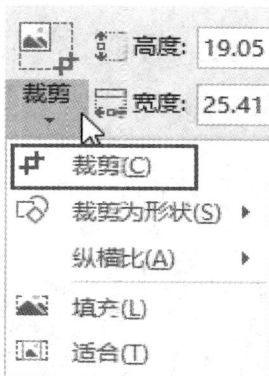

图 4-143　【裁剪】按钮下拉列表

(4) 图片的边缘和四角处会显示黑色裁剪图柄，如图 4-144 所示。

图 4-144　裁剪图片

执行下列任一操作可裁剪图像。

■ 裁剪某一侧：将该侧边裁剪图柄向内拖曳。

■ 同时裁剪相邻的两边：将角落处的裁剪图柄向内拖曳。

■ 同时等量裁剪平行的两条边：按住 Ctrl 键的同时将侧边裁剪图柄向内拖曳。

■ 同时等量裁剪四条边：按住 Ctrl 键的同时将任一角落处的裁剪图柄向内拖曳。

■ 在图片周围添加边距：向外拖动裁剪图柄。

(5) 按 Esc 键或单击幻灯片上图片外的任意位置即可完成裁剪。例如裁剪掉图中的木地板，如图 4-145 所示。

图 4-145　裁剪掉图片主体的边缘

如果图片倾斜、截断或未按所需方式填充形状，可使用【裁剪】菜单上的【填充】或【适合】工具进行微调：

(1) 单击使用图片填充的形状。

(2) 单击【格式】选项卡下【大小】组中【裁剪】下方的箭头。在下拉菜单中选择裁剪选项，如图 4-146 所示。

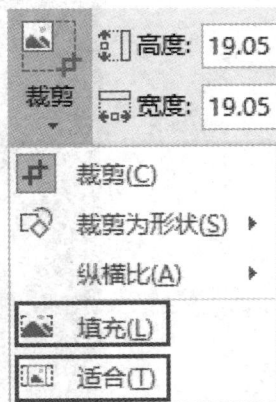

【填充】：调整图片大小，以便填充整个图片区域，同时保持原始纵横比。此操作使用图片填充形状，同时删除形状外围的所有部分。

【适合】：调整图片大小，以使整个图片在图片区域内显示，同时保持图片的原始纵横比。它将使图片尽可能多地放入形状中，但形状的某些区域可能保留空白。

(3) 按 Esc 键或单击幻灯片上图片外的任意位置即可完成裁剪。

图 4-146　剪裁图片以适应形状

剪裁图片后，裁剪掉的区域仍将作为图片文件隐藏保留，只是无法看见。可删除图片文件中的裁剪区域来减小文件大小，这样也可以防止其他人查看已删除的图片部分。

(1) 单击【图片工具|格式】选项卡【调整】组中【压缩图片】按钮，显示【压缩图片】对话框，展示压缩选项，如图 4-147 所示。

图 4-147　删除图片的剪裁区域

(2) 在【压缩选项】下，确保选中【删除图片的裁剪区域】复选框。

(3) 若要仅删除选定图片的裁剪部分(而非演示文稿的所有图片的剪裁部分)，选中【仅应用于此图片】复选框，再单击【确定】即可。

4.5.7　创建其他对象

1. 插入形状

1) 在文件中添加单个形状

在文件中添加单个形状的操作步骤如下：

(1) 在【插入】选项卡下【插图】组中单击【形状】按钮，如图 4-148 所示。

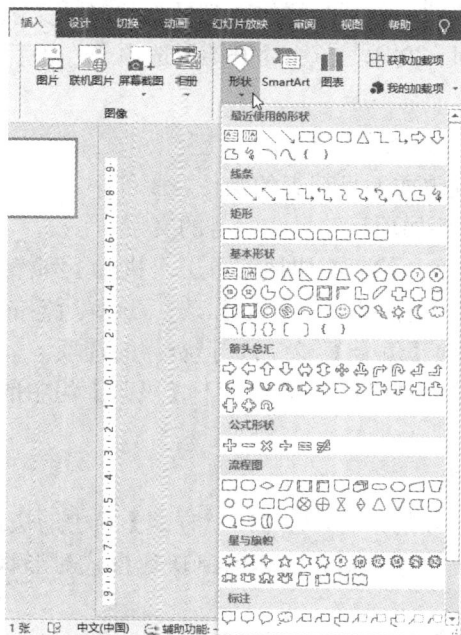

图 4-148　插入形状

（2）在打开的形状库中单击所需形状，接着单击幻灯片上的任意位置，然后拖动以放置形状；或双击鼠标，插入默认大小的形状。

（3）若要创建规范的正方形或圆形，在拖动的同时按住 Shift 键。

2）在文件中添加多个相同形状

在文件中添加多个相同形状的操作步骤如下：

（1）在【插入】选项卡下【插图】组中单击【形状】按钮。

（2）右键单击形状库中要添加的形状，再单击【锁定绘图模式】，如图 4-149 所示。

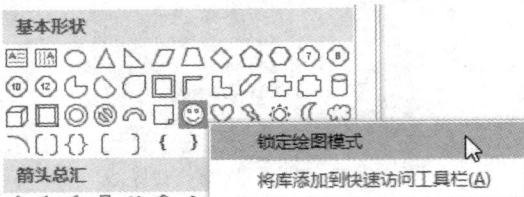

图 4-149　锁定绘图模式添加多个相同形状。

（3）单击幻灯片中的任意位置，然后拖动以放置形状。对要添加的每个形状重复此操作，不再去形状库中选择。

（4）添加完所有需要的形状后，按 Esc 键，以取消锁定绘图模式状态；或在形状库中该形状上右键单击，再次单击【锁定绘图模式】，以退出锁定绘图模式。

3）向形状中添加文字

向形状中添加文字有以下两种方法：

（1）单击要向其中添加文字的形状，然后键入文字。

（2）右键单击形状，然后单击【添加文字】或【编辑文字】，键入内容。

添加的文字将成为形状的一部分，旋转或翻转形状时，文字也会随之旋转或翻转。

若要设置文本格式和对齐文本，单击【开始】选项卡，然后从【字体】【段落】组中选择相应选项来完成。

4）向形状添加项目符号列表或编号列表

向形状添加项目符号列表或编号列表的操作步骤如下：

（1）选择形状中要向其添加项目符号或编号的文字。

（2）右键单击选定的文字，然后在快捷菜单上，执行下列操作之一。

· 若要添加项目符号，指向【项目符号】，然后选择所需的选项。

· 若要添加编号，指向【编号】，然后选择所需的选项。

以上操作也可能通过选择【开始】选项卡下【段落】组中的【项目符号】和【编号】按钮来实现。

5）向形状应用快速样式

快速样式是不同格式选项的组合，在【形状样式】组中的快速样式库中显示为缩略图。将指针置于某个快速样式缩略图上时，可以看到快速样式对形状的影响。应用快速样式的操作步骤如下：

（1）单击要对其应用新的快速样式或其他快速样式的形状。

(2) 在【绘图工具I格式】选项卡【形状样式】组的快速样式库中，单击所需的快速样式。要查看更多的快速样式，单击【其他】按钮。要定义自己的形状外观，可通过【形状样式】组中的【形状填充】【形状轮廓】和【形状效果】来完成。

6) 更改现有形状为其他形状

更改现有形状为其他形状的操作步骤如下：

(1) 单击要更改的形状(若要更改多个形状，在按住 Ctrl 键的同时单击要更改的形状)。

(2) 在【绘图工具I格式】选项卡【插入形状】组中单击【编辑形状】按钮，指向【更改形状】，然后在形状库中选择所需的新形状，如图 4-150 所示。

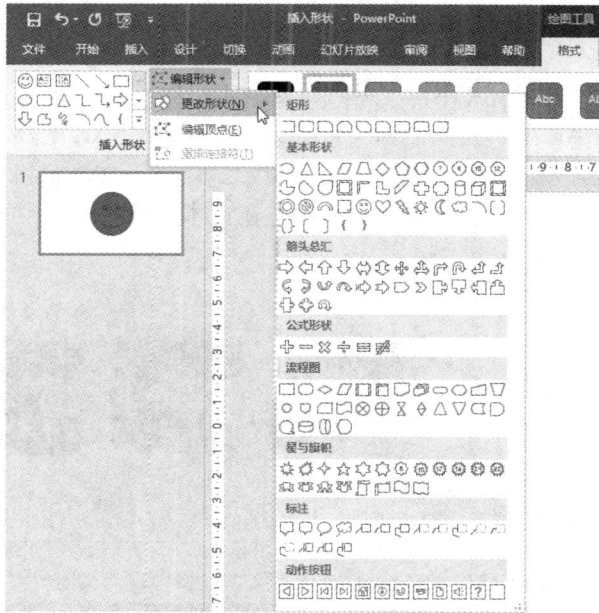

图 4-150　更改现有形状为其他形状

2. 插入 SmartArt 图形

SmartArt 图形是信息和观点的视觉表现形式，与文本相比能够更直观地进行信息的展示和沟通。

1) 插入 SmartArt 图形并向其中添加文本

插入 SmartArt 图形并向其中添加文本的操作步骤如下：

(1) 在【插入】选项卡下【插图】组中单击【SmartAr】按钮，如图 4-151 所示。

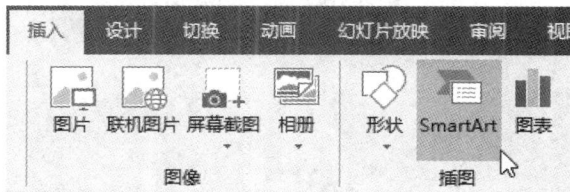

图 4-151　【插入】选项卡【插图】组【SmartArt】按钮

(2) 在【选择 SmartArt 图形】对话框中，选择所需的类型和布局，如图 4-152 所示。

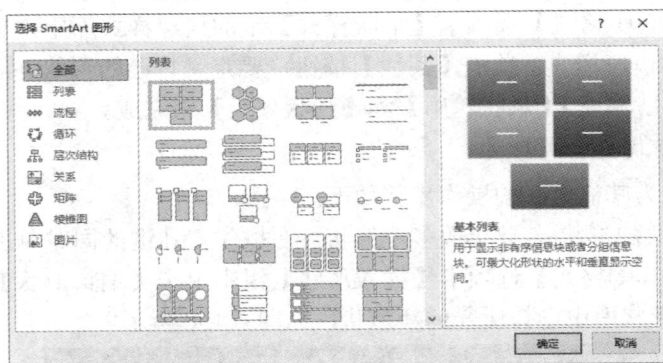

图 4-152　【选择 SmartArt 图形】对话框

(3) 单击文本窗格中的 "[文本]"，然后键入文本，如图 4-153 所示。如果未显示【文本】窗格，单击 SmartArt 图形左侧的箭头控件或单击【SmartArt 工具|设计】选项卡【创建图形】组中的【文本窗格】按钮，如图 4-154 所示，以显示文本窗格。也可以在 SmartArt 图形中的文本占位符中单击，然后键入文本，但在文本窗格中键入文本更为直接和方便。

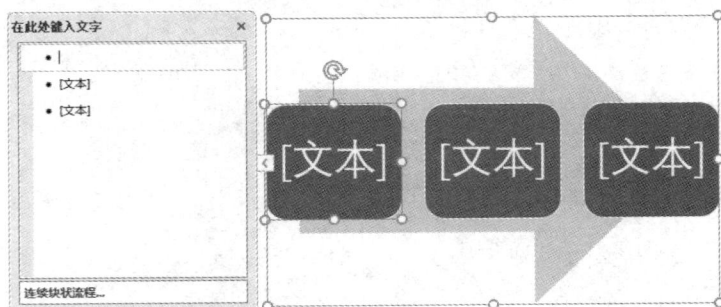

图 4-153　在 SmartArt 图形文本窗格中键入文本

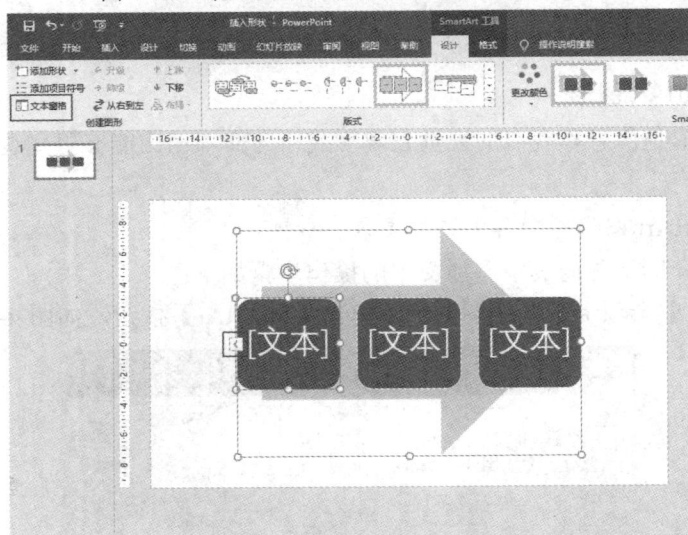

图 4-154　显示文本窗格

2) 在 SmartArt 图形中添加或删除形状

在 SmartArt 图形中添加或删除形状的操作步骤如下：

(1) 单击要向其添加另一个形状的 SmartArt 图形。

(2) 单击最靠近要添加新形状位置的现有形状。

(3) 在【SmartArt 工具|设计】选项卡【创建图形】组中单击【添加形状】旁边的箭头，如图 4-155 所示。

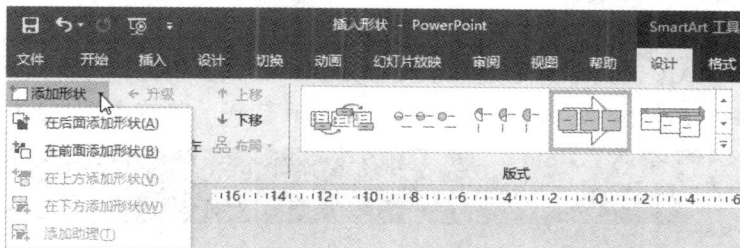

图 4-155　在 SmartArt 图形中添加形状

(4) 执行下列操作之一：

■ 若要在所选形状之后插入一个形状，单击【在后面添加形状】。

■ 若要在所选形状之前插入一个形状，单击【在前面添加形状】。

(5) 若要从【文本】窗格中添加形状，单击现有形状，将光标移至要添加形状的文本所在位置的前面或后面，然后按 Enter 键。

(6) 若要从 SmartArt 图形中删除形状，单击要删除的形状，然后按 Delete 键。若要删除整个 SmartArt 图形，单击 SmartArt 图形的边框，然后按 Delete 键。

3）更改 SmartArt 图形的颜色

更改 SmartArt 图形颜色的操作步骤如下：

(1) 单击 SmartArt 图形。

(2) 单击【SmartArt 工具|设计】选项卡【SmartArt 样式】组中【更改颜色】按钮，如图 4-156 所示。

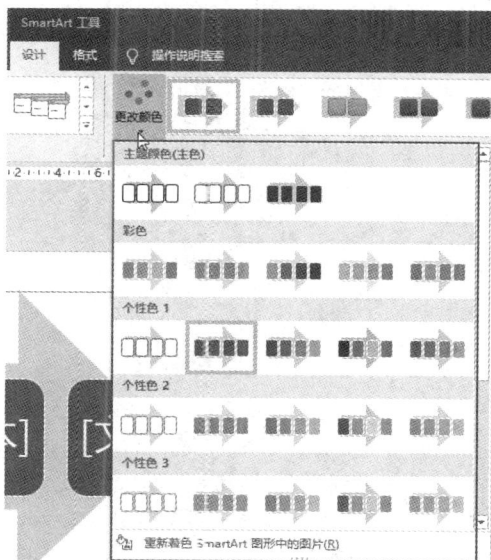

图 4-156　更改 SmartArt 图形颜色

(3) 单击所需的颜色。

4) 将 SmartArt 样式应用于 SmartArt 图形

SmartArt 样式是各种效果(如线型、棱台或三维)的组合，可应用于 SmartArt 图形中的形状以创建独特且具专业设计效果的外观，其操作步骤如下：

(1) 单击 SmartArt 图形。

(2) 在【SmartArt 工具|设计】选项卡【SmartArt 样式】组的快速样式库中，选择所需的样式，如图 4-157 所示。若要查看更多的 SmartArt 样式，单击【其他】按钮。

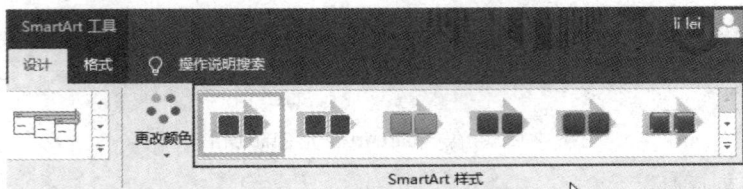

图 4-157   应用 SmartArt 样式

5) 更改 SmartArt 图形的大小

若要调整 SmartArt 图形的大小，单击 SmartArt 图形的边框，然后拖动尺寸控点，直到 SmartArt 图形达到所需大小。或在【SmartArt 工具|格式】选项卡【大小】组【高度】和【宽度】框中输入指定大小，如图 4-158 所示。若要进行更详细的设置，单击该组右下角的启动器，启动【设置形状格式】任务窗格，在【大小】栏中进行详细的设置，如图 4-159 所示。

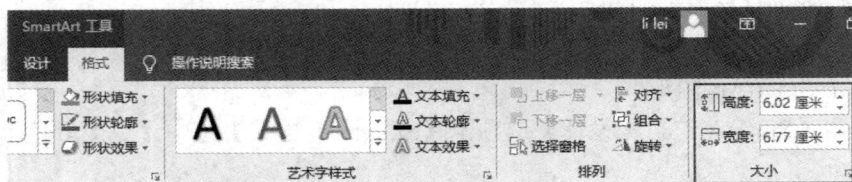

图 4-158   通过【大小】组设置 SmartArt 图形的大小

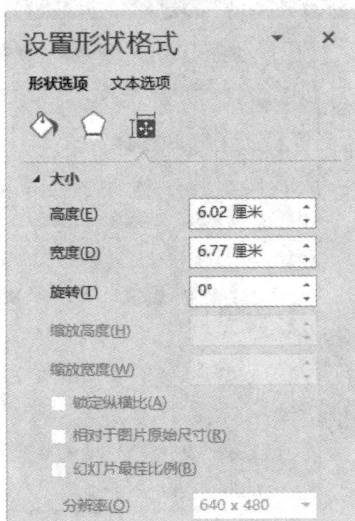

图 4-159   通过【设置形状格式】任务窗格设置 SmartArt 图形的大小

6）文本转换为 SmartArt 图形

演示文稿通常包含带项目符号列表的幻灯片，将项目符号列表中的文本转换为 SmartArt 图形可以对信息进行更直观的展示。将幻灯片文本转换为 SmartArt 图形的操作如下：

（1）单击包含要转换的幻灯片文本的占位符。

（2）在【开始】选项卡的【段落】组中兰击【转换为 SmartArt】图形按钮。

（3）在 SmartArt 图形库中选择所需的版式。库包含了可展现最佳效果项目符号列表 SmartArt 图形布局。若要查看所有布局，单击 SmartArt 图形底部的【其他 SmartArt 图形】选项，或通过右键单击包含要转换幻灯片上的文本的占位符，然后单击【转换为 SmartArt】，也可以将幻灯片转换为图形。

7）图片转换为 SmartArt 图形

除了可以将幻灯片上的文本转换为 SmartArt 图形，也可以将图片转换为 SmartArt 图形，使图片的大小排列整齐划一并具有逻辑意义。将图片转换为 SmartArt 图形的操作如下：

（1）选择想要转换为 SmartArt 图形的图片。若要选择多张图片，单击第一张图片，然后在按住 Ctrl 键的同时单击其他图片。如图 4-160 所示，随意插入了 3 张图片，且未进行格式设置。

图 4-160　插入多张图片

（2）在【图片工具|格式】选项卡【图片样式】组中单击【图片版式】按钮。

（3）在 SmartArt 图形库中，选择所需的版式，如图 4-161 所示。此处采用了【标题图片】版式，转换的结果如图 4-162 所示。

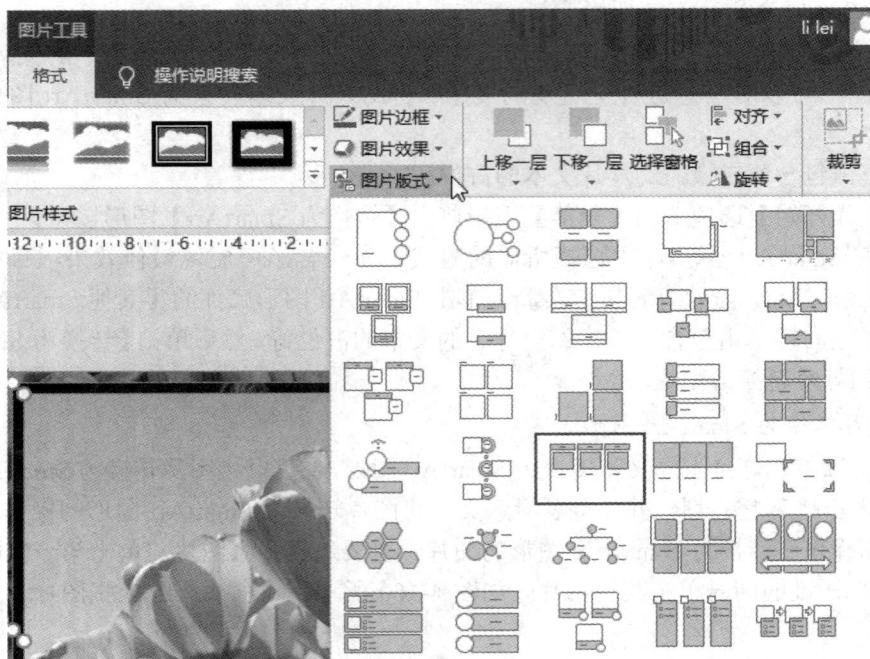

图 4-161　选择图片版式

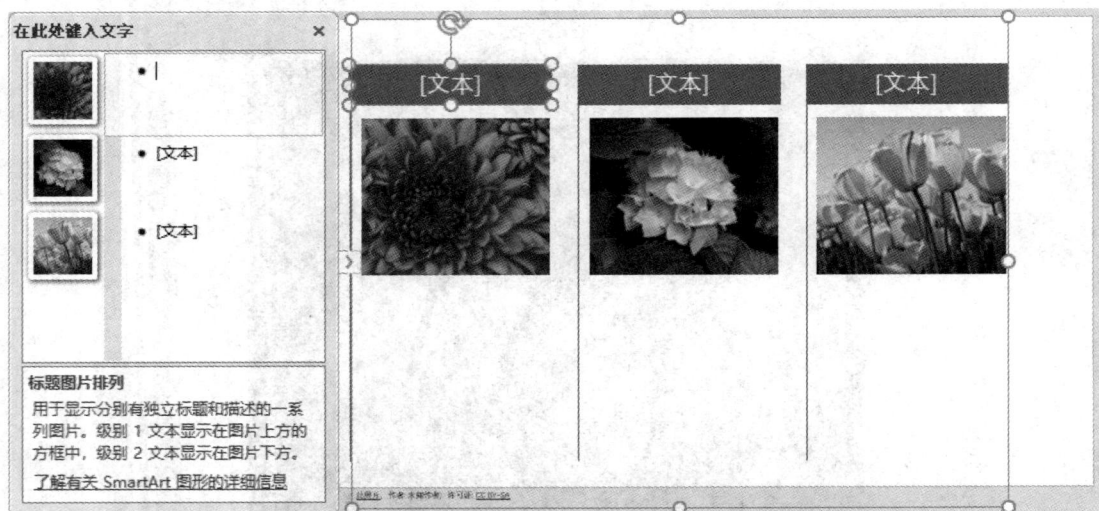

图 4-162　应用【标题图片】版式

8) 更改 SmartArt 图形中的图片顺序

更改 SmartArt 图形中的图片顺序的操作步骤如下：

(1) 在 SmartArt 图形的文本窗格中，右键单击要重新排序的图片。

(2) 在快捷菜单上单击【上移】或【下移】，如图 4-163 所示。某一图片重新排序，其关联文字将随其一起移动。

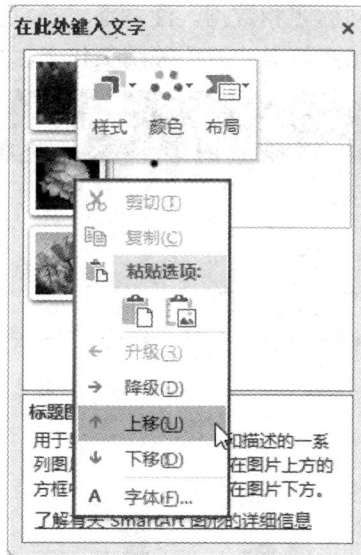

图 4-163　调整 SmartArt 图形中图片的顺序

3. 插入图表

在 PowerPoint 中可以创建简单的图表，操作步骤如下：

(1) 选择要插入图表的幻灯片。

(2) 单击【插入】选项卡下【插图】组中的【图表】按钮，如图 4-164 所示。

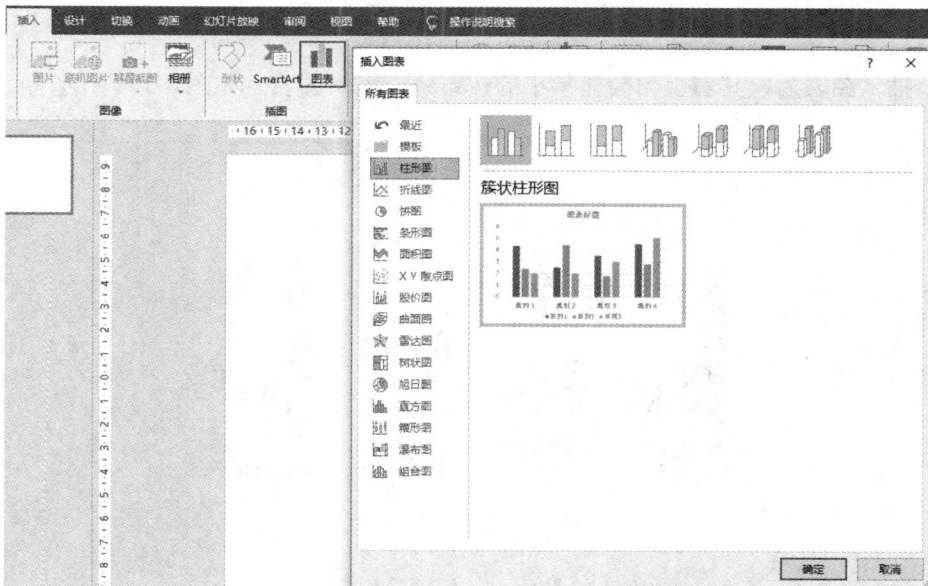

图 4-164　插入图表

(3) 在【插入图表】对话框中，单击图表类型，选择所需的图表，然后单击【确定】，或直接双击所需的图表。

(4) 在弹出的【Microsoft PowerPoint 中的图表】工作表中，将占位符中的类别、系列及数据替换为自己的行标题、列标题和数据。注意通过拖动数据区域右下角的控点，选取正确的参加绘制图表的数据单元格范围，然后关闭工作表，如图 4-165 所示。

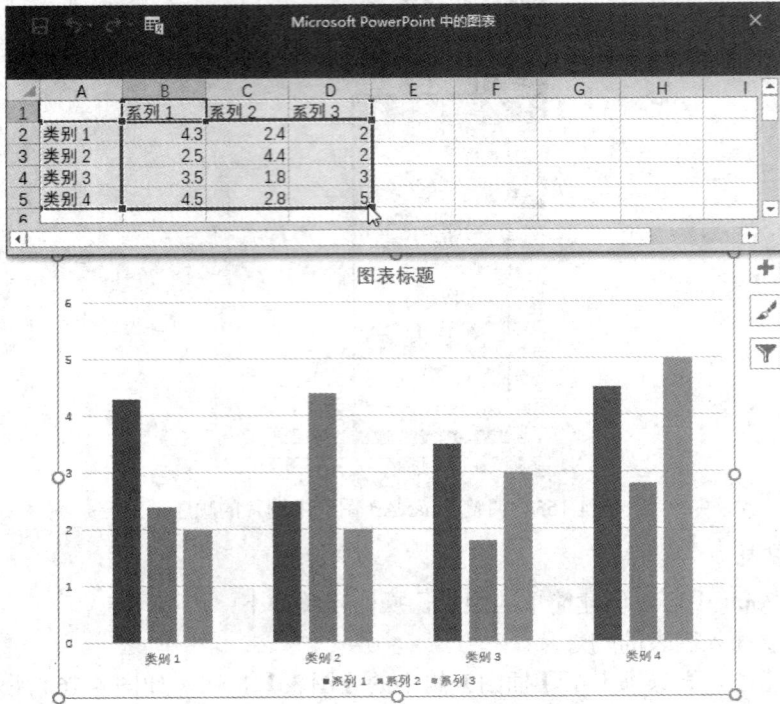

图 4-165　图表数据

(5) 插入图表后，其右上角会显示小的按钮用于编辑图表，如图 4-166 所示。

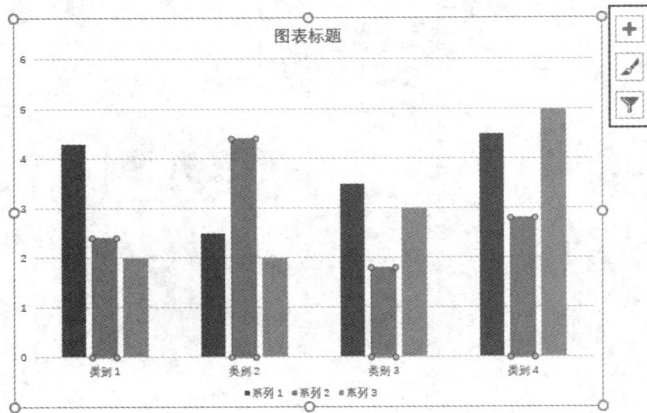

图 4-166　编辑图表

(6) 在幻灯片上图表区域外空白处单击，完成图表的插入和编辑。

4. 插入链接

在 PowerPoint 幻灯片中可以为选定文本、形状或图片创建链接，进行需要的跳转。可以链接到网页、新文档或现有文档中的某个位置，也可以向电子邮件地址发送邮件。

1）链接到网站

(1) 选择要用作超链接的文本、形状或图片。

(2) 单击【插入】选项卡下【链接】组中的【链接】按钮，如图 4-167 所示。

图 4-167　【插入】选项卡【链接】组

(3) 弹出【插入超链接】对话框，如图 4-168 所示。

图 4-168　【插入超链接】对话框

(4) 选择【现有文件或网页】并添加以下内容。

【要显示的文字】：键入要显示为超链接的文本。(如果已选定文本，此步不用设置)

【屏幕提示】：键入在用户将鼠标悬停在超链接上时希望显示的文本(可选)。

【当前文件夹】【浏览过的网页】或【最近使用过的文件】：选择要链接到的位置，并选中要链接到的文件。如果是 PowerPoint 演示文稿，还可以单击右侧的【书签】，选择链接到该演示文稿文件中的哪张幻灯片或该演示文稿的自定义放映。

【地址】：如果尚未选择上述位置，插入要链接到的网页的 URL。

将 PowerPoint 演示文稿移到另一台计算机时，为了保证在另一台计算机上也能正确播放，需要一起移动所有链接的文件。

(5) 单击【确定】按钮即可完成链接。

2）更改超链接颜色

可以根据需要更改超链接颜色。首先选择要重新着色的超链接，然后在【开始】选项卡上选择【字体颜色】按钮旁边的向下箭头以打开颜色菜单，选择所需的超链接颜色即可。

5. 插入动作按钮

在演示文稿中可以使用动作按钮执行操作，例如转到下一张或特定幻灯片、运行应用或播放视频剪辑。插入动作按钮的操作如下：

(1) 在【插入】选项卡下【插图】组中单击【形状】按钮，然后在形状库底部的【动作按钮】下选择要添加的按钮形状，如图 4-169 所示。

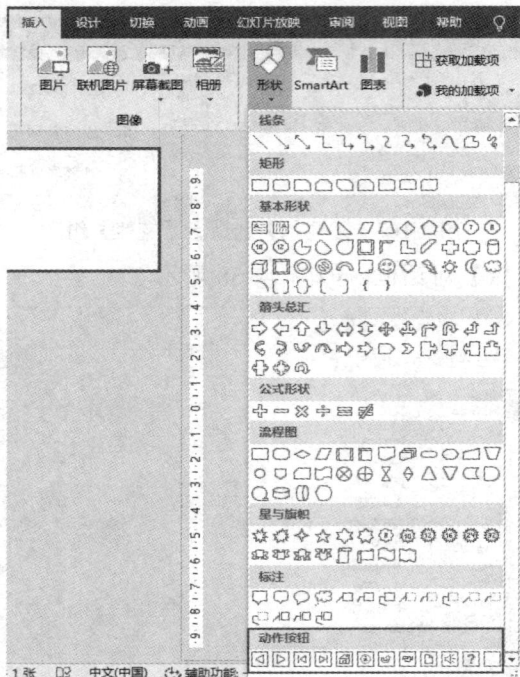

图 4-169　插入动作按钮

(2) 单击幻灯片上的一个位置，然后通过拖动为该按钮绘制形状。

(3) 弹出【操作设置】对话框，如图 4-170 所示。

图 4-170　【操作设置】对话框

如果希望在单击动作按钮时执行操作，在对话框的【单击鼠标】选项卡上执行下列操作之一：选择【超链接到】，然后选择希望超链接操作转到的目标(例如下一张幻灯片、上一张幻灯片、最后一张幻灯片或其他 PowerPoint 演示文稿)，如图 4-171 所示；若要链接到由另一个程序(如 Word 或 Excel 文件)创建的文件，在【超链接到】列表中单击"其他文件"。选择操作完成后，单击【确定】按钮。

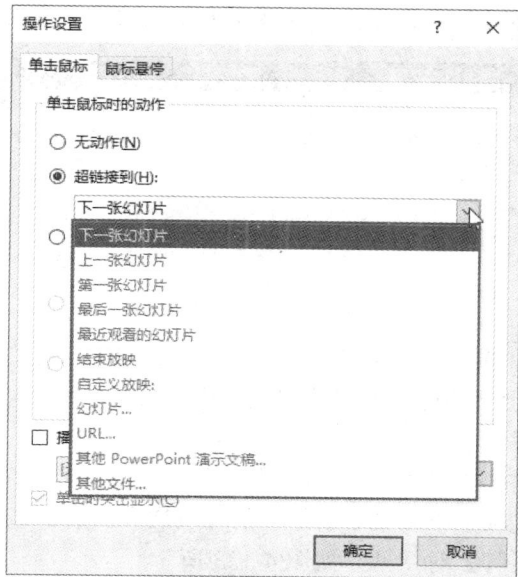

图 4-171　【超链接到】列表

根据需要还可以选择对话框中的其他选项。

选择【无动作】，使用形状，而不执行相应操作。

选择【运行程序】，然后单击【浏览】以找到要运行的程序。

选择【运行宏】，然后选择要运行的宏。(【运行宏】设置仅在演示文稿已包含宏且保存演示文稿时才可用，必须将其另存为 PowerPoint 启用宏的放映。)

如果希望将选择的形状用作执行动作的动作按钮，则单击【对象动作】，然后选择要通过该按钮执行的动作。(只有当演示文稿包含 OLE 对象连接与嵌入对象时，【对象动作】设置才可用。)

若要播放声音，则选中【播放声音】复选框，然后选择要播放的声音。

注意：若要测试所选动作按钮，需要在幻灯片放映中打开演示文稿，以便可以单击动作按钮。

如果希望鼠标指针在动作按钮悬停时执行操作，在对话框的【鼠标悬停】选项卡中进行设置，执行的操作与【单击鼠标】操作相同。

6. 删除超链接

删除超链接的方法如下：

(1) 若要删除超链接但保留文本，右键单击该链接，然后单击【删除链接】。

(2) 若要完全删除超链接，选中文本，然后按 Delete 键。

4.6　幻灯片对象的高级编辑

在幻灯片中除了通过默认版式的文本占位符添加文本外，还经常使用文本框在需要的位置添加文本。此外页眉页脚、艺术字和来自其他应用的文档等也可作为文本插入的对象。插入文本类对象主要通过【插入】选项卡【文本】组中的功能来完成，如图 4-172 所示。

图 4-172　【插入】选项卡【文本】组

4.6.1　插入页眉页脚

演示文稿中的页眉和页脚，指的是幻灯片的顶部或底部附近的小字详细信息。例如可以在幻灯片底部添加演示文稿标题或"公司机密"等信息，还可以添加日期和时间以及幻灯片编号等内容。

在打开的演示文稿中插入页眉页脚的操作如下：

(1) 单击【插入】选项卡下【文本】组中的【页眉和页脚】按钮。

(2) 弹出【页眉和页脚】对话框，如图 4-173 所示。

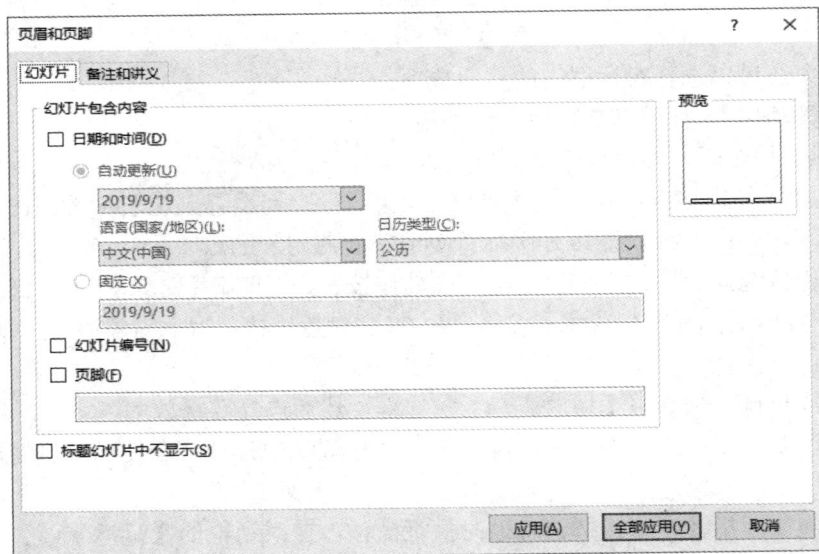

图 4-173　【页眉和页脚】对话框

(3) 在【幻灯片】选项卡上选中【页脚】。在【页脚】下方的框中键入所需的文本，如演示文稿的标题。

(4) 选中【日期和时间】以将其添加至幻灯片。若选择【自动更新】，演示文稿每次打开时都更新为当时的日期；若选择【固定】，输入指定日期，则默认为当前日期。

(5) 选中【幻灯片编号】，以将其添加至幻灯片。

(6) 若标题幻灯片上不显示页脚，则选中【标题幻灯片中不显示】。

(7) 单击【全部应用】。如果只需要在选定幻灯片上显示页脚信息，单击【应用】而非【全部应用】。

除了幻灯片添加页眉页脚外，还可以单击【备注和讲义】标签，在该标签下为备注和讲义添加页眉页脚。

4.6.2　插入艺术字

艺术字是一种通过特殊效果使文字突出显示的快捷方法。可以从【插入】选项卡上的艺术字库中选择艺术字样式，还可根据需要对文本进行自定义。

1) 添加艺术字

添加艺术字的操作步骤如下：

(1) 选择【插入】选项卡下【文本】组中的【艺术字】按钮，如图 4-174 所示。

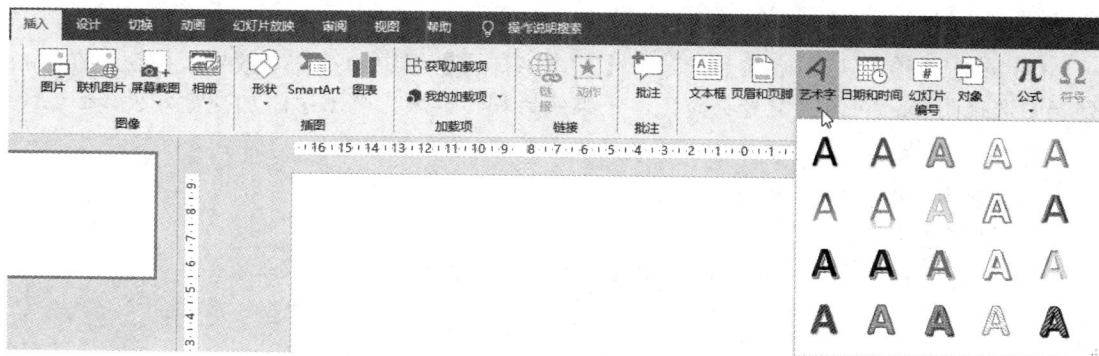

图 4-174　插入艺术字

(2) 在弹出的艺术字样式库中选择所需艺术字样式。

(3) 在艺术字占位符中输入文字，代替艺术字占位符文本，如图 4-175 所示。

图 4-175　插入艺术字示例

2) 将现有文字转换为艺术字

将现有文字转换为艺术字的操作步骤如下：

(1) 选择要转换为艺术字的文本。

(2) 选择【绘图工具|格式】选项卡【艺术字样式】组快速样式库中所需的艺术字样式。

3) 自定义艺术字

插入艺术字后，可以通过【绘图工具|格式】选项卡【艺术字样式】组对艺术字内部的文本填充、文本轮廓和文本效果进行自定义，如图 4-176 所示，操作步骤如下：

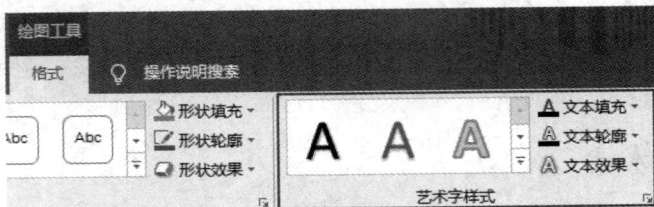

图 4-176 【艺术字样式】组

(1) 选择艺术字。

(2) 单击【绘图工具|格式】选项卡【艺术字样式】组中的【文本填充】按钮，在下拉列表中选择使用纯色、渐变、图片或纹理填充艺术字的内部。

(3) 单击【绘图工具|格式】选项卡【艺术字样式】组中的【文本轮廓】按钮，在下拉列表中选择颜色、宽度和线条来设计自定义艺术字的轮廓。

(4) 单击【绘图工具|格式】选项卡【艺术字样式】组中的【文本效果】按钮，在下拉列表中选择阴影、映像、发光、棱台、三维效果和转换来为艺术字添加视觉效果。

4) 旋转艺术字

旋转艺术字的操作步骤如下：

(1) 选择艺术字。

(2) 点击旋转手柄，拖动以旋转文本，如图 4-177 所示。

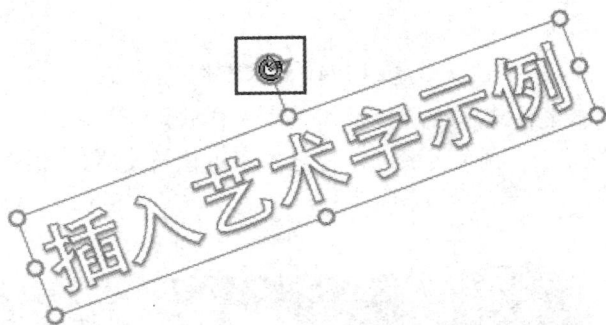

图 4-177 旋转艺术字

5) 清除艺术字

有时需要取消文本的艺术字效果，这就需要清除艺术字：

(1) 选择艺术字。

(2) 单击【绘图工具|格式】选项卡【艺术字样式】组中快速样式库底部的【清除艺术字】选项。

4.6.3 插入嵌入对象

PowerPoint 2016 能够通过插入对象的方式导入其他应用程序创建的内容。这包括其他

Microsoft Office 程序创建的文件，以及来自其他程序的支持对象链接和嵌入 OLE 文件的文件。在【插入】选项卡的【文本】组中单击【对象】按钮，在打开的【插入对象】对话框中列出了可以使用的对象类型，如图 4-178 所示。

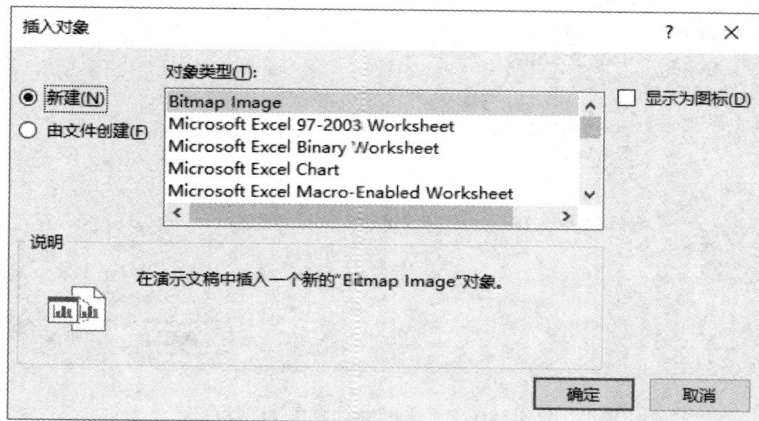

图 4-178　【插入对象】对话框

将内容对象插入到 PowerPoint 演示文稿中有两种方法。

(1) 链接对象：如果更改了其源文件，链接的对象也随之更新。例如更改了 Excel 数据源就会更新链接自该数据源数据的幻灯片中的图表。插入链接的对象，必须保持演示文稿到数据源之间的有效链接。如果源对象比较大或数据比较复杂，建议插入链接的对象。

(2) 嵌入对象：在演示文稿中嵌入源数据。因为源数据是演示文稿文件的一部分，因此可以在另一台计算机上查看嵌入的对象。嵌入对象通常比链接对象需要更多的磁盘空间。

4.6.4　复制来自其他程序的内容

在 PowerPoint 以外的其他程序中，选择并复制要作为对象插入的信息。比如从打开的 Word 文件中复制部分内容，操作步骤如下：

(1) 在 PowerPoint 中，单击要显示的对象的位置。

(2) 在【开始】选项卡【剪贴板】组中单击【粘贴】下的箭头，然后单击【选择性粘贴】，如图 4-179 所示。

图 4-179　选择性粘贴

在如图 4-180 所示的【选择性粘贴】对话框中执行下列操作之一。

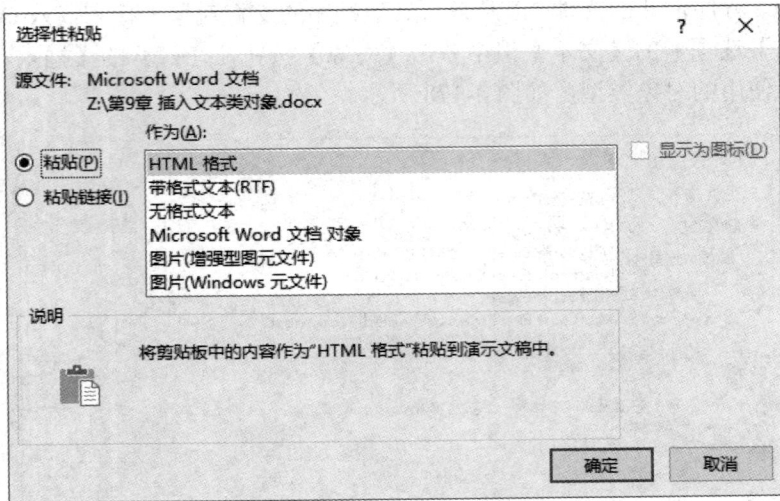

图 4-180　【选择性粘贴】对话框

■ 若要粘贴为链接对象的信息，单击【粘贴链接】。在【作为】框中选择要作为链接的对象的格式，比如 "Microsoft Word 文档对象"，如图 4-181 所示。也可以选中【显示为图标】复选框，这样在幻灯片中会显示为一个图标，而不是粘贴的内容。在粘贴的显示内容或图标上右键单击，可手动更新反应目标在链接对象中的更改。

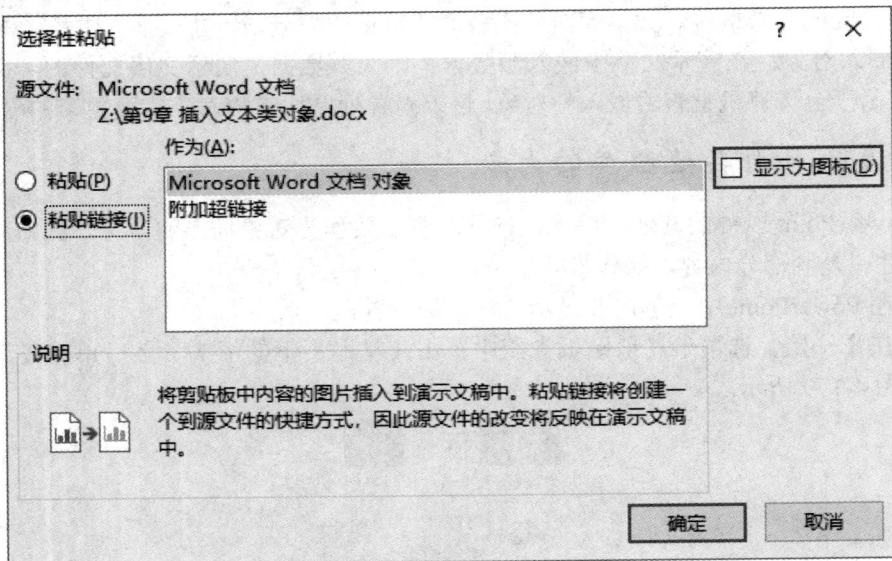

图 4-181　粘贴为链接对象

■ 若要粘贴为嵌入对象的信息，单击【粘贴】。在【作为】框中单击其名称中的【对象】一词的条目。例如，如果从 Word 文档中复制的信息，单击 "Microsoft Word 文档对象"，如图 4-182 所示。还可以选中【显示为图标】复选框，这样在幻灯片中会显示为一个图标，而不是粘贴的内容。

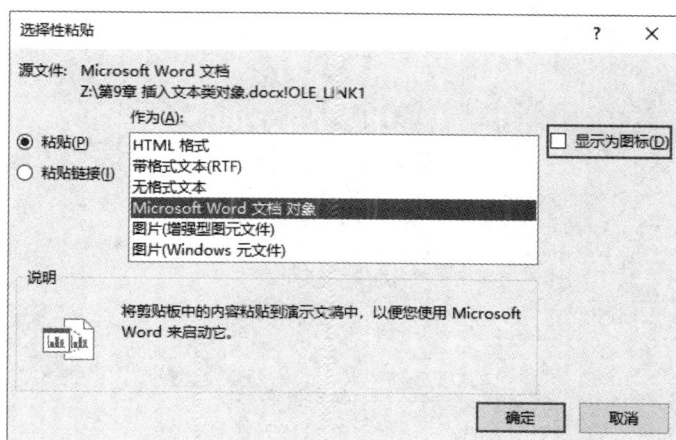

图 4-182　粘贴为嵌入对象

注意：当复制和粘贴的文字或数据很少时，直接粘贴即可，而不必作为嵌入或链接对象来粘贴。

4.6.5　插入链接对象

插入链接对象的操作步骤如下：

(1) 单击要在其中放置对象的幻灯片。

(2) 在【插入】选项卡【文本】组中单击【对象】按钮，如图 4-183 所示。打开【插入对象】对话框，如图 4-184 所示。

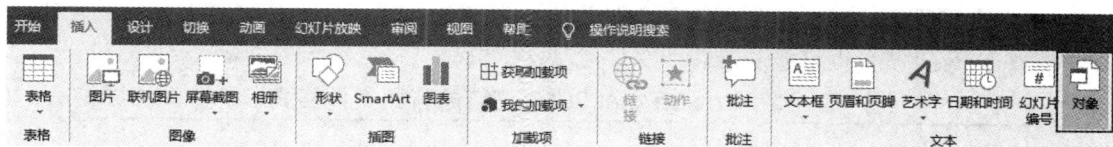

图 4-183　【插入】选项卡【文本】组【对象】按钮

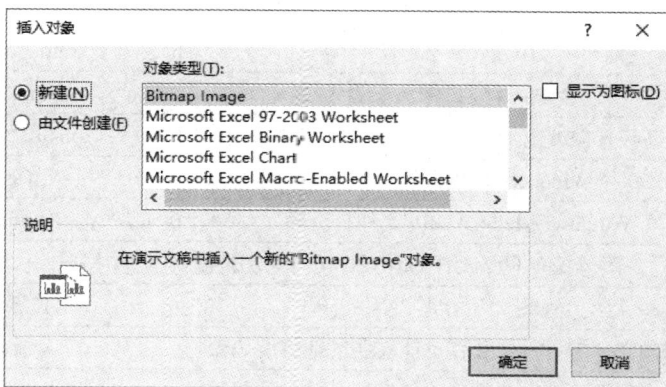

图 4-184　【插入对象】对话框

(3) 单击【由文件创建】。

(4) 在【文件】框中键入文件的名称，或单击【浏览】，从列表中选择，如图 4-185 所示。

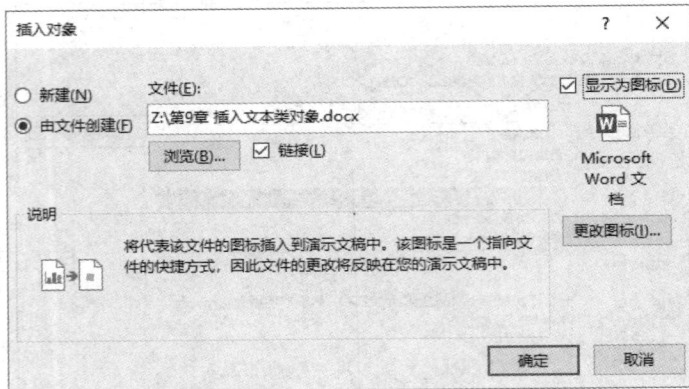

图 4-185   由文件创建插入链接对象

(5) 选中链接复选框，根据需要执行以下某个操作：

■ 若要显示为单击以查看该对象的图标，选择【显示为图标】复选框。

■ 若要显示演示文稿中的内容，清除【显示为图标】复选框。

(6) 要更改默认图标图像或标签时，单击【更改图标】，然后单击图标列表中想要的图标。如果需要，可以在标题框中键入标签。

4.6.6   插入音视频

1. PowerPoint 2016 支持的音视频格式

PowerPoint 2016 支持插入如表 4-1 和表 4-2 所示的音视频文件格式。如果 PowerPoint 不允许插入视频或音频文件，需要将文件转换成推荐的格式。如果计算机上安装有其他编解码器，PowerPoint 也可能支持其他文件类型。

表 4-1   PowerPoint 2016 支持的音频文件格式

音频文件格式	扩展名
AIFF 音频文件	.aiff
AU 音频文件	.au
MIDI 文件	.mid、.midi
MP3 音频文件	.mp3
高级音频编码-MPEG-4 音频文件	.m4a、.mp4
Windows 音频文件	.wav
Windows Media Audio 文件	.wma

表 4-2   PowerPoint 2016 支持的视频文件格式

视频文件格式	扩展名
Windows 视频文件(某些.asf 文件可能需要其他编解码器)	.asf
Windows 视频文件(某些.avi 文件可能需要其他编解码器)	.avi
MP4 视频文件	.mp4、.m4v、.mov
电影文件	.mpg、.mpeg
Windows Media 视频文件	.wmv

2. 插入音频

PowerPoint 演示文稿可添加音乐、旁白或声音片段等音频。若要录制和收听任何音频，计算机必须配备声卡、麦克风和扬声器。

1）插入计算机上的音频

插入计算机上音频的操作步骤如下：

(1) 选择【插入】选项卡，单击【媒体】组中的【音频】按钮。

(2) 选择【PC 上的音频】，以插入用户的计算机或用户连接到的计算机上的音频，如图 4-186 所示。

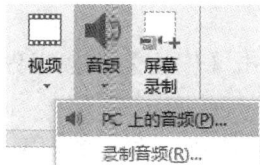

图 4-186 插入【PC 上的音频】

(3) 在【插入音频】对话框中，选择要添加的音频文件，如图 4-187 所示。

图 4-187 【插入音频】对话框

(4) 单击【插入】按钮，插入的音频在幻灯片上默认显示为一个喇叭图标，选中它可显示播放控件，如图 4-188 所示。

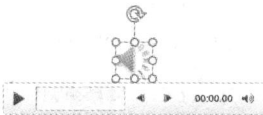

图 4-188 插入的音频

2）插入录音

插入录音的操作步骤如下：

(1) 选择【插入】选项卡，单击【媒体】组中的【音频】按钮。

(2) 选择【录制音频】，如图 4-189 所示。

(3) 在【录制声音】对话框中为音频文件键入一个名称，单击【录制】 ● 按钮，如图 4-190 所示。注意：系统必须启用麦克风才能录音。

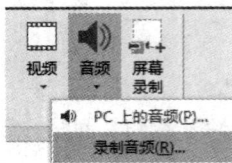

图 4-189　选择【录制音频】　　　　　　　　图 4-190　【录制声音】对话框

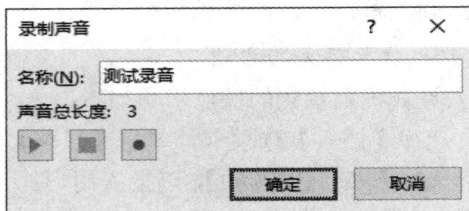

(4) 若要查看录制的内容，单击【停止】 ■ 按钮停止录音，再单击【播放】 ▶ 按钮即可。

(5) 单击【录制】 ● 按钮可重新录制，录制完成单击【确定】按钮。

(6) 完成录制后，选中音频图标并将其拖动到幻灯片的所需位置上。

3) 更改音频播放选项

选择音频图标，然后单击【音频工具|播放】选项卡，如图 4-191 所示。

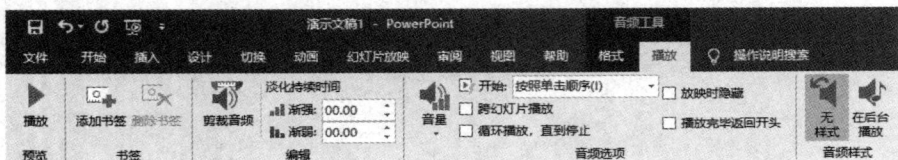

图 4-191　【音频工具|播放】选项卡

(1) 若要剪裁音频，选择【剪裁音频】，然后使用红色(对应音频剪辑的结束位置)和绿色(对应音频剪辑的开始位置)滑块对音频文件进行相应剪裁，如图 4-192 所示。

图 4-192　【剪辑音频】对话框

(2) 若要使音频淡入或淡出，更改【淡化持续时间】框中的数值，【渐强】用于音频淡入，【渐弱】用于音频淡出，如图 4-193 所示。

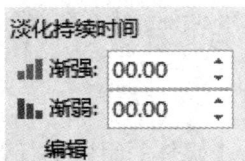

图 4-193　设置音频淡入淡出

(3) 若要调整音量，选择【音频选项】组中的【音量】按钮，再选择所需设置，如低、中等、高、静音，如图 4-194 所示。

(4) 若要选择音频文件的启动播放方式，在【开始】的下拉列表中选择一个选项，如图 4-195 所示。

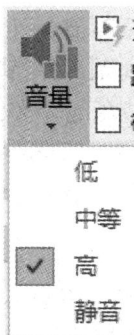

图 4-194　调整音频音量　　　　　　　图 4-195　设置音频文件的启动播放方式

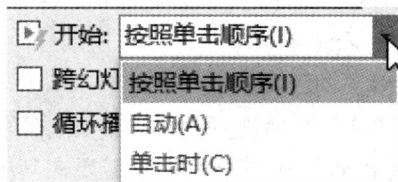

【按照单击顺序】：在幻灯片上单击鼠标时自动播放音频文件。

【自动】：进入音频文件所在的幻灯片时自动播放。

【单击时】：仅在单击音频图标时播放音频。

(5) 若要选择音频在演示文稿中的播放方式，复选【音频选项】组中所需的选项，如图 4-196 所示。

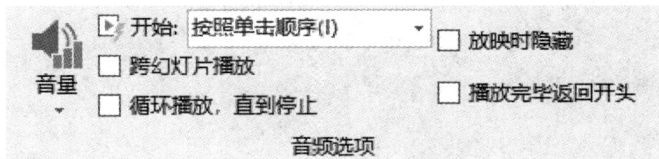

图 4-196　【音频选项】组

【跨幻灯片播放】：跨幻灯片播放一个音频文件，默认音频文件在切换到下一张幻灯片时就会停止。复选此选项，音频文件在演示文稿切换到下一张时不会停止，适合作为背景音乐。

【循环播放，直到停止】：循环播放一个音频文件，直到单击【播放/暂停】按钮手动停止或退出演示文稿演示。

【放映时隐藏】：幻灯片放映时隐藏音频图标。

【播放完毕返回开头】：音频播放完毕后返回至音频的开头，而不是停留在结尾的位置。

4) 设置音频样式

音频样式是音频播放选项的组合。PowerPoint 2016 默认提供了【无样式】和【在后台播放】两种音频样式，如图 4-197 所示。

图 4-197　设置音频样式

【无样式】：此时音频播放由播放选项组合控制。

【在后台播放】：为音频播放选项的组合，即放映时隐藏音

频图标，但功能还在运行。此样式适用于给演示文稿快速添加背景音乐。

5) 删除音频

选择幻灯片上的音频图标，然后按 Delete 键即可删除音频。

3. 插入视频

在 PowerPoint 2016 中，可以插入嵌入式视频(默认行为)或链接至存储在计算机中的视频文件。插入嵌入式视频很方便，但会增加演示文稿的大小。链接视频可保持较小的演示文稿文件，但是链接可能会断开，因此应将演示文稿和链接视频存储在同一文件夹中。

在 PowerPoint 2016 中，建议使用通过 H.264 视频(也称为 MPEG-4AVC)和 AAC 音频进行编码的.mp4 文件。

1) 嵌入计算机上存储的视频

嵌入计算机上存储视频的操作步骤如下：

(1) 在【普通】视图中，单击需要在其中放置视频的幻灯片。

(2) 在【插入】选项卡【媒体】组中单击【视频】下的箭头，然后单击【PC 上的视频】，如图 4-198 所示。以从用户的计算机或用户连接到的计算机上插入视频。

图 4-198　插入计算机上的视频

(3) 在【插入视频文件】对话框中，选择所需视频，然后单击【插入】按钮，如图 4-199 所示。

图 4-199　【插入视频文件】对话框

2) 链接至存储在计算机上的视频

有时为减小演示文稿的大小，可以链接而不是插入视频文件。为了防止链接失效，建议复制视频，然后将其和演示文稿放在同一个文件夹，然后再链接，其操作步骤如下：

(1) 在【普通】视图中，单击要将视频链接到的幻灯片。

(2) 在【插入】选项卡【媒体】组中单击【视频】下的箭头，然后单击【PC 上的视频】。

(3) 在【插入视频文件】对话框中，选择要链接到的文件，单击【插入】按钮旁的向下箭头，选择【链接到文件】，如图 4-200 所示。

如果幻灯片上已有视频，想要知道其存储位置，单击【文件】选项卡，选择【信息】选项。在【优化媒体兼容性】下将会提供与演示文稿中的所有媒体文件相关的信息，包括它们是链接的还是嵌入到文件中的。如果有链接的视频，PowerPoint 为用户提供【查看链接】超链接，单击它打开对话框，其中显示所有链接文件的存储位置，如图 4-201 所示。

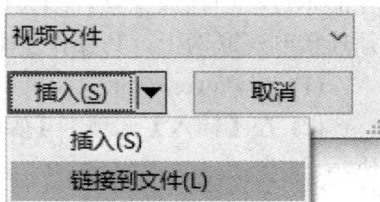

图 4-200　链接到视频文件

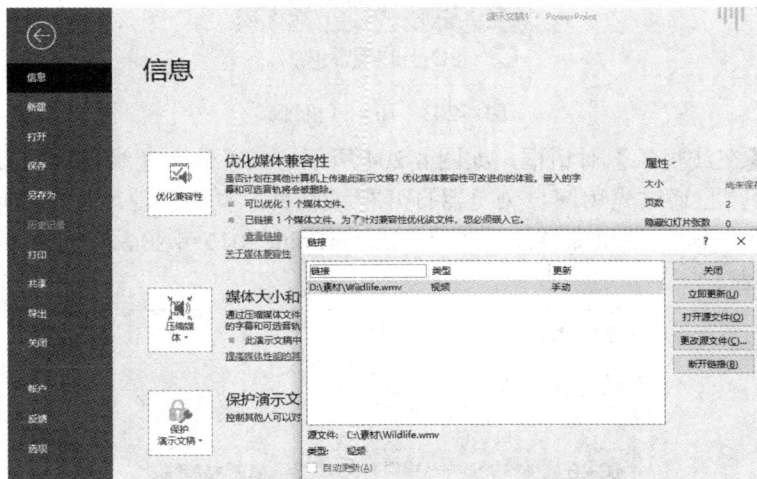

图 4-201　查找链接视频文件的存储位置

在幻灯片上选择视频后，视频下方将出现播放控件，其上包含播放/暂停按钮、进度条、快进/后退按钮、计时器和音量控制。单击控件左侧的【播放】按钮预览视频，如图 4-202 所示。

图 4-202　预览视频

3) 插入联机视频

在 PowerPoint 2016 中，可以使用嵌入代码插入联机视频，或者按名称搜索视频，然后在演示过程中播放视频。因为视频位于网站上而不是在演示文稿中，所以为了顺利播放必须连接到互联网上，其操作步骤如下：

(1) 在 PowerPoint 中，单击要添加视频的幻灯片。

(2) 在【插入】选项卡【媒体】组中单击【视频】按钮，选择【联机视频】，如图 4-203 所示。

图 4-203　插入联机视频

(3) 打开【在线视频】对话框，如图 4-204 所示。在【输入在线视频的 URL：】框中输入在线视频的地址(通过先用网页浏览器打开视频网页，复制其地址栏中的地址得到)，然后单击【插入】按钮。(这里需要注意的是，PowerPoint 2016 专业版联机视频暂不支持国内的在线视频网站。)

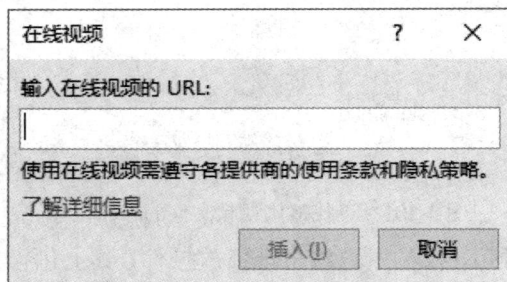

图 4-204　【在线视频】对话框

视频插入以后，可以对其播放方式进行设置。选择视频，然后在【视频工具|播放】选项卡下选择要使用的命令，如图 4-205 所示。

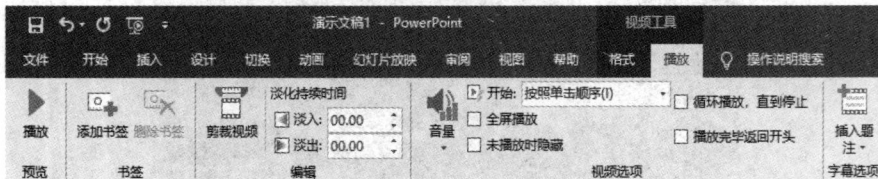

图 4-205　【视频工具|播放】选项卡

若要剪裁视频，单击【编辑】组中【剪裁视频】按钮，然后使用红色(对应视频剪辑的结束位置)和绿色(对应视频剪辑的开始位置)滑块对视频文件进行相应剪裁，如图 4-206 所示。

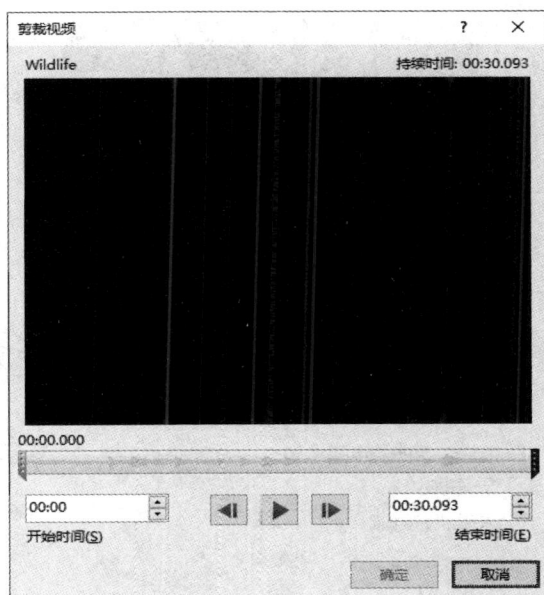

图 4-206 剪辑视频

若要使视频淡入或淡出，更改【编辑】组中【淡化持续时间】框中【淡入】和【淡出】的时间，如图 4-207 所示。

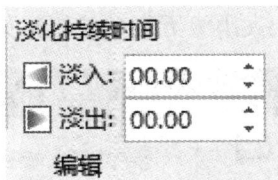

图 4-207 设置视频淡入淡出

若要调整音量，单击【视频选项】组中的【音量】按钮，再选择所需设置，如低、中等、高、静音，如图 4-208 所示。

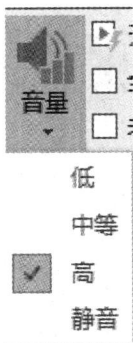

图 4-208 设置视频音量

若要选择视频文件的启动方式，在【开始】的下拉列表中选择一个选项，如图 4-209 所示。

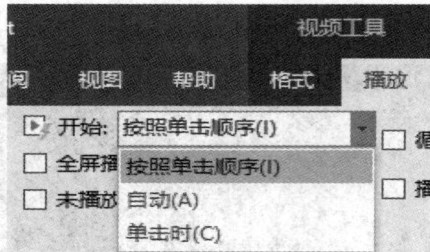

图 4-209　设置视频开始播放方式

　　若要选择视频在演示文稿中的播放方式，复选【视频选项】组中所需的选项，如图 4-210 所示。

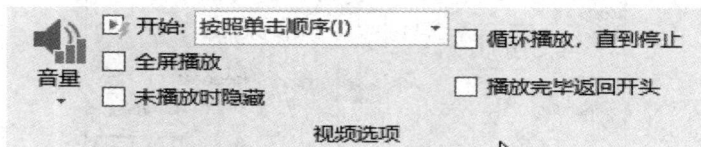

图 4-210　【视频选项】组

4) 设置视频格式

　　在幻灯片中插入视频后，可以对视频文件放映时的颜色、位置、外观等进行相应的设置。通过在幻灯片中选中视频文件后出现的【视频工具|格式】选项卡下的功能来实现，分为预览、调整、视频样式、排列、大小等五个功能组，如图 4-211 所示。

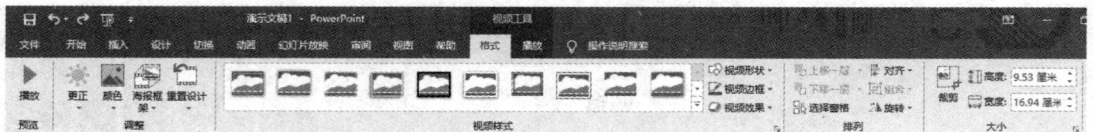

图 4-211　【视频工具|格式】选项卡

　　(1) 【调整】组用于视频亮度和对比度、颜色、海报框架和调整后的重置，如图 4-212 所示。

图 4-212　【调整】组

　　(2) 【视频样式】组用于设置视频的外观，包括视频的形状、边框和可视化效果等，如图 4-213 所示。

图 4-213　【视频样式】组

（3）【排列】组用于设置单个视频的旋转和在幻灯片上位置，以及一张幻灯片上插入多个视频剪辑时，这些视频剪辑在幻灯片上的布局和叠放次序、组合等，如图 4-214 所示。

（4）【大小】组用于设置视频的大小和在幻灯片页面上的位置，以及把视频剪辑成指定的宽度和高度，如图 4-215 所示。

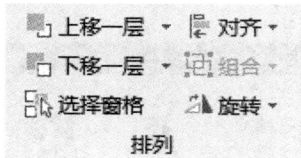

图 4-214　视频在幻灯片上的排列　　　　　　　图 4-215　【大小】组

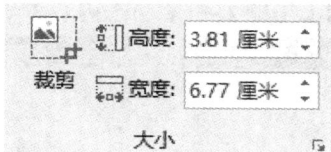

以上各视频格式的设置也可以通过在幻灯片右侧打开的【设置视频格式】窗格进行。以设置视频大小为例，该窗格上方的四个按钮分别为【填充与线条】【效果】【大小和属性】【视频】，点击其中的按钮，可切换到相应的操作页，如图 4-216 所示。

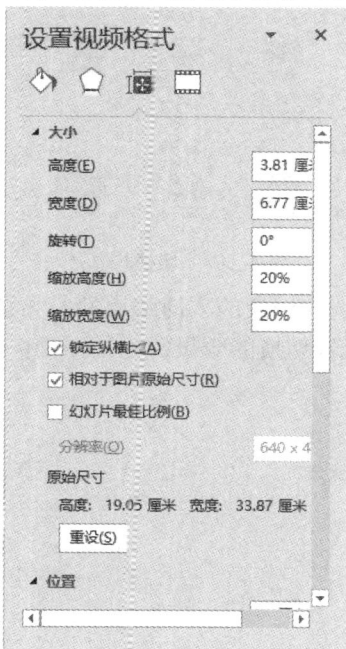

图 4-216　【设置视频格式】任务窗格

要删除视频时，选择幻灯片上的视频，然后按键盘上的 Delete 键即可。

4.7　动　画　设　计

下面简要介绍为幻灯片应用切换效果与为幻灯片上的元素添加和设置动画的方法。

4.7.1　幻灯片切换设置

1. 添加切换

添加幻灯片切换，可以使演示文稿更加生动。添加切换的步骤如下：

(1) 打开演示文稿，选择要添加切换效果的幻灯片。

(2) 选择【切换】选项卡，在【切换到此幻灯片】组的切换样式库中选择一种切换，比如【擦除】，可即时看到效果预览。如果全部幻灯片都使用此切换，可单击【计时】组中的【应用到全部】按钮。更多的切换可单击库右侧的【其他】下拉箭头，可以看到切换分为【细微】【华丽】和【动态内容】三类，如图 4-217 所示。

图 4-217　切换样式库

(3) 选择【效果选项】，以选择切换的方向和属性，如图 4-218 所示。

(4) 单击【预览】按钮，查看切换的效果，如图 4-219 所示。

图 4-218　切换效果选项

图 4-219　【预览】按钮

若要删除某页幻灯片的切换时，先选择该幻灯片，单击【切换】选项卡，在【切换到此幻灯片】组中选择【无】(即第一种切换)。

2. 修改切换效果选项

PowerPoint 中的许多切换(而非全部)都可以进行自定义，方法如下：

(1) 选择包含要修改的切换效果的幻灯片。

(2) 在【切换】选项卡下【切换到此幻灯片】组中单击【效果选项】，然后选择所需的效果选项。

3. 设置切换计时

添加切换后，可以修改过渡的持续时间、换片方式和切换的声音。这些可以通过【切换】选项卡的【计时】组来完成，如图 4-220 所示。

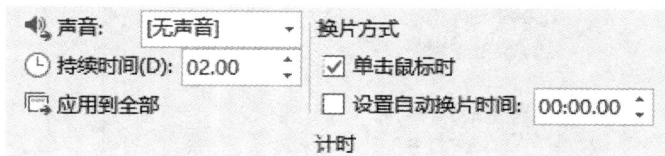

图 4-220　【切换】选项卡【计时】组

4. 设置切换的速度

使用【持续时间】来设置切换速度。较短的持续时间意味着幻灯片的前进更快，而较长的持续时间则会使幻灯片前进的速度变慢，操作步骤如下：

(1) 选择要修改切换效果的幻灯片。

(2) 在【切换】选项卡下【计时】组【持续时间】框中键入所需的秒数，这里数字格式是"秒.百分之一秒"。

提示：

如果希望所有幻灯片放映的过渡都使用相同的速度，单击【应用到全部】。

5. 设置换片方式

使用【换片方式】来设置切换计时，是指定幻灯片在切换到下一张幻灯片开始之前停留的时间，操作步骤如下：

(1) 选择要为其设置计时的幻灯片。

(2) 在【切换】选项卡下【计时】组【换片方式】中执行下列操作之一。

■ 若要在单击鼠标时使幻灯片前进到下一张幻灯片，选中【单击鼠标时】复选框。

■ 若要使幻灯片自动前进，选中【设置自动换片时间】复选框，然后输入所需的分钟数和秒数，这里的格式为"分钟:秒:百分之一秒"。当幻灯片上的最后一个动画播放完毕或其他效果完成时，会启动计时器。

■ 若要同时启用鼠标和自动前进，选中【单击鼠标时】和【设置自动换片时间】复选框，然后在【设置自动换片时间】框中输入所需的分钟数和秒数，幻灯片将自动切换，但是可以通过单击鼠标更快地前进，如图 4-221 所示。如果希望所有幻灯片使用相同的速度前进，单击【应用到全部】。

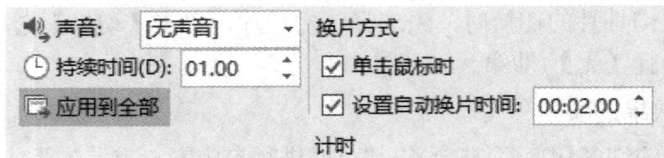

图 4-221　切换计时设置

6. 设置切换期间播放的声音

设置切换期间播放声音的操作步骤如下：

(1) 选择要修改切换效果的幻灯片。

(2) 在【切换】选项卡下【计时】组【声音】列表中选择所需的声音，如图 4-222 所示。

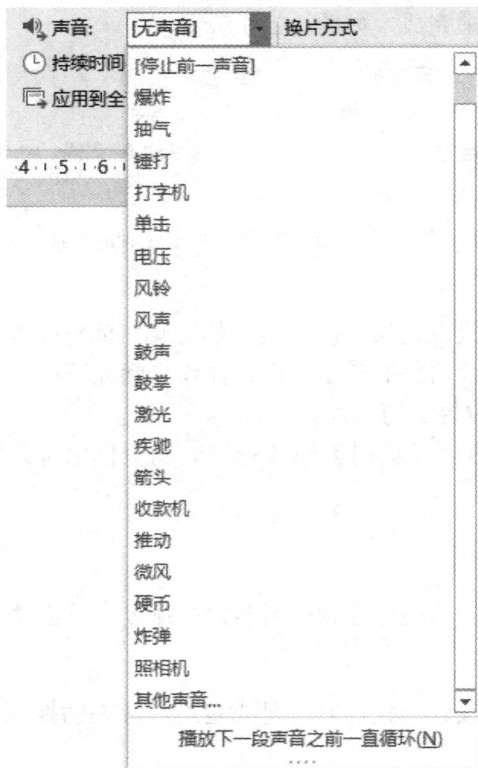

图 4-222　设置切换的声音

如果用户想要使用自己的声音，在【声音】列表底部选择【其他声音】，然后在【添加音频】对话框中选择所需的声音，最后单击【确定】按钮。

4.7.2　幻灯片的动画设置

PowerPoint 2016 可给演示文稿中幻灯片上的各种元素添加适用于该对象的动画。可添加动画的元素有文本、图片、形状、表格、SmartArt 图形、图表及 PowerPoint 演示文稿中的其他对象。

动画效果可使对象出现、消失、更改对象的大小或颜色、移动等，因此，PowerPoint中的动画相应地分为进入动画、退出动画、强调动画、动作路径动画四个基本类型。当然，因添加对象的不同，还有其他类型的动画。

1.【动画】选项卡

给幻灯片元素添加动画通过【动画】选项卡来完成。【动画】选项卡由【预览】【动画】【高级动画】和【计时】组组成，如图 4-223 所示。

图 4-223　【动画】选项卡

（1）【预览】是对当前幻灯片上的动画进行播放预览，默认添加修改动画时自动预览，如图 4-224 所示。

图 4-224　【预览】按钮

（2）【动画】组如图 4-225 所示，由动画库和【效果选项】按钮组成。

图 4-225　【动画】组

动画库用于选择要应用于此幻灯片上选择的对象的动画。单击【其他】下拉箭头按钮，可显示更多的动画，如图 4-226 所示。

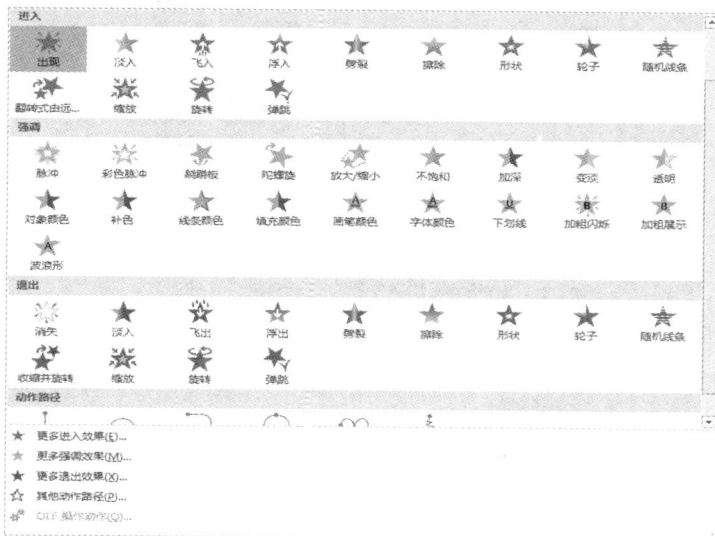

图 4-226　动画库

【效果选项】按钮用于设置所添加的动画的基本的效果，对于不同的对象和动画，其效果选项下拉列表也不同，如图 4-227 所示。

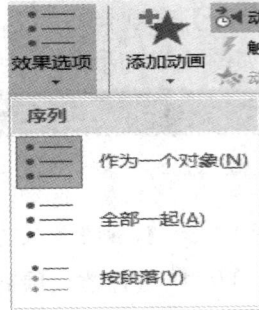

图 4-227   动画【效果选项】

(3) 【高级动画】由【添加动画】【动画窗格】【触发】和【动画刷】四个按钮组成，如图 4-228 所示。

图 4-228   【高级动画】组

【添加动画】按钮用于给已有动画的对象再添加新的动画，新的动画应用于现有动画之后，如图 4-229 所示。

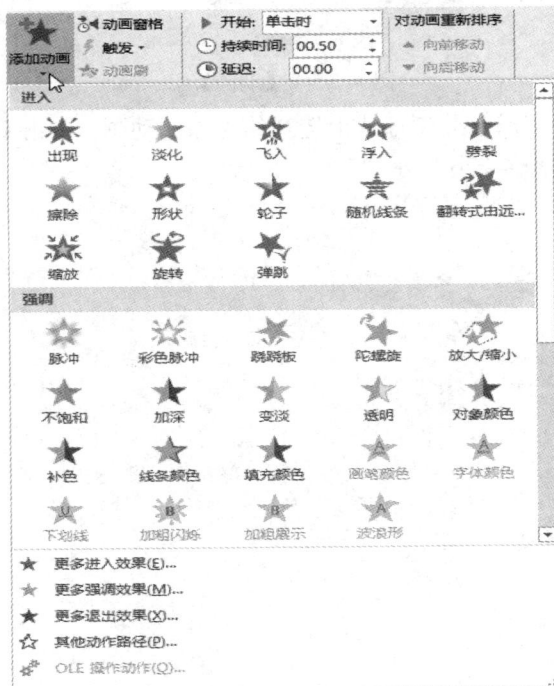

图 4-229   添加动画

【动画窗格】按钮用于打开动画窗格，在其中显示该幻灯片上已经添加的动画的列表，可调整不同动画的播放次序。选择列表中单个动画，单击该动画右侧的下拉箭头，在打开下拉菜单中选择【效果选项】，或直接在动画列表中双击该动画，打开相应动画的【效果】选项，就能对动画进行高级设置了，如图 4-230 所示。

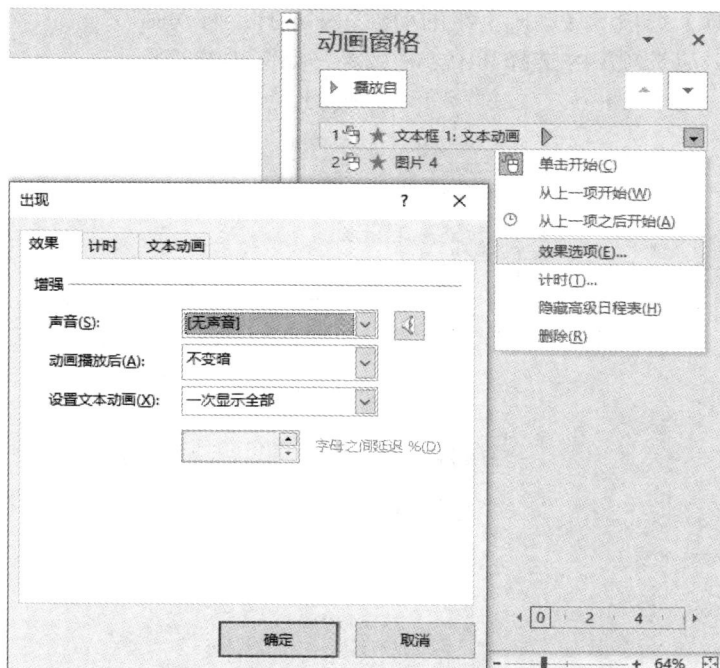

图 4-230　动画窗格

【触发】按钮用于设置动画的特殊启动条件，比如通过单击幻灯片上的某个对象启动另一个对象上的动画，如图 4-231 所示。

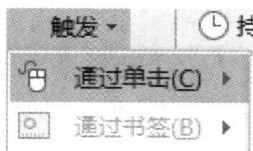

图 4-231　触发动画

【动画刷】按钮用于将选定对象上的现有动画应用于其他对象上。如果要应用到多个对象上，可双击该按钮。全部应用完成后，再单击该按钮，关闭动画刷按钮。

（4）【计时】组用于设置动画的启动方式、持续时间和延迟时间等，如图 4-232 所示。

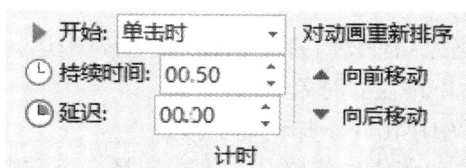

图 4-232　【计时】组

2. 添加动画

1) 在演示文稿中添加动画

在演示文稿中向文本、图片和形状等内容添加动画的操作步骤如下：

(1) 选择要制作成动画的对象或文本。

(2) 从【动画】选项卡【动画】组的动画库中选择一种动画。

(3) 选择【效果选项】并选择其中一种效果，如图 4-233 所示。

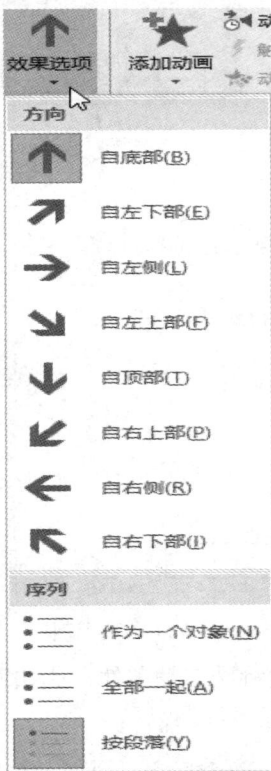

图 4-233　文本动画效果选项示例

【作为一个对象】：文本框或占位符中的文本作为一个整体播放动画。

【全部一起】：以段落为单位，同时播放动画。

【按段落】：以段落为单位，上一个段落动画播放完毕后，再播放下一个段落的动画，依此类推。

如果想让文本以一行一行或一个一个字符的方式出现，需要打开【动画窗格】，对该动画进行详细的效果选项设置。

2) 添加动作路径动画

可以应用动作路径动画效果使幻灯片对象按指定的路径运动，操作步骤如下：

(1) 单击选中要添加动作路径的对象。

(2) 在【动画】选项卡中单击【添加动画】按钮。

(3) 在动画库中向下滚动到【动作路径】下，选择一个需要的动作路径，如图 4-234 所示。

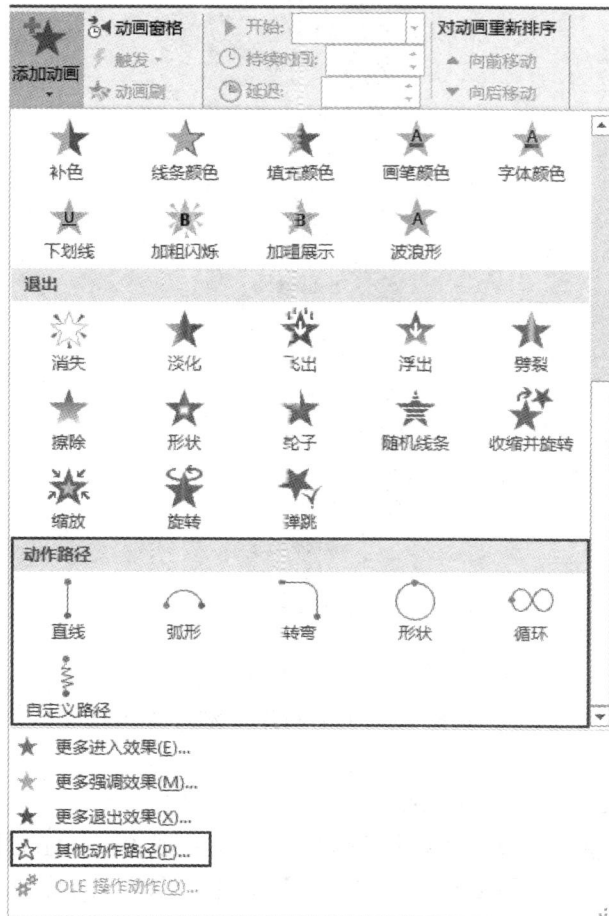

图 4-234　添加动作路径

(4) 如果希望自己绘制路径，选择【自定义路径】。单击左键开始绘制，以按键盘上的 Esc 键或双击鼠标左键结束完成绘制。左侧和右侧的透明图像表示动作路径运动的起点和终点位置，如图 4-235 所示。

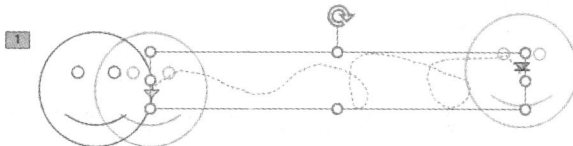

图 4-235　自定义动作路径示例

(5) 如果看不到所需的动作路径，在库底部单击【其他动作路径】。

(6) 选择所需的动作路径后，单击【确定】按钮。

(7) 要删除路径动画时，在幻灯片上单击动作路径(带有箭头的虚线)，然后按 Delete 键。

(8) 要编辑动作路径，例如更改动作路径的方向、编辑动作路径的各个点、锁定(以使其他人无法更改动画)或取消锁定动画时，单击【效果选项】，如图 4-236 所示。

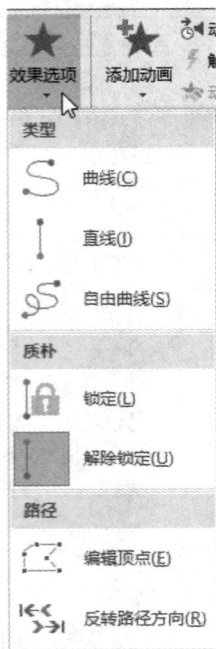

图 4-236　编辑动作路径

(9) 要预览动作路径时，单击幻灯片上的对象，然后单击【动画】选项卡上的【预览】按钮。

3) 对一个对象应用多个动画效果

可以为一个文本字符串或一个对象(例如图片、形状或 SmartArt 图形)应用多种动画效果。应用多个动画效果时，可以在【动画窗格】中进行处理，因为在其中可以看到当前幻灯片上所有动画效果的列表。添加更多动画的步骤如下：

(1) 选择幻灯片上已经应用过其他动画的对象或文本。

(2) 在【动画】选项卡【高级动画】组中单击【添加动画】按钮。

(3) 在打开的下拉列表中，选择要添加的动画效果。

(4) 要继续对同一对象添加其他动画效果时，先选择该对象，再单击【添加动画】按钮，然后选择另一个动画效果。

提示：

应用第一个动画效果后，一定不要尝试以【添加动画】以外的任何其他方式添加动画，那样不会添加新的动画效果，而是用新的动画效果替换了原有的动画效果。

3. 设置动画

1) 设置动画的计时

设置动画计时的操作步骤如下：

(1) 在【动画窗格】中的动画效果旁边，单击向下箭头，然后单击【计时】按钮，如图 4-237 所示。

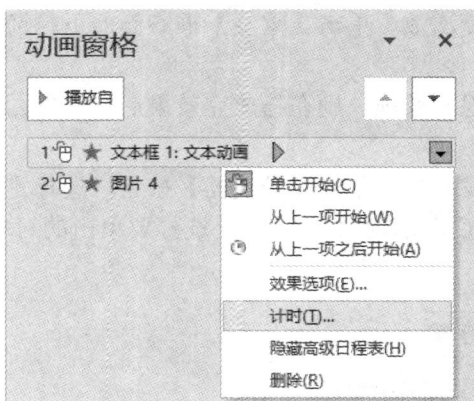

图 4-237　在【动画窗格】中打开动画计时

(2) 在打开的该动画效果对话框的【计时】选项卡中，单击【开始】框右侧的向下箭头，并选择计时选项，如图 4-238 所示。

图 4-238　设置动画计时

【单击时】：单击鼠标时播放。

【与上一动画同时】：与上一动画效果同时播放。

【上一动画之后】：在播放上一个动画效果后播放。

提示：

上一个动画效果是指在【动画窗格】的动画列表中紧挨在正为其设置计时的动画之上的那一个动画效果。

(3) 若要延迟开始动画效果，单击【延迟】框右侧的上下箭头，调整延迟的秒数。

(4) 要更改动画效果的播放速度，单击【期间】框右侧的下拉箭头，选择所需的持续时间。

(5) 要设置动画的重复次数，单击【重复】框右侧的下拉箭头，选择重复次数或何时结束重复。

(6) 勾选【播完后快退】选项，则在播放完效果后，对象回退到动画播放前的状态和位置。

(7) 要设置动画的触发方式，单击【触发器】按钮，选择是【按单击顺序播放动画】还是按【单击下列对象时启动动画效果】(此处选择要单击的对象)触发当前所选动画的播放，如图 4-239 所示。

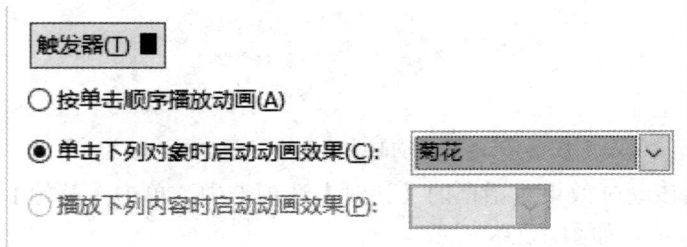

图 4-239　设置动画的触发器

2) 添加对象描述处理多个动画

在幻灯片上使用多个对象时，可能很难区分每个对象及其应用的动画效果。默认对象名称未提供太多说明，因此很难确定哪个对象应用了哪种动画效果。如图 4-240 中的对象，全部使用意义不明的默认名称。

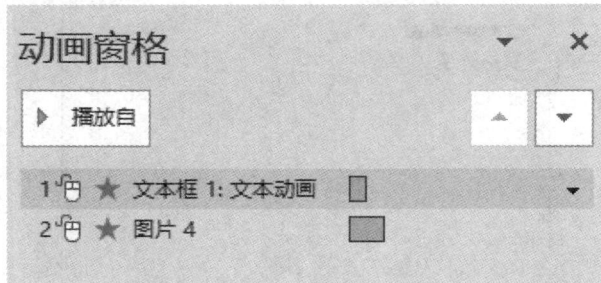

图 4-240　动画窗格中显示对象默认的名称

在【选择】窗格中，可以为每个对象指定不同的名称，使在对每个对象应用动画时能够更加轻松地对其进行处理。为每个对象提供不同的名称的操作如下：

(1) 在【开始】选项卡上单击【编辑】组中的【选择】按钮，然后单击【选择窗格】，打开【选择】窗格，如图 4-241 所示。

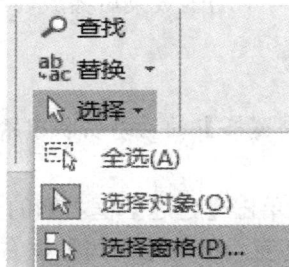

图 4-241　打开【选择】窗格

（2）在【选择】窗格中，双击默认对象名称以打开该框并键入对象的新名称，如图 4-242 所示。

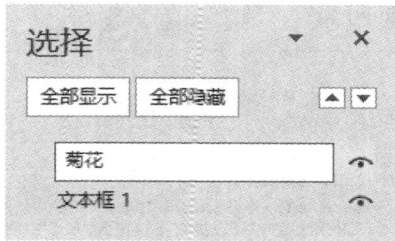

图 4-242　在【选择】窗格中更改对象的默认名称

（3）返回到【动画窗格】，可以看到原来的动画列表中的【图片 4】已经更改为【菊花】，方便对区分多个对象并对其动画进行处理，如图 4-243 所示。

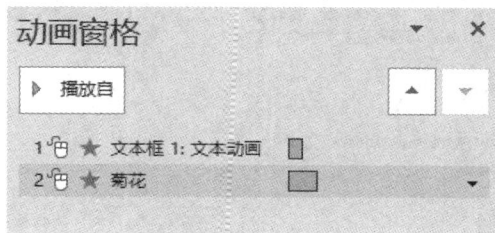

图 4-243　完成默认对象名称的更改

3) 更改动画效果的播放顺序

如果 PowerPoint 中的动画效果未按期望的顺序播放，可以对动画重新排序，方法如下：

（1）选中要对动画效果进行重新排序的幻灯片。

（2）在【动画】选项卡中单击【高级动画】组的【动画窗格】按钮，打开【动画窗格】。

（3）在【动画窗格】中，单击要移动的动画效果并按住鼠标不放，然后向上或向下拖动到新位置，到达新位置时，显示一条水平指示线；或选中要移动的动画效果，单击动画窗格右上角的向上或向下箭头，移动选中动画效果的位置以更改播放顺序。幻灯片上对象左侧的动画数字序号会相应改变，指示动画效果在播放序列中的新位置。

4.8　演示文稿的放映

1. 幻灯片的放映

演示文稿编辑完成后，选择放映幻灯片，可以预览放映的效果，步骤如下：

（1）单击【幻灯片放映】选项卡。

（2）在【开始放映幻灯片】组中选择如何放映，如图 4-244 所示。

【从头开始】：从第一张幻灯片开始放映。

【从当前幻灯片开始】：从当前选定的幻灯片开始放映。如果对之前的幻灯片效果已经满意时，不需浪费时间从头开始检查放映。

图 4-244　开始放映幻灯片

【联机演示】：使用 Microsoft Presentation Service 提供的免费公共服务，向通过 Web 浏览器观看并下载该演示文稿的人进行演示。使用该服务需要使用 Microsoft 账户，如图 4-245 所示，按提示步骤操作即可。

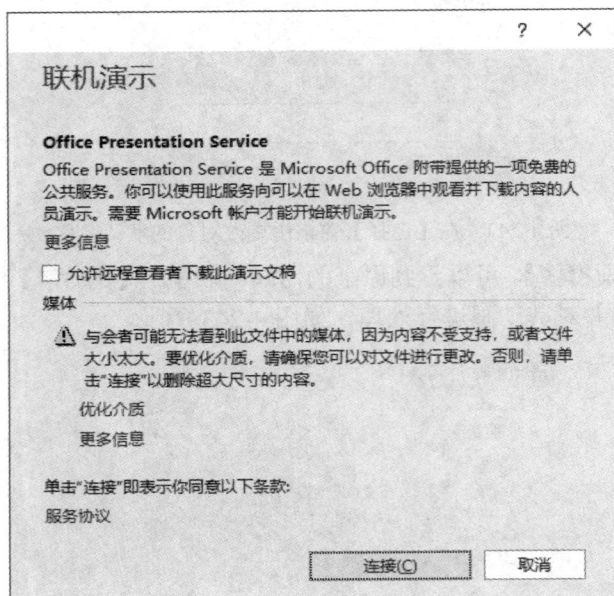

图 4-245　联机演示

【自定义幻灯片放映】：自定义演示文稿中参与放映的幻灯片及其顺序。单击【自定义幻灯片放映】旁边的箭头，选择【自定义放映】，打开【自定义放映】对话框，如图 4-246 所示。

图 4-246　【自定义放映】对话框

单击【新建】，打开【定义自定义放映】对话框，创建新的自定义放映，如图 4-247 所示。可以用同一演示文稿根据演示场合和面对对象的不同创建多个自定义放映。

在【定义自定义放映】对话框的【幻灯片放映名称】框中输入自定义放映的名称，在左侧【在演示文稿中的幻灯片】栏中勾选要添加到该自定义放映中的幻灯片，单击中间的【添加】按钮，添加到右侧【在自定义放映中的幻灯片】栏中，并通过【向上】/【向下】按钮调整幻灯片自定义放映中的位置。单击【删除】按钮，可删除自定义放映中的幻灯片，但该操作不会事实上删除演示文稿中的幻灯片。设置完成后，单击【确定】返回。

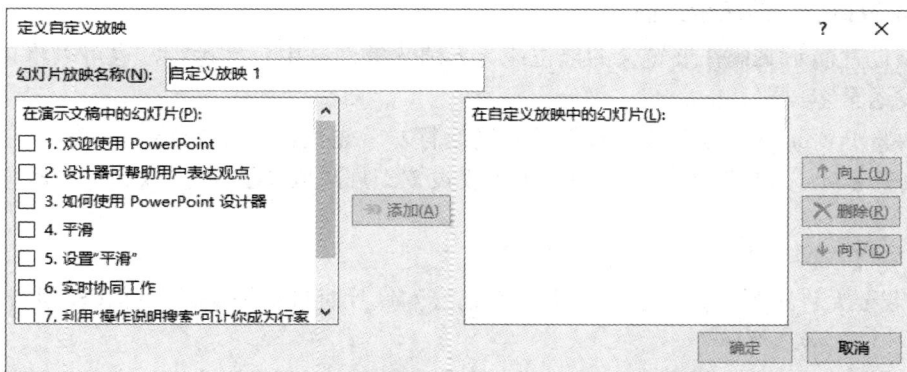

图 4-247　定义自定义放映

2. 幻灯片放映设置

使用【幻灯片放映】选项卡【设置】组能够对幻灯片放映进行详细的设置，如图 4-248
所示。

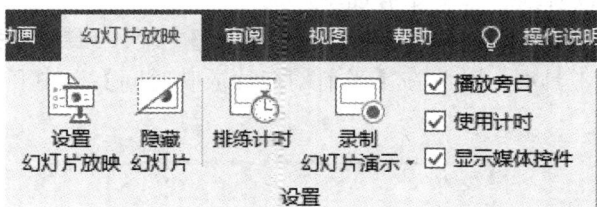

图 4-248　【幻灯片放映】选项卡【设置】组

单击【设置幻灯片放映】，打开【设置放映方式】对话框，使用此对话框以确定如何在
PowerPoint 中放映幻灯片，如图 4-249 所示。

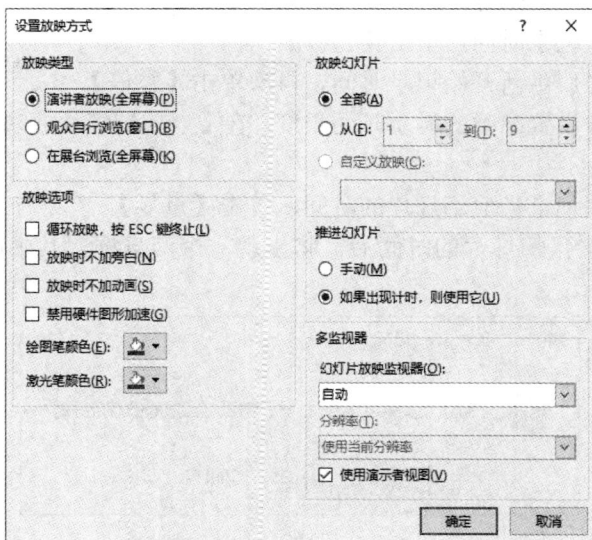

图 4-249　【设置放映方式】对话框

3. 设置自运行的演示文稿

可以设置演示文稿在展览会的展位或无人值守的网亭中自动运行，也可以将它保存为视频并发送至客户端。

若要将 PowerPoint 演示文稿设置为自动运行，首先执行下列操作：

(1) 在【幻灯片放映】选项卡中，单击【设置幻灯片放映】，打开【设置放映方式】对话框。

(2) 在【放映类型】下选择下列项之一。

■ 若要允许观看幻灯片放映的人员在切换幻灯片时进行控制，选择【演讲者放映(全屏幕)】。

■ 要在一个窗口中演示幻灯片放映，但在该窗口中，观看用户无法在幻灯片放映时进行控制，选择【观众自行浏览(窗口)】。

■ 要循环放映幻灯片，直到观看用户按 Esc 键，选择【在展台浏览(全屏幕)】。

1) 排练和记录幻灯片计时

当选择放映类型【演讲者放映(全屏幕)】和【在展台浏览(全屏幕)】时，需要排练和录制效果并对幻灯片放映计时，操作步骤如下：

(1) 在【幻灯片放映】选项卡上单击【排练计时】按钮，演示文稿排练放映立即开始计时。显示【录制】工具栏，并且在【当前幻灯片放映时间】框中开始对演示文稿计时，如图 4-250 所示。

图 4-250　【录制】工具栏

(2) 对演示文稿计时时，可以在【录制】工具栏上执行以下一项或多项操作。

■ 若要移动到下一张幻灯片，单击【下一张】。

■ 若要暂时停止记录时间，单击【暂停】。

■ 若要在暂停之后重新开始记录时间，再次单击【暂停】。

■ 若要为幻灯片设置准确的显示时间长度，在【当前幻灯片放映时间】框中键入时间长度。

■ 若要重新开始记录当前幻灯片的时间，单击【重复】。

(3) 设置了最后一张幻灯片的时间后，将出现一个消息框，其中显示了演示文稿的总时间，如图 4-251 所示。

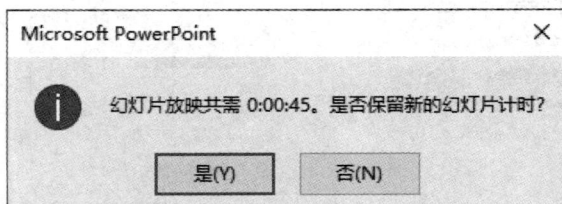

图 4-251　排练计时总时间

按提示执行下列操作之一：

■ 若要保存新的幻灯片计时，单击【是】。

■ 若要放弃记录的幻灯片计时，保留原有排练计时(如果有的话)，单击【否】。

排练计时完成后，打开【幻灯片浏览】视图，其中显示了演示文稿中每张幻灯片的时间，可以进行浏览检查，需要时可录制新的排练计时，如图 4-252 所示。

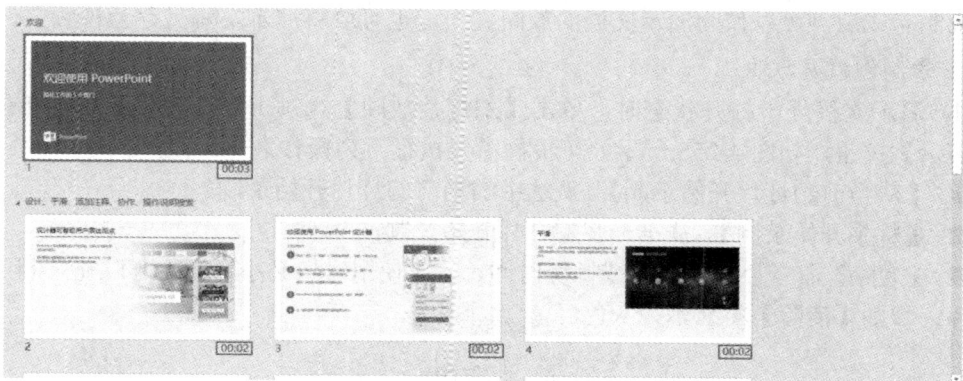

图 4-252　排练计时完成后的幻灯片浏览视图

2) 录制幻灯片

可以根据需要为幻灯片放映录制旁白、墨迹和激光笔等。若要录制旁白，需要为计算机配备声卡、麦克风和麦克风连接器(如果麦克风不是计算机的一部分)，操作步骤如下：

(1) 在【幻灯片放映】选项卡【设置】组中，单击【录制幻灯片演示】按钮上的箭头，如图 4-253 所示。

(2) 选择【从当前幻灯片开始录制】【从头开始录制】或【清除】(用于清除当前幻灯片或所有幻灯片上的旁白或计时)。

(3) 在【录制幻灯片演示】对话框中，选中【旁白、墨迹和激光笔】复选框，并根据需要选中或取消选中【幻灯片和动画计时】复选框，如图 4-254 所示。

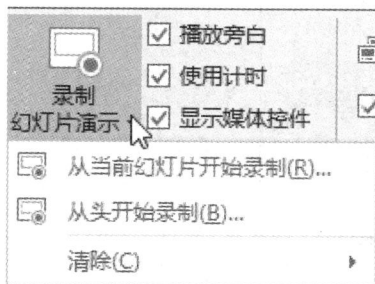

图 4-253　录制幻灯片演示

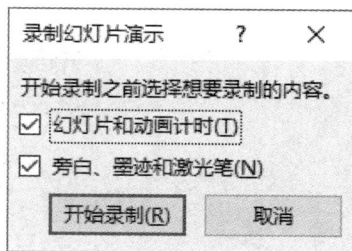

图 4-254　【录制幻灯片演示】对话框

(4) 单击【开始录制】，幻灯片开始放映，并显示【录制】工具栏。

若要暂停录制旁白，在【幻灯片放映】视图中的【录制】工具栏中单击【暂停】按钮。若要继续录制旁白，单击提示对话框中的【继续录制】按钮。

(5) 若要结束幻灯片放映的录制，右键单击幻灯片，然后单击【结束放映】。录制完成后将自动保存录制的幻灯片放映计时，切换幻灯片浏览视图，每个幻灯片下面都显示了计时。

可以在运行演示文稿前录制旁白，或者在演示文稿运行过程中录制旁白并加上观众的意见。如果不希望旁白贯穿整个演示文稿，可以为选定的幻灯片或对象单独录制声音或意见。

4. 录制有旁白和幻灯片排练时间的幻灯片放映

旁白和排练时间可增强基于 Web 或自运行的幻灯片放映效果。如果计算机上有声卡、麦克风和扬声器，则可以录制 PowerPoint 演示文稿并捕获旁白、幻灯片排练时间和墨迹笔势。

录制完成后，可以作为演示文稿的放映之一，也可以将演示文稿另存为视频文件。

1）录制幻灯片放映

(1) 演示文稿处于打开状态时，单击【幻灯片放映】选项卡下【设置】组中【录制幻灯片演示】按钮，如图 4-255 所示。可根据需要执行下列操作之一。

■ 【从当前幻灯片开始录制】：从选中的当前幻灯片开始录制。

■ 【从头开始录制】：从第一张幻灯片开始录制。

■ 【清除】命令会删除旁白或排练时间，因此使用时务必小心。除非以前录制了一些幻灯片，否则【清除】将显示为灰色。

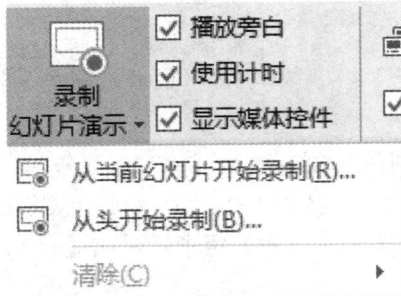

图 4-255　【录制幻灯片演示】选项

(2) 在【录制幻灯片演示】对话框中，选中或取消选中要录制的内容，然后单击【开始录制】按钮，如图 4-256 所示。

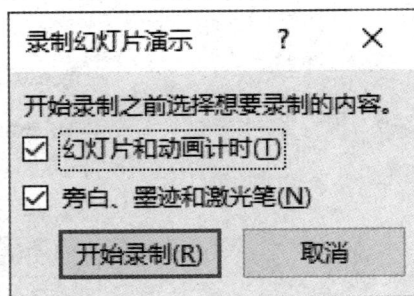

图 4-256　【录制幻灯片演示】对话框

■ 幻灯片和动画计时：PowerPoint 会自动记录每张幻灯片的播放时间，包括发生的任何动画步骤以及在每张幻灯片上使用的所有触发器。

■ 旁白、墨迹和激光笔：在整个演示过程中记录语音。如果使用笔、荧光笔、橡皮擦或激光笔，PowerPoint 也会记录这些操作以供播放。

(3) 窗口的左上角出现【录制】工具栏，如图 4-257
所示，可以使用→(转到下一张幻灯片)、⏸(暂停录制)
或↩(重新录制当前幻灯片)进行操作。

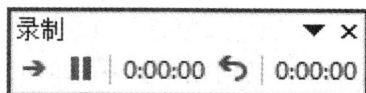

如果重新录制旁白(包括音频、墨迹和激光笔)，
PowerPoint 会先擦除之前录制的旁白(包括音频、墨迹和激光笔)，然后才可以在同一幻灯片
上重新开始进行录制。也可以转到【幻灯片放映】选项组中的【录制幻灯片演示】进行重
新录制。

(4) 要在录制的内容中使用墨迹、橡皮擦或激光笔时，右键单击幻灯片，选择【指针
选项】，然后选取工具，如图 4-258 所示。

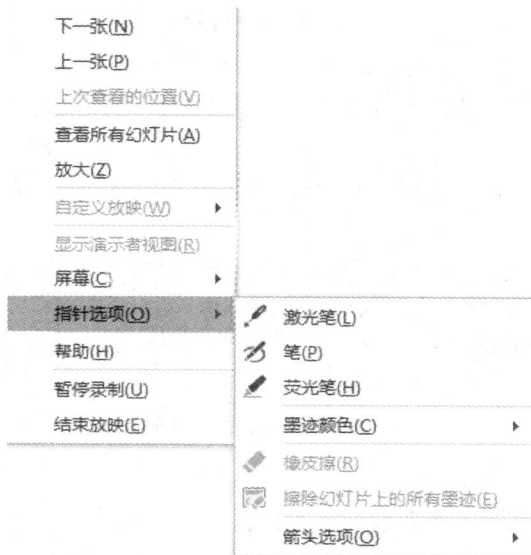

录制	▼ ×
→ ⏸ 0:00:00 ↩ 0:00:00	

图 4-257 【录制】工具栏

图 4-258 指针选项

要结束录制，右键单击最后一张幻灯片，然后单击【结束放映】按钮。

提示：

录制旁白完成后，每张带有旁白的幻灯片的右下角都将出现一个声音图标。

录制的幻灯片放映排练时间将自动保存，排练时间显示在每张幻灯片下方的【幻灯片
浏览】视图中。在此过程中，录制的内容将嵌入每张幻灯片中，并且录制的内容可以在幻
灯片放映中播放。此录制过程不会创建视频文件，但如果需要视频文件，只需执行几个额
外的步骤即可将演示文稿转换为视频。

2) 预览录制的幻灯片

在【幻灯片放映】选项卡上，单击【从头开
始】或【从当前幻灯片开始】，如图 4-259 所示。
在播放过程中，动画、墨迹书写操作、激光笔、
音频和视频会同步播放。

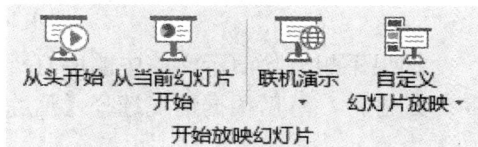

图 4-259 预览录制的幻灯片

3) 预览录制的音频

在【普通视图】中，单击幻灯片右下角的声音图标，如图 4-260 所示，然后单击【播放】按钮。

图 4-260　预览录制的音频

4) 手动设置计时

PowerPoint 会在添加旁白时自动录制幻灯片排练时间，也可以手动设置幻灯片排练时间，以结合使用旁白。

(1) 在【普通视图】中，单击要设置排练时间的幻灯片。

(2) 在【切换】选项卡【计时】组中的【换片方式】下，选中【设置自动换片时间】复选框，然后输入指示幻灯片应在屏幕上显示的秒数。对要设置排练时间的每张幻灯片重复执行此过程。如果希望下一张幻灯片在单击鼠标时显示或者在输入的秒数后自动显示(以先发生的为准)，需同时选中【单击鼠标时】和【设置自动换片时间】复选框，如图 4-261 所示。

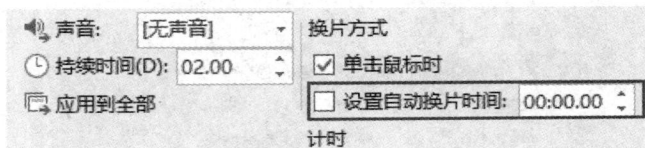

图 4-261　手动设置计时

5) 删除计时或旁白

【清除】命令用于删除不想要或要替换的排练时间或旁白。有四种不同的【清除】命令，如图 4-262 所示。

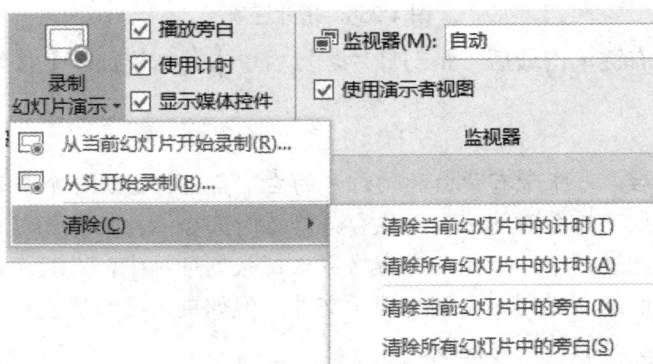

图 4-262　清除计时或旁白

如果不想删除演示文稿中的所有排练时间或旁白，打开带有要删除排练时间或旁白的特定幻灯片，然后根据情况选择【清除当前幻灯片中的计时】或【清除当前幻灯片中的旁白】命令。

6) 关闭计时或旁白

录制完 PowerPoint 演示文稿后，所执行的任何排练时间、手势和音频都会保存在单张幻灯片上。但是，如果想在没有它们的情况下查看幻灯片放映，则可以将其全部关闭。

若要关闭记录的幻灯片计时，在【幻灯片放映】选项卡【设置】组中取消选中【使用计时】框；若要关闭录制的旁白、墨迹以及激光笔，在【幻灯片放映】选项卡【设置】组中取消选中【播放旁白】框，如图 4-263 所示。

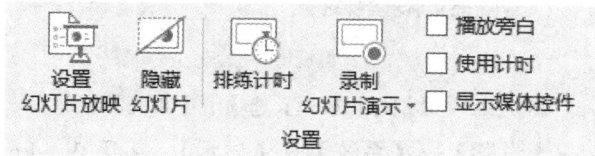

图 4-263　取消使用计时和播放旁白

提示：

录制内容按幻灯片添加到演示文稿中，因此，如果要更改录制内容，只需重新录制受影响的幻灯片即可。此外，可以在录制后重新排列幻灯片的顺序，而无需重新录制任何内容。PowerPoint 在幻灯片之间的切换过程中不会录制音频或视频。另外，在每张幻灯片的开头和结尾都要有一个简短的沉默缓冲时间以使转换流畅，并确保在从一张幻灯片切换到另一张幻灯片时不会切断可听到的旁白。

5. 使用演示者视图

演示者视图使用户可以在一台计算机(例如用户的便携式计算机)上查看显示演讲者备注的演示文集，而同时在另外的显示器上向观众全屏展示无备注的演示文稿，即演示者视图在一个监视器上(通常是用于观众观看外接投影或外接大屏显示器)放映全屏幻灯片，而在另一个监视器(通常是演讲者的便携式计算机的屏幕或台机计算机的监视器)上显示演示者视图。在演示者视图中显示下一张幻灯片预览、演讲者备注、计时器等，如图 4-264 所示。

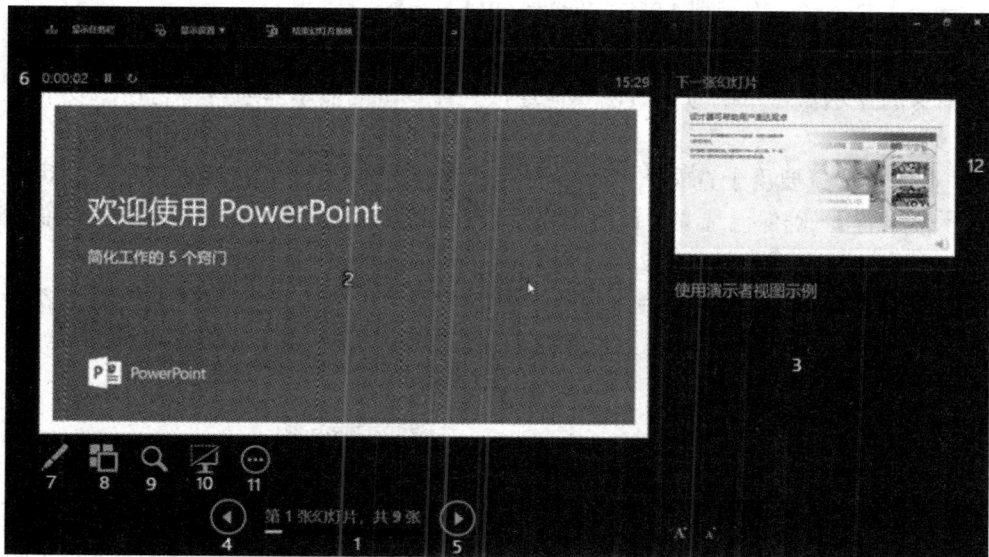

图 4-264　使用演示者视图示例

使用演示者视图，系统必须有两个及以上的监视器连接。设置 PowerPoint 以便通过两台监视器使用演示者视图的步骤如下：

(1) 在【幻灯片放映】选项卡【监视器】组中选择【使用演示者视图】，如图 4-265 所示。

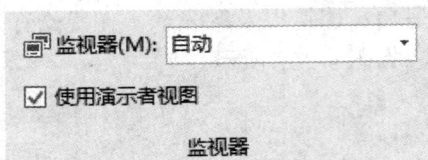

图 4-265　【幻灯片放映】选项卡【监视器】组

(2) 单击【开始】→【设置】→【系统】→【显示】，打开 Windows 10【显示】设置页面，如图 4-266 所示。

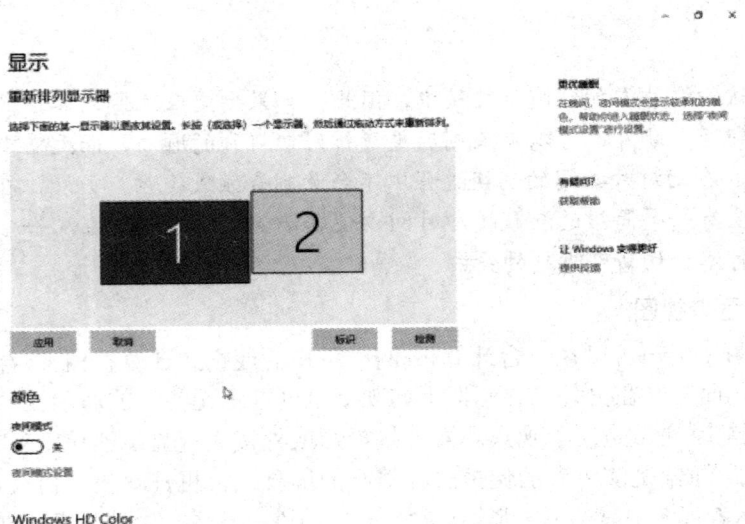

图 4-266　Windows 10【显示】设置页面

页面顶部的【重新排开显示器】下显示连接到计算机的显示器，每个显示器都有编号，计算机本身的显示器通常编号为 1，其他连接到计算机的显示器通常将它在图表中显示为 2，依此类推。

(3) 在图中选择要用于查看演讲者备注的显示器的图标(比如 1)，然后向下滚动，找到【多显示器设置】。确保已选中【设为主显示器】的复选框。如果该选项呈灰色，说明该屏幕已默认设为主显示器，如图 4-267 所示。

(4) 选择观众将观看的第二台监视器的图标(比如 2)，然后向下滚动，找到【多显示器设置】。在【多显示器设置】下拉列表中选中【扩展这些显示器】，如图 4-268 所示。

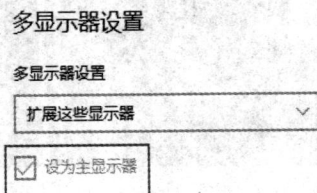

图 4-267　设置主显示器　　　　　　图 4-268　设置扩展显示器

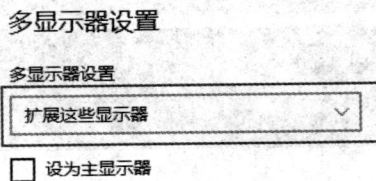

4.9　演示文稿的共享

共享演示文稿的方法有与人共享、电子邮件和联机演示三种。其中选择与人共享方式共享演示文稿允许多个用户通过网络协作共同完成演示文稿。

1. 与人共享

要与人共享演示文稿，首先必须将演示文稿保存到文件共享位置，比如保存到个人 OneDrive 以使其更方便地访问、存储和共享。将演示文稿保存到云并将其发送给他人分享的步骤如下：

(1) 选择【文件】→【共享】，如图 4-269 所示。

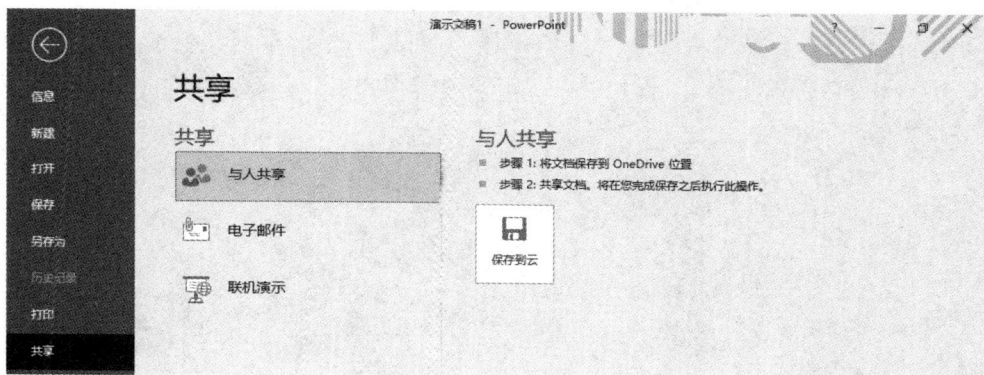

图 4-269　选择与人共享演示文稿

(2) 选择将演示文稿保存到云中的位置，例如保存到个人 OneDrive，如图 4-270 所示。

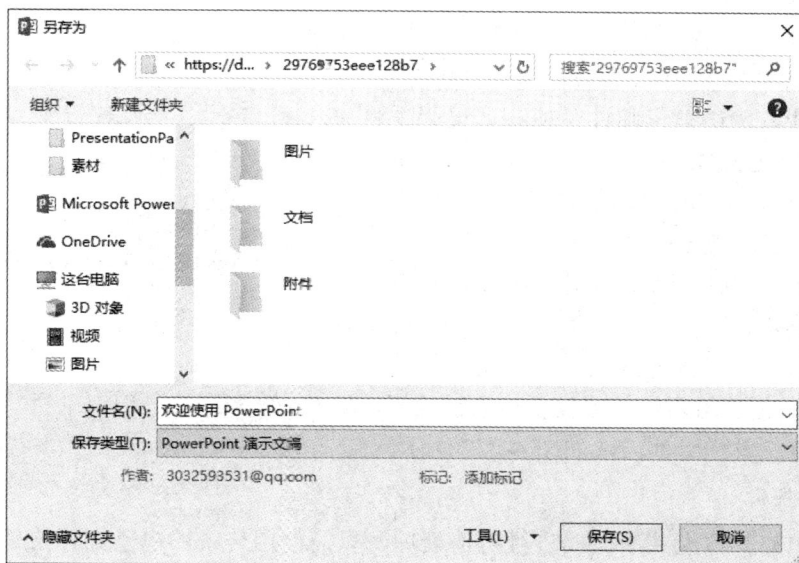

图 4-270　将文件保存到云

(3) 显示【共享】任务窗格，在【邀请人员】框中输入要与之共享演示文稿的人员的电子邮件地址(如果已存储此人的联系信息，只需输入姓名即可)。可使用下拉列表确定被邀请者是【可编辑】文件还是仅【可查看】文件。在【包括消息(可选)】消息框中输入附加消息，如图 4-271 所示。

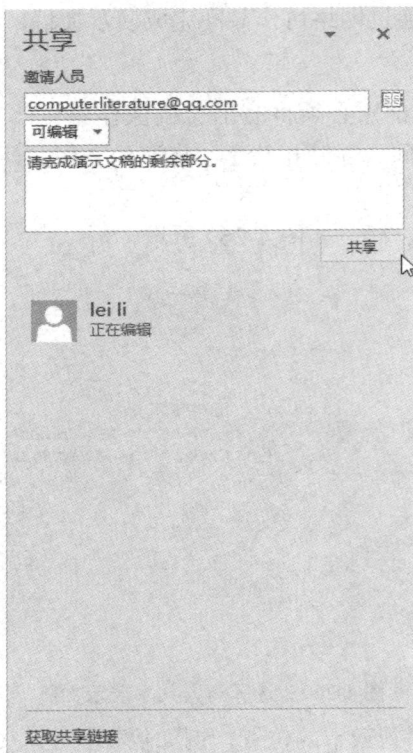

图 4-271　【共享】窗格

(4) 单击【共享】按钮。如果已将文件保存到云，则将向被邀请者发送电子邮件邀请；如果尚未将演示文稿保存到 OneDrive 或 SharePoint Online for Office 365，PowerPoint 将提示立即执行该操作。执行操作后，将发送电子邮件邀请。

(5) 收到电子邮件邀请的用户通过打开电子邮件中的共享链接，打开共享的演示文稿，进行查看和编辑。也可以通过点击【共享】窗格底部的【获取共享链接】，创建编辑链接或仅供查看链接后，将创建的链接复制发送给他人，如图 4-272 所示。

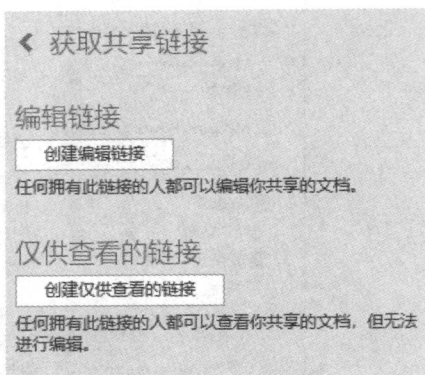

图 4-272　获取共享链接

2. 电子邮件

如果不想与其他人共享文档进行协作处理，只需使用传统的电子邮件附件将演示文稿发送给其他人，如图 4-273 所示。

图 4-273　演示文稿通过电邮共享页面

3．联机演示

PowerPoint 2016 能够通过 Office Presentation Service 对演示文稿进行联机演示。可以通过 Internet 将 PowerPoint 演示文稿共享给远程受众。在 PowerPoint 演示幻灯片放映时，受众成员将在其 Web 浏览器中共同观看。操作步骤如下：

(1) 在 PowerPoint 中，关闭不想共享的任何打开的演示文稿。

(2) 单击【文件】→【共享】→【联机演示】，如图 4-274 所示。

(3) 如果要允许观众下载演示文稿文件的副本，选中【允许远程查看者下载此演示文稿】复选框，再单击右侧的【联机演示】按钮。

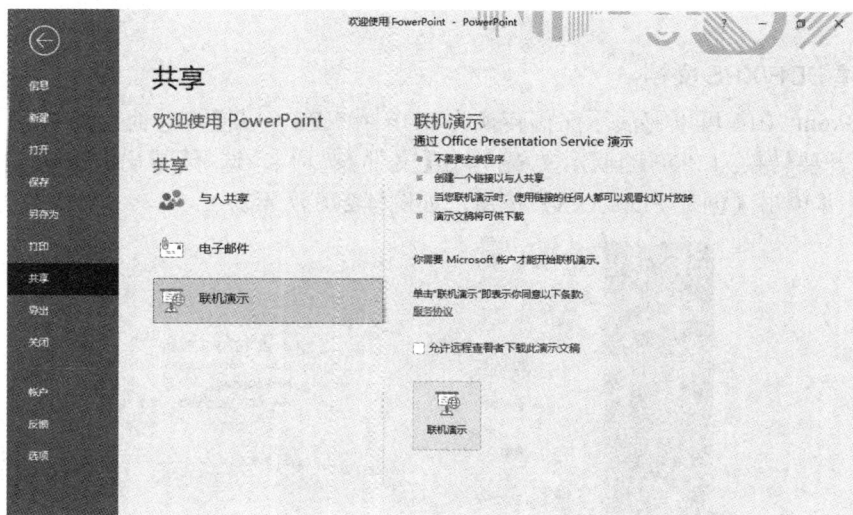

图 4-274　演示文稿共享为联机显示页面

(4) 在打开的【联机演示】对话框中单击【连接】按钮，如图 4-275 所示。

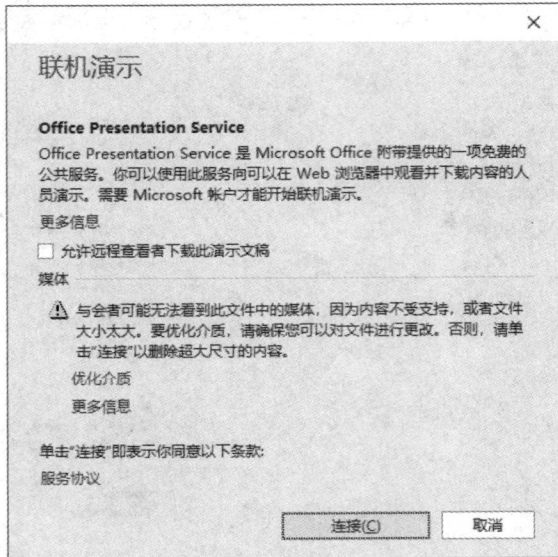

图 4-275　【联机演示】对话框

　　若要发送会议邀请给与会者，可以选择复制链接(以便您可以将其粘贴到其他人可以访问的地方)或通过电子邮件发送的方法进行。

　　当准备启动演示文稿时，单击【启动演示文稿】。

　　若要结束联机演示文稿，按 Esc 键退出【幻灯片放映】视图，然后在【联机演示】选项卡上单击【结束联机演示文稿】。

4.10　演示文稿的导出

　　PowerPoint 2016 能够将演示文稿导出为其他格式，比如 PDF、视频或基于 Word 的讲义等。

1. 创建 PDF/XPS 文档

　　PowerPoint 2016 可以将演示文稿转换为 PDF 或 XPS，以便与其他人共享。

　　(1) 打开要转换为 PDF 的演示文稿，单击【文件】选项卡，选择【导出】→【创建 PDF/XPS 文档】项，并单击【创建 PDF/XPS】按钮，如图 4-276 所示。

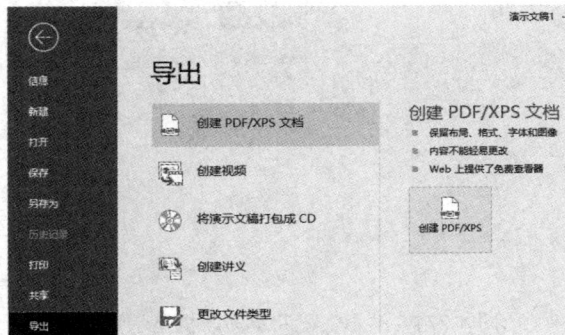

图 4-276　演示文稿导出创建 PDF 页面

（2）在弹出的【发布为 PDF 或 XPS】对话框中选择保存位置，并在【文件名】框中输入文件的名称(如果尚未输入)，如图 4-277 所示。

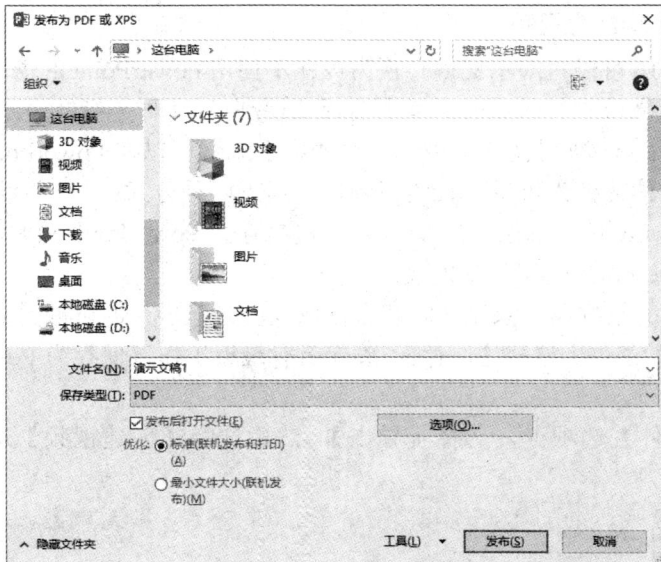

图 4-277　　【发布为 PDF 或 XPS】对话框

（3）在【保存类型】列表中，确认已选中【PDF】。

如果要在保存文件后以选定格式打开该文件，选中【发布后打开文件】复选框。

如果文档要求高打印质量，单击【标准(联机发布和打印)】。

如果文件大小比打印质量更重要，单击【最小文件大小(联机发布)】。

（4）单击【选项】按钮，打开【选项】对话框，设置要转换的页面范围、发布选项、非打印信息、PDF 选项等，完成后单击【确定】按钮，如图 4-278 所示。

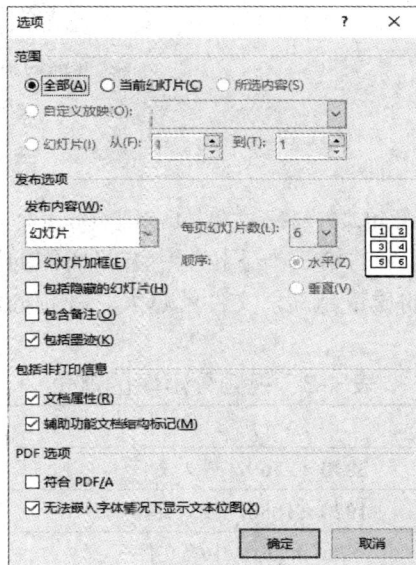

图 4-278　　【选项】对话框

(5) 返回到【发布为 PDF 或 XPS】对话框，单击【发布】，弹出【正在发布】进度条，完成后自动打开发布的 PDF 文件。

2. 将演示文稿转换为视频

PowerPoint 2016 可以将演示文稿转换为可在不使用 PowerPoint 的情况下进行展示的视频文件。在对演示文稿进行录制时，其所有元素(旁白、动画、指针运动轨迹、计时等)都保存在演示文稿中。从本质上来说，演示文稿变成了观众可以在 PowerPoint 中观看的视频。

若要将演示文稿转换为可供观看的视频，可通过两种方式：(1) 将演示文稿保存/导出为视频文件格式(.wmv 或.wmv)；(2) 将演示文稿另存为 PowerPoint 放映(.ppsx)文件，其打开后默认进入 PowerPoint 全屏放映模式。

创建好幻灯片并根据需要录制计时和旁白以及激光笔后，即可创建视频文件。

(1) 在【文件】菜单上选择【保存】，确保所有最近工作已保存为 PowerPoint 演示文稿格式(.pptx)。

(2) 单击【文件】选项卡，选择【导出】，然后选择【创建视频】选项，如图 4-279 所示。

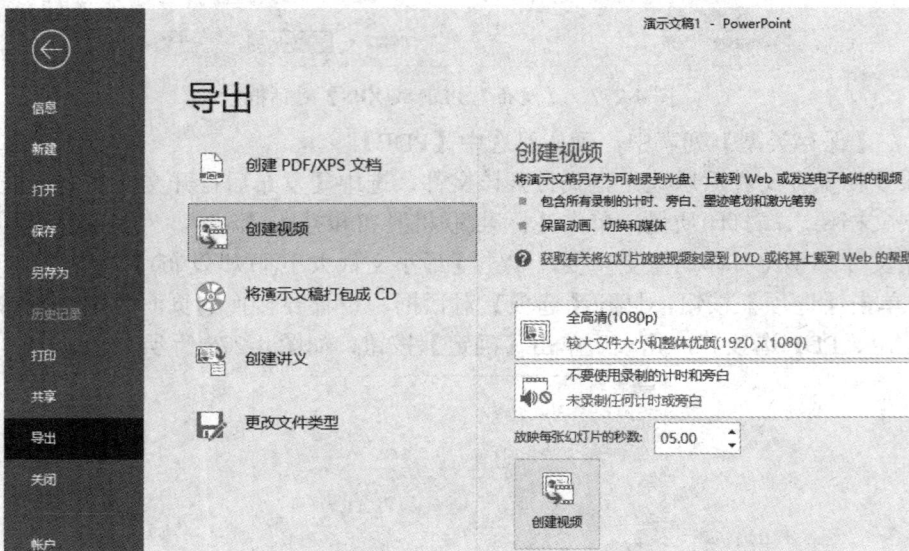

图 4-279　演示文稿导出创建视频页面

(3) 在【创建视频】标题下的第一个下拉框中选择所需的视频质量，该质量是指转换完成的视频的分辨率。视频的质量越高，文件就越大。视频分辨率如表 4-3 所示，日常使用的主要是后三种。

表 4-3　视频分辨率区别表

选项	分辨率	将显示于
Ultra 高清(4k)	3840×2160，最大文件	大型显示器
全高清(1080p)	1920×1080，较大文件	计算机和 HD 屏幕
高清(720p)	1280×720，中等文件	Internet 和 DVD
标准(480p)	852×480，最小文件	便携式设备

(4) 【创建视频】标题下的第二个下拉框选择创建视频时是否包括旁白和计时。如果需要，可以切换此设置。

■ 如果没有录制计时旁白，默认是【不要使用录制的计时和旁白】，每张幻灯片花费的时间默认为 5 秒。可以在【放映每张幻灯片的秒数】框中更改计时，在此框右侧单击向上键可增加持续时间，单击向下键可减少持续时间。

■ 如果已录制计时旁白，默认为【使用录制的计时和旁白】。

(5) 单击【创建视频】按钮。在打开的【另存为】对话框中选择视频文件的保存位置，在【文件名】框中输入视频文件名，然后单击【保存】按钮，如图 4-280 所示。

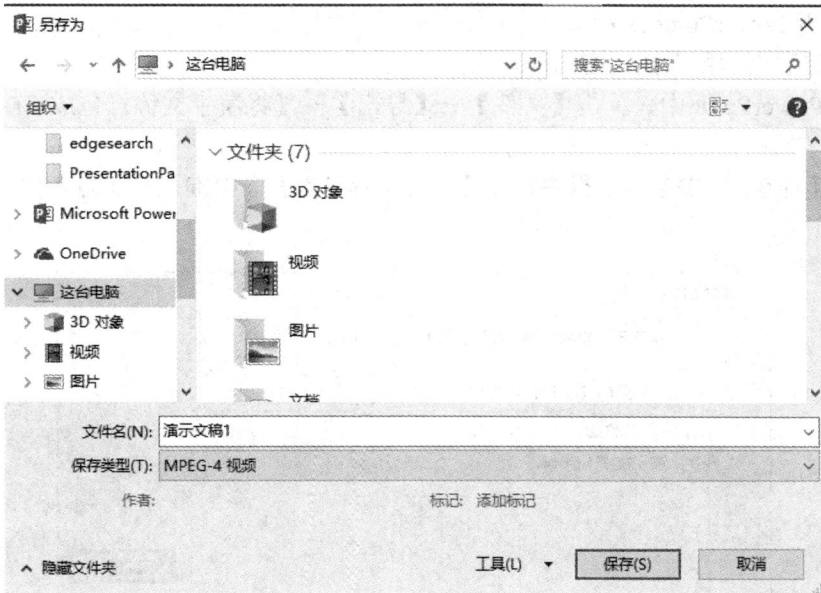

图 4-280 【另存为】视频对话框

(6) 在【保存类型】框中选择【MPEG-4 视频】或【Windows Media 视频】。可以通过查看屏幕底部的状态栏来跟踪视频创建过程，如图 4-281 所示，也可以取消视频创建过程。创建视频可能需要几个小时，具体取决于视频长度和演示文稿的复杂程度。

图 4-281 演示文稿转换为视频进度条

(7) 若要播放新创建的视频，转到指定的文件夹位置，然后双击该文件。

3. 将演示文稿另存为 PowerPoint 放映格式

打开 PowerPoint 放映文件时，该文件在幻灯片放映时全屏显示，而不是显示编辑模式，查看者可立即观看演示文稿。

(1) 在【文件】菜单上选择【保存】，确保所有最近工作已保存为 PowerPoint 演示文稿格式(.pptx)。

(2) 在【文件】菜单上选择【另存为】。

(3) 选择要保存 PowerPoint 放映文件的文件夹位置。

(4) 在【保存类型】框中单击打开文件类型列表，选择【PowerPoint 放映(*.ppsx)】。

(5) 单击【保存】按钮即可。

4. 将演示文稿打包成 CD

可以为演示文稿创建包含演示文稿及其用到的辅助文件(如链接文件及字体文件等)在内的程序包，并将其保存到 CD 或 USB 驱动器上，以便其他人可以在大多数计算机上观看演示文稿。(在没有安装 PowerPoint 软件的计算机上会提示下载 PowerPoint 文件查看器 PowerPoint Viewer，但 PowerPoint Viewer 已于 2016 年 4 月 30 日停用，该功能不再可供下载。如果计算机上没有安装 PowerPoint，仍然可以在 Web 浏览器中使用 PowerPoint Online 来打开和查看 PowerPoint 演示文稿。)

(1) 在磁盘驱动器中插入空白的可写入 CD。

(2) 在 PowerPoint 中，单击【文件】→【导出】→【将演示文稿打包成 CD】→【打包成 CD】。

(3) 在【打包成 CD】对话框中，在【将 CD 命名为】框中键入 CD 的名称，如图 4-282 所示。

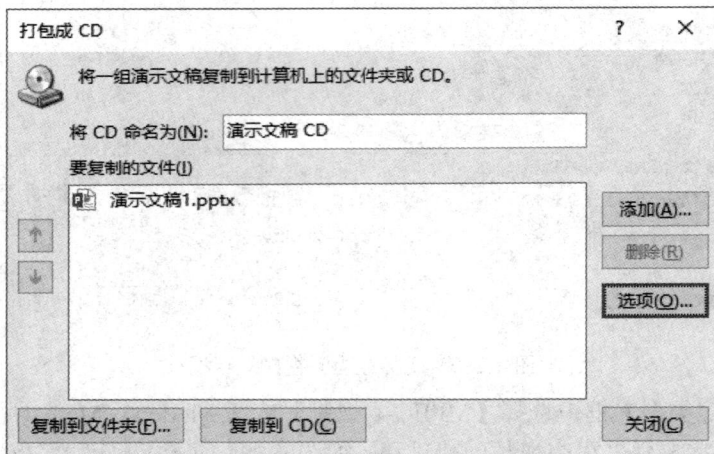

图 4-282　【打包成 CD】对话框

(4) 若要将一个或多个演示文稿添加到一起打包，单击【添加】按钮，选择演示文稿，再单击【添加】按钮……对要添加的每个演示文稿重复此步骤。如果添加多个演示文稿，它们将按其在【要复制的文件】列表中列出的顺序播放。使用对话框左侧的箭头按钮对演示文稿列表进行重新排序。

(5) 若要包括辅助文件(如 TrueType 字体或链接的文件)，单击【选项】按钮。

(6) 在【选项】对话框【包含这些文件】下选中相应的复选框，如图 4-283 所示。这里还可以设置打开或修改每个演示文稿的密码，以增强安全性。若要检查演示文稿中是否存在隐藏数据和个人信息，选中【检查演示文稿中是否有不合宜信息或个人信息】复选框。

(7) 单击【确定】按钮以关闭【选项】对话框。

(8) 在【打包成 CD】对话框中，单击【复制到 CD】按钮。

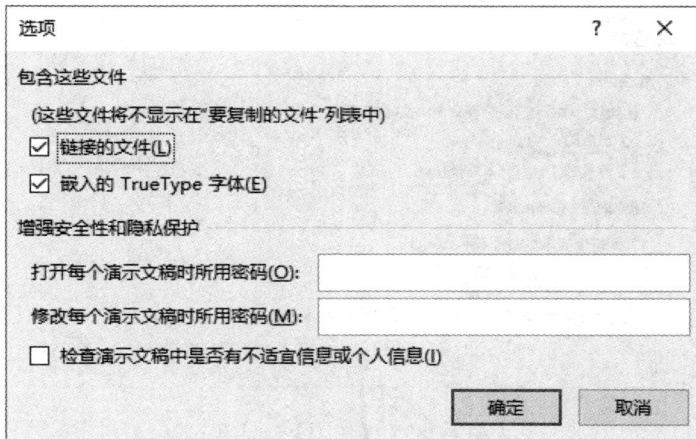

图 4-283　【选项】对话框

5. 将演示文稿打包到 U 盘

(1) 在计算机的 USB 插槽中插入 USB 闪存驱动器。

(2) 在 PowerPoint 中，单击【文件】→【导出】→【将演示文稿打包成 CD】→【打包成 CD】。

(3) 在【打包成 CD】对话框中，在【将 CD 命名为】框中键入 CD 的名称，如图 4-284 所示。

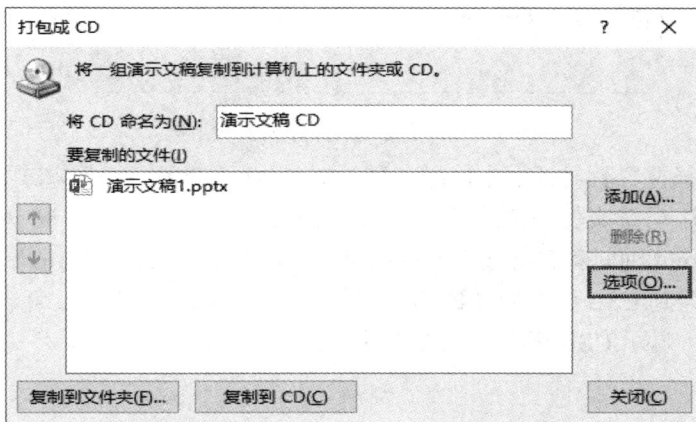

图 4-284　【打包成 CD】对话框

(4) 若要将一个或多个演示文稿添加到一起打包，单击【添加】按钮，选择演示文稿，再单击【添加】按钮……对要添加的每个演示文稿重复此步骤。如果添加多个演示文稿，它们将按其在【要复制的文件】列表中列出的顺序播放。使用对话框左侧的箭头按钮对演示文稿列表进行重新排序。

(5) 若要包括辅助文件(如 TrueType 字体或链接的文件)，单击【选项】按钮。

(6) 在【选项】对话框【包含这些文件】下选中相应的复选框,如图 4-285 所示。这里还可以设置打开或修改每个演示文稿的密码，以增强安全性。若要检查演示文稿中是否存在隐藏数据和个人信息，选中【检查演示文稿中是否有不合宜信息或个人信息】复选框。

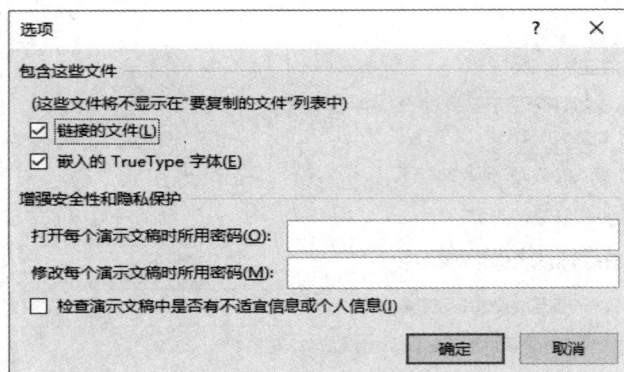

图 4-285   【选项】对话框

(7) 单击【确定】按钮以关闭【选项】对话框。

(8) 在【打包成 CD】对话框中，单击【复制到文件夹】按钮。

(9) 在【复制到文件夹】对话框中，单击【浏览】按钮，如图 4-286 所示。

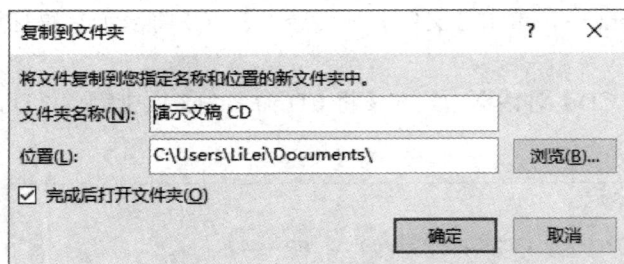

图 4-286   【复制到文件夹】对话框

(10) 在【选择位置】对话框中，导航到 USB 闪存驱动器，选择它或其中的子文件夹，然后单击【选择】。所选文件夹和路径将添加到【复制到文件夹】对话框中的【位置】框中。

(11) PowerPoint 询问有关链接文件的问题，回答【是】，以确保将演示文稿所需的所有文件都包含在保存到 USB 闪存驱动器的程序包中。PowerPoint 将开始复制文件，完成后，将打开一个窗口，显示 USB 闪存驱动器上的完整程序包。